国家自然科学基金重点项目资助(51034006)

国家"863"计划项目资助(2008AA06Z109)

高岭石插层、剥片
及其在橡胶中的应用

刘钦甫　程宏飞　张玉德

张　乾　陆银平　张印民　等 著

科学出版社

北　京

内 容 简 介

本书以高岭石插层、剥片及其在橡胶复合材料中的应用为核心研究内容，首先对我国具有代表性的不同产地和成因高岭石结构、性质和插层效果进行研究。然后对多种小分子和大分子化合物在高岭石中的插层作用进行详细表征，探讨插层剂类型对剥片高岭石形貌的影响和控制，利用分子动力学原理和方法对高岭石插层复合物结构进行模拟。根据电阻法原理，提出一种高岭石径厚比测算方法。对高岭石几种表面改性原理、方法及改性效果进行分析。将插层剥片高岭石以及不同特征和性质的高岭石填充橡胶制备出高岭石-橡胶复合材料，探讨复合材料的硫化性能、力学性能、气体阻隔性能和动态性能，提出高岭石填充橡胶的力学增强模型和气体阻隔模型。本书对深层次开发我国高岭土资源，发展我国"绿色橡胶"战略，均具有重要的实际应用价值。

本书可供矿产资源综合利用、非金属矿加工及利用和粉体工程等领域的科技与管理人员、研究生及大专院校师生作为参考。

图书在版编目(CIP)数据

高岭石插层、剥片及其在橡胶中的应用/刘钦甫等著. —北京：科学出版社，2016

ISBN 978-7-03-047924-2

I. ①高⋯　II. ①刘⋯　III. ①高岭石–应用–橡胶–研究　IV. ①P578.964 ②TQ336

中国版本图书馆 CIP 数据核字(2016)第 061168 号

责任编辑：韦　沁/责任校对：韩　杨
责任印制：肖　兴/责任设计：铭轩堂广告设计公司

科 学 出 版 社 出版
北京东黄城根北街 16 号
邮政编码：100717
http://www.sciencep.com
中国科学院印刷厂 印刷

科学出版社发行　各地新华书店经销
*
2016 年 6 月第 一 版　　开本：778 ×1092　1/16
2016 年 6 月第一次印刷　　印张：19 3/4
字数：468 000

定价：158.00 元
(如有印装质量问题，我社负责调换)

作 者 名 单

刘钦甫　中国矿业大学（北京）地球科学与测绘工程学院

程宏飞　中国矿业大学（北京）地球科学与测绘工程学院

张玉德　河南理工大学材料科学与工程学院

张　乾　河南理工大学材料科学与工程学院

陆银平　河南理工大学材料科学与工程学院

张印民　内蒙古工业大学化工学院

张士龙　中国矿业大学（北京）地球科学与测绘工程学院

张　帅　中国矿业大学（北京）地球科学与测绘工程学院

李晓光　中国矿业大学（北京）地球科学与测绘工程学院

张志亮　中国矿业大学（北京）地球科学与测绘工程学院

王　定　中国矿业大学（北京）地球科学与测绘工程学院

左小超　中国矿业大学（北京）地球科学与测绘工程学院

纪　阳　中国矿业大学（北京）地球科学与测绘工程学院

江发伟　中国矿业大学（北京）地球科学与测绘工程学院

郭　鹏　中国矿业大学（北京）地球科学与测绘工程学院

赫军凯　中国矿业大学（北京）地球科学与测绘工程学院

姬景超　中国矿业大学（北京）地球科学与测绘工程学院

杜妍娜　中国矿业大学（北京）地球科学与测绘工程学院

前　言

高岭石作为一种重要的层状硅酸盐矿物，现已被广泛应用于塑料、橡胶、电缆、耐火材料、涂料、造纸、水泥、油漆、汽车、化工、陶瓷、搪瓷、纺织、环保、农业等众多领域。粒度是衡量高岭石产品质量的一个重要指标，其粒度大小直接影响产品的应用性能。在许多高新技术应用领域，一般要求高岭石颗粒的粒度特别小甚至达到纳米级范围，在其应用的过程中，期望得到较大的"纳米效应"。随着高岭石颗粒尺寸的量变，在一定条件下会引起应用性能的质变。高岭石经过插层，再进行剥片是制备纳米级高岭石的有效途径。

虽然 20 世纪初期就有人从事高岭石插层作用研究，但直到 20 世纪末进展一直比较缓慢。长期以来，人们普遍认为高岭石层间不存在可交换的离子，同时有机化合物不会像蒙脱石那样容易地进入其层间，而只能停留在高岭石颗粒表面或边缘上，因此高岭石插层作用的研究长期以来仅局限于一些极性小分子化合物。20 世纪 90 年代以后，相继报道一些大分子化合物插层进入高岭石层间，高岭石插层作用研究重新得到重视并取得极大进展。高岭石经插层剥片后，其粒径、形貌、表面特性、流变性和结构等方面展示出许多新奇的变化，可以作为一种新型材料应用于橡胶基体中，使其橡胶复合材料的阻隔性能和机械力学性能得到提高。

作者长期从事高岭土，特别是煤系高岭土(高岭岩)的成矿地质作用及其开发利用研究工作。2008~2010 年承担了国家高技术研究发展计划("863"计划)课题"利用煤系高岭土制备功能性阻隔黏土材料"(编号：2008AA06Z109)。2011~2014 年承担了国家自然科学基金重点项目"高岭石径厚比的控制及其对橡胶纳米复合材料性能的影响"(编号：51034006)。对高岭石的插层作用进行了详细研究，不仅使小分子化合物插层进入高岭石层间，而且还使多种不同性质的高分子化合物进入其层间。高岭石插层剥离后不仅能够形成片状形态，而且还能剥离形成管状形貌，同时对其形貌的控制因素进行了探讨。将不同特性的高岭石充填橡胶，制备出橡胶-高岭石复合材料，对其硫化性能、机械力学性能、阻隔性能以及分散性能进行了详细分析和探讨。本书为上述国家自然科学基金重点项目和国家"863"计划课题的成果总结，以飨读者。

参与著作编写和项目研究的人员有第 1 章：刘钦甫；第 2 章：陆银平、刘钦甫、赫军凯、杜妍娜；第 3 章：程宏飞、刘钦甫、李晓光、王定、左小超、郭鹏、纪阳；第 4 章：程宏飞、张帅、刘钦甫；第 5 章：程宏飞、李晓光、姬景超；第 6 章：程宏飞、张志亮、江发伟、刘钦甫；第 7 章：张乾；第 8 章：张玉德、张士龙、张印民、刘钦甫；第 9 章：张士龙、张印民、刘钦甫；第 10 章：张玉德、张印民、张士龙、刘钦甫；第 11 章：张玉德、张士龙。

研究过程中北京橡胶工业研究设计院李和平研究员、北京化工大学张立群教授、中国地质大学(北京)廖立兵教授、中国石油勘探规划研究院林西生研究员、中国科学院过程研究所李会泉研究员和侯新娟副研究员、大唐国际高铝煤炭资源开发利用研发中心孙俊民教授级高级工程师和河北工程大学丁述理教授给予了多方的指导和帮助。本书还得到中国矿业大学(北京)彭苏萍院士、孟召平教授、邵龙义教授、曹代勇教授、唐跃刚教授、代世峰教授、赵峰华教授、梁汉东教授、郑水林教授、邓福铭教授的热情帮助和支持。

感谢澳大利亚昆士兰科技大学的 Ray L. Frost 教授、美国印第安纳大学的 Haydn H. Murray 教授、美国辛辛那提大学的 James E. Mark、美国康涅狄格大学的 Luyi Sun 教授在研究生联合培养和访学研究方面给予的指导和帮助。北京橡胶工业研究设计院检测中心、徐州工业职业技术学院材料学院橡胶实验室、青岛科技大学橡胶实验室帮助进行了橡胶制备和测试实验。

山东枣庄高新材料有限公司提供实验所需样品并帮助进行有关实验测试。野外采集样品曾得到有关单位的大力帮助和支持。

在此，对上述单位和个人表示由衷的感谢。

作　者

2015 年 12 月 17 日

目　　录

第1章 绪 论

高岭石是组成高岭土的主要黏土矿物。我国高岭土资源以成因类型齐全、储量丰富、质地优良闻名于世。按其赋存状态，可分为两大类型：一类是非煤建造型高岭土，主要分布于我国南方，如广东、广西、湖南、江苏、福建等省，一般为软质高岭土，基础储量为 5.46 亿 t（吴小缓、王文利，2005），资源储量居世界第五位；另一类为含煤建造沉积型高岭土（或高岭岩），资源储量占世界首位，探明远景储量及推算储量 180.5 亿 t，主要分布于我国北方石炭-二叠纪煤系中，以煤层中夹矸、顶底板或单独形成矿层独立存在，此种类型主要以硬质高岭岩形式存在（刘钦甫、张鹏飞，1996）。

我国高岭土开发利用经历了由初级加工向精深加工，由单一产品向系列产品，由小到大的发展过程。迄今为止，全国共有大大小小的高岭土企业 700 余家，年生产能力约 400 万 t（吴小缓、王文利，2005），其中一半以上为原矿生产，深加工产品较少。我国高岭土行业的产品结构可归结为两大类：①不同粒度的水洗高岭土，通常以软质高岭土为原料，经选矿、提纯、分级、磁选、化学漂白、洗涤、脱水和干燥等制备工序，白度可达 85%～88%，–2μm 颗粒含量可达 80%～90%，一般用于陶瓷、造纸、涂料、填料、催化剂等行业；②煅烧高岭土，一般以煤系硬质高岭岩为原料，通常采用粉碎、超细磨矿、煅烧等工序，产品白度可达 90%～93%，–2μm 颗粒含量可达 85%～90%，一般用于油漆涂料、造纸、电缆填料等行业（刘钦甫、张鹏飞，1996；李凯琦等，2001；吴小缓、王文利，2005）。

传统上，高岭土在橡塑领域主要用于增量型填料，旨在降低橡塑制品的生产成本，一般不具功能性。近年来，随着国际上纳米黏土的研究兴起，制备一种用于橡胶和塑料中的功能性黏土材料成为人们的研究重点。然而，目前人们对于纳米黏土的研究主要基于蒙脱石黏土，而基于高岭石黏土的研究比较少，仍处于探索阶段。

黏土矿物用于橡塑制品的功能性一般体现在两个方面：一是赋予复合材料增强性能；二是赋予复合材料阻隔性能。这就要求黏土填料具有如下特征：①片状结构，从而可以阻止气体或液体的穿越逸散；②粒径小，粒径越小越好，一般应小于 1μm，从而能够赋予制品良好的机械强度；③大的径厚比；④分散性良好。

塑料、橡胶和合成纤维被称为现代工业中的三大高分子材料。保持良好的机械强度和物理性能是聚合物复合材料的基本要求。除此之外，有些聚合物材料还要求具有一些特殊的性能，如塑料包装材料、轮胎内胎和内衬层、橡胶密封件等要求对气体的阻隔性能，轮胎胎面胶中所要求的降低生热、橡塑制品的阻燃性能等。所有这些性能的提高和改进，离不开对其填充材料的设计。因此，近年来，对橡塑填充材料，特别是纳米粒子功能性填充材料的制备、界面设计，以及填料-聚合物相互作用机理的研究成为热点（Michael and Philippe，2000；Bharadwaj et al.，2002；任强等，2003；赵志正，2003；梁玉蓉，2005；李昭等，2007）。在橡胶领域，炭黑和白炭黑是传统的补强材料，它们优异的增强性能，其他无机矿物填料到目前为止尚难以替代。生产炭黑的原材料来源于石油和天然气，在石油价格飞涨、资源日益短缺的今天，炭黑的生产成本不断增加。特别是在炭黑生产过程中，排放出大量的二氧化碳，加剧了温室效应。因此，在橡胶行业，减少炭黑的使用，发展非石油基补强材料是未来的发展趋势。为此，目前在国际上提出了"绿色轮胎"或"绿色橡胶"的概念。美国著名的高岭土生产厂家——Imerys 高岭土公司，与轮胎生产厂家合作，将细粒改性高岭土用于生产"绿色轮胎"，此种轮胎填料由改性高岭土、炭黑和白炭黑组成。改性高岭土的加入，不仅减少了炭黑的用量，而且增强了轮胎的滚动性和抗湿滑性。

黏土矿物具有特殊的层状构造，其基本结构单元层的厚度为 1～2nm，实际上是一种天然的纳米材料。但由于片层之间的离子作用、电荷作用、氢键及其他化学键合作用而相互集聚形成集合体或聚集体。如果对其进行适当的插层、剥离和表面改性处理，使其均匀地分散于聚合物中，则会大大提高其填充复合材料的力学性能及其他物理性能。

20 世纪 90 年代初，插层复合技术得到了快速发展，采用原位插层聚合和聚合物熔体或溶液插层技术，可以使聚合物大分子链进入黏土片层间形成剥离型或插层型聚合物/层状硅酸盐(PLS)纳米复合材料(Pinnavaia and Beall，2000；黄锐等，2002；漆宗能、尚文宇，2002)。由于纳米复合材料中的分散相为层状无机纳米粒子，纳米粒子具有的表面效应、量子尺寸效应及宏观量子隧道效应会影响聚合物链段运动、分子链之间相互作用和相结构，从而使复合材料具有密度小、强度高、韧性好和尺寸稳定性好等优良的综合性能。同时，由于聚合物基体与黏土片层的良好结合，通过控制纳米硅酸盐片层的径厚比和平面取向，可以极大提高材料的阻隔性和阻燃性(张立群等，1999；卢春生、米耀荣，2006；刘勇等，2007；张玉德等，2009)。

在橡胶行业，许多橡胶制品都要利用弹性体的气密性功能，其中包括各种用途的内胎、汽车轮胎的内层胶、贮气胶囊、探空气球等。由于聚合物具有透气性，气体在压力的作用下就能缓慢地通过聚合物层从而产生泄漏，这是弹性体材料的一大缺点。西方国家非常重视轮胎的气密性。美国通用汽车公司只使用那些气压降低不超过 2.5%(每月)的乘用胎。早在 20 世纪 90 年代中期，具有世界先进水平的轮胎已达到此指标。米其林公司的轮胎压力降低一般为 2.0%。美国交通部专门制定了监视轮胎内压系统的相关规定，并于 2003 年 11 月 1 日开始执行。而欧洲对轮胎气密性的要求更高，并且做了大量的工作以提高轮胎的气密性。

使橡胶保持高气密性的方法有两种：一是选用特种橡胶，如丁腈橡胶和丁基橡胶或者经化学改性的天然橡胶；二是在橡胶配方中使用某些纳米填充剂提高气密性，这是一种廉价的好办法。PET、PP、PE 等聚合物/黏土纳米复合材料的研究已经表明，添加层状硅酸盐黏土材料可以大幅提高其复合材料的气体阻隔性能(任强等，2003；赵志正，2003；梁玉蓉，2005；卢春生、米耀荣，2006；刘勇等，2007；张玉德等，2009)。北京化工大学张立群教授及其研究团队(张立群等，1999；梁玉蓉，2005；李昭等，2007)利用改性蒙脱土与丁苯橡胶、天然橡胶、丁腈橡胶、丁基橡胶通过乳液共混和熔融共混不同方法，制备了一系列的橡胶/黏土纳米复合材料，认为具有良好分散性的新型纳米黏土材料可以有效地提高橡胶材料的气体阻隔性能。张玉德等(2009)采用熔融共混和乳液共混方法将化学改性的高岭土用于丁苯橡胶中,所制备的复合材料的透气率降低了 40%~60%,并且发现片状的高岭土比球状的白炭黑更具有阻隔优势。

层状硅酸盐提高气体阻隔性的主要原因是其可以延长气体分子在基体中扩散的路径。具有大的径厚比(aspect ratio)的硅酸盐片层均匀地分散在聚合物基体中,使得气体或液体小分子在聚合物基体中的扩散运动必须绕过这些片层,因此增加了气体、液体分子在聚合物基体中扩散的有效途径,提高了聚合物材料对气体和液体的阻隔性能。研究表明,聚合物/黏土纳米复合材料的微观结构和阻隔性能主要受控于黏土剥离后的径厚比、在聚合物中的取向及剥离程度(卢春生、米耀荣,2006)。

目前有关聚合物/黏土纳米复合材料的研究主要基于蒙脱石黏土矿物的研究(Pinnavaia and Beall,2000;黄锐等,2002;漆宗能、尚文宇,2002),而对于高岭石黏土的研究比较少见。高岭石也是一种具有层状结构的黏土矿物,与蒙脱石矿物在化学组成、结构及物化性能方面有很大区别。高岭石的晶格内不存在同晶置换,层间的电荷几乎为零,层间域中不能吸附外来阳离子,其片层间通过氢键和范德华力而紧密结合,两面之间的内聚能相当大,层间距小。以上这些因素导致高岭石不易被化学改性和插层,聚合物/高岭石纳米复合材料的制备比较困难。但由于高岭石表面羟基活性较蒙脱石低,由其制备的聚合物/高岭石纳米复合材料除了具备聚合物/蒙脱石纳米复合材料所具有的优异综合性能外,还可能减少由硅酸盐表面羟基引起的聚合物的老化。高岭土没有吸水膨胀性能,其改性产物还可用于涂料、造纸等领域。高岭石片层具有刚性特征,其在插层反应过程中能基本保持不变形,有利于层间有机分子的自组装和分子识别,有机分子在高岭石层间限制性环境中有序排列,并具有各向异性。

聚合物/高岭石纳米复合材料的制备主要是通过两条途径来实现(刘显勇等,2007):一是先对高岭石进行剥片,然后进行有机改性,再将其填充到聚合物基质中从而得到聚合物/高岭石纳米复合材料(吴红丹等,2007)。采用这种方法制备的高岭石片层的厚度一般比较大。二是以有机插层改性过的高岭石为前驱体,即首先将极性小分子插入黏土层间形成前驱体,然后选取合适的有机分子取代前驱体形成纳米黏土有机复合物(曹秀华、王炼石,2003)。这种插层复合法是目前制备聚合物/高岭石纳米复合材料的一种重要方法,也是当前材料科学研究的热点,但由于其插层过程相对蒙脱石来说更加复杂和困难,因而现在尚处于探索阶段。Cabedo 等(2004)用四步法处理过的高岭石和 EVOH 进行熔融共混,得到插层和部分剥离的 EVOH/高岭石纳米复合材料。这种纳米复合材料相对于纯 EVOH 共聚物具有良好的热稳定性和抗氧阻隔性能,同时其玻璃化温度和结晶焓都有显著的提高,在食品包装方面的应用具有很大的潜力。

高岭石的传统解离多采用机械剥片和研磨方法(阎琳琳等,2007),如湿法或干法碾磨。这种单靠机械碾磨方法的缺点是:过度研磨会破坏高岭石的晶体结构,其机械研磨的最细粒度只能达到 2μm,且不易控制径厚比。高岭石的结构单元层由氢键结合在一起,某些有机小分子能够直接破坏高岭石层与层之间的氢键,插入到高岭石的层间,撑大高岭石的层间距,进而有可能较易使高岭石层与层剥离。Tsunematsu 和 Tateyama(1999) 采用尿素长时间的插层作用和球磨过程进行高岭石的剥片研究,尽管最终样品的比表面积较高,但其绝大部分成为非晶态颗粒的团聚体,在制备过程中严重破坏了高岭石原有的晶体结构。超声波是一种新型的制备纳米材料的手段。高频超声波可以产生局部超高温、超高压，并且超声空化作用产生很高的空化能，造成固体表面颗粒间的剧烈碰撞，使得颗粒尺寸减小。Pérez-Maqueda 等(2001, 2003)和 Pérez-Rodríguez 等(2002)通过超声处理蛭石和云母的晶体大颗粒，得到了纳米级的蛭石和云母的片状颗粒。Franco 等(2004)用超声处理水和高岭石的混合物，达到良好剥片效果，且晶体结构保持良好，但所需时间较长，难以实现工业化生产。阎琳琳等(2007)采用吸潮法制备高岭石-醋酸钾插层复合物，然后再进行超声处理，其颗粒片层明显剥开变薄，达到纳米级别，高岭石比表面积从 $8.24m^2/g$ 增大到 $52.29m^2/g$，但在处理过程中高岭石片状结构遭到破坏，出现棒状晶体。曹秀华等(2003)利用甲醇钠强烈的夺氢作用，制备插层和无定形高岭石。Gardolinski和 Lagaly(2005)利用甲醇/高岭石复合体作为前驱体，将正己胺、正八葵胺和正甘二烷胺插层进入高岭石层间，发现正八葵胺/高岭石复合体分散在甲苯溶液中可剥离成单个片层，同时高岭石片发生卷曲，形成类似埃洛石的管状形态。

尽管目前国内外学者对高岭土进行了大量研究，但仍存在以下问题：

(1)对于高岭土的应用主要局限于增量型填料，而对于其功能性的开发不足。

(2)对片层状矿物径厚比的测试尚没有一个有效的方法。

(3)在传统高岭土的磨剥工艺中，高岭石的晶形或层状结构遭到破坏，径厚比难以控制。如果将这种晶形或层状结构破坏的高岭石用于橡胶基体中，势必会影响其性能，特别是阻隔性能。

(4)目前尚没有人对影响高岭石的径厚比的控制因素进行专门研究，而高岭石径厚比，不仅对其应用于橡胶的阻隔性能和增强性能，而且对高岭土应用于其他领域，如造纸涂料等，也是非常重要的一个影响因素，因此具有非常重要的研究价值。

我国高岭土资源丰富，特别是近十几年来发现的煤系高岭土，储量巨大，但加工技术水平较低。本书研究成果，对于深层次开发我国高岭土资源，发展我国"绿色轮胎"战略，均具有重要的实际应用价值。

参 考 文 献

曹秀华, 王炼石. 2003. 高岭土夹层复合物的合成、结构和应用. 材料科学与工程学报, 21(3): 456～459

曹秀华, 王炼石, 周奕雨. 2003. 一种制备插层和无定形高岭土的新方法. 化工矿物与加工, (7):9～12

黄锐, 王旭, 李忠明. 2002. 纳米塑料-聚合物/纳米无机物复合材料研制、应用与进展. 北京: 中国轻工业出版社

李凯琦, 刘钦甫, 许红亮. 2001. 煤系高岭岩及深加工技术. 北京:中国建材工业出版社

李昭, 卢咏来, 王益庆, 吴友平, 张立群. 2007. 高气体阻隔性 ECO/OMMT 纳米复合材料的性能研究. 橡胶工业, 54(6): 325～329

梁玉蓉. 2005. 高气体阻隔性能弹性体的制备及有机黏土/橡胶纳米复合材料微观结构的后期工艺响应. 北京: 北京化工大学博士学位论文

刘钦甫, 张鹏飞. 1996. 华北晚古生代煤系高岭岩物质组成和成矿机理研究. 北京:海洋出版社

刘显勇, 何慧, 贾德民. 2007. 聚合物/高岭土纳米复合材料的研究进展. 高分子材料科学与工程, 23(3): 25～29

刘勇, 刘岚, 贾德民, 黄庙由, 罗远芳. 2007. 高岭土/NR 插层纳米复合材料的结构和阻燃性能研究. 橡

胶工业, 54(4): 208～211

卢春生, 米耀荣. 2006. 化整为零: 聚合物/黏土纳米复合材料的微观结构和阻隔性能. 物理, 35(7): 550～552

煤炭加工利用协会. 1998. 煤系五种非金属矿产(高岭岩、膨润土、耐火黏土、硅藻土、铝土矿)开发利用调查研究报告. 内部调研报告

煤炭综合利用多种经营技术咨询中心. 2002. 煤系共伴生矿产资源开发利用技术现状和对策研究. 内部调研报告

漆宗能, 尚文宇. 2002. 聚合物/层状硅酸盐纳米复合材料理论与实践. 北京: 化学工业出版社

任强, 周亚斌, 史铁钧. 层状结构改进塑料阻隔技术研究进展. 现代塑料加工应用, 2003, 15(3): 47～51

沈忠悦, 袁明永, 叶瑛等. 2000. 高岭石的夹层化合物及其剥片作用. 非金属矿, 23(6):12～13

吴红丹, 雷新荣, 张锦化, 管俊芳, 戈雪良. 2007. 高岭土剥片改性研究及其在丁苯橡胶中的应用. 非金属矿, 30(2):37～39

吴小缓, 王文利. 2005. 我国高岭土市场现状及发展趋势. 非金属矿, 28(4): 1～3

阎琳琳, 张先如, 沈国柱, 张存满, 徐政. 2007. 插层-超声复合法制备高岭石纳米晶体及棒状晶体的出现. 材料科学与工程学报, 25(2):241～252

张立群, 孙朝晖, 王一中等. 1999. 黏土/NBR 纳米复合材料的性能研究. 橡胶工业, 46(4): 213-216

张立群, 吴友平, 王益庆等. 2000. 橡胶的纳米增强及纳米复合技术. 合成橡胶工业, 23(2): 71～77

张玉德, 刘钦甫, 陆银平. 2009.改性高岭土对丁苯橡胶的增强和阻隔作用研究. 矿物岩石, 29(3):29～35

赵志正. 2003. 填充剂对天然橡胶气密性的影响. 世界橡胶工业, 31(6): 2～4

Bharadwaj R K, Mehrabi A R, Hamilton C, et al. 2002. Structure-Property relationships in cross-linked polyester-clay nanocomposites. Polymer, 43(13): 3699～3705

Cabedo L, Gimenez E, Lagaron J M, et al. 2004. Development of EVOH-kaolinite nanocomposite. Polymer, 45: 5233～5238

Franco F, Pérez-Maqueda L A, Pérez-Rodríguez J L. 2004. The effect of ultrasound of the particle size and structural disorder of a well ordered kaolinite. Journal of Colloid and Interface Science, 274: 107～117

GardolinskiJ E F C, Lagaly G. 2005. Grafted organic derivatives of kaolinite: II. Intercalation of primary n-alkylamines and delamination. Clay Minerals, 40: 547～556

Michael A, Philippe D. 2000. Polymer-layered silicate nanocomposites: preparation, properties and uses of a new class of materials. Materials Science and Engineering, 28(1-2): 1～63

Pérez-Maqueda L A, Caneo O B, Poyato J, et al. 2001. Preparation and characterization of micron and submicron sized vermiculite. Physics and Chemistry of Minerals, 28: 61～66

Pérez-Maqueda L A, Franco F, Avilés M A, et al. 2003. Effect of sonication on particle size distribution in natural muscovite and biotite. Clay Minerals, 51:701～708

Pérez-Rodríguez J L, Carrera F, Pérez-Maqueda L A, et al. 2002. Sonication as a tool for preparing vermiculite particles. Nanotechnology, 13:382～387

Pinnavaia T J, Beall G W. 2000. Polymer Clay Nanocomposites. Newyork: John Wiley&Sons

Tsunematsu K, Tateyama H. 1999. Delamination of urea/kaolinite complex by using intercalation procedures. Journal of the American Chemical Society, 82(6):1589～1591

第2章 高岭土特征及性质

我国高岭土资源成因类型齐全、储量丰富，可分为风化型高岭土、热液蚀变型高岭土、沉积型高岭土以及煤系高岭岩四种类型。不同产地和成因的高岭土在矿物组成、结晶形态、有序度等方面存在差异。选择山西大同和朔州、内蒙古准格尔、安徽淮北四个产地的煤系高岭岩，张家口和苏州热液蚀变型高岭土，广东茂名和广西北海的沉积型高岭土为原料，探讨高岭石原始晶层结构、化学组成及矿物组成、结晶有序度和结构缺陷、表面电荷等理化性质对插层作用的影响。

2.1 高岭土矿区地质概况

2.1.1 晋北地区煤系高岭岩

晋北地区石炭-二叠纪煤系蕴藏有丰富的高岭岩资源，目前已有大同、怀仁、左云、山阴、平鲁、朔县、安太堡露天矿、浑源等矿区进行开采，但各矿区高岭岩资源的勘查和研究程度不一，其中大同煤田和朔州平鲁区高岭岩的赋存及产出在晋北地区具有代表性(刘钦甫、张鹏飞，1997)。

1. 矿区地层

含煤地层主要为太原组，其次为山西组。

太原组由深灰色和黑灰色砂质泥岩、泥岩、粉砂岩、灰白色及灰色砂岩和煤层组成。含煤性极好，含煤多达 12 层。大同煤田的 3 号、5 号、8 号为主要可采煤层。煤层总厚度为 2.81~50.25m，平均 30.78m。5 号煤层最大厚度可达 20.88m。宁武煤田和安太堡露天矿的 9 号、11 号煤层为主要可采煤层，煤层总厚度为 10.38~40.19m，平均 24.08m。太原组底部有一层灰白色中粗粒石英砂岩，分选及磨圆度较好，坚硬、较稳定，一般厚 4~5m，为 K_2 标志层，作为太原组与本溪组的分界标志层。太原组地层厚 76~133.2m。

山西组以灰色和深灰色砂质泥岩、泥岩、粉砂岩、砂岩及煤层为主，夹有薄层黏土岩。砂岩粒度和厚度变化较大，分选差，胶结不良。本组含煤 4~6 层，大同煤田的主要煤层有"山 4-1 号"和"山 4 号"，煤层总厚度为 0~16.48m，平均 4.89m。在宁武煤田及其北端的安太堡露天矿，山西组底部的 4 号煤层为最主要的可采煤层，局部地区可分为 4-1 号及 4-2 号煤层，一般厚 6~13m。山西组底部有一层灰白色的砂砾层，一般厚 10m左右，作为山西组与太原组的分界标志层。山西组地层总厚度为 30.3~90m，一般为 60~80m。

晋北地区晚古生代太原组和山西组沉积环境，已有不少单位和学者进行了研究，虽然在环境详细划分上各家不一，但总体环境太原组以滨海三角洲环境为主，其下部由于受海影响较大，局部出现潮坪沉积，中部由于发生海侵而形成浅海灰岩沉积。山西组主要为河流三角洲平原环境，受海影响渐弱。

2. 矿区构造及岩浆岩

晋北晚古生代煤田位于阴山东西向构造带南侧，华北晚古生代大型聚煤拗陷的北部。东以新华夏系晚期的平旺-鹅毛口大断裂为界，西邻吕梁经向构造带的西石山脉。大同煤田向南与宁武煤田相连，在平面上形成一个北北东向的"S"形。

煤田基底由古老的太古界五台群花岗片麻岩、花岗岩、黑云母斜长片麻岩、石英岩等组成。区内地层发育寒武系、奥陶系、石炭-二叠系、侏罗系、古近系-新近系和第四系。区内岩浆活动不强烈，主要为燕山晚期的煌斑岩侵入和新生代的玄武岩喷发。

3. 大同矿区高岭岩

大同矿区北起大同市西南郊和左云，向南经朔州市怀仁直至山阴，长约 80km，宽约 20km，总面积 1872km^2。煤系高岭岩主要赋存于太原组地层中，一般以 3-5 号、8 号、9 号、10 号煤层夹矸及顶底板产出，多达 20 层，其中 3-5 号煤层夹矸及底板、8 号煤层底板的高岭岩质量好，最具开发利用价值。3-5 号煤层夹矸主要是隐晶高岭岩，分布比较稳定，厚度为 0.05～3.27m，平均 0.34m。3-5 号煤层底板为胶状高岭岩，常含少量软水铝石，层位稳定，尤以峙峰山至鹅毛口一带最为发育，厚度为 0.27～5.28m，平均 2.2m。位于太原组 8 号煤层底板的高岭岩分布面积广，层位十分稳定，可分为 1～5 层，一般为 2～3 层，上层为质地纯净的细晶高岭岩，下层为粗晶高岭岩，高岭石含量为 95%～98%，为优质高岭岩矿床，矿层厚度一般为 0.2～4.7m，平均 2.0m。

大同煤系高岭岩可分为四种类型：①粗晶蠕虫状高岭岩，肉眼可见闪闪发光的高岭石晶面，酷似砂岩，故又得名"大同黑砂石"（图 2.1），此类岩石在其他地区也有不同程度的分布；②细晶高岭岩（俗称黄瓜石）；③隐晶高岭岩；④碎屑状高岭岩。

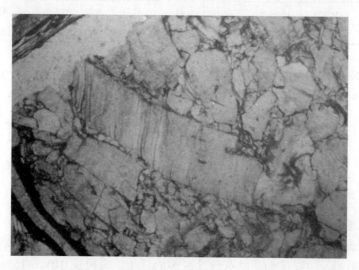

图 2.1　大同矿区粗晶蠕虫状高岭石晶体偏光显微镜照片（单偏光）

大同煤系高岭岩中矿物成分简单,其种类和含量都很稳定。在各不同种类的矿石中,均以高岭石矿物为主,一般含量都在90%以上,最大达95%。其次有少量伊利石,有的矿石中含有较多一水软铝石。杂质除碳质外,还含有少量石英、长石、磁铁矿、锆石、电气石、金红石等。

胡振沟煤矿4号煤层夹矸、顶板高岭岩和大同矿区魏家沟井田高岭岩的化学成分见表2.1和表2.2。由表可知,大同煤系高岭岩化学成分稳定,SiO_2和Al_2O_3含量高,Fe_2O_3、TiO_2含量少。

表2.1　大同矿区胡振沟煤矿4号煤层夹矸、顶板高岭岩化学成分表(%)

品种	SiO_2	Al_2O_3	Fe_2O_3	TiO_2	CaO	MgO	K_2O	Na_2O	烧失量
显晶质	45.17	37.80	0.34	0.29	0.05	0.02	0.07	1.10	14.98
隐晶质	39.98	35.87	0.59	0.83	0.12	0.01	0.08	1.25	20.81

表2.2　大同矿区魏家沟井田高岭岩化学成分表

煤层编号	层位	厚度/m		高岭岩							
				主要化学成分/%							
		平均	最小~最大	Al_2O_3		Fe_2O_3		TiO_2		烧失量	
				最小~最大	平均	最小~最大	平均	最小~最大	平均	最小~最大	平均
3 ∣ 5 煤	夹矸	0.34	0.14~3.27	27.58~44.01	36.68	0.02~2.30	0.52	0.13~1.28	0.58	7.80~22.77	17.04
	底板	2.20	0.27~5.28	10.68~38.97	28.95	0.50~5.66	1.26	0.13~2.08	0.78	0.27~5.28	13.29
8 煤	底板	2.00	0.20~4.70	19.94~42.20	28.92	0.47~8.91	1.67	0.02~2.23	0.98	8.52~22.54	13.72

山西省煤炭地质115勘查院与中国矿业大学(北京)合作,曾于2002~2004年对大同煤田煤系高岭岩进行了资源调查,确定了五个重要的高岭岩层位:2煤底—3煤顶间高岭岩、5(3-5)煤夹矸高岭岩、5(3-5)煤底板高岭岩、8煤底板高岭岩、9煤底板高岭岩。并对这5个层位的高岭岩进行了资源量估算,共获得资源量613605万t。其中,推断的内蕴经济资源量(333)103193万t,预测的内蕴经济资源量(334)510412万t。

4. 平朔矿区高岭岩

平朔矿区煤系高岭岩主要位于太原组底部4号煤层夹矸(图2.2)及4号煤层底板中(图2.3)。夹矸高岭岩单层厚度一般为0.1~0.3m,局部达0.6m,黑褐色,致密块状构造,砂状或贝壳状断口,主要矿物高岭石含量在80%以上,有机质10%~15%,4号煤层夹矸含铁质矿物和其他杂质少,质量更加优良;化学成分:Al_2O_3 30.15%、Fe_2O_3 0.33%。底板高岭岩厚度较大,多在1m以上,以深灰色为主,黏土矿物主要为高岭石,少量伊利石，其他矿物为石英、长石、云母、菱铁矿、黄铁矿及有机质等，Al_2O_3 25%～30%、Fe_2O_3 0.8%～2.9%。

图 2.2　平朔露天矿 4 号煤层夹矸高岭岩　　　　图 2.3　平朔露天矿 4 号煤层底板高岭岩

4 号煤层在安太堡矿东南部及芦子沟一线分叉，南部分为 4-1 号、4-2 号两个煤层，层间距为 0.68～8.25m，一般为 3.0m 左右。北部合并为 4 号煤层。在矿区深部，4-1 号煤层直接顶板为碳质泥岩或高岭石黏土岩，厚度为 0～5.0m，一般为 1.7m；4-1 号和 4-2 号煤层之间为一层棕褐色高岭岩，厚度为 0.28～1.3m，一般为 0.7m。在矿区边缘及背斜轴部的浅部地层，4-1 号煤层风化成棕色、紫色及灰褐色的软质黏土，厚度为 0～12m，一般为 4～6m，主要矿物为高岭石，少量伊利石、方解石及有机质等，Al_2O_3 30.95%～39.49%，Fe_2O_3 1.65%～2.34%，烧失量超过 18%。未风化煤与软质黏土之间的过渡带（氧化带）很窄，不超过 1～2m。其他层位高岭岩分布不太稳定，含砂量高，质量不好，基本上无开发利用价值。

平鲁楼子沟高岭岩矿床是山西省内首次以造纸涂料级高岭岩作为单独矿种进行地质勘探的矿床，它赋存于太原组 4 号煤层底板。矿区位于楼子沟开阔背斜轴部、轴向北东转北西的转折部位，构造简单，无断层和岩浆岩。矿体呈平缓的层状产出，与地层一致，倾向 30°～50°，倾角 0°～10°，平均 4°，控制长 1000m，宽 200～600m。矿层内部结构简单，基本无夹石，连续性好，厚 0.7～4.12m，平均 1.38m。矿石质量、品位稳定，Al_2O_3 34.83%～37.99%，平均 36.40%；SiO_2 45.71%～49.74%，平均 47.50%；Fe_2O_3 0.26%～0.86%，平均 0.60%；TiO_2 0.39%～0.92%，平均 0.66%；其他成分 CaO、MgO、Na_2O、K_2O 等总和小于 1%，烧失量 12.98%～14.56%，平均 13.72%。

平朔矿区安太堡 4 号煤层夹矸、4 号煤层底板、9 号煤层夹矸和 9 号煤层底板，安家岭 4-1 号和 4-2 号煤层间夹层的高岭岩 X 射线衍射图谱如图 2.4 所示。从图中可以看出，本区高岭岩矿物成分以高岭石为主，平均含量在 90% 以上，其次为石英，含量为 3%～8%，有机质含量在 1% 左右，其他黏土矿物如伊利石、水云母、蒙脱石等仅占 0.5%～1.0%，含极少量的锆石、金红石、电气石、石榴子石、褐铁矿等。

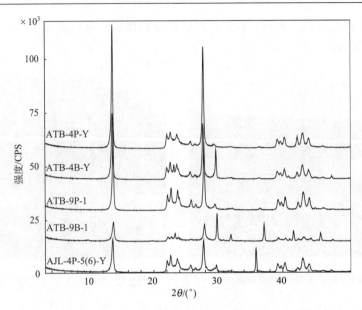

图 2.4　平朔矿区不同层位高岭岩 X 射线衍射图谱

ATB-4P-Y.安太堡 4 号煤层夹矸；ATB-4B-Y.安太堡 4 号煤层底板；ATB-9P–1.安太堡 9 号煤层夹矸；

ATB-9B-1.安太堡 9 号煤层底板；AJL-4P-5(6)-Y.安家岭 4-1号和 4-2 号煤层间夹层

　　根据矿石的结构、构造特征及矿物组分、化学成分等，本区高岭岩可细分为粗晶高岭岩、中晶高岭岩、细晶高岭岩、隐晶高岭岩四种矿石类型(图 2.5)。4 煤夹矸晶粒状高岭岩的偏光显微镜照片如图 2.6 所示。

　　2011 年中国矿业大学(北京)与中煤平朔煤业有限公司合作对平朔矿区露天矿区内的高岭岩和风化黏土资源量进行估算：风化黏土总资源储量为 14608.28 万 t，其中推断的内蕴经济资源储量(333)为 9526.80 万 t，预测的内蕴经济资源储量(334)为 5081.48 万 t。高岭岩总资源储量为 145376.7 万 t，其中推断的内蕴经济资源储量(333)为 61604.91 万 t，预测的内蕴经济资源储量(334)为 83771.77 万 t。

(a)　　　　　　　　　　　　　　　　　　(b)

图 2.5　平朔矿区高岭岩扫描电镜照片

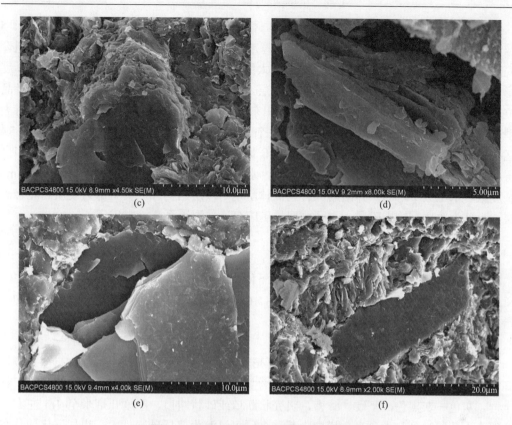

图 2.5　平朔矿区高岭岩扫描电镜照片(续)

图 2.6　平朔露天矿 4 号煤层夹矸高岭岩偏光显微镜照片(晶粒状高岭岩)

2.1.2　准格尔煤系高岭岩

准格尔煤田位于内蒙古伊克昭盟准格尔旗东部，北接乌兰尔，东临黄河，南抵黄河河曲，总面积约 8600km² 。

本区含煤地层为石炭系上统太原组和二叠系下统山西组,主要煤层有 1 号、3 号、5 号、6 号、8 号、9 号、10 号煤等,煤层总厚度约 33m。1 号、3 号、5 号煤层属山西组,局部可采;6 号、8 号、9 号、10 号煤层属太原组,其中 6 号煤层虽然结构复杂,但厚度稳定(一般在 30m 左右),是目前的主采煤层。煤系赋存有丰富的高岭岩资源,质量及品位较高,极具开发利用价值。仅准格尔煤田东部,就已发现高岭岩矿床 15 个,其中特大型矿床 5 个,大型矿床 5 个,中型矿床 3 个,小型矿床 2 个,已初步勘察探明储量 5.4 亿 t,估算远景资源储量达 57 亿 t。高岭岩矿床一般由两个以上矿体(层)组成,矿体多呈层状、似层状,个别为透镜状,产状平缓,水平方向上延展稳定,地表可见厚 3～15m、长度数百米至数千米的矿体出露。有些矿体呈现"双层结构",其上部为硬质高岭岩矿层,下部为软质高岭土矿层。本区典型的矿床有黑岱沟煤系高岭岩矿床。

1. 高岭岩层位

黑岱沟煤系高岭岩共有五层,自上而下依次编号为 $N_上$、N_1、N_2、N_3、6 矸。其中,$N_上$、N_1、N_2 三层赋存于山西组地层中,N_3、6 矸两层赋存于太原组地层中。高岭岩的质量及品位由上而下逐渐提高。

1)6 矸(6 号煤层夹矸)高岭岩

6 矸(6 号煤层夹矸)高岭岩以多层夹矸形式赋存于太原组上部 6 号煤层中(图 2.7),高岭石含量高达 90%以上,局部因勃姆石含量增高(可高达 65%～85%)而转为勃姆石黏土岩。灰色—灰黑色,坚硬、致密,贝壳状断口或砂状断口,厚度几毫米至 1m 左右,一般为十几厘米到几十厘米,横向上某些夹矸可过渡为厚层砂岩。由于煤层风化使其在矿区东北部及西北部与 N_3 高岭岩合并。

2)N_3 高岭岩

N_3 高岭岩位于太原组地层顶部,以 6 号煤层顶板产出,集中分布于勘探区北部的西黄家梁背斜一带,厚度为 0～15.59m,平均 5.09m,可采面积 $0.67km^2$。一般以单层出现,上部为坚硬的灰色-灰黑色砂质高岭岩(图 2.8),石英和长石等砂质含量为 30%,高岭石含量为 69.12%,高岭石的亨克利(Hinkley)指数 HI=1.19。中部为紫色软质高岭土(紫矸),高岭石(HI=1.33～1.41)含量为 90%,石英含量为 8%,可塑性较强;该层厚度与煤层风化程度呈正相关关系,煤层风化程度越高,厚度越大,未风化地段的厚度甚至为零。下部为硬质微晶高岭岩,高岭石含量为 86.4%,HI=1.10,砂质含量为 9%;在煤层风化严重的地段,下部的硬质高岭岩可全部被软质高岭土代替。

3)N_2 高岭岩

N_2 高岭岩位于山西组地层的中下部,层位稳定,厚度为 0.4～7.98m,平均 2.93m。上部为紫色软质高岭土,质纯,高岭石含量几乎达 100%,HI=1.58,局部可见白色黏土纹层与黑色有机质纹层形成的水平层理或波状层理。中部为硬质含晶粒团块状高岭岩,高岭石含量为 93%,HI=1.13,石英含量为 7%。下部为砂质高岭岩,高岭石含量为 75.68%,HI=0.81,石英含量为 13%,含极少量伊利石和伊/蒙间层矿物。

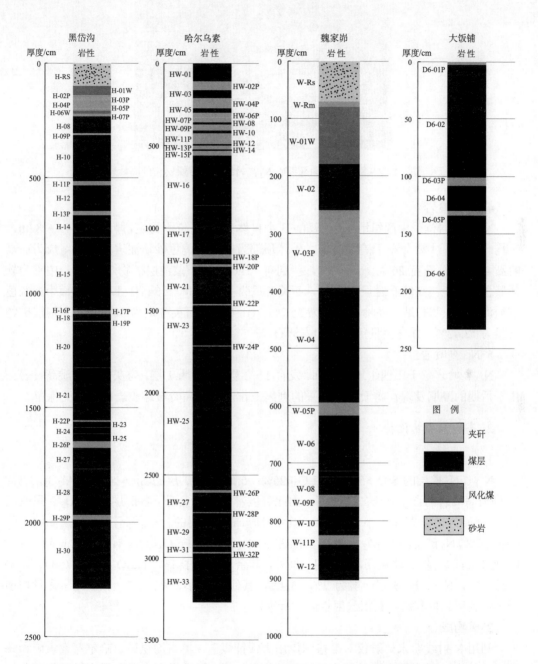

图 2.7　内蒙古准格尔煤田 6 号煤层夹矸高岭岩分布及层位

图 2.8　内蒙古黑岱沟露天矿 N_3 高岭岩及 6 号煤层夹矸高岭岩

4）N_1 高岭岩

N_1 高岭岩位于山西组地层中部，1～3 个自然分层，层位不稳定，厚度为 0.4～8.82m，平均 3.22m。主要分布于矿区南部。矿体顶部为坚硬的黄色砂质泥岩，矿物组成为：高岭石 40.47%，石英 26%，长石 3%，伊利石 12.97%，伊/蒙混层矿物 18.46%。中部为软质紫色高岭土，高岭石含量为 93%，石英含量为 6%，高岭石的 HI=1.45。底部为深灰色硬质泥岩，块状构造，高岭石含量为 55.2%，HI=0.63，石英含量为 30%，伊/蒙混层矿物含量为 12.42%，并含少量伊利石和方解石。

5）$N_上$ 高岭岩

$N_上$ 高岭岩位于山西组地层顶部，发育 1～2 层，一般为 1 层，为灰黄色硬质高岭岩。由于后期的冲刷及现在露天煤矿开采的剥离工作，该层高岭石黏土岩已基本无保留。

2. 高岭岩的物化特征

1）化学成分

$N_上$、N_1 矿层的 SiO_2>58%，Al_2O_3<25%；6 矸、N_3 矿层的 SiO_2<45%，Al_2O_3>37%；N_2 硬质高岭岩的含量介于二者之间，由此可以看出，自上而下各矿层的 Al_2O_3 含量逐渐增高。Fe_2O_3 含量基本上小于 2.0%，其中 $N_上$、N_1 矿层的含量稍高，N_1 软质高岭土的 Fe_2O_3>2%，N_3 矿层的 Fe_2O_3 一般在 1.4%左右，N_2 矿层的 Fe_2O_3<1%。TiO_2 的含量除 $N_上$、N_1 硬质高岭岩及 N_3 软质高岭土大于 1%外，其余一般小于 1%。Na_2O、K_2O、CaO、MgO 的总含量，$N_上$、N_1 矿层一般为 2%～3.4%，其他矿层为 2.0%左右。微量元素含量均小于工业利用品位和矿产利用放射性防护标准。

2）矿物成分

利用 X 射线粉末衍射仪对准格尔煤田大饭铺煤矿、黑带沟煤矿、哈尔乌素煤矿和魏家峁煤矿的 6 号煤层夹矸及顶底板进行矿物学分析，6 号煤层夹矸及顶底板矿物组分如图 2.9 所示。由图可知，准格尔煤田 6 号煤层夹矸中所含矿物主要为勃姆石、黏土矿物（主要为高岭石），其余为少量的钾长石、方解石、菱铁矿、黄铁矿、硬石膏、磷锶铝矾、硬水铝石等，石英仅赋存于顶板砂岩或泥岩中，夹矸中基本不含石英。

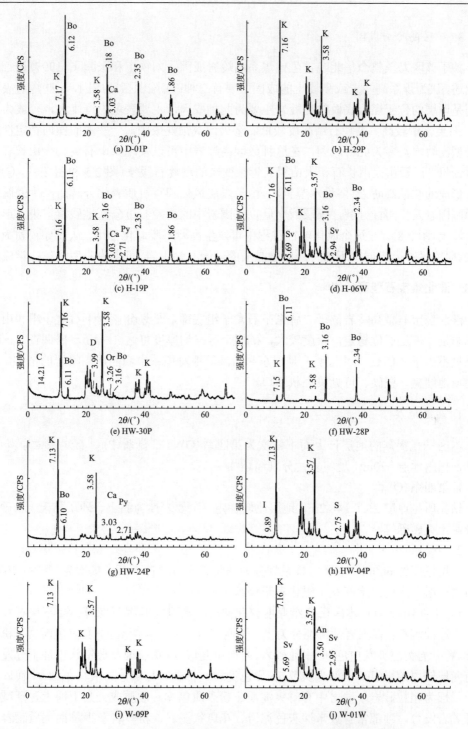

图 2.9 内蒙古准格尔煤田 6 号煤层夹矸高岭岩 X 射线衍射图谱

样品编号地点及层位，参见图 2.7

K.高岭石；Bo.勃姆石；I.伊利石；C.绿泥石；Ca.方解石；Py.黄铁矿；S.菱铁矿；Sv.磷锶铝矾；

An.硬石膏；D.硬水铝石；Or.钾长石

3. 矿区高岭岩成因

关于该区乃至整个华北晚古生代煤系高岭岩成因，刘钦甫和张鹏飞(1997)进行了详细论述，认为煤系高岭岩或高岭土的成因主要有三种：①陆源搬运成因，一些煤层夹矸，特别是厚层的位于煤层底板的高岭岩主要为此种成因，主要表现为厚度大，一般为 1～2m，石英含量较高，高岭石结晶度较低。②火山灰蚀变成因，一些薄的横向稳定性好的夹矸型高岭岩，多为此种成因，在这种成因高岭岩中可以发现火山石英、火山长石、火山黑云母，以及由火山长石和火山黑云母蚀变来的高岭石假象(图 2.5 和图 2.6)。③煤层风化形成的软质高岭土(俗称木节土)，由于煤层风化和有机质氧化分解后产生的腐殖酸对周围围岩发生溶蚀分解，煤层或夹矸以及围岩中的高岭石组分原地残留富集，形成软质高岭土(图 2.8)。在这个风化溶蚀过程中可发生高岭石脱硅化作用，从而导致勃姆石的形成。研究区 6 号煤层中下部有一层隐晶质的勃姆石黏土岩，可能为原生胶体化学成因。

2.1.3　淮北焦宝石型高岭岩

淮北焦宝石型高岭岩位于二叠系下石盒子组底部，是划分该区下石盒子组和山西组的标志层。矿层层位稳定，厚度较大，矿层全区平均厚度可达 3～4m，据调查，该区资源总量不少于 4 亿 t。"焦宝石"是山东和两淮等地对煤系中隐晶质高岭岩的俗称，其特征为质地细腻、坚硬、可见贝壳状断口。

1. 矿区地层

本区钻孔揭露的地层自上而下依次为第四系(Q)、二叠系(P)、石炭系太原群(C_3t)上部，揭露地层 620m，现将岩性分别简述如下。

1)第四系(Q)

钻孔所见厚度 26.7～48.2m，地层比较稳定，主要岩性为黏土、砂质黏土、粉砂、细砂及黏土夹砂砾等。

2)二叠系(P)

该层厚度约 600m，本区二叠系划分为两统、四组。自下而上依次为下统：山西组、下石盒子组；上统：上石盒子组、石千峰组。

(1)山西组(P_1s)：本区山西组厚度自北向南、自东向西由厚变薄，与下伏石炭系太原组为连续沉积。根据岩性特征分为上、下两部分：上部为深灰色-灰黑色泥岩、粉砂质泥岩、粉砂岩为主夹灰白色细-中粒砂岩，有时呈互层，脉状层理及透镜状层理十分发育，含有两层较厚的煤组。下部为灰色-灰黑色泥岩、粉砂岩与灰色、灰白色细-中粒砂岩互层，局部为粗粒砂岩，砂岩中有时夹泥质、粉砂质包体，砂质成分自下而上逐渐减少，底部砂岩发育，顶部常有数米深灰色泥岩、花斑状泥岩、粉砂岩及少量铝土质泥岩。

(2)下石盒子组(P_1x)：深灰色及灰黑色泥岩、粉砂质泥岩、粉砂岩夹浅灰色、灰白色细-中粒砂岩及煤层。泥岩中常有青紫及浅灰等色组成的花斑，偏下部多夹 1～3 层灰色、浅灰色铝土质泥岩，时见菱铁矿鲕粒或结核含于泥岩、粉砂岩，甚至一部分细砂岩中。煤系高岭岩主要产自该组底部，厚 3～5m，呈灰白色，质细腻，具滑感。

(3)上石盒子组（P_2s）：本组是本区含煤地层之一。主要岩性为上段：灰紫色、灰绿色及深灰色-灰黑色等杂色粉砂岩、泥岩及花斑状泥岩与浅灰色、灰白色及灰绿色细、中、粗粒砂岩互层或互为夹层，局部夹浅灰绿色铝土质泥岩；下段：灰色、深灰色、灰黑色及杂色泥岩、花斑状泥岩、粉砂岩夹浅灰绿及深灰色细砂岩及浅灰色、灰白色中-粗粒砂岩，中上部有时见铝土质泥岩，常见菱铁矿鲕粒或结核。

(4)石千峰组（P_2sq）：上部以砂质页岩、页岩为主；中部砂质页岩夹多层中细砂岩、长石石英砂岩；下部以中粗粒砂岩为主。

3)石炭系太原群（C_3t）

该层属海陆交替相沉积，由灰黑色、深灰色、灰色粉砂岩、砂岩及薄层石灰岩组成，夹薄煤层 5～6 层，多不可采。

2. 矿区构造和岩浆岩

本区位于"徐州-宿州弧形构造带"的西部前缘挤压带。该构造带宽 10～15km，主要由一系列自南东向北西逆冲的叠瓦式逆冲断层和夹于断层之间、轴面一律向南东倾的次级歪斜褶皱所组成。被卷入的地层以寒武纪至石炭-二叠纪地层为主。本区高岭岩矿床主要受该构造带的主要次级构造单元——"闸河向斜"控制，构造较简单。

区内的岩浆岩有石英斑岩和辉绿岩两种，分布比较广泛。

石英斑岩：灰白色，斑状结构，致密，坚硬，由石英、长石、碳酸盐矿物、绢云母等组成。

辉绿岩：暗灰绿色，致密，块状，坚硬，由斜长石、辉石、黑云母、绿泥石、磁黄铁矿等组成。

3. 高岭岩矿床地质特征

矿层的厚度大都为 2～4m，部分地段可见厚度大于 6m 的矿层。矿体呈北东向展布。

该矿区矿石的主要矿物成分为高岭石，占 90%～95%，含有少量的一水软铝石、伊利石、石英、绿泥石、蒙脱石、菱铁矿、碳酸盐矿物等（范景坤，2001）。

该区矿层中部的矿石多为各种色调的灰色。矿石质纯、致密、块状，有滑腻感，具贝壳状断口，不显层理。显微镜下以泥质结构为主，成分单一。根据矿石颜色、结构、构造、矿物特征等划分三种类型：①浅灰色至灰白色硬质高岭岩，致密块状，泥质结构。质硬性脆，呈贝壳状断口，碎片边缘的刃部在强光下呈半透明的褐色，质地细腻，滑感强，呈较暗的油脂光泽，节理发育，岩心易碎。②深灰色至灰黑色硬质高岭岩，泥质或含粉砂泥质结构，致密块状构造，质硬性脆，平坦状断口节理发育，有滑感。③花斑状硬质高岭岩，呈暗红色、灰绿相间，以暗红色为主；致密块状构造，泥质、粉砂泥质结构，参差状断口。

4. 矿区高岭岩地质成因分析

本区高岭岩矿床为原生沉积成因。高岭岩形成时期二叠纪为本区重要的聚煤期，湿热的气候条件、长期稳定的古构造条件及平缓的古地形等，为本区早二叠世高岭石矿床的形成提供了有利的条件。

高岭石的形成需要较为强烈的风化作用,湿热的气候条件为物源区铝硅酸盐矿物的化学风化提供了前提条件,同时为高岭石的形成创造了物质基础。在长期稳定的构造条件下,物源区母岩不断经受风化、淋滤、分解游离出 SiO_2、Al_2O_3 等化学物质,呈胶体形式搬运至沉积盆地,SiO_2 和 Al_2O_3 凝胶经过成岩、脱水、重结晶等作用形成高岭石。从矿床的分布特征看,早二叠世时,本区的古地形是十分平缓的,为北部略高、南部略低的起伏不大的低丘陵地区,这种平缓的古地形条件对沉积型高岭石矿床的形成是最为有利的。另外,矿石中所含的少量有机质说明,有机质在胶体搬运中起到了护胶作用,由于有机质的存在所形成的酸性介质条件既可使 Fe、Mn、Si 等有较多的淋滤,也可使 Al、Ti、Fe、Si 等形成胶体溶液而作短距离搬运,在盆地中形成 Al、Ti、Fe、Si 等的凝胶而沉淀。

自早二叠世早期,本区广泛发生了海退。山西组煤系形成于进积型河控浅水三角洲环境。由于广泛的海退,早二叠世晚期形成了广泛的三角洲平原环境,为高岭石矿床的形成提供了有利的古地理景观。加之适宜的古气候、古构造及平缓的古地形条件,形成了本区早二叠世晚期的高岭石矿床。

2.1.4　张家口高岭土

张家口地区位于燕山构造带的西部,该地区出露的主要地层为太古界、元古界、中生界的张家口组和新生界的玄武岩。其中,张家口组非常发育、厚度巨大,下部以碎屑岩为主,中、上部以酸(中)性的火山碎屑岩和火山熔岩为主。

1. 矿区地层

河北省张家口沙岭子地区高岭土矿层赋存于侏罗纪上统张家口组二段地层中,近矿围岩为粗面岩。区内出露的地层有侏罗系上统张家口组二段和第四系地层(河北省地质局,1983)。

1)侏罗系上统张家口组二段(J_3z^2)

岩性为流纹岩及粗面岩。流纹岩:灰白色、黄灰色、棕黄色;斑状结构,斑晶主要为石英、透长石,晶体较大,前者呈浑圆状,后者呈板柱状,基质成分主要为石英、透长石、角闪石、黑云母等;流纹构造,偶见气孔、杏仁构造。粗面岩:紫褐色、棕褐色;以斑状结构为主,粗面结构次之,斑晶为透长石,偶见石英斑晶;块状构造。

张家口组以酸性-亚碱性火山熔岩及其火山碎屑岩为主,间有河流相细碎屑岩沉积。化石贫乏,堆积厚度大。岩性、岩相横向变化快,火山岩喷发韵律结构显著。与下伏白旗组多为假整合接触。下部以火山碎屑岩为主,间沉积碎屑岩;中部以火山熔岩夹火山碎屑岩为主;上部以火山碎屑岩为主,间沉积碎屑岩。多自成火山岩堆积,组成北东-北北东向火山岩带。

本组矿产有膨胀珍珠岩、膨润土、沸石及铁、铜及多金属。膨胀珍珠岩呈似层状产于流纹岩中,厚几米至二十余米。膨润土呈层状产于流纹岩和粗面岩中,厚 1~2m。沸石主要赋存于二、三段特别是三段的火山碎屑岩中,一般含矿 1~18 层,主要为沸石化凝灰岩。铁、铜及多金属，主要有赤铁矿、铁锌矿、镜铁矿、辉钼矿、铜钼矿及锰矿等，分别与次石英粗面岩、次流纹岩、次石英斑岩、次石英二长斑岩等潜火山岩有关，矿化多赋存于潜火山岩与喷出岩或沉积岩接触带。

2) 第四系(Q)

该层分布于地形低缓处，成因类型为冲积、洪积，局部为风积、坡积。平行不整合于下新统或其他基岩之上。主要岩性为砂砾石、砂土、亚砂土等，含砾或夹不稳定砾石层和透镜体。一般垂直节理发育，常被冲刷为陡壁冲沟，局部含有钙质结核，厚 5～136m，有时见黄色黏土、亚黏土等。

2. 构造和岩浆岩

张家口高岭土矿区所处的大地构造位置为：中朝准地台(Ⅰ)燕山沉降带(Ⅱ)冀西褶皱断裂(Ⅲ)宣龙复向斜(Ⅳ)万全凹陷(Ⅴ)东部。

本区处于燕山沉降带之西端宣龙复向斜的次级构造单元——宣后向斜的西部，西部与山西台背斜之怀安复背斜相邻，南部与蔚县复向斜之蔚县开阔向斜接壤。

本区中晚侏罗世岩浆喷溢活动频繁，中侏罗世喷出了一套中性火山碎屑岩和熔岩。晚侏罗世在本区娘子山一带酸性火山岩为超浅成喷出相，成岩钟状产出，中心部位为粉红色石英斑岩、块状无层理，向边缘过渡为流纹岩或流纹质凝灰岩，成层性较好。

3. 高岭土矿床地质特征

本区高岭土矿层赋存于侏罗系上统张家口组二段地层中，近矿围岩为粗面岩。矿体形态为似层状、透镜状，沿顺层发育的火山岩构造裂隙带断续分布。矿体长 75～1000m，厚 0.2～13.0m(图 2.10)。

图 2.10　张家口地区地表出露的高岭土及其围岩

矿石呈白色，鳞片状颗粒极细，块状有滑感，造浆性能好。矿石中矿物成分以高岭石为主，含少量蒙脱石、水云母及石英(图 2.11)。

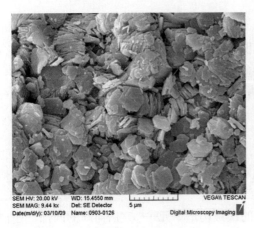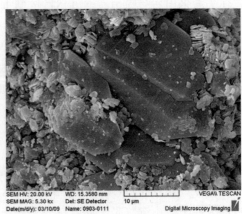

(a) 书本状及蠕虫状高岭石　　　　　　　　　(b) 高岭土中六方柱状自生石英

图 2.11　张家口高岭土扫描电子显微镜照片

矿石多为灰白色、土黄色、浅绿色、紫色、棕色等。土状、土块状，易碎。一般土质细腻，具滑感，黏性、可塑性、吸水性较好。矿石构造为块状、土状。矿层埋藏深度为 0～43.0m。

4. 矿区高岭土地质成因分析

矿区高岭土矿带多沿构造裂隙带分布，山顶为围岩粗面岩。优质矿石中高岭石含量高达 90%以上，结晶度良好，扫描电子显微镜下高岭石晶形完好，绝大部分为假六方片状，集合体呈书本状或蠕虫状。高岭土中含有少量的晶形完好的六方柱状自生石英。根据矿区高岭土的产状及其显微镜下结构特点，认为本区高岭土可能为热液蚀变成因。

2.1.5　苏州高岭土

苏州阳山高岭土矿床位于苏州市西北约 18km 处，水陆交通极为便利。矿区所处大地构造属下扬子拗陷太湖隆起湖州-苏州断块的东南缘。矿区主要由阳西、阳东和观山三个矿床组成。

1. 矿区地层

区域出露地层由老到新为泥盆系下统茅山群(D_{1-2})、上统五通组(D_3w)，石炭系下统高骊山组(C_1g)、中统黄龙组(C_2h)、上统船山组(C_3c)，二叠系下统栖霞组(P_1q)、下统堰桥组(P_1y)、上统龙潭组(P_2l)、上统长兴组(P)，三叠系下统青龙组(T_{1-2})，以及侏罗系上统中酸性火山岩系和第四系。

1)泥盆系

泥盆系和二叠系的砂岩或砂页岩、泥岩以及侏罗系上统凝灰岩为高岭土矿层顶板，而二叠系、三叠系灰岩及部分二叠系堰桥组—龙潭组砂页岩为矿层的底板。其岩性如下：

(1)泥盆系中、下统茅山群(D_{1-2})：主要分布于阳山西南一带，系阳西高岭土矿体的顶板，为灰白色夹紫红色中厚层细粒石英砂岩，岩屑石英砂岩夹薄层粉砂质泥岩，粉砂岩厚度大于 643m。与上覆五通组呈假整合接触。

(2)泥盆系上统五通组(D_3w)：主要分布于阳山西南一带，其岩性分为两部分：上部为黄褐色和灰色粉砂岩、粉砂质页岩、细砂岩，夹铝土质泥岩；下部为灰白色中粗粒石英砂岩，夹页岩，下部或底部常含砾石。厚 300 多米，与上覆地层呈假整合接触。

2)石炭系

石炭系总厚 104m，局部厚度大于 250m，自下而上为高骊山组、黄龙组及船山组。

(1)高骊山组：为杂色砂页岩夹黏土岩，薄煤层，泥质粉砂岩等。厚度大于 72m，与上覆地层呈假整合。

(2)黄龙组：为灰白色、肉红色块状灰岩、碎屑灰岩、假鲕状生物灰岩，底部为白云岩、含砾白云岩及石英底砾岩。厚 126m，与上覆地层呈假整合接触。

(3)船山组：为灰色、深灰色、灰白色(相间)中厚层-厚层状灰岩，球状灰岩夹鲕状、生物灰岩。厚 55～58m，与上覆地层呈假整合接触。

3)二叠系和三叠系

(1)二叠系栖霞组：主要分布于阳西、阳东地区，为矿体的底板，为灰黑色的灰岩，在阳东及阳西局部已蚀变为大理岩，呈晶粒结构和变晶结构，主要化学成分为方解石，其粒径大小不一，岩层中含有较多的燧石结核或条带。在近岩脉处或岩脉型高岭土矿体底部可见硅化大理岩及黄铁矿化大理岩。栖霞组灰岩的顶部由于后期构造破坏和风化、溶蚀而发育节理、裂隙、喀斯特溶洞。岩层产状变化大，灰岩中所发育的古喀斯特溶洞为溶洞充填型高岭土矿体赋存的空间。

(2)二叠系堰桥组—龙潭组：广泛分布于阳山地区。由浅灰色粉砂岩、灰色-白色细砂岩、砂质页岩、粉砂质泥岩、泥质粉砂岩和泥岩等组成，总体上呈灰白色、灰绿色、棕黄色。隐晶质结构、泥质结构和砂状、粉砂状结构；层状、块状构造。局部可见泥页岩，具有微层理构造。主要矿物为石英、长石、绢云母、黄铁矿，有少量磷灰石、方解石及黏土矿物。堰桥组—龙潭组的砂页岩、泥岩为古溶洞充填型矿体的顶板，局部为蚀变型高岭土矿体的底板。

(3)二叠系长兴组—三叠系青龙组：地表没有出露，仅见于观山矿区钻孔中，为显微细粒结构的浅灰色灰岩。此层常有数毫米到 1cm 左右的泥质夹层。有时可见缝合线构造。岩石普遍大理岩化，具他形粒状变晶结构。顶部有时可见硅化大理岩或硅化灰岩。该层局部地段为火山蚀变型高岭土矿体的直接底板。

4)侏罗系

侏罗系上统火山岩广泛分布于阳山北部覆于五通砂岩，栖霞组灰岩及堰桥组砂页岩之上，为一套中酸性火山岩和火山碎屑岩系。岩石已强烈次生石英岩化、绢云母化或不同程度的高岭土化。从地表向地下深部依次可见硅化凝灰岩(次生石英岩)、绢云母化凝灰岩和高岭土化凝灰岩。

2. 构造和岩浆岩

矿区位于印支期北东走向的木溇向斜西翼。从整体上看属单斜构造，地层呈北北西-南南东向展布，北北东向倾斜，倾角一般为 40° 左右。出露燕山期北西向逆掩断层组成的叠瓦构造以及燕山晚期的切割了逆掩断层的扭性断层。这些构造活动并伴有中酸性脉岩以及次火山岩的填充；节理以北东向最为发育。

区域范围内出露的侵入岩有辉绿玢岩、煌斑岩、石英闪长玢岩、花岗闪长岩、含角闪石黑云母花岗岩、粗粒黑云母花岗岩、流纹斑岩、石英斑岩和正长斑岩；主要喷出岩为流纹质凝灰熔岩等。

3. 高岭土矿石特征

矿区高岭土矿石可分为五个自然类型：①致密块状高岭土。白色，有时略带红色、淡黄色，具油脂光泽或蜡状光泽，泥质结构，块状构造。②角砾-条纹状高岭土。黑色与白色高岭土条带相间分布，其间夹有角砾，构成条纹状或角砾定向排列。土状光泽，棉絮状结构和泥质结构，条纹状构造。③碎屑角砾状高岭土。由白色、灰黑色、灰绿色、棕色等杂色高岭土构成。多呈土状光泽，可见明显角砾，碎屑结构，角砾状构造。④残斑状高岭土。白色，有时带棕黄色、灰白色，清晰可见高岭土化长石斑晶残余，当高岭土化强烈时，呈白色、米黄色，致密块体。残斑状结构，块状构造。⑤含砂致密状高岭土。白色，有时为米黄色、棕黄色、灰白色等。砂感强，可见呈六方双锥的石英晶体。泥质结构，块状构造。

4. 矿区高岭土地质成因

根据矿体的产出特征、矿石类型、物质组成、矿物组合和围岩蚀变等特征，对不同矿床的成因分述如下（易发成等，1996；刘全坤等，2007）：

（1）脉岩蚀变型高岭土矿床：一般认为，阳西脉岩蚀变型高岭土矿床主要成矿作用是热液交代作用，高岭土矿体后期遭受风化淋滤作用的改造。燕山晚期的岩浆活动，尤其是含有 F、Cl、CO_2、Li、Pb、Cu、Zn、As、Ga 等元素的石英闪长玢岩热液的侵入引起介质发生变化，导致温度升高，引起地下水的受热而转变为热水并与原生热液混合，这种富含挥发分的混合热液沿逆掩断层及节理由北向南、由下向上进行运移，并与早期侵入的正长斑岩发生作用，从而引起一系列的变化，形成高岭土矿体。在后期的风化淋滤改造阶段，热液作用中形成的黄铁矿遭受氧化、溶解，形成酸性地下水，从而对已形成的高岭土或围岩进一步进行改造，改造的结果有两种：①使残留的长石进一步水解形成高岭石矿物；②可进一步淋滤出 Si、K、Na、Fe 等元素，对高岭土起漂白的作用；淋滤出来的 Si、Al、Fe 胶体运移至适当场所，发生凝聚沉淀，形成褐铁矿-玉髓-高岭土成矿序列。

（2）凝灰岩蚀变型高岭土矿床：这类矿床主要为燕山期晚侏罗纪及早白垩纪时，由火山喷发间歇期及期后产生的中低温酸性热水溶液使成矿原岩(凝灰岩类)中的铝硅酸盐矿物蚀变而成。

(3)溶洞充填型高岭土矿床：溶洞充填型高岭土矿床的成矿作用主要为风化淋滤作用。其矿体受喀斯特溶洞控制，矿体形态呈巢状、囊状，与下伏大理岩(或灰岩)界线清晰；矿石具有典型的定向片状结构及显微层状和定向构造，标志着矿石淋积特征。矿体由内向外可见呈环带状分布的带状构造，近灰岩为碎屑-角砾状高岭土，向内为角砾-条纹状高岭土，中间为致密块状高岭土。高岭石族矿物以结晶差、有序度低的高岭石为主，并见有 10Å 埃洛石和 7Å 埃洛石，其分布具有规律性。埃洛石在矿体下部近灰岩处可构成独立的埃洛石带。矿体下部见有角砾状明矾石，近灰岩处局部可见 Ca-蒙脱石。矿体中的硅质矿物以玉髓、蛋白石为主，晶质粒状次生石英少见。与热水溶液有关的亲硫元素总体来说相对较低，局部略高，显示出热液作用的叠加改造。

2.1.6 茂名高岭土

该地区属丘陵地区，最高海拔标高为勘查区外围东侧+52.87m，最低海拔标高为勘查区南侧+39.0m，相对高差为 13.87m。地势东高南低，自然坡度在 20° 左右，区内植被较发育，以荔枝树、龙眼树为主。该地区属亚热带季风气候，年平均气温 22℃，具有明显的干湿季节。

1. 矿区地层

茂名盆地出露地层由下而上表述如下。

(1)寒武系八村群(Єbc)：岩性为砂质页岩、绢云母岩、泥质石英砂岩及变质石英砂岩等。分布于盆地北侧，顿梭、高州城、根子一带，厚度大于 2000m。

(2)中-下泥盆统桂头群($D_{1-2}gt$)：岩性为砂岩、含砾砂岩、砾岩、变质石英岩、泥质绢云母页岩等，出露于高州城附近，厚 1400m，与下伏地层呈角度不整合接触。

(3)中泥盆统东岗岭组(D_2d)：主要岩性为灰岩、大理岩、硅化灰岩、白云质灰岩等，分布于高州茂岭一带，厚度大于 100m，与桂头群呈整合接触。

(4)白垩纪上统(K_2)：岩性为紫红色-砖红色粉砂岩、粉砂质泥岩、砂岩、砂砾岩等，钙质胶结较紧密、稍硬。地表见于高州镇江、石鼓茂名公馆及羊角一带。顶部为一套燕山末期喷出的粗面岩。

(5)古近系始新统—渐新统油柑窝组(Ey)：按其岩性可分上、下两段，下段为泥岩、粉砂岩，底部为砂砾岩；上段为一套油页岩，底部夹煤层。

(6)新近系中新统黄牛岭组(N_1h)：以泥岩为主，夹粉砂岩及薄层砂岩。尚村组(N_1sh)岩性为灰褐色劣质油页岩及含油泥岩，夹粉砂质泥岩、粉砂质砂岩、粉砂岩。厚度为 0～36m。

(7)新近系上新统老虎岭组(N_2l)：出露于盆地中部，主要为砂砾岩、砂岩与砂质泥岩互层，总厚可达 600m。与下伏尚村组呈平行不整合接触。本区内高岭土矿藏分布于该层位。

(8)新近系上新统高棚岭组(N_2g)：出露于盆地的北东部高棚岭、陈垌分界一带。其岩性上部为复砾岩、砂砾岩与泥质砂岩、砂质泥岩互层，下部以后两者为主，夹砾岩及砂砾岩。厚度为 750m，与下伏老虎岭组呈整合接触。

2. 构造和岩浆岩

该区位于湛江-韶关新华夏构造带南端,吴川-四会大断裂及官桥断裂之间,茂名盆地中部。盆地走向北西,西起化州市连界镇,东至电白县羊角镇,北至高州城南茂岭,南至茂南区公馆镇。长 44km,宽 10~15km,面积约 500km^2。

盆地为受北西向次级断裂控制的构造盆地。盆地中沉积了白垩纪陆相红色碎屑岩建造,火山岩建造,海相碳酸盐建造。

总体为一向斜。地层走向北西-南东,以 4°~12°向北东倾,占盆地宽度五分之四以上,北东向南西倾,倾角稍陡,大部分被断层所破坏,构成一个北窄、南宽的不对称向斜。

主要断裂有三组,分述如下:

(1)北西向断裂:性质以压扭性为主,部分为张扭性。

(2)东西向及东西向断裂:为一系列张性及张扭性断裂。平面上平行成组或呈侧幕式排列,剖面上呈阶梯式或地堑、地垒式。

(3)北东向断裂:仅局部发育,如盆地西端的石龙断裂。矿区出露有燕山末期的喷出岩,发生于白垩纪末期,岩性以粗面岩为主,局部相变为长石斑岩,呈浅紫红色或淡灰色,地表呈单个岩体出露于尖山、石鼓圩、马鞍山。

3. 高岭土矿床地质特征

茂名地区的羊角断裂和高棚岭断裂构造控制古近、新近系盆地的发育,并切割新近系地层。

矿区内出露的地层多为新近系中新统黄牛岭组和上新统老虎岭组碎屑岩地层。主要为河湖相沉积碎屑岩。碎屑岩以含砾粗粒长石石英砂岩和含砾不等粒长石石英砂岩为主,岩石中的长石多已被彻底风化成高岭土矿,往深部风化程度减弱,可见少量残留长石。

矿区内高岭土矿为层状,局部含铁、钛较高,风化后呈棕红色,影响矿石质量,矿层间常见加有透镜状黏土岩。

矿区内地层为产状平缓的单斜构造,倾向北北东,倾角 5°~8°。沉积岩层层理较为明显,未见断裂构造。

主要岩石特征如下:

(1)含高岭石砂砾岩:白色、灰白色,少量黄红色、棕红色。粗粒结构、中粒结构、不等粒结构,含粒砂状构造。粒径 2~5mm,个别达 40~50mm。主要矿物为石英,占 50%~80%;黏土矿物以高岭石为主,占 12%~30%,电镜下见假六边形片状水云母,占 1%~2%,呈微鳞片状;石英为次棱角状,分选性差。

(2)粉砂岩:灰白色、棕黄色,粉砂状结构,土状构造,具塑性。主要矿物为石英、高岭石、水云母,含铁质及白云母碎屑。石英多为次棱角状,粒径 0.025~0.15mm,以粉砂粒级为主。高岭石具粒状长石假象。

(3)黏土岩:黄白色、灰色、杂色,泥质结构,土状构造,具塑性,铁含量高达 2%~6%。

　　高岭土矿石类型可分为含砾不等粒长石石英砂岩型高岭土、不等粒长石石英砂岩型高岭土和粉砂岩-黏土岩型高岭土三种。以前者为主，占矿石总量 90%以上。且质量较好，其余类型多是薄层状或透镜状夹于前者之中，质量较差。

　　经分析高岭土原矿物成分以石英为主，约占 79.0%；黏土矿物以高岭土为主，占12%～30%；残留长石 1%～3%；往深部略有增加。

　　4. 矿区高岭土地质成因

　　据钻孔资料分析，茂名高岭土主要属于风化残积亚型和近代、现代河湖海湾沉积亚型两种，前一种类型以沙田、大坡、浮山岭、白石矿等地为代表，这种矿床主要是由花岗岩、混合岩风化而成。后一种类型以茂名盆地的山阁、霞池、文林、上洞、西涌等地为代表，矿体的分布范围为 25km^2 左右，厚度达 20～60m，呈层状、似层状，主要含矿层为新近系老虎岭组和黄牛岭组、尚村组，是我国目前发现的罕见的特大型沉积矿床(余琳，1999)。

2.1.7　北海高岭土

　　1. 矿区地层和构造

　　矿区出露的地层均为第四系松散沉积，自新而老表述如下。

　　(1)全新统：为河流冲积相含砾砂层夹砂层，灰白色，以石英为主，局部含黏土矿物，中粒结构，砾石成分主要为石英，大小为 3～25mm，一般为 3～8mm，浑圆，松散状，厚 0.3~14.54m，分布于冯家江阶地。

　　(2)中更新统北海组：上亚组为棕黄色黏土质砂层，厚 0.50～7.20m；下亚组为棕黄色、棕红色、灰白色砂砾层，上部普遍含铁质姜状结核或含铁质团块，厚 0.30～6.50m。

　　(3)下更新统湛江组：顶部为黏土层。

　　2. 矿区构造

　　矿区内地层产状水平，未见断层和火成岩岩体，地质构造简单。

　　3. 高岭土矿床地质特征

　　矿床位于矿区中部，似层状，产状水平，矿体厚 1.74～8.54m，平均厚度为 4.37m，南部和北东部厚(8.54～6.12m)，西部和西北部薄(约 1.74m)。

　　矿体内普遍含轻微炭化植物根(直径 0.5～1cm)和植物碎屑。矿层顶板为砂质黏土或黏土质砂层；底板为砂层、含砾砂层，部分为花斑状黏土层。

　　矿石含高岭石73%、伊利石23%，其次为石英，多水高岭石、长石、碳酸盐类均微量。其中，小于 2μm 粒级除含少量伊利石、石英和铁、钛矿物外，还偶见埃洛石。2～5μm 粒级以高岭石和伊利石为主，二者含量相近，石英含量占 24%。5～10μm 粒级主要为石英，伊利石少量，高岭石更少。

　　本矿区高岭土矿石为浅灰色、灰白色，部分为白色，灰白色矿石粒度小于 2μm 者白度为75.4%。矿石泥质结构，未硬结，具强烈的黏韧感。可塑性指数为19～29.7，平均24.7。

矿石在偏光显微镜下呈显微鳞片泥质结构。高岭石、伊利石均为显微鳞片状，大小小于0.05mm；石英和钾长石粉砂级，少量细砂级，次棱角-半浑圆形；金红石、白钛石、铁质均小于0.01mm，零星分布；偶见斜黝帘石碎屑。电子显微镜研究，高岭石粒度一般为1～2μm，高岭石呈薄片状，晶型完好，假六方片状，可见蠕虫状集合体；伊利石呈清晰的不规则片状；埃洛石似管状。

4. 矿区高岭土成因

本区高岭土为砂质高岭土，形成于晚更新世(中、晚期)至早更新世，矿层均为水平层状产出，上矿层和夹层普遍含植物碎屑，曾发现淡水轮藻受精卵膜古生物微体化石，没发现海相介形虫和有孔虫化石，可见流水搬运构造，这些特征显示该区高岭土系沉积成因。北海高岭土剖面如图2.12所示。

图 2.12　北海高岭土矿山

2.2　高岭土原矿结构与性质

采用 X 射线荧光分析技术、X 射线衍射、红外光谱、扫描电子显微镜、激光粒度分析等手段研究不同产地高岭土的结构与性质。其中，块状煤系高岭岩样品经机械粉碎至325 目，过 200 目筛，非煤系高岭土样品经水洗沉降除砂后进行相关测试。具体测试与表征方法如下：

(1)化学成分分析：采用美国 Thermo Fisher 公司的 X 射线荧光(XRF)光谱仪，分析范围：B－U，测定含量范围从 ppm[①]到 100%。

---

① 1ppm=10^{-6}。

(2) X 射线衍射(XRD)分析：采用日本 Rigaku 公司的 D/max2500 PC 型旋转阴极 X 射线衍射仪，测定条件：Cu 靶，电压 40kV，电流 100mA，扫描步宽 0.02°，扫描速率 8°/min。

(3) 傅里叶变换红外光谱分析：采用美国 Thermo Fisher 公司的 Nicolet 6700 型傅里叶变换红外光谱仪测样品的 FTIR 光谱，KBr 压片法制备样品，扫描范围为 4000～400cm^{-1}。

(4) 热重分析(TG-DTG)：采用瑞士梅特勒-托利多公司产的 TGA/DSC1/1600HT 型同步热分析仪，温度为 30～1100℃，升温速率为 10℃/min。

(5) 扫描电镜(SEM)分析：采用日本株式会社的 S-4800 型冷场发射扫描电镜，成像电压 30kV。

(6) 粒度分析：采用英国 Malvern Instrument Compoany mastersizer 2000 激光粒度分析仪测试样品粒度，将样品按照 10%固含量制浆，加入 0.5%分散剂，磁力搅拌 10min，然后超声波处理 10min。

(7) 比表面积分析：采用美国 Micrometrics 公司生产的 ASAP2020 型吸附仪测试样品的比表面积。

(8) 表面电位分析：采用英国 Malvern 公司生产的 Nano ZS90 型 Zeta 电位仪测试样品的表面电位。

2.2.1　高岭土样品的化学组成

高岭石的理论组成为 SiO_2 46.54%、Al_2O_3 39.5%、H_2O 13.96%、SiO_2/Al_2O_3 摩尔比为 2。表 2.3 为不同产地高岭土的 XRF 测试结果，从表中可看出：SiO_2 和 Al_2O_3 为高岭石中的主要成分，不同产地高岭土的化学组成变化不大，其中准格尔高岭土的 Al_2O_3 含量最高(37%)，其 SiO_2/Al_2O_3 摩尔比(2.12)最接近高岭石的理论组成；淮北、大同和张家口的 SiO_2/Al_2O_3 摩尔比比较接近，均在 2.25 左右；而朔州、苏州、茂名和北海高岭土中 SiO_2 的含量相对较高，所以其 SiO_2/Al_2O_3 摩尔比均大于 2.3。

表 2.3　不同产地高岭土的化学组成

产地	SiO₂/%	Al₂O₃/%	Fe₂O₃/%	CaO/%	MgO/%	K₂O/%	Na₂O/%	TiO₂/%	P₂O₅/%	SO₃/%	LOI/%	比值
大同	47.64	35.82	0.26	0.12	0	0.12	0.05	0.71	0.03	0	15.26	2.26
朔州	48.73	35.86	0.42	0.36	0.13	0.12	0.01	0.54	0.03	0	13.8	2.31
准格尔	46.07	37	0.67	0.15	0.06	0.22	0.01	1.46	0.12	0.15	14.09	2.12
淮北	47.06	35.5	0.96	0.24	0.08	0.11	0.3	1.16	0.11	0.11	14.37	2.25
张家口	45.91	34.45	0.3	0.2	0.08	0.07	0.26	0.91	0.29	2.21	15.33	2.27
苏州	48.82	35.13	0.7	0.11	0.06	0.41	0.03	0.35	0.18	1.19	13.03	2.36
茂名	49.75	34.88	1.25	0.13	0.17	1.14	0.08	0.63	0.35	0.04	11.58	2.42
北海	49.53	34.62	1	0.42	0.24	1.63	0.39	0.06	0.82	0.18	11.11	2.43

注：比值为 SiO_2/Al_2O_3 为摩尔比；LOI 为烧失量。

高岭土中的 CaO、MgO、K₂O 和 Na₂O 主要代表母岩中残留的矿物,如长石、云母,以及其他的黏土矿物,如伊利石、蒙脱石等。从表 2.3 可以看出:在采集的前六个样品中,CaO、MgO、K₂O 和 Na₂O 的含量均在 0.5%以下,而茂名和北海高岭土中的 K₂O 含量分别达到 1.14%和 1.63%,系含较多的伊利石所致。

高岭土中的铁大多数是以氧化物或硫化物状态存在,如赤铁矿、褐铁矿、磁铁矿、黄铁矿、磁黄铁矿、菱铁矿和黄钾铁矾等,其中以三价氧化铁最为普遍。高岭土中的钛,除少数是以类质同象置换的方式取代硅氧四面体中的硅外,大多数是以氧化物状态存在于金红石、锐钛矿或钛铁矿中。这些铁钛矿物会使高岭土呈现不同程度的灰色、绿色、褐色、粉红色等色调,使高岭土的白度降低。从表 2.3 可以看出:茂名、北海和淮北高岭土中的 Fe₂O₃ 的含量较高,其中茂名高岭土中 Fe₂O₃ 的含量最高,达到 1.25%;而准格尔、淮北和张家口高岭土中的 TiO₂ 含量较高,其中准格尔高岭土中的 TiO₂ 含量最高,达到 1.46%。在大同、朔州和苏州高岭土中铁和钛的含量均较低。

高岭土中少量的硫主要以黄铁矿、明矾石或游离硫的形式存在。从表 2.3 可以看出:大部分高岭土中 SO₃ 含量均在 0.2%以下,但苏州和张家口高岭土中 SO₃ 的含量较高,分别达到 1.19%和 2.21%,这与它们的热液成因有关,因为热液成因的矿床中含有较多的黄铁矿,故导致硫含量偏高。

2.2.2 高岭土样品的 X 射线衍射分析

图 2.13 为不同产地高岭土的 X 射线衍射图谱。从图中可以看出:在 0.71nm 和 0.35nm 附近出现两个强衍射峰分别对应于高岭石的(001)和(002)晶面;在 35°～40°出现两个"山"字形衍射峰,在(001)和(002)晶面衍射峰之间出现数量不等的衍射峰,说明样品均主要由高岭石组成。根据高岭石衍射峰中 20°～25°衍射峰的数目、分裂程度,以及 35°～40°"山"字峰的尖锐程度和对称性,可计算高岭石的 HI 指数,用以表示高岭石的结晶度(赵杏媛、张有瑜,1990)。不同产地高岭石的 HI 指数计算结果见表 2.4。

表 2.4　不同产地高岭石的结晶度指数

产地 结晶度	大同	朔州	准格尔	淮北	张家口	苏州	茂名	北海
HI 指数	1.12	1.19	1.23	0.56	1.23	1.01	0.96	1.14

准格尔、张家口和朔州高岭石的(001)和(002)反射峰强而且峰形尖锐,对称性好,20°～25°的特征衍射峰分裂明显,并在 0.412nm 处显示(1̄1̄1)衍射峰,经计算其 HI 指数依次为 1.23、1.23 和 1.19,说明这三种高岭石的有序度高。大同和北海高岭石的衍射曲线比较接近,其(001)和(002)衍射峰比较强而且尖锐,20°～25°的特征衍射峰分裂较好,但(1̄1̄1)衍射峰基本上无显示,经计算这两个样品的 HI 指数比较接近,分别为 1.12 和 1.14,有序度较高。在苏州和茂名高岭石的 XRD 图谱中,各级衍射峰的强度有所降低,0.448nm 处(020)峰的相对强度增加,0.412nm 处不显示(1̄1̄1)衍射峰,HI 指数分别为 1.01 和 0.96,均为中等有序高岭石。淮北高岭石的两条主要衍射峰(001)、

(002)峰形略宽、较尖锐,峰的强度大大降低,对称性尚可;35°~40°区间内两个"山"字峰分离程度不高,且(003)衍射所在的三连峰(第二个"山"字峰)与标准型高岭石对应的"弱、强、中"强度组合相差较远,表明其基面衍射较标准型有所加强;18°~30°区间内的衍射峰数目较少,(020)衍射峰相对较强,(111)衍射峰很微弱,说明样品中所含高岭石的结晶程度不高。经计算,淮北高岭石的 HI 指数仅为 0.56。

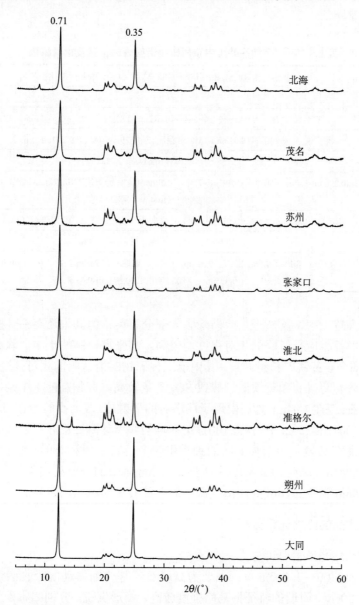

图 2.13　不同产地高岭土 X 射线衍射图谱(峰值单位为 nm)

　　除高岭石的衍射峰外,不同产地高岭土的 X 射线衍射图谱上还存在数量不等的其他矿物的衍射峰,衍射峰的位置及该峰峰强与高岭石(001)峰强度的比值列于表 2.5。从表中可以看出，与煤系共生的高岭土中杂质矿物相对较少，其中大同高岭土比较纯净，基本无其他杂峰；朔州高岭土在 0.335nm 处清晰出现石英的衍射峰，相对峰强为 3.2%，在 0.612nm 和 0.486nm 处分别出现微弱的一水软铝石和三水铝石的衍射峰；而准格尔高岭土中除微弱的蒙脱石衍射峰外，在 0.613nm 处出现较强的一水软铝石的衍射峰，相对峰强达到 15%；淮北高岭土中杂质矿物含量较少，只在 0.614nm 处出现相对峰强为 1.7% 的一水软铝石衍射峰。

表 2.5　　不同产地高岭土中杂质矿物衍射峰的位置及相对峰强

产地	杂质矿物 [对应衍射峰的位置-峰强与(001)峰强度的比值]
大同	—
朔州	石英(0.335nm-3.2%)；一水软铝石(0.612nm-0.8%)；三水铝石(0.486nm-0.2%)
准格尔	一水软铝石(0.613nm-15%)；蒙脱石(1.529nm-0.9%，0.294nm-0.6%)
淮北	一水软铝石(0.614nm-1.7%)
张家口	蒙脱石(0.296nm-3.7%)；明矾石(0.491nm-2.5%，0.57nm-0.4%)；黄铁矿(0.222nm-1.2%，0.175nm-0.7%)；伊利石(1.04nm-0.4%)
苏州	明矾石(0.496nm-2.6%，0.573nm-1.4%)；蒙脱石(0.311nm-1.6%)；埃洛石(1.01nm-1.2%)
茂名	伊利石(1.00nm-2.8%，0.501nm-1.1%)
北海	伊利石(1.01nm-8.1%，0.5nm-2.8%，0.321nm-1.1%)；蒙脱石(0.28nm-1.3%，0.311nm-0.9%)；金红石(0.325nm-1.2%)；明矾石(0.571nm-0.6%)

在非煤系高岭土中，虽然经过除砂除去大部分石英，但其中还存在一些其他矿物，杂质矿物的种类及相应衍射峰的相对强度均较高。在张家口高岭土中，除高岭石外，还有蒙脱石、明矾石、黄铁矿和伊利石，其中前三种矿物的衍射峰的相对强度均超过 1%，由于高岭土中含有明矾石和黄铁矿，导致 SO_3 含量较高。苏州高岭土中杂质矿物也含有明矾石和蒙脱石，但在 1.01nm 处还出现了埃洛石的衍射峰。茂名高岭土在 1nm 和 0.501nm 处出现伊利石(001)和(002)衍射峰，(001)衍射峰的强度达到 2.8%，所以该高岭土中 K_2O 的含量较高。北海高岭土中杂质矿物的种类也较多，其中伊利石的含量最高，其(001)和(002)衍射峰的相对峰强达到 8.1% 和 2.8%，0.28nm 和 0.311nm 处出现蒙脱石的衍射峰，此外，在 0.325nm 和 0.571nm 处还出现微弱的金红石和明矾石衍射峰。

2.2.3　高岭土样品的红外光谱分析

高岭石的红外光谱主要可分为三个区：

(1)高频区(3700～3600cm^{-1})：主要为高岭石羟基伸缩振动的吸收谱带。其中，在 3695cm^{-1} 和 3620cm^{-1} 附近的特征振动峰强度较高，峰形尖锐，分别归属于外羟基和内羟基的伸缩振动；此外，在 3652cm^{-1} 和 3669cm^{-1} 附近有两个较弱的吸收峰，也应归属于高岭石的外羟基振动，高岭石的结晶有序度越高，3652cm^{-1} 和 3669cm^{-1} 附近吸收峰会越明显。

(2)中频区(1200～800cm^{-1})：主要为 Si—O 的伸缩振动和羟基弯曲振动。其中，在

913cm^{-1}附近出现一较尖锐的吸收峰，强度中等，937cm^{-1}附近的吸收峰强度较弱或呈肩状，二者分别归属于外羟基和内羟基的弯曲振动。1200～1000cm^{-1}处有一强吸收带，由三个峰组成，归属于 Si—O 的伸缩振动。

（3）低频区（800～400cm^{-1}）：有两个弱带和中强吸收带，可以归属为 Si—O—Si 和 Si—O—Al 的振动，以及羟基的平动。

此外，在 3462cm^{-1} 和 1631cm^{-1} 处的吸收峰可能为高岭石表面吸附水的伸缩和弯曲振动峰。

图 2.14 为不同产地高岭土的红外吸收光谱。从图中可以看出：张家口、北海和朔州高岭土在 3694cm^{-1}、3669cm^{-1}、3652cm^{-1} 和 3620cm^{-1} 附近出现高岭石的四个羟基伸缩振动吸收峰，且四个峰分裂明显，其中 3695cm^{-1} 和 3619cm^{-1} 为强峰，峰形似蟹钳状，3669cm^{-1} 和 3652cm^{-1} 处吸收峰强度较弱；1032cm^{-1} 和 1008cm^{-1} 处的 Si—O 伸缩振动的

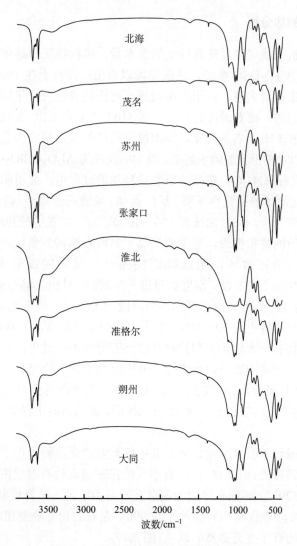

图 2.14　不同产地高岭土红外吸收光谱

双峰也分峰清楚，强度高，说明这三种高岭石有序度高。在淮北高岭土的红外吸收光谱中，高频区的四个羟基伸缩振动吸收峰相连，3695cm^{-1} 和 3619cm^{-1} 的羟基伸缩振动峰较强，3669cm^{-1} 和 3652cm^{-1} 处吸收峰强度很弱，且峰型兼并；1200～800cm^{-1} 的中频区域内的 Si—O 的伸缩振动和羟基弯曲振动的峰严重兼并，表明淮北高岭石结晶有序度低，这与前面 X 射线衍射分析结果一致。大同、准格尔、苏州和茂名高岭土在 3695cm^{-1} 和 3619cm^{-1} 处的羟基伸缩振动呈现锐型吸收峰，强度高，3652cm^{-1} 处吸收峰弱，3669cm^{-1} 峰弱至肩，中频区 Si—O 的伸缩振动对应的 1032cm^{-1} 和 1008cm^{-1} 处的双峰分峰情况良好，峰强度较高，说明这四种高岭石的有序度中等。

此外，几种煤系高岭土的红外光谱中，在 3497cm^{-1}、1932cm^{-1}、1823cm^{-1}、1629cm^{-1} 等处出现了 C—H 键、C=C 键、C—O 键等的伸缩振动吸收峰，应是高岭土中所含有机质所致。

2.2.4　高岭土样品的热分析

高岭土的热分析曲线可以反映高岭土的含水量、结构特征和晶体化学特征，图 2.15 为不同产地高岭土的 TG-DSC 曲线。从图中可以看出：高岭土在 100℃ 以下有一个微弱的吸热峰，同时产生微量失重，由于温度较低，对应的吸热及质量损失是由高岭土脱除表面物理吸附水引起的。随着温度的升高，在 510℃ 左右在 DSC 曲线上有一吸热峰，同时 TG 曲线上伴随着 13% 左右的失重，该温度下的吸热及质量损失是由高岭石的铝氧八面体中的结构羟基以水的形式脱除引起的，发生的反应为 $Al_2O_3 \cdot 2SiO_2 \cdot 2H_2O$（高岭石）——$Al_2O_3 \cdot 2SiO_2$（偏高岭石）$+2H_2O$。在高岭石脱除羟基的过程中，会引起硅氧四面体的扭曲和变形，导致硅氧四面体的稳定性下降，活性提高。高岭石脱除羟基后，生成偏高岭石。

随着温度的继续升高，DSC 曲线在 950～1000℃ 有一尖锐的放热峰，但在相应的 TG 曲线上几乎没有相应的质量损失，这主要归属于高岭石结构的变化。在该温度附近，偏高岭石的结构进一步被破坏，生成硅铝尖晶石，发生的反应为 $Al_2O_3 \cdot 2SiO_2$——$2Al_2O_3 \cdot 3SiO_2$（硅铝尖晶石）$+SiO_2$，温度如果进一步增高，硅铝尖晶石会向莫来石相转变。

从 TG-DSC 曲线可分析峰值温度和不同阶段的失重率，结果见表 2.6。从表中可以看出：准格尔和苏州高岭土在 30～100℃ 范围内的失重率最高，在 0.9% 左右，这可能是由于含有一定量的胶态一水软铝石和管状的埃洛石导致的；此外，高岭石的结晶有序度对吸附水的含量也有一定的影响，如淮北高岭石结构有序度降低，结构缺陷增大，比表面积增加，因此表面易吸附水分，其 30～100℃ 范围的失重率达到 0.77%。高岭土在 100～800℃ 的失重率与高岭石的理论水含量 13.96% 接近，说明高岭土样品主要由高岭石组成，纯度相对较高。

不同高岭石的脱羟基温度变化较大，其中软质及砂质高岭土由于粒度较细，脱羟峰温与结晶有序度密切相关（图 2.16）：高有序度的张家口高岭石晶层内羟基结合力强，脱羟峰温最高，达到 529℃，而低有序的茂名高岭石由于键力结合较弱，易于脱去羟基，脱羟温度仅为 511℃。但是，这四种高岭土在 990℃ 左右的相变峰温相差较小，差值在 5℃ 之内，且与高岭石的有序度无必然的联系（图 2.17）。

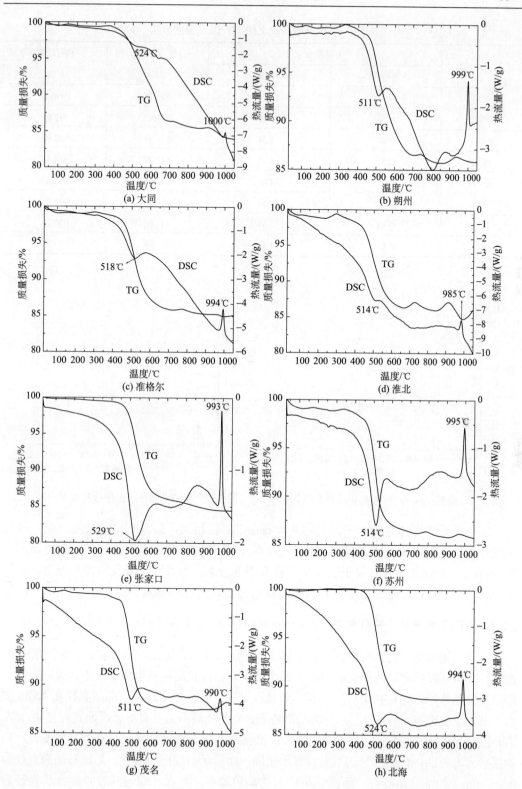

图 2.15　不同产地高岭土 TG-DSC 曲线

表 2.6　不同产地高岭土的 TG–DSC 曲线分析

产地	失重率/%		脱羟峰温	相变峰温
	30～100℃	100～800℃	/℃	/℃
大同	0.52	13.77	524.28	1000.32
朔州	0.24	13.79	511.92	999.09
准格尔	0.94	13.34	518.34	993.98
淮北	0.77	13.03	513.77	984.55
张家口	0.07	14.45	528.57	992.67
苏州	0.9	12.72	514.28	995.25
茂名	0.14	12.36	511.01	990.27
北海	0.16	11.12	523.98	993.59

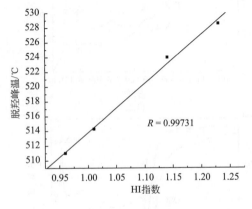

图 2.16　脱羟峰温与 HI 指数相关性分析图

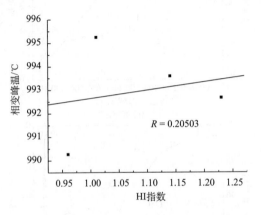

图 2.17　相变峰温与 HI 指数相关性分析

在与煤系共生的高岭土中，大同高岭石由于晶粒粗大，结晶有序度较高，脱羟基反应较难发生，所以脱羟峰温最高，达到 524℃，且发生硅铝尖晶石化的相变温度最高，为 1000℃；而淮北高岭石属于隐晶质，且有序度最低，所以脱羟基反应较易发生，脱羟峰温较低，为 513℃，而淮北高岭石的相变峰温最低，与大同高岭石的相变温度相差 16℃。

2.2.5　不同产地高岭土理化性能

不同产地高岭土的扫描电镜照片如图 2.18 所示。从图中可以看出：与煤系共生的大同、朔州、准格尔和淮北高岭土样品中杂质较少，主要由片状高岭石组成。其中，大同高岭石经过重结晶作用，叠片状结构较平整，结晶程度好，晶粒尺寸最大，晶面直径在 10μm 左右，晶片厚度也在 10μm 左右，为粗晶高岭石；朔州高岭石结晶良好，晶面直径在 4μm 左右，晶片厚度为 2～3μm，为细晶高岭石；准格尔高岭石结晶良好，但有的晶角变钝，呈浑圆状六方轮廓，有的已辨认不出六方形轮廓，而呈现不规则的薄片，高岭石晶面直径为 0.5～1μm，为细晶高岭石；而淮北高岭石的晶粒最小，且尺寸均匀性较差，片状直径为 0.3～0.5μm。准格尔高岭石和淮北高岭石晶粒尺寸在 1μm 以下，属于隐晶质高岭石。

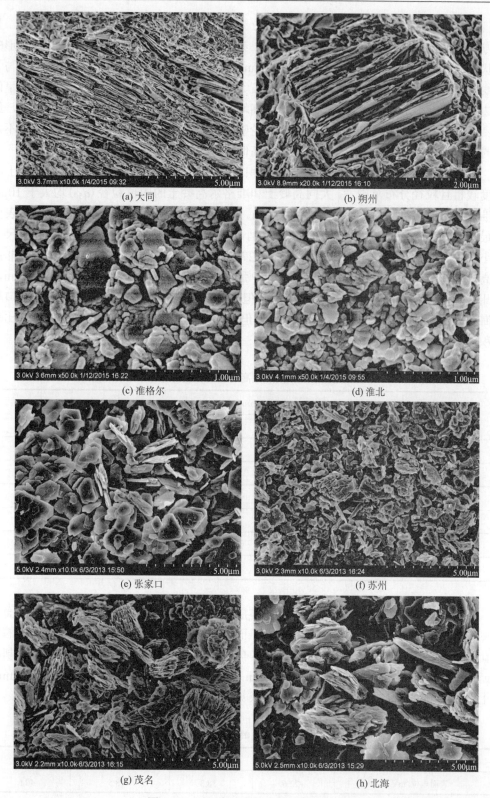

(a) 大同

(b) 朔州

(c) 准格尔

(d) 淮北

(e) 张家口

(f) 苏州

(g) 茂名

(h) 北海

图 2.18　不同产地高岭土扫描电镜照片

　　张家口高岭石大部分为片状，有一部分为叠片状，晶形为假六边形，结晶良好，呈六方轮廓，大小比较均匀，样品有序度高。苏州高岭石的形貌为管片状混杂，棒针形的管状晶体所占比例接近一半，管长为 $1\sim5\mu m$。管状晶体完整程度不一，为埃洛石，与 X 射线衍射测试结果相吻合，而片状的高岭石大多为不规则的单片状，也有极少数的呈假六边片状，大小不均。茂名高岭石和北海高岭石大部分为叠片状，晶形为假六边形，结晶良好，但有的晶角变钝，呈浑圆状六方轮廓，有的已辨认不出六方形轮廓而呈现不规则的薄片，大小比较均匀，样品有序度较高但向无序状态转化。

　　部分高岭土样品的粒度分布及比表面积见表 2.7。从表中可以看出：煤系高岭土的粒度较粗且粒径分布范围宽，大同高岭土和准格尔高岭土的中位粒径 (d_{50}) 均大于 $10\mu m$，而淮北高岭土粒度相对较细，其 d_{50} 为 $3\mu m$。晶粒尺寸最大的大同粗晶高岭土的比表面积最小，只有 $6.49m^2/g$，随着晶粒尺寸变小，高岭土的比表面积明显增加，晶粒尺寸最小的隐晶质淮北高岭土的比表面积达到 $27.68m^2/g$。此外，与煤系高岭土相比，非煤系高岭土的粒度细且粒径分布范围窄，其中张家口高岭土粒径最小，d_{50} 达到 $1.967\mu m$，苏州高岭土和北海高岭土粒度比较接近，但苏州高岭土中粗粒径含量较多。张家口与北海高岭土的比表面积均在 $10m^2/g$ 左右，但苏州高岭土中由于含有管状埃洛石，比表面积达到 $27.11m^2/g$。

表 2.7　不同产地高岭土的粒度分布

产地	粒径大小/μm			比表面积/(m^2/g)
	d_{10}	d_{50}	d_{90}	
大同	4.023	22.501	54.859	6.496
准格尔	1.404	14.149	60.044	15.645
淮北	0.824	3.023	19.769	27.678
张家口	0.865	1.967	3.745	9.621
苏州	0.769	3.125	18.278	27.110
北海	1.37	4.91	13.17	10.457

　　高岭石是由硅氧四面体层和铝氧八面体层构成的 1∶1 层状硅酸盐矿物，硅氧四面体一侧带负电荷，铝氧八面体一侧带正电荷，而在端面以正负相间电荷出现。高岭石的表面荷电情况与粒度、晶格缺陷、pH 等因素有关。用去离子水将四种煤系高岭土配制成 10g/L 的悬浮液，用磁力搅拌器在 1000r/min 的条件下，搅拌 30s，然后自由沉降 2min，取上层清液测试样品的表面电位，测试结果见表 2.8。

表 2.8　不同产地高岭土原矿的表面电位

产地	大同	朔州	准格尔	淮北
表面电位/mV	−22.6	−18.3	−18.5	−40.6

由表 2.8 可知：在中性条件下，高岭石表面均带负电荷，朔州、准格尔和大同高岭石表面电位接近，均在–22mV 左右，但淮北高岭石表面电位值达到–40.6mV，这一方面与淮北高岭石粒度较细有关，另一方面由前面分析可知，淮北高岭石结晶有序度低，存在较多的晶格缺陷，导致表面带有更多的负电荷。

2.3　不同产地高岭石的插层作用

由于高岭石无膨胀性、阳离子交换量小且层间作用力较强，插层反应较难进行，只有少数强极性的有机小分子，如二甲基亚砜、醋酸钾、尿素、甲酰胺等能进入层间 (王林江等，2002；Yan *et al.*，2005；Cheng *et al.*，2010)。高岭石经过置换插层制备的高岭石-有机小分子复合物，可作为进一步置换插层的前驱体，具有广泛的通用性，丙烯酰胺单体、苯甲酰胺、甲基丙烯酸甲酯单体等具有—NH—、—CO—NH—和—CO—等官能团的有机单体可通过替代、置换实现插层 (Gardolinski *et al.*，2000；王林江、吴大清，2005；Li *et al.*，2008)；大分子聚合物通过单体置换或直接熔融插层等途径经过一次取代或多次取代进入高岭石层间 (Tamer and Christion，2008)，并由此可制备出多种有机插层复合物。高岭石经过多次插层–去插层后具有较高的反应活性，能够较易插入二价碱土金属和过渡金属，用这种方法有望制备出高活性的催化剂。此外，高岭石夹层复合物属于二维纳米材料，表面性质和作用发生了根本的变化，在聚合物基复合材料、非线性光学材料、功能陶瓷、电流变液等领域具有广阔的应用前景 (Sugahara *et al.*，1988；Takenawa and Komori，2001；王宝祥等，2005；Bahramian and Kokabi，2011)。因此，用强极性有机小分子直接插层于高岭石制备的复合物，是制备高岭石有机复合材料的前驱体和工业化生产系列产品的基础。下面以不同结构及成因的高岭土为原料，二甲基亚砜、甲酰胺和尿素为插层剂进行插层反应，研究不同产地高岭石的插层效果。

2.3.1　实验部分

1. 实验原料

插层实验所用试剂和原料见表 2.9。

表 2.9　实验所需原料

名称	分子式	级别	来源
二甲基亚砜	CH_3SOCH_3	分析纯	北京市北化精细化学品有限责任公司
甲酰胺	$HCONHCH_3$	分析纯	北京市北化精细化学品有限责任公司
无水乙醇	CH_3CH_2OH	分析纯	天津市永学试剂有限公司
氢氧化钠	$NaOH$	分析纯	烟台市双仪有限公司
尿素	$CO(NH_2)_2$	分析纯	天津市永学试剂有限公司

2. 实验设备及测试方法

搅拌器为北京市永光明医疗仪器厂生产；电热恒温鼓风干燥箱为鹤壁市仪表厂有限责任公司生产，型号 101-AD；离心机为长沙维尔康湘鹰离心机有限公司生产。

对插层样品进行 X 射线衍射分析、红外光谱分析、TG-DSC 热分析和表面电位分析，具体测试方法见 2.2 部分。

3. 制备方法

高岭土 10g，二甲基亚砜 100mL，水 9mL，将三者混合后在 60℃搅拌 8h，离心分离，然后将所得复合物于 60℃烘干，即得高岭石-二甲基亚砜插层复合物。

高岭土 10g，甲酰胺 100mL，水 5mL，将三者混合后在 60℃搅拌 4d，离心分离，然后将所得复合物于 60℃烘干，即得高岭石-甲酰胺插层复合物。

高岭土 10g，尿素饱和溶液 100mL，将二者混合后在 60℃搅拌 4d，离心分离，然后将所得复合物于 60℃烘干，即得高岭石-尿素插层复合物。

2.3.2　插层作用表征

高岭土中主要矿物成分是高岭石，高岭石的层间距约为 0.715nm，其层间域约为 0.29nm。插层分子进入高岭石层间后，高岭石的晶层厚度变薄。一般采用插层率和晶层厚度对插层效果进行表征。

1. 插层率

插层复合物形成后，0.715nm 处高岭石的(001)衍射峰变弱或几乎消失，而随插层反应分子的不同代之以不同的(001)面衍射峰。层间距的变化以及(001)面衍射峰的强度是评价插层效果最直接的方法。层间距变化的大小主要受插层分子大小和排列方式的影响；(001)面衍射峰的强度则反映插层反应的完全程度。为了更精确的衡量插层反应完全程度，一般情况下需要引入插层率的概念。插层率用高岭石插层前后(001)面衍射峰强度变化的比值来表示：

$$插层率\ I_R=I_i/(I_i+I_k) \tag{2.1}$$

式中，I_i 为复合物中插层产生的 d(001)衍射峰强度；I_k 为复合物中残留的高岭石 d(001)衍射峰强度。

2. 晶层厚度

应用谢乐公式计算晶粒尺寸大小，公式如下：

$$D = K\lambda/(B\cos\theta) \tag{2.2}$$

式中，D 为晶粒尺寸(nm)；K 为 Scherrer 常数，取 0.89；B 为衍射峰半高宽度(必须进行双线校正和仪器因子校正)，在计算过程中，需转化为弧度(rad)；θ 为衍射角；λ 为 X 射线波长，取 0.154056nm。

在计算过程中，B 值采用高岭石(001)衍射峰半高宽度，可计算出垂直于晶面方向平均晶层厚度。在插层过程中，小分子插入高岭石的层间，晶层厚度会发生明显变化，而晶面尺寸变化较小，因此高岭石的平均晶层厚度越小，径厚比越大。由于谢乐公式的适用范围为 1~100nm，对于晶粒尺寸较大的粒子可能存在较大的误差，计算的晶层厚度值仅供参考。

2.3.3 不同产地高岭石–二甲基亚砜插层复合物

1. X 射线衍射分析

高岭石–二甲基亚砜插层复合物的 X 射线衍射曲线如图 2.19 所示。从图中可以看出：

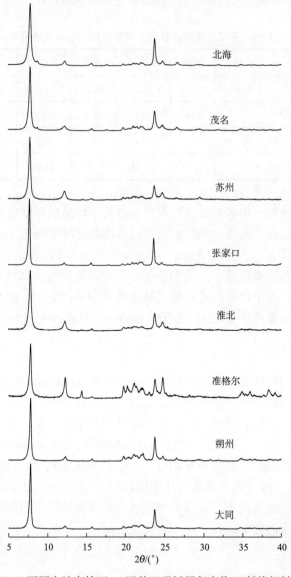

图 2.19 不同产地高岭石–二甲基亚砜插层复合物 X 射线衍射图谱

高岭石与二甲基亚砜相互作用后，高岭石的 $d(001)$ 值由 0.71nm 增加了 0.41nm，在 1.129nm 附近出现新的衍射峰，表明二甲基亚砜的插入撑大了高岭石的晶面间距；插层复合物的(001)面衍射峰尖锐，表明二甲基亚砜在高岭石层间呈高度定向排列；插层后，高岭石的几个特征衍射峰明显降低甚至消失，说明高岭石的结晶有序度降低。

　　不同产地高岭石的二甲基亚砜插层率及晶层厚度见表 2.10。由表中可以看出：煤系高岭石的二甲基亚砜插层率存在较大的差异，其中有序度较高的大同粗晶高岭石和朔州细晶高岭石插层率最高，分别为 96.06% 和 94.07%，结晶有序度最差的淮北隐晶质高岭石的插层率为 86.51%，而有序度最高的准格尔高岭石的二甲基亚砜插层率最低，仅有 72.25%。而非煤系高岭石的二甲基亚砜插层率相对较高，其中张家口、茂名和北海高岭石的插层率均在 95% 左右，而苏州高岭石的插层率为 88.11%。

表 2.10　不同产地高岭石的二甲基亚砜插层率及晶层厚度

产地		大同	朔州	准格尔	淮北	张家口	苏州	茂名	北海
插层率/%		96.06	94.07	72.25	86.51	96.81	88.11	95.88	93.63
晶层厚度/nm	原样	40.8	57.8	46.1	26.5	44.5	23.2	21.3	34.7
	插层样	29.5	27.9	32.4	18.2	28.5	19.6	14.8	22.6
晶层厚度减少/%		27.7	51.73	29.72	31.32	35.96	15.52	30.52	34.87

　　根据谢乐公式计算二甲基亚砜插层前后高岭石平均晶层厚度值列于表 2.10。由表中可以看出：大同、朔州、准格尔和张家口高岭石的晶层厚度均在 40nm 以上，其中朔州高岭石的晶层厚度最大，达到 57.8nm；其余四个产地高岭石的晶层厚度均小于 40nm，其中茂名高岭石的晶层厚度最小，仅 21.3nm。二甲基亚砜进入高岭石层间后，晶层厚度有不同幅度的降低，其中朔州高岭石晶层厚度从 57.8nm 减少至 27.9nm，减少 51.73%，而苏州高岭石的晶层厚度从 23.2nm 减少至 19.6nm，仅减少 15.52%。

2. 红外光谱分析

　　红外光谱可以较准确地说明高岭石插层前后各类基团振动的位置、强度及变化情况。图 2.20 为不同产地高岭石-二甲基亚砜插层复合物的红外吸收光谱。由图可知，经过二甲基亚砜插层作用，高岭石的特征峰位置和强度都发生了变化，且复合物中出现了二甲基亚砜的特征峰。几种高岭石外羟基的伸缩振动峰强度都大为减弱，振动峰 $3669cm^{-1}$ 和 $3652cm^{-1}$ 合并为 $3662cm^{-1}$，强度明显增强，说明二甲基亚砜中的官能团 $S=O$ 破坏了高岭石层间的氢键后，与外羟基形成新的化学键，从而改变了外羟基振动峰的位置和强度。内羟基的位置和强度变化很小，表明位于铝氧八面体和硅氧四面体顶氧共享面内的内羟基几乎不受外界环境的影响。

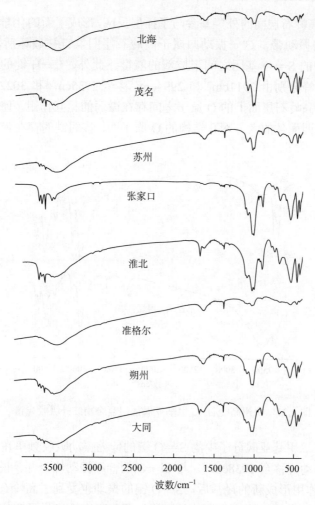

图 2.20　不同产地高岭石-二甲基亚砜插层复合物红外吸收光谱

此外，$1115cm^{-1}$、$1010cm^{-1}$、$937cm^{-1}$、$913cm^{-1}$、$752cm^{-1}$、$693cm^{-1}$等峰的强度明显减弱，且峰的位置有不同程度的偏移，是由于二甲基亚砜进入高岭石层间后，Si—O、Si—O—Al 键振动峰的数目减少，电子对位置发生偏移，影响了相应峰的强度。插层作用后，二甲基亚砜中 S═O 键的振动由于与高岭石外羟基作用形成了新的化学键，所以 S═O 键的振动峰由 $1043cm^{-1}$红移到 $1038cm^{-1}$，与高岭石中的 Si—O 振动峰合并；二甲基亚砜与高岭石作用后，其分子中两个甲基的伸缩振动峰也由原来的 $2994cm^{-1}$和 $2910cm^{-1}$移至 $3022cm^{-1}$和 $2936cm^{-1}$处；而二甲基亚砜分子 C—S 键的反对称伸缩振动峰 $700cm^{-1}$和对称伸缩振动峰 $668cm^{-1}$在插层后消失。

下面以朔州高岭石为例说明二甲基亚砜插层前后红外吸收光谱的具体变化情况（图 2.21）。从图中可以看出：在高频区，高岭石位于 $3619cm^{-1}$的内羟基的伸缩振动峰移至 $3620cm^{-1}$，强度基本保持不变，说明有机分子未能直接与内羟基接触反应，在插层过程中内羟基处于相对稳定状态；高岭石位于 $3694cm^{-1}$的内表面羟基伸缩振动移至 $3693cm^{-1}$，强度急剧下降，$3669cm^{-1}$和 $3652cm^{-1}$处的两个峰合并为 $3662cm^{-1}$处的一个峰，且强度大大加强,说明处于高岭石层间的外羟基参与了插层反应,形成了新的化学键。在3536cm^{-1}处产生了新的波谱振动带,这一振动归属于高岭石层间氢键被破坏后,内表面羟基与二甲基亚砜分子中的S═O基团之间形成新的氢键。此外,C—H键的对称伸缩振动峰和反对称伸缩振动峰分别由2911cm^{-1}和2994cm^{-1}移至2935cm^{-1}和3022cm^{-1}处,表明C—H键中的氢核与高岭石层面上的O原子之间存在微弱的相互作用,使二甲基亚砜的一个甲基取向于硅氧四面体的六方网孔结构的O原子面,该弱键的存在使得甲基的振动发生了位移。

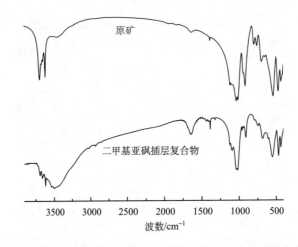

图2.21　朔州高岭石-二甲基亚砜插层复合物红外吸收光谱

在中低频区,二甲基亚砜分子中的S═O键的伸缩振动吸收频率在1043cm^{-1},经过插层作用后,该振动峰移至1038cm^{-1},与Si—O的伸缩振动峰合并,说明二甲基亚砜中S—O键与外羟基作用形成新的羟基后,S—O键的振动也受到了高岭石层结构的限制。

插层后,高岭石晶格结构区各振动吸收峰位置和强度都发生了变化。Si—O键的伸缩振动由1115cm^{-1}、1033cm^{-1}和1010cm^{-1}分别移至1122cm^{-1}、1038cm^{-1}和1017cm^{-1};低频区Si—O—Si的对称伸缩振动和Si—O—Al的伸缩振动峰则由752cm^{-1}和693cm^{-1}移至681cm^{-1}和743cm^{-1},强度减弱,788cm^{-1}和796cm^{-1}的峰则消失;高岭石结构区振动峰位置的移动、强度的变化和消失证明二甲基亚砜插入了高岭石层间,且高岭石经过插层作用后,羟基位置处新氢键的形成使Si—O和Al—O键的数目减少,电子对位置发生偏移,所以峰的强度降低。

在羟基弯曲振动区,913cm^{-1}峰尖锐,而937cm^{-1}较弱,二者分别为内表面羟基弯曲振动峰和内羟基弯曲振动峰,插层后分别移至905cm^{-1}和940cm^{-1};Si—O的弯曲振动和羟基的平动吸收峰分别由430cm^{-1}、469cm^{-1}和539 cm^{-1}移至435cm^{-1}、467cm^{-1}和550cm^{-1},强度有所减弱。此外,在3500~3000cm^{-1}范围内出现了一些水羟基的伸缩振动峰。

以上分析表明,二甲基亚砜插入了高岭石层间,且与高岭石外表面羟基之间形成了新的氢键,内羟基也受到了一定程度的扰动,说明二甲基亚砜甲基基团很有可能嵌入高岭石的复三方孔洞。

3. 热分析

图 2.22 为不同产地高岭石-二甲基亚砜插层复合物的 TG-DSC 曲线。由图中可以看出：与高岭土原矿相比，在 200℃ 左右多出一个明显的吸热峰，并伴有明显的质量损失。二甲基亚砜的沸点是 189℃，所以这个质量损失台阶主要是由于插层复合物中二甲基亚砜分子大量气化挥发并发生脱嵌作用引起的。第二个吸热峰和高岭石脱羟基的温度一致，为高岭石脱除羟基吸热所引起，第三个放热峰与高岭石向硅铝尖晶石转变的相变温度相对应。

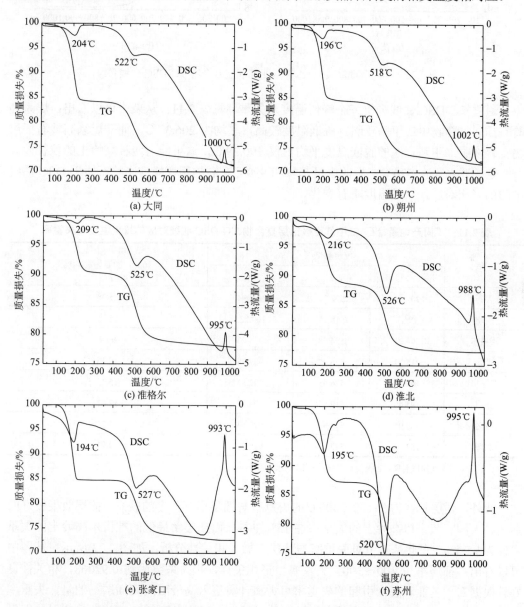

图 2.22　不同产地高岭石-二甲基亚砜插层复合物 TG-DSC 曲线

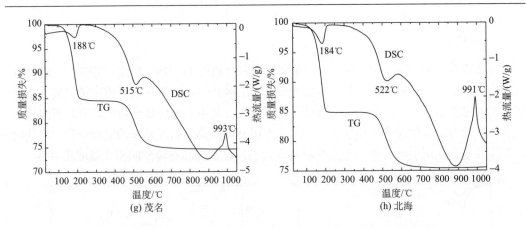

图 2.22　不同产地高岭石-二甲基亚砜插层复合物 TG-DSC 曲线(续)

通过 TG-DSC 曲线分析三个峰值温度及失重率见表 2.11。从表中可以看出：煤系高岭石插层复合物中二甲基亚砜的脱嵌温度较高，平均为 206.37℃，而非煤系高岭石插层物复合物中二甲基亚砜的脱嵌温度平均值仅 190.39℃，这可能与两种高岭土的粒径差异有一定的联系。在 520℃左右的脱羟基峰和 990℃左右的相变峰与高岭石原矿 DSC 曲线中的的峰相对应，只是温度略有变化。

表 2.11　不同产地高岭石-二甲基亚砜插层复合物 TG-DSC 曲线对应的峰值温度及失重率

产地	峰值温度/℃			100～300℃失重率/%
	1	2	3	
大同	204.34	522.21	999.94	15.38
朔州	196.2	518.29	1002.25	15.34
准格尔	209.21	524.58	995.23	9.24
淮北	215.72	525.92	987.78	10.15
张家口	194.39	526.55	992.83	15.23
苏州	195.48	519.88	994.97	12.43
茂名	187.95	514.93	992.63	15.25
北海	183.73	522.17	990.71	14.71

注：1.二甲基亚砜脱嵌温度；2.脱羟基温度；3.相转变温度

此外，插层复合物在 100～300℃的失重率与插层率有一定的联系，插层效果较好的朔州、大同和张家口高岭土的失重率在 15%左右，而插层率最低的准格尔高岭土的失重率仅为 9.24%。在此基础上对失重率与插层率做了相关性分析，如图 2.23 所示。从图中可以看出：插层率与 100～300℃失重率呈正相关性，相关系数达到 0.92068，相关性良好。根据二甲基亚砜脱嵌引起的失重率可大概计算进入高岭石层间插层剂的量，失重率越高，插入层间的二甲基亚砜越多，插层效果越好。王林江等(2010)用基于 X 射线衍射分析的插层率，基于热重分析的热失重率和基于红外光谱分析的插层效率进行了综合评价，结果表明在插层作用初期，X 射线衍射分析比较灵敏，而在插层作用后期，热重和红外方法更为灵敏和有效。

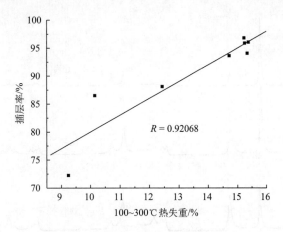

图 2.23　插层率与热失重相关性分析

2.3.4　不同产地高岭石-甲酰胺插层复合物

1. X 射线衍射分析

图 2.24 为不同产地高岭石-甲酰胺插层复合物的 X 射线衍射图谱。从图中可以看出：高岭石与甲酰胺作用后，在 1.020nm 附近出现新的衍射峰，同时高岭石的特征衍射峰强度明显降低甚至消失，说明甲酰胺插入高岭石层间并撑大了晶面间距，且插层后高岭石有序度降低。根据衍射峰的强度可计算出甲酰胺对不同产地高岭石的插层率，结果见表 2.12。从表中可以看出：甲酰胺插层速率较慢，经过 4d 的插层反应，只有张家口高岭石的插层率超过 90%；由于插层较难进行，不同产地高岭石的插层率差异比较明显，张家口高岭石和准格尔高岭石的插层率相差 60.03%。此外，不同产地高岭石的甲酰胺插层率的变化规律与二甲基亚砜大致相同：煤系高岭石中有序度较高的朔州高岭石插层率最高，大同高岭石次之，有序度最高的准格尔高岭石的插层率与有序度最低的淮北高岭石接近，均低于 40%；在非煤系高岭石中，张家口高岭石插层率最高，北海高岭石和茂名高岭石次之，而苏州高岭石的插层率最低，仅有 53.3%。

表 2.12　不同产地高岭石的甲酰胺插层率

产地	大同	朔州	准格尔	淮北	张家口	苏州	茂名	北海
插层率/%	62.15	82.85	33.69	36.63	93.72	53.3	71.53	85.03
晶层厚度/nm	36.2	37	38	23.9	31.3	20.4	18.6	24.8
晶层厚度减少/%	11.27	35.99	17.57	9.81	29.66	12.07	12.68	28.53

根据谢乐公式计算甲酰胺插层前后高岭石平均晶层厚度计算值列于表 2.12。由表中可以看出：甲酰胺进入高岭石层间后，晶层厚度减少，但减少幅度比二甲基亚砜插层样

低,应是插层率较低所致。其中,朔州高岭石晶层厚度从 57.8nm 减少至 37nm,减少 35.99%,而淮北高岭石的晶层厚度从 26.5nm 减少至 23.9nm,仅减少 9.81%。

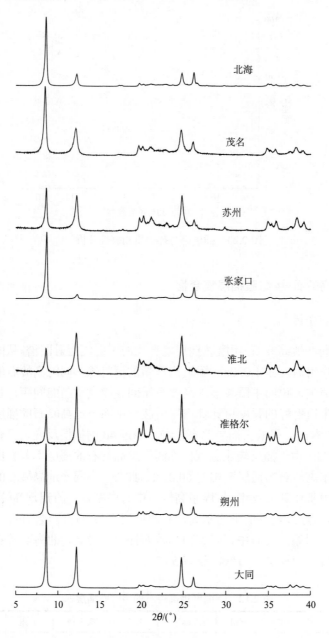

图 2.24　不同产地高岭石−甲酰胺插层复合物 X 射线衍射图谱

2. 红外光谱分析

图 2.25 为不同产地高岭石−甲酰胺插层复合物的红外吸收光谱。从图中可以看出:甲酰胺插层后高岭石的红外谱图发生了很大的变化,高频区 3695cm^{-1}、3652cm^{-1} 和

3669cm^{-1}处高岭石外羟基振动峰强度大大减弱，3619cm^{-1}处内羟基振动峰强度略有减小，四个羟基振动峰的位置都有少量偏移。插层后在 3461cm^{-1}和 1686cm^{-1}处产生了新的吸收带，前者应归属于插层后甲酰胺的 N—H 与高岭石内表面羟基和四面体 O 原子形成的新的氢键，后者归属于甲酰胺与高岭石内表面羟基形成新的氢键后 C=O 基的伸缩振动。此外 1395cm^{-1}处亦有新的振动吸收峰产生，应归属于甲酰胺中 C—N 键的振动，甲酰胺与高岭石插层后 C—N 键的振动吸收峰由原来的 1392cm^{-1}移至 1395cm^{-1}。中低频区 Si—O 的伸缩振动峰、羟基的弯曲振动峰、Si—O—Si 和 Si—O—Al 的振动峰以及 Si—O 的弯曲振动峰和羟基的平动吸收峰，强度都有所减弱，位置也都略有偏移。

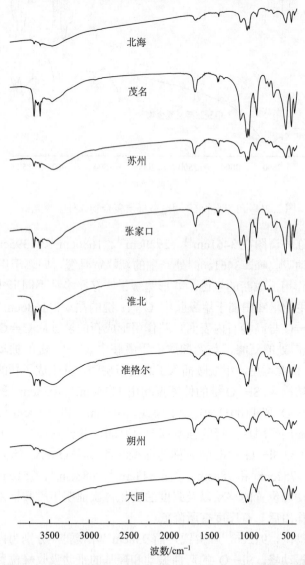

图 2.25　不同产地高岭石-甲酰胺插层复合物红外吸收光谱

　　下面以朔州高岭石为例说明甲酰胺插层前后红外吸收光谱的具体变化情况(图 2.26)。由图可知，甲酰胺插层后，位于 3619cm^{-1}处的高岭石内羟基伸缩振动引起的吸收峰强度最大；高岭石外羟基伸缩振动的吸收峰强度大大减弱，且分别由 3694cm^{-1}、3669cm^{-1} 和 3652cm^{-1} 移至 3694cm^{-1}、3665cm^{-1} 和 3650cm^{-1}。再次说明高岭石插层过程中，有机小分子会与外羟基相互作用，形成新的氢键，因此外羟基振动峰变化较大；而内羟基不与有机物分子直接接触，受环境影响较小，所以内羟基振动吸收峰在插层前后位置和强度变化都很小。

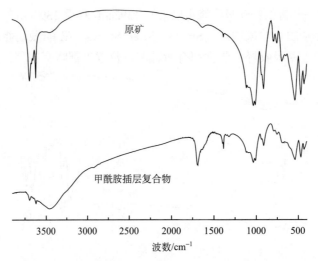

图 2.26　朔州高岭石-甲酰胺插层复合物红外吸收光谱

插层复合物的红外谱图在 3461cm^{-1}、2929cm^{-1}、1686cm^{-1}、1395cm^{-1} 和 1384cm^{-1} 处产生了几个新的振动吸收峰。3461cm^{-1} 处产生的新峰宽且缓，归属于甲酰胺中 N—H 与高岭石内 Si—O 相作用形成新的氢键，峰形宽缓说明存在多种不同形式、不同强度的氢键；2929cm^{-1} 处产生的新峰归属于甲酰胺中 C—H 键的振动；1686cm^{-1} 处的新的振动峰归属于甲酰胺中 C＝O 与高岭石内表面羟基作用形成新的氢键后 C＝O 键的伸缩振动；1395cm^{-1} 和 1384cm^{-1} 处的新峰，前者归属于甲酰胺中 C—N 键的振动，后者应归属于 C—H 的弯曲振动。由此可见，甲酰胺插入了高岭石层间，并生成了新的化学键。

在高岭石晶格结构区，Si—O 键的伸缩振动由 1115cm^{-1}、1033cm^{-1} 和 1010cm^{-1} 组成，其中 1115cm^{-1} 为 Si—O 垂直(001)面的 A1 模式，1033cm^{-1} 和 1010cm^{-1} 为对称双峰，属 E 模式，经过甲酰胺插层作用后，峰的强度都明显减弱，并分别移至 1116cm^{-1}、1033cm^{-1} 和 1009cm^{-1}；低频区 Si—O—Si 的对称伸缩振动和 Si—O—Al 的伸缩振动峰分别由 645cm^{-1}、693cm^{-1}、752cm^{-1} 和 788cm^{-1} 移至 643cm^{-1}、688cm^{-1}、751cm^{-1} 和 788cm^{-1}。高岭石晶格结构区振动峰位置的移动以及强度的变化再次证明甲酰胺插入了高岭石层间，且高岭石经过插层作用后，有序度有所降低。

在羟基弯曲振动区，912cm^{-1} 峰尖锐，而 938cm^{-1} 峰较弱，分别为内表面羟基弯曲振动峰和内羟基弯曲振动峰。Si—O 的弯曲振动和羟基的平动吸收峰位置基本未变，但强度都有所降低。

以上分析表明，在插层作用过程中，高岭石与甲酰胺之间形成了多种氢键，且甲酰胺 N—H 基团的质子端嵌入高岭石的复三方孔洞，与高岭石有较强的键合作用。

3. 热分析

图 2.27 为不同产地高岭石-甲酰胺插层复合物的 TG-DSC 曲线，由此分析的峰值温度及失重率见表 2.13。由图 2.27 和表 2.13 可知：与高岭土原矿相比，DSC 曲线在 160℃左右多出一个较小的吸热谷，该谷是甲酰胺分子在插层复合物中脱嵌并挥发过程中吸热引起的。在煤系高岭石的插层复合物中，峰比较弱且峰值温度较低，如大同高岭石和准格尔高岭石分别为 157℃和 135℃，相应失重率仅为 2.79%和 1.45%。这两种高岭石的甲酰胺插层率分别为 62.15%和 33.69%，说明甲酰胺较难插入高岭石层间，因此相应的脱嵌温度及失重率较低。

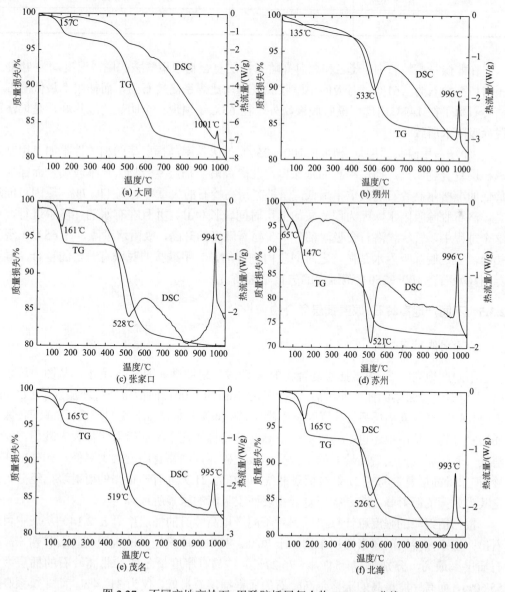

图 2.27　不同产地高岭石-甲酰胺插层复合物 TG-DSC 曲线

表 2.13　不同产地高岭石-甲酰胺插层复合物 TG-DSC 曲线对应的峰值温度及失重率

产地	峰值温度/℃			100~250℃失重率/%
	1	2	3	
大同	157	—	992	2.79
准格尔	135	533	996	1.45
张家口	160	527	993	5.72
苏州	147	521	995	11.17
茂名	164	518	994	4.82
北海	165	525	992	6

在非煤系高岭石中，茂名和北海高岭石插层复合物中甲酰胺的脱嵌温度均为 165℃，张家口高岭石为 161℃，对应的甲酰胺脱嵌峰均比煤系高岭石强，而插层率最低的苏州高岭石除了在 147℃出现甲酰胺脱嵌峰外，在 65℃还出现一个明显的吸热峰，是埃洛石脱除吸附水所致。

高岭石-甲酰胺插层复合物在 100~250℃的失重率与插层率的相关性不如二甲基亚砜插层复合物明显，插层率高的张家口、北海高岭石插层复合物失重率较高，而插层率最低的准格尔高岭石的失重率最低，但是苏州高岭石的失重率达到 11.17%，原因可能还是埃洛石脱除吸附水，因为甲酰胺的插层时间较长(4d)，并且在有水的环境中进行，在这个过程中，管状埃洛石会吸附部分水，随着温度的升高，吸附水脱除，在 65℃出现吸热峰，但是脱除吸附水是在一定时间段内进行的，与甲酰胺的脱嵌有一定的重合，导致苏州高岭石在 100~250℃范围内的失重率很高。

2.3.5　不同产地高岭石-尿素插层复合物

1. X 射线衍射分析

不同产地高岭石-尿素插层复合物的 X 射线衍射图谱如图 2.28 所示。从图中可以看出：高岭石经过尿素的插层作用后，其位于 0.71nm 的 d(001) 面衍射峰值增加到了 1.08nm，表明高岭石经尿素插层后，其层间发生膨胀，层间距相应增加，说明形成了高岭石-尿素插层复合物。从图中还可以看出：表征高岭石结构的几个特征衍射峰都大大减弱，甚至消失。表明尿素插层后高岭石的结构受到极大破坏，结晶有序度大大降低。此外，在高岭石-尿素插层复合物的 X 射线衍射曲线中 2θ 为 21.9°处有一很强的衍射峰，经分析确定其为尿素的衍射峰，应是插层复合物表面上吸附的尿素所致。

根据衍射峰的强度可计算出尿素对不同产地高岭石的插层率见表 2.14。从表中可以看出：煤系高岭石的尿素插层率均小于 80%，其中有序度较高的大同高岭石和朔州高岭石插层率最高，分别为 71.54%和 76.22%，结晶有序度最差的淮北高岭石的插层率为 55.60%，而有序度最高的准格尔高岭石的尿素插层率最低，仅为 31.74%。而非煤系高岭石的尿素插层率相对较高，其中张家口高岭石和北海高岭石的插层率均在 90%以上，苏州高岭石的插层率最低，仅为 52.18%。

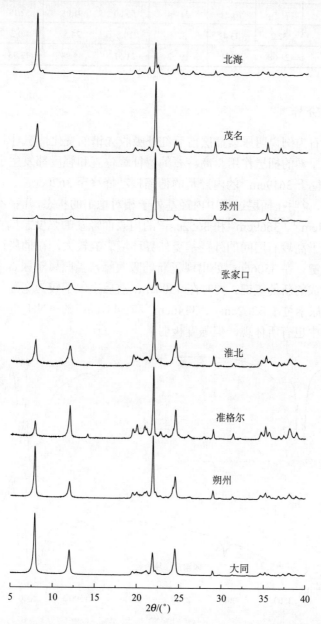

图 2.28　不同产地高岭石-尿素插层复合物 X 射线衍射图谱

　　尿素进入高岭石层间后，高岭石平均晶层厚度变化情况见表 2.14，插层作用使高岭石晶层厚度减少，但减少幅度介于二甲基亚砜插层样和甲酰胺插层样之间，与插层效果相对应。其中，插层率为 91.08%的张家口高岭石晶层厚度从 44.94nm 减少至 24.5nm，减少 44.94%，而插层效果较差的苏州高岭石的晶层厚度仅减少 12.93%。

表 2.14　不同产地高岭石的尿素插层率

产地	大同	朔州	准格尔	淮北	张家口	苏州	茂名	北海
插层率/%	71.54	76.22	31.74	55.60	91.08	52.18	84.19	98.18
晶层厚度/nm	32.2	33.4	37.1	20.8	24.5	20.2	17.1	24.5
晶层厚度减少/%	21.08	42.21	19.52	21.51	44.94	12.93	19.72	29.39

2. 红外光谱分析

以朔州高岭石为例说明尿素插层前后红外吸收光谱的变化情况(图 2.29)。由图可知,朔州高岭石经过尿素的插层作用,高岭石的特征峰位置和强度都发生了很大的变化。在高频区,高岭石位于 3619cm^{-1} 的内羟基的伸缩振动峰移至 3620cm^{-1},位置略有变化,强度基本保持不变,说明在插层过程中内羟基处于相对稳定的状态,几乎不受环境的影响;高岭石位于 3694cm^{-1}、3669cm^{-1} 和 3652cm^{-1} 的内表面羟基的强度急剧下降,且位置都有所偏移,说明处于高岭石层间的外羟基受外界环境影响较大,在插层过程中参与反应,形成了新的化学键。在 3506cm^{-1} 处出现了新的吸收峰,当归属于尿素中—NH$_2$ 基团与高岭石中硅氧层形成的新的氢键;同时在 3500cm^{-1} 前后出现了较为宽泛的水羟基的伸缩振动峰。高频区,尿素位于 3262cm^{-1}、3346cm^{-1} 和 3451cm^{-1} 的—NH$_2$ 的伸缩振动峰和弯曲振动峰在插层物中也有所体现,但强度极弱。

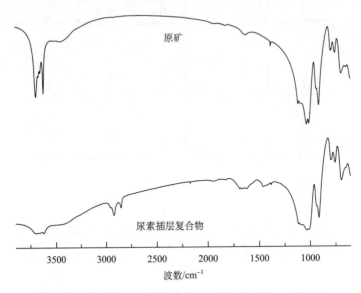

图 2.29　朔州高岭石-尿素插层复合物红外吸收光谱

中频区,在 1462cm^{-1}、1624cm^{-1} 和 1663cm^{-1} 则出现了 C=O 和 C—N 的伸缩振动吸收峰;低频区 791cm^{-1} 还出现—NH$_2$ 的摇摆振动峰。与尿素的红外数据相比,这些基团的振动峰的位置和强度都发生了变化,说明在高岭石-尿素的插层过程中,尿素插入了高岭石层间,且尿素中的 C=O 与高岭石的内表面羟基、尿素中的—NH$_2$ 与高岭石的硅氧层之间相互作用，形成了新的化学键，尿素中各基团所处的环境发生变化。

经尿素插层后，高岭石晶格结构区各振动吸收峰位置和强度都发生了变化。Si—O 键的伸缩振动由 $1116cm^{-1}$、$1033cm^{-1}$ 和 $1010cm^{-1}$ 分别移至 $1115cm^{-1}$、$1034cm^{-1}$ 和 $1011cm^{-1}$；低频区 Si—O—Si 的对称伸缩振动和 Si—O—Al 的伸缩振动峰则由 $796cm^{-1}$、$752cm^{-1}$ 和 $694cm^{-1}$ 移至 $795cm^{-1}$、$754cm^{-1}$ 和 $694cm^{-1}$，强度减弱，$788cm^{-1}$ 的峰消失。高岭石结构区各振动峰位置的移动和强度的变化或消失也证明尿素插入了高岭石层间，且新氢键的形成使 Si—O 键和 Al—O 键的数目减少，电子对位置发生偏移，导致峰的强度降低。在羟基弯曲振动区，内表面羟基的弯曲振动峰由 $913cm^{-1}$ 移至 $913cm^{-1}$，内羟基的弯曲振动峰 $937cm^{-1}$ 消失；低频区 Si—O 的弯曲振动峰及羟基的平动吸收峰 $430cm^{-1}$、$469cm^{-1}$ 和 $539cm^{-1}$ 在插层复合物中没有体现。说明高岭石经过尿素插层后，其结构受到了严重破坏。

3. 热分析

图 2.30 为朔州高岭石-尿素插层复合物的 TG-DSC 曲线。从图中可以看出：高岭石-尿素插层复合物的热分析曲线较高岭石原矿更为复杂。TG 曲线上有多个质量损失平台，在 130~160℃ 范围内的第一个质量损失应为插层复合物层间自由水分的挥发所致；在 160~255℃ 范围内的第二个质量损失应为插层复合物所吸附的尿素分解吸热所致；255~360℃ 范围内的第三个质量损失应为插层复合物中插层剂尿素的分解失去所致；400~570℃ 范围内的第四个质量损失应对应于高岭石的脱羟基反应。高岭石-尿素插层复合物的 DSC 曲线更为复杂，出现多个吸热峰，较为明显的几个分别位于 136℃、195~224℃、332℃ 和 513℃，在 195~224℃ 范围内是多个连续的吸热峰。经分析可知，136℃ 的吸热峰对应于 TG 曲线上第一个质量损失，并与其质量损失率最大点的温度接近；195~224℃ 范围内的吸热峰与 TG 曲线中第二个质量损失平台相对应，纯尿素在加热到 160℃ 时开始分解，但插层复合物吸附的尿素与插层复合物之间存在大小不同的作用力，因此其分解温度较纯尿素高，尿素在插层复合物中所处的环境不同，因此在 195~224℃ 范围内产生

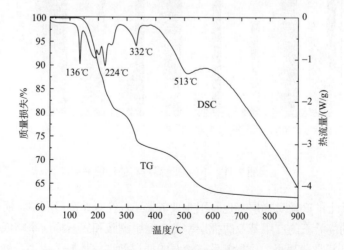

图 2.30　朔州高岭石-尿素插层复合物 TG-DSC 曲线

了一系列的吸热峰；332℃的吸热峰对应于 TG 曲线上的第三个质量损失，即为与高岭石发生插层作用的尿素的分解失去的最大速率点；513℃的吸热峰则与高岭石脱羟基过程的质量损失速率最大点相对应。

　　高岭石-尿素插层复合物 TG-DSC 曲线对应的峰值温度及失重率见表 2.15。从表中可以看出：高岭石-尿素插层复合物的失重率比较高，失重率一方面与插层率的高低有一定的关联，另一方面是因为该插层复合物中吸附有较多的尿素，在热分析过程中，尿素的分解失去有很大的影响。

表 2.15　高岭石-尿素插层复合物 TG-DSC 曲线对应的峰值温度及失重率

产地	峰值温度/℃				100～300℃失重率/%
	1	2	3	4	
朔州	136	224	332	513	21

2.4　高岭石的结构和性质对插层作用的影响

2.4.1　不同产地高岭石的插层效果

　　不同产地高岭石的二甲基亚砜、甲酰胺和尿素的插层率如图 2.31 所示。从图中可以看出：插层剂的种类对插层效果有重要的影响：在相同的反应温度下，二甲基亚砜的插层效果最好，8h 平均插层率为 94.42%；甲酰胺的插层效果最差，4d 平均插层率仅 64.86%；而尿素的插层效果略好于甲酰胺，其 4d 平均插层率为 70.01%。

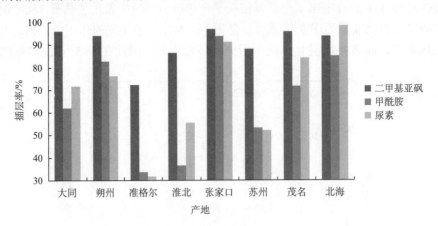

图 2.31　不同产地高岭石的插层率

　　此外，高岭土的产地对插层率也有很重要的影响：在煤系高岭石中，朔州高岭石的插层效果最好，大同高岭石的二甲基亚砜插层率高，但甲酰胺和尿素插层率略低，准格尔高岭石和淮北高岭石的插层效果最差；非煤系高岭石的插层效果整体好于煤系高岭石，其中张家口高岭石的插层效果最好，北海高岭石和茂名高岭石次之，苏州高岭石的插层效果最差。

2.4.2　高岭石的结晶有序度对插层效果的影响

高岭石是典型的 1∶1 型二八面体低电荷或零电荷层状硅酸盐矿物,其晶体存在着广泛的结构缺陷,主要由无序堆垛作用产生。在高岭石的结构层内,铝氧八面体片的 OH 与 b 轴平行,中间相隔 $b/3$。相邻高岭石层堆垛时,彼此平移 $nb/3$,如 n 为 3 的整数位,则不改变层与层之间 OH—O 键关系,为有序高岭石;如 n 不为 3 的整数倍,就会破坏结构中硅氧复三方环与八面体空位的正常关系,产生结构缺陷,为无序高岭石。在本书中用 HI 指数表征高岭石的结晶有序度,高岭石的结晶有序度对插层反应有重要影响。

自然界产出的高岭石结晶良好者较少,往往结构上有不同程度的无序化。一般认为,插层剂小分子渗透高岭石边缘产生的弹性变形带宽度与高岭石的结晶有序度有关,结晶有序度越好,变形带宽度越大,插层反应速率越大;结晶有序度越差,则插层速率越小。而且有机插层剂小分子在有序高岭石晶体中有确定的结构占位,插层作用完全,而高岭石的无序结构会限制这种结构占位,插层作用不完全。Frost 等(2002)发现一种高度有序的高岭石很难插层的原因是表面有一层无序高岭石阻碍了插层反应的进行。Uwins 等(1993)在用 NMF 进行插层的过程中发现,高有序度更有利于高岭石插层反应的进行。但是也有与之相反的报道,如 Wiewiora 和 Brindley(1969)的研究结果表明高结晶度导致低的化学反应活性,从而使插层反应很难进行。

不同产地高岭石的插层实验结果表明:二甲基亚砜的插层速度较快,五种高岭石的 8h 插层率达到 90% 以上,而甲酰胺的插层反应速度较慢,插层效果逊于二甲基亚砜,经过 4d 的插层反应,五种高岭石的插层率均在 70% 以下。此外,大部分高岭石遵循上述高岭石结晶有序度与插层率的规律:张家口高岭石的 HI 指数最高,其二甲基亚砜和甲酰胺插层率也最高,分别达到 96.81% 和 93.72%;淮北高岭石的结晶度最差,其插层率也低。大同、朔州、苏州、茂名和北海高岭石的结晶度指数介于两种高岭石之间,其插层率也介于两者之间。但准格尔高岭石的结晶指数和张家口高岭石一样,均为 1.23,其插层率却最低,这可能与高岭土的矿物组成有关,具体情况将在下面作具体的解释。

如不考虑准格尔高岭石的插层率数据,将其他高岭石的结晶度与插层率进行相关性分析(图 2.32),可以看出,二甲基亚砜、甲酰胺和尿素插层率与高岭石 HI 指数的相关性

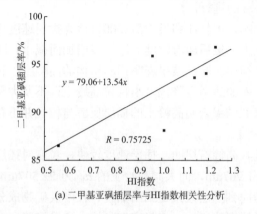

(a) 二甲基亚砜插层率与HI指数相关性分析

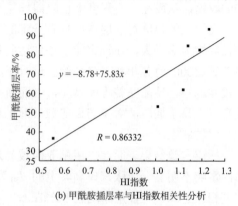

(b) 甲酰胺插层率与HI指数相关性分析

图 2.32　插层率与高岭石结晶有序度(HI 指数)相关性分析

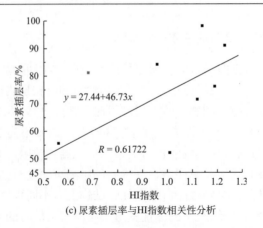

(c) 尿素插层率与HI指数相关性分析

图 2.32 插层率与高岭石结晶有序度(HI 指数)相关性分析(续)

系数分别为 0.75725、0.86332 和 0.61722,相关性良好。由此可得出,高岭石的结构有序度对插层有重要影响,高有序度有利于插层作用的进行。

2.4.3 高岭石的原始晶粒尺寸及粒度对插层效果的影响

煤系高岭岩经过不同程度的沉积成岩作用,原始晶粒尺寸有明显的差异,通过比较大同粗晶高岭石、朔州细晶高岭石和淮北隐晶高岭石的插层率,可分析高岭石的原始晶粒尺寸对插层效果的影响。插层实验结果表明:晶粒尺寸为 3~5μm 的朔州高岭土的插层效果较高,晶粒尺寸最小的淮北高岭土效果最差,而晶粒最粗的大同高岭石插层效果中等。究其原因,插层反应是从片状晶体边缘开始向晶体内部渗透,但插层剂小分子在颗粒边缘的楔入作用可能会引起高岭石结构片层的弹性变形(王林江、吴大清,2001)。对于晶粒尺寸中等的颗粒,渗透作用产生的弹性变形较慢,插层作用从周边开始,整个片层几乎被对称地撑开,所以插层反应进行较快。大同高岭石的片状直径达到 10μm,晶粒尺寸太大,反而会影响插层反应的进行,这是由于晶粒太大,插层作用从边缘延伸到中心所遇到的阻力也就越大,且反应时间增长。而晶粒尺寸太小,如淮北高岭土,在进行插层反应时,有机小分子产生的弹性变形会以较快的速度传递给整个粒子,引起另一端的收缩,从而在一定程度上也阻碍插层反应的进行。

高岭土的粒度对插层作用也有一定的影响,王林江和吴大清(2001)认为插层速度随粒径的增大而增大,在一定粒度条件达到最大,然后随着粒度的进一步增加而减小。陈祖熊等(2000)对苏州和茂名高岭土进行了肼插层实验,结果表明相同结构的高岭土,颗粒尺寸越小,结晶完整程度越差,因而肼插入的速率也降低,小颗粒高岭土远不及大颗粒高岭土易于插层,而 Weiss 等(1963)的研究结果表明高岭土的插层反应与粒径并不存在一定的联系。

插层实验结果表明,二甲基亚砜较易进入高岭石层间,插层速度较快,粒度对插层率的影响不明显,如张家口高岭土的 d_{50} 为 1.967μm,而大同高岭土的 d_{50} 为 22.507μm,粒度相差悬殊,但插层率均在 96% 左右。考虑到插层效果受到结晶度、粒度及矿物成分等多种因素的影响,为了单纯考虑粒度对插层率的影响,将张家口高岭土通过沉降分离的方法得到不同粒度的样品，然后进行二甲基亚砜插层实验。为了更好地观察粒度对插层效果的影响，插层实验在常温条件下进行，并测定了样品 1～10d 的二甲基亚砜插层率，粒度及插层率结果如表 2.16 和图 2.33 所示。

表 2.16　张家口高岭土分级样品的粒度、比表面积及插层率

样品	d_{10} /μm	d_{50} /μm	d_{90} /μm	比表面积 /(m²/g)	插层率/%				
					2d	4d	6d	8d	10d
1	0.466	1.004	2.115	7.01	9.34	13.55	26.79	42.31	59.9
2	0.655	1.401	2.590	5.13	13.72	27.23	53.4	68.15	79.5
3	0.804	1.935	3.871	3.99	20.92	40.78	62.02	67.72	73.01
4	0.796	2.184	6.305	3.69	23.18	49.33	72.17	81.61	82.77

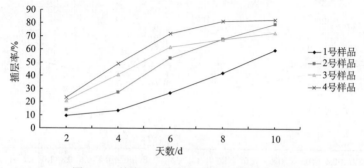

图 2.33　粒度对张家口高岭土插层率的影响

从表 2.16 可以看出：张家口高岭土经过沉降分层后，上层样品 1 号样 d_{50} 为 1.004μm，比表面积为 7.01m²/g，下层样品的粒度逐渐增大，比表面积也随之减小。最下层的 4 号样品 d_{10}、d_{50} 和比表面积都与 3 号样品接近，但 d_{90} 有明显的差异，3 号样品 d_{90} 为 3.871μm，而 4 号样品 d_{90} 达到 6.305μm，说明 4 号样品粒径分布范围广，含有粒度较粗的颗粒。

样品进行二甲基亚砜插层处理后，插层率均随着时间的延长明显增加，粒度最细的 1 号样品 2d 插层率仅有 9.34%，10d 插层率达到 59.9%。而粒度对插层效果的影响也较明显：粒度最细样品的插层率最低，粒度最粗的 4 号样品插层率最高，10d 插层率达到 82.77%，比 1 号样品提高 22.87%。3 号样品 2～6d 插层层均高于 2 号样，但 8d 插层率与 2 号样品接近，10d 插层率反而略有降低。

上述实验结果表明，高岭土的粒度对插层效果有一定的影响：颗粒尺寸越细，高岭石晶体结构有序度越低，因而插层率降低。但考虑到样品纯度和实验时间的影响，煤系高岭土一般机械磨至 325 目，软质及砂质高岭土经过除砂后，可作为插层实验的原料。

2.4.4　高岭土的矿物组成对插层效果的影响

在形成高岭土的地质作用过程中，不可避免地会混入其他的杂质，且不同成因的高岭土其杂质的种类和含量也不同，如大同高岭土、朔州高岭土较纯净，准格尔高岭土中一水软铝石含量较高，北海高岭土中伊利石含量较高。

　　对八种不同产地高岭土插层率的分析结果表明，准格尔高岭石的结晶度与张家口样品一样，HI 指数达到 1.23，晶粒尺寸与朔州高岭石接近，均为 3～5μm，但其二甲基亚砜和甲酰胺插层率仅为 72.25% 和 33.69%，均低于结晶有序度最差的淮北高岭石。与其他高岭土样品相比，其主要区别是一水软铝石的峰较强，说明其含量较高。该矿物是原始沉积时的铝胶体物质与煤系高岭土的成矿物质一起沉积下来，经过成岩作用结晶形成。前期的研究发现，在显微镜下经常可以看到一水软铝石与高岭石晶层交互出现。因此，有可能是与高岭石晶层共生的一水软铝石，阻碍了插层剂分子进入高岭石层间，导致高岭石插层率的降低。

　　此外，有些高岭土中 Fe_2O_3、K_2O、TiO_2 和 SO_3 的含量大于 1%，为了研究这些化学成分对插层率的影响，进行了各化学组分含量与插层率的相关性分析，结果如图 2.34 所示，为了便于区分插层效果，采用的是较难插层的甲酰胺的插层率。

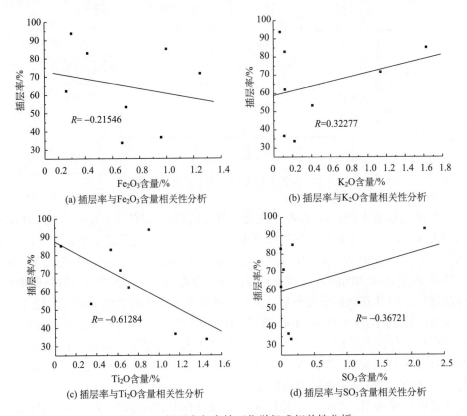

图 2.34　插层率与高岭石化学组成相关性分析

　　从图 2.34 可以看出：TiO_2 含量与插层率呈负相关性，相关性系数为 -0.61248，说明随着 TiO_2 含量的增加插层率有下降的趋势，这有可能是因为部分钛以类质同象替代的形式进入高岭石的硅氧四面体中，使高岭石结晶有序度下降，从而导致插层率的降低。而 SO_3、K_2O 和 Fe_2O_3 的含量与插层率的相关性较差，相关性系数均在 0.3 左右，说明这些化学组分对插层率的影响甚微。

2.4.5　高岭石的晶体形态对插层效果的影响

高岭石是由硅氧四面体层和铝氧八面体层构成的层状硅酸盐矿物,层间由氢键联系,通常高岭石晶体呈六方形、三角形片状,但有的高岭石在特殊的成矿条件下,硅氧四面体和铝氧八面体在结合成复层时,八面体上的 OH—OH 间距(0.294nm)与 O—O 间距(0.255nm)不同,造成晶胞参数 a_0 和 b_0 在对应于八面体和四面体两方面叠合时,不相匹配,就要求外层的四面体层适当卷曲,以适应八面体的大小,形成埃洛石,使高岭石晶体有时呈管状或针棒状。

高岭石插层反应的速率和难易与高岭土的结构形貌有很大的关系。陈祖熊等(2000)采用苏州高岭土和茂名高岭土为原料,肼作为插层剂进行实验,结果表明管状结构的苏州高岭土比层片状结构的茂名高岭土插层速度和插入程度低,他认为这是由于片状高岭石的结构开放程度比管状高岭石大,结构开放程度越大越容易插层。而冯莉等(2006)根据结构压力理论,认为苏州高岭土的管状结构是由于硅氧四面体层和铝氧八面体层的不对称加上层间水的作用导致,由于四面体和八面体片层有维持自身平整的趋势,因此,这种结构上的高度不对称将诱导产生很大的结构压力,结构压力越大,则层间氢键越容易被破坏,也就越容易插层。此外,苏州高岭土层间水的存在可引起介电常数增大,使高岭石层间的静电引力下降,黏附能减小,有利于插层反应的发生。

本章所用苏州高岭石 HI 指数为 1.01,晶体形态为管片状混杂(图 2.35),茂名高岭石有序度略低,其 HI 指数为 0.96,主要由片状高岭石组成(图 2.36),但插层率存在较大的差异:茂名高岭石-二甲基亚砜插层率比苏州高岭石高 7.77%,甲酰胺插层率比苏州高岭石高 18.23%。比较这两种高岭土的结构和性质,插层率的差异主要是由于苏州高岭土中管状埃洛石的存在引起的,管状埃洛石结构开放程度较小,导致其插层率比茂名高岭土低。

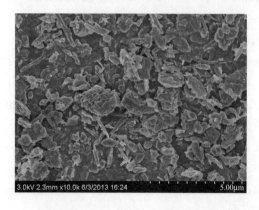

　　图 2.35　苏州高岭土扫描电镜照片　　　　　　图 2.36　茂名高岭土扫描电镜照片

参 考 文 献

陈祖熊, 颜卫, 王坚等. 2000. 肼对高岭土插层的研究(Ⅱ)——高岭土结构对插层的影响. 建筑材料学报, 3(3): 240～245

范景坤, 张登龙, 李子明等. 2001. 试析淮北矿区共伴生硬质高岭土矿矿物特征. 淮南工业学院学报, 21(4): 5～8

冯莉, 林喆, 刘炯天等. 2006. 超声波法制备高岭石插层复合物. 硅酸盐学报, 34(10): 1226～1231

河北省地质局. 1983. 张家口地质. 河北:河北省地质局

刘钦甫, 张鹏飞.1997. 华北晚古生代煤系高岭岩物质组成和成矿机理研究. 北京: 海洋出版社

刘全坤, 陈庆福, 谢继明. 2007. 阳西高岭土矿床成因剖析. 非金属矿, 30(增刊): 50～52

王宝祥, 赵晓鹏, 姚远. 2005. 高岭土基三元纳米复合电流变液材料及其性能. 中国科学(E辑): 工程科学材料科学, 35(9): 911～923

王林江, 吴大清. 2001. 高岭石有机插层反应的影响因素. 化工矿物与加工, (5): 29～32

王林江, 吴大清. 2005. 高岭石-聚丙烯酰胺插层原位合成 Sialon 粉体. 矿物岩石, 25(3): 79～82

王林江, 谢襄漓, 陈南春等. 2010. 高岭石插层效率评价. 无机化学学报, 26(5): 853～859

王林江, 吴大清, 袁鹏等. 2002. 高岭石/甲酰胺插层的 Raman 和 DRIFT 光谱. 高等学校化学学报, 23(10): 1948～1951

易发成, 田煦, 李虎杰等.1996. 苏州阳西脉岩蚀变型高岭土矿床成因探讨. 矿床地质, 15(1): 87～94

余琳. 1999. 茂名高岭土资源的特点及其开发利用. 国土与自然资源研究, (2): 53～54

赵杏媛, 张有瑜. 1990. 黏土矿物与黏土矿物分析. 北京: 海洋出版社

Bahramian A R, Kokabi M. 2011. Carbonitriding synthesis of β-SiAlON nanopowder from kaolinite–polyacrylamide precursor. Applied Clay Science, 52(4):407～413

Cheng H F, Liu Q F, Zhang J, *et al*. 2010. Delamination of kaolinite-potassium acetate intercalates by ball-milling. Journal of Colloid and Interface Science, 348(2):355～359

Frost R L, Van Der Gaast S J, Marek Z, *et al*. 2002. Birdwood kaolinite: a highly ordered kaolinite that is difficult to intercalate—an XRD, SEM and Raman spectroscopic study. Applied Clay Science, 20(4):177～187

Gardolinski J E, Ramos L P, de Souza G P, *et al*. 2000. Intercalation of benzamide into kaolinite. Journal of Colloid and Interface Science, 221(2):284～290

Li Y F, Zhang B, Pan X B. 2008. Preparation and characterization of PMMA-kaolinite intercalation composites. Composites Science and Technology, 68:1954～1961

Sugahara Y, Satokawa S, Kuroda K, *et al*. 1988. Evidence for the formation of interlayer polyacrylonitrile in kaolinite. Clays and Clay Minerals, 36(4): 343～348

Takenawa R, Komori Y. 2001. Intercalation of nitroanilines into kaolinite and second harmonic generation. Chemistry Materials, 13: 3741～3746

Tamer A E, Christian D. 2008. Intercalation of cyclic imides in kaolinite. Journal of Colloid and Interface Science, 323:338～343

Uwins P J R, Mackinnon I D R, Thompson J G, *et al.*1993. Kaolinite-NMF Intercalates. Clays and Clay Minerals, 41:707~717

Weiss A, Thielepake W, Ritter W. 1963. Zurkenntnis von hydrazine-kaolinite. Zeitschrift fur Anorganische und Allgemeine Chemie, 320:183~204

Wiewiora A, Brindley G W. 1969. Potassium acetate intercalation in kaolinite and its removal effect of material characteristics. Proceedings of the International Clay Conference

Yan C J, Chen J Y, Zhang C Z, *et al.* 2005. Kaolinite-urea intercalation composites prepared using a rapid method. American Ceramic Society Bulletin, 84(12):11~15

第3章　高岭石插层及形貌控制

3.1　概　　述

高岭石作为一种重要的层状硅酸盐矿物，在应用的过程中可增大材料的体积、提高塑料和橡胶等产品的绝缘强度；除此之外，可提高对红外线阻隔效果等，现已被广泛应用于塑料、橡胶、电缆、耐火材料、涂料、造纸、水泥、油漆、汽车、化工、陶瓷、搪瓷、纺织、环保、农业等领域。纳米级高岭土是一种重要的化工添加材料，作为填料用于造纸、塑料、橡胶及油漆行业，可显著提高产品的档次，增加产品的附加值。由于纳米级高岭土在应用过程中可产生"纳米效应"，同时具有十分复杂的、可控制的、可有效改造的结构特征和相应的物理化学性能，因此，具有广阔的应用前景和较高的经济价值。层状硅酸盐矿物的表面、层间、结构三个层次的物理化学特性，使得它在不同领域得到广泛的应用。高岭石在这三个层次上的物理化学特性是相互制约、相互影响的。以往的研究者将主要的注意力放在黏土矿物高活性的外表面上。事实上，高岭石的层间与表面同时具有较高的活性和良好规范性的特征，非常适合作为化学反应的场所。高岭石的结构之所以极具开发潜力，是因为它隐含着开发新型功能材料的可能性。因此，无论从理论科学研究还是从新材料应用的观点，高岭石都值得研究者进行深入研究。

在自然界，黏土矿物层间的化合物对太古代生命的诞生起到了极为重要的作用，蒙脱石结构层间存在可吸附氨基酸，使该氨基酸在其结构层间聚合反应，生长成不同的长肽，为现代合成生命蛋白质的最基本材料之一（Pavlidou and Papaspyrides,2008）。早在1874年，Schtoesing描述了黏土矿物与有机小分子之间的相互作用并对其进行了深入的分析研究。在1979年，新西兰学者Theng在前人研究的基础上，结合他的研究结果，撰写了《黏土——聚合物复合体的形成及性质》一书，该书对黏土矿物的表面性质和层间结构进行了详细的阐述，并讨论了黏土矿物和聚合物之间可能进行的化学作用。20世纪80年代后期，国外很多研究者利用先进的表征方法对黏土矿物与有机物的反应机理进行了研究，并探讨了有机分子在黏土矿物结构层间进行聚合反应的过程；同时，尝试进一步研究开发黏土矿物-有机分子插层复合物的实用功能。

近年来，国内外科学家在高岭石插层复合物的制备及应用领域进行了一系列的研究工作，并初步探讨了它在很多领域的应用，为黏土矿物-有机分子插层复合物的研究开发创造了一个良好的研究氛围。在这些研究过程中，有关蒙脱石-有机分子插层复合体的研究无论是从深度、广度上还是从应用上都取得了很大进展，而对于高岭石-有机分子插层复合物的研究相对滞后，其主要原因是20世纪初期人们普遍认为高岭石层间不存在可交换的离子，同时有机化合物不会像蒙脱石那样容易地进入其结构晶层中去，而只能停留在高岭石颗粒表面或是边缘上。20世纪中期至末期，高岭石插层复合体的研究陆续有了新报道。研究发现，插层作用可使极性较大的小分子进入高岭石结构层间，插层后的高岭石在粒径、表面特性、流变性和结构特性等方面展示出许多新奇的变化,这些特性可在造纸工业、橡胶工业、聚合物合成、作为分子的缓释基质和土壤调节等方面得到应用(Lagaly,1999),还可在高分子材料、分子筛、高性能陶瓷和固体电解质等方面有所作为。粒度和白度是衡量高岭土产品质量的两个重要指标,特别是用于高新技术领域,高岭土的粒度大小直接影响产品的很多性能。高新技术领域的应用一般要求高岭土颗粒的粒度特别小甚至达到纳米级范围。在其应用过程中,期望得到较大的"纳米效应"。随着高岭土颗粒尺寸的量变,在一定条件下会引起颗粒性质的质变。对高岭土颗粒而言,粒度变小,其比表面积亦显著增加,从而产生一系列新奇的性质,这便有可能产生所谓的"纳米效应"。高岭土通过插层,再进行剥片是达到此类用途粒度指标的重要过程。

3.2　实　验　部　分

3.2.1　实验原材料

高岭土:河北省张家口市宣化沙岭子镇高岭土;本章实验所用的其他试剂见表 3.1。

表 3.1　本章实验所用到的实验试剂

名称	分子式	级别	来源
醋酸钾	CH_3COOK	分析纯	广东省汕头市西陇化工厂
醋酸铵	CH_3COONH_4	分析纯	北京市北化精细化学品有限责任公司
二甲基亚砜	CH_3SOCH_3	分析纯	北京市北化精细化学品有限责任公司
甲酰胺	$HCONHCH_3$	分析纯	北京市北化精细化学品有限责任公司
水合肼	$N_2H_4 \cdot H_2O$	分析纯	北京市北化精细化学品有限责任公司
甲醇	CH_3OH	分析纯	北京市北化精细化学品有限责任公司
氢氧化钠	$NaOH$	分析纯	北京市华腾化工有限公司
盐酸	HCl	分析纯	北京市北化精细化学品有限责任公司
丁基三甲基氯化铵	$C_7H_{18}ClN$	分析纯	上海晶纯生化科技股份有限公司
己基三甲基溴化铵	$C_9H_{22}BrN$	分析纯	上海晶纯生化科技股份有限公司
正辛基三甲基氯化铵	$C_{11}H_{26}ClN$	分析纯	上海晶纯生化科技股份有限公司
十烷基三甲基氯化铵	$C_{13}H_{30}ClN$	分析纯	上海晶纯生化科技股份有限公司
十二烷基三甲基氯化铵	$C_{15}H_{34}ClN$	分析纯	上海晶纯生化科技股份有限公司
十四烷基三甲基氯化铵	$C_{17}H_{38}ClN$	分析纯	上海晶纯生化科技股份有限公司
十六烷基三甲基氯化铵	$C_{19}H_{42}ClN$	分析纯	上海晶纯生化科技股份有限公司
十八烷基三甲基氯化铵	$C_{21}H_{46}ClN$	分析纯	上海晶纯生化科技股份有限公司
甲基甲酰胺	C_2H_5NO	分析纯	西陇化工股份有限公司
一异丙胺	C_3H_9N	分析纯	上海晶纯生化科技股份有限公司
正丁胺	$C_4H_{11}N$	分析纯	上海晶纯生化科技股份有限公司
正己胺	$C_6H_{15}N$	分析纯	上海晶纯生化科技股份有限公司

续表

名称	分子式	级别	来源
十二胺	$C_{12}H_{27}N$	分析纯	上海晶纯生化科技股份有限公司
十六烷基三甲基氯化铵	$C_{16}H_{33}(CH_3)_3NCl$	分析纯	国药集团化学试剂有限公司
γ-氨丙基三乙氧基硅烷	$H_2NCH_2CH_2CH_2Si(OC_2H_5)_3$	分析纯	国药集团化学试剂有限公司
乙二醇	$(HOCH_2)_2$	分析纯	广东省汕头市西陇化工厂
硬脂酸	$C_{18}H_{36}O_2$	分析纯	北京市北化精细化学品有限责任公司

3.2.2　实验设备及表征仪器

样品的热分析采用瑞士梅特勒-托利多公司 TGA/DSC1/1600HT 型同步热分析仪,在氮气保护下对样品进行热分析,升温速率为 10℃/min。

样品的 XRD 测定采用日本 Rigaku 公司的 D/max 2500 PC 型 X 射线衍射仪测定,其测定条件:Cu 靶;电压 40kV;电流 100mA;扫描步宽 0.02°;狭缝系统;DS=SS=1°,RS=0.3mm;扫描速度 2°/min。

样品的红外光谱(FTIR)是由美国 Thermo Fisher 公司的 Nicolet 6700 型傅里叶变换红外光谱仪获得,实验采用 KBr 压片法制备样品。

样品的红外发射光谱(IES)测定采用光谱仪为 Bio Rad FT S15/90 型傅里叶变换红外光谱仪,采用 MCT 探测器,光谱分辨率 4cm^{-1},200 次扫描累加,参比光谱在相同测试条件下用活性碳获得,光谱采集温度间隔为 50℃。

样品的扫描电子显微镜(SEM)分析采用日本株式会社的 S-4800 型冷场发射扫描电镜(SEM),工作距离 8.8~8.9mm,电压 5kV。

透射电镜(TEM)照片使用 FEI-Tecnai G2 F30 S-TWIN 拍摄,捷克共和国生产,加速电压 300 kV。

核磁共振测试采用德国 Bruker 公司的 MSL-300 型谱仪在室温条件下记录的,^{29}Si 和 ^{27}Al 的谐振频率分别为 59.6Hz、78.2Hz,转子转速 5kHz,^{29}Si 和 ^{27}Al 的化学位移参照物分别为四甲基硅烷(TMS)和三氯化铝溶液(AlCl$_3$)。

粒度测试采用英国马尔文公司生产的 Mastersize 2000 对磨剥后的高岭土粒度进行测试。

实验用磁力搅拌器为上海市振荣科学仪器有限公司生产的 90-1 型双向磁力搅拌器。

机械化学剥片所用的磨剥机为江苏省江阴市双叶机械有限公司生产的 GF-1100 实验型多用分散机。

3.2.3　制备方法

直接插层法制备高岭石插层复合物:分别按实验所需比例取高岭土、插层剂(醋酸钾、二甲基亚砜、甲酰胺、水合肼、脲)和蒸馏水,将高岭土与插层剂溶液混合后磁力搅拌,在室温下进行反应。反应结束后,将反应容器底部溶液滴于玻片上形成定向片,室内自然风干后进行表征。其余样品过滤、洗涤、风干后进行热行为及红外光谱表征。

替代插层法制备高岭石插层复合物：在直接插层的基础上，分别按实验所需比例取直接插层所制备的插层复合物、按一定比例加入甲醇，室温条件下磁力搅拌，重复甲醇漂洗若干次，获得甲氧基嫁接高岭石；然后，取一定质量的甲氧基嫁接高岭石按一定比例与季铵盐、烷基胺（一异丙胺、正丁胺、正己胺、十二胺）、硅烷及硬脂酸，在一定温度下进行磁力搅拌，离心分离得一系列高岭石替代插层复合物。

机械化学剥片法：将一定质量高岭土与一定浓度醋酸钾溶液共混搅拌一定时间，将搅拌后的溶液放入分散剥片仪的磨剥桶内，以不同的转速磨剥 1～2h，然后将磨剥浆料倒出，过滤分离。将过滤高岭石/醋酸钾插层复合体水洗（剧烈搅拌）两次，除去插层客体醋酸钾，使之自然剥片，干燥。

3.3　直接插层法制备高岭石插层复合物

3.3.1　醋酸钾

1. X 射线衍射分析

X 射线衍射技术可用来表征高岭石插层复合物的纵向结构信息，主要用于确定高岭石插层前后其层间距的变化，从而来判断插层反应效果。高岭石的基本层间距为 0.715nm，层间域约为 0.292nm，插层分子进入高岭石无机片层之间后，会引起层间域膨胀，层间距也会相应增大。在 X 射线衍射结果上 d(001) 值能直接反映出这一变化。不同的插层分子进入高岭石层间后会相应出现不同的 (001) 衍射峰。影响高岭石层间距变化的因素还有插层分子在高岭石层间的排列方式。

当高岭石与醋酸钾作用后，高岭石原 (001) 衍射峰强度大幅降低，d(001) 值由原来的 0.717nm 增至 1.427nm，这一点表明醋酸钾已成功插入高岭石层间，并使高岭石的层间距被撑大（图 3.1）。根据国内外对高岭石-醋酸钾插层复合物所做的研究分析得知，插层复合物 (001) 衍射峰为 1.427nm 是由醋酸钾和水插入高岭石层间所形成的。图 3.1(b)

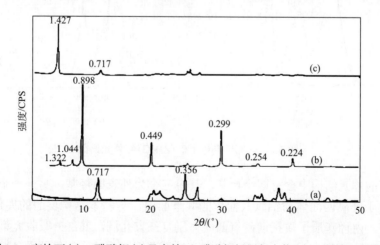

图 3.1　高岭石(a)、醋酸钾(b)及高岭石-醋酸钾插层复合物(c) X 射线衍射图谱

为插层剂醋酸钾的衍射峰，可以看出，醋酸钾原有的七个较强的衍射峰，在其与高岭石作用以后，强度消失。这一点再次说明醋酸钾分子已经嵌入高岭石层间，形成了高岭石-醋酸钾插层复合物。

2. 红外光谱分析

层状硅酸盐矿物的红外光谱主要由硅酸盐络阴离子$[Si_4O_{10}]$振动和羟基振动以及八面体中所含的阳离子与层间阳离子的主要振动组成。高岭石红外光谱可分为三个主要区：①高频区：$3600\sim3700cm^{-1}$范围，该区主要为羟基伸缩振动谱带，其中在 $3691cm^{-1}$ 和 $3620cm^{-1}$ 处有两个特征振动峰，分别属于外羟基和内羟基的伸缩振动。在 $3668cm^{-1}$ 和 $3650cm^{-1}$ 处还有两个特征振动峰，后者较常见，前者只在结晶度较高的高岭石样品中出现。②中频区：$800\sim1200cm^{-1}$ 处呈一强的吸收谱带，由六个峰构成，主要为 Si—O 伸缩振动和羟基解型振动。③低频区：$600\sim800cm^{-1}$ 处，有五个左右强中等吸收谱带，分裂很深，主要为 Al—O 伸缩振动、Si—O 弯曲振动和羟基平动（图 3.2）。

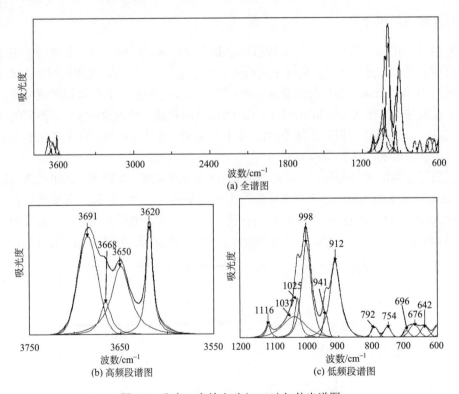

图 3.2 张家口高岭土矿（ZJKG）红外光谱图

高岭石的单元结构中含有四个羟基，其中三个为外表面羟基，另外一个为内羟基。该内羟基位于硅氧四面体与铝氧八面体的共享面内，与基本结构层面的夹角为 $14°\sim17°$，其中，内羟基质子端指向硅氧四面体层复三方孔洞，其红外吸收光谱伸缩振动谱带波数在 $3620cm^{-1}$ 左右，由于该羟基位于高岭石硅氧四面体和铝氧八面体内部，在插层反应过程中处于相对稳定状态，其红外吸收光谱的振动谱带波数与强度均不易发生明显变化。除内羟基外，高岭石结构中还存在三个表面羟基，表面羟基则以较大的角度与高岭石结构层表面斜交，由于这个类型的羟基位于高岭石层间的表面，易受层间环境改变的影响，当插层分子进入高岭石层间时，会对这类羟基产生影响，以至于其红外吸收光谱振动波数或强度发生一定的变化。插层过程使得高岭石层间膨胀，层间键合作用力得到削弱。因此，当醋酸钾分子和水分子进入高岭石层间后，内羟基的振动频率和强度基本不变，而表面羟基的振动频率和强度均发生较大变化。图 3.3 为高岭石-醋酸钾插层复合物的红外光谱图。从图中可以看出：高岭石结构内羟基伸缩振动峰($3620cm^{-1}$)的强度和位置在插层前后基本保持不变；$3694cm^{-1}$处的表面羟基峰强度减弱，表明醋酸钾分子进入高岭石层间并影响了高岭石层间的基本结构；$3604cm^{-1}$处的红外吸收振动为插层分子进入高岭石层间与其表面羟基形成氢键所形成；在红外吸收光谱高频区 $3200\sim$ $3600cm^{-1}$出现一个很宽的谱带，这是由于水与醋酸钾形成络合物进入高岭石层间，水中羟基的伸缩振动引起的一个较宽的谱带。这些新振动谱带的出现表明醋酸根和水分子进入高岭石层间并与其表面羟基形成氢键。

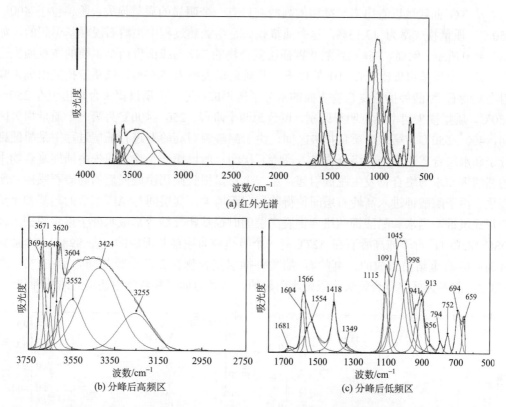

图 3.3　高岭石-醋酸钾插层复合物红外光谱、分峰后高频区及分峰后低频区

在低频区出现了一些新的振动峰，新增四个峰，分别在 $1604cm^{-1}$、$1566cm^{-1}$、$1418cm^{-1}$ 处有三个较强的峰，在 $1349\ cm^{-1}$ 处有一个较弱的振动峰。前三个较强的振动峰由醋酸根（CH_3COO^-）的反对称伸缩振动与对称伸缩振动产生，而较弱的振动峰（$1349cm^{-1}$）为醋酸根中 C—O 振动和 O—H 的面内变形的振动进行偶合所引起的。这四个新特征峰的出现

说明高岭石层间有醋酸根存在。在 $600\sim1100cm^{-1}$ 的红外吸收振动峰的强度，比原高岭石在这个范围内相对应的峰的强度有不同程度的减弱。笔者认为这是由于水与醋酸钾分子插入高岭石层间后，水和醋酸根结合在羟基位置处同时形成了新的氢键，使一些键，特别是硅氧四面体中 Si—O 键和铝氧八面体中 Al—O 键受到影响，电子对位置发生偏移，影响了这些峰的强度。

3. 热分析

Wada(1961)最早表征了高岭石-醋酸钾插层复合物的热行为，并提出加热导致插层复合物塌陷至 1.14nm。将加热后层间距减小的插层复合物在空气中静置，层间距可恢复至 1.42nm，这同时证明了醋酸钾分子和单层水分子的存在。热分析结果表明，插层复合物热行为的结论可用于区分高岭石族的埃洛石和迪开石。同时，Smith 等(1966)将高岭石-醋酸钾插层复合物样品置于 60℃ 条件下缓慢加热或置于烘箱中储存 24h，其将迅速失去层间水，而且这一过程是可逆的。

从 TG 曲线可以看出未经插层的高岭石只有一个明显的质量损失台阶，位于 $400\sim650℃$，质量损失率为 13.13%，这个质量损失是由加热过程中高岭石脱羟基引起的，如图 3.4(a) 所示。然而，高岭石-醋酸钾插层复合物的 TG 曲线出现两个主要的质量损失台阶。第一个质量损失出现在 100℃ 以下，其质量损失率为 5.63%，该质量损失由失去吸附在高岭石-醋酸钾插层复合物表面的水分子所形成；另一个质量损失台阶出现在 $250\sim650℃$，质量损失速率具有明显区别，可分为两个阶段，$250\sim400℃$ 为第一个质量损失区间，$400\sim650℃$ 为第二个质量损失区间。由于醋酸钾对高岭石进行插层过程中是醋酸钾分子和水结合后形成一种络合物进入高岭石层间，所以第一个质量损失由插层复合物中的醋酸钾和水的络合物发生脱嵌引起，第二个质量损失则仍由脱嵌后的高岭石脱羟基所产生。由于醋酸钾进入高岭石层间使得其层间距增大，其层间与 Al^{3+} 结合的羟基和水结合形成氢键，当水和醋酸钾的络合物脱离层间时羟基相互缔合形成水分子逐步脱去。在 DSC 曲线中，对于纯高岭石在 527℃ 有一个吸热峰为脱羟基形成的，在 998℃ 有个放热峰为高岭石重结晶形成的。高岭石-醋酸钾插层复合物存在两个吸热峰分别在 76℃ 和 373℃，前者为插层复合物失去吸附水引起的，后者为插层复合物中插层的醋酸钾和

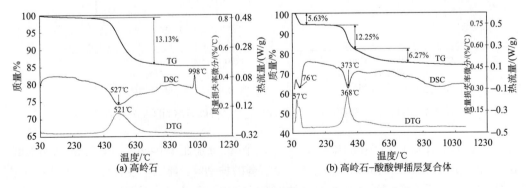

图 3.4　高岭石和高岭石-醋酸钾插层复合体 TG-DSC 曲线

水分子脱嵌引起的。然而，相对于未经插层的高岭石，998℃的重结晶放热峰消失。这说明，在醋酸钾分子和水分子进入高岭石层间后，由于钾离子进入高岭石结构的复三方孔中阻止了高岭石结构的重结晶作用。因此，复合物的 DSC 曲线中 998℃处的重结晶峰没有出现。从以上的分析得出：100℃以下可以除去高岭石-醋酸钾插层复合体表面吸附的水分子，插层复合物的热稳定温度高于 300℃，373℃为高岭石层间的醋酸钾脱嵌所需温度。经过醋酸钾插层后，高岭石的重结晶峰消失。

4. 高岭石-醋酸钾插层作用机理

有机物通过插层作用嵌入无机物夹层后，其分子的活性受到一定限制，分子排列趋向更加有序，在热力学上是一个熵减反应过程，即在 $\Delta G = \Delta H - T\Delta S$ 中，$\Delta S < 0$。因此，这一嵌入过程在热力学上是不利的，不可自发进行反应。如果尽可能增大有机物与层状无机物片层的作用点数量，这一过程中与有机物有关的构象熵的损失就能被克服；或者两者相互作用很强，嵌入过程是放热过程，即只有当 $\Delta H < 0$，且当 $|\Delta H| > T|\Delta S|$ 时，嵌入过程才能完成。要使 $\Delta H < 0$，只有有机物与层状硅酸盐无机片层之间有特殊的相互作用才有可能，这些特殊的相互作用包括：离子交换、酸-碱作用、氧化-还原作用、配位作用。

极性有机化合物与高岭石插层作用主要是由于引起高岭石层间氢键的断裂而形成新的氢键。极性有机物，如醋酸钾(CH_3COOK)、醋酸铵和丙烯酰胺，它们与高岭石内部羟基(—OH)基团间的氢键比高岭石层间原先固有的氢键要强得多，所以就会产生化学的引导力引起极性化合物在高岭石层间进行插层作用，这种作用从晶体边缘开始，逐渐地占据整个高岭石层间。而极性有机化合物又是许多非极性或弱极性有机化合物进行插层的引发剂，一旦高岭石晶层被撑开，一些本来不能直接进入高岭石层间的化合物就可以通过取代的方式进入其层间。蒙脱石层间有可以交换的阳离子，在溶液中可以水化使层间距扩大，能够在溶液介质中使脂肪酸盐等有机化合物直接进入蒙脱石层间(层间含水的埃洛石也易于插层)。然而，高岭石不具备这种条件。由此看来，只有能够使高岭石层间氢键断裂并能够在其层间形成新的结合力的极性有机化合物，才能直接进入高岭石层间。Ruiz 和 Duro(1999)认为存在于高岭石与水之间的氢键，可能会在插层复合物部分脱水后仍然存在。与此相反，Smith 等(1966)认为醋酸根离子的羰基氧的孤对电子比高岭石硅氧烷基团的孤对电子更多，且可用于形成氢键。因此，随着高岭石-醋酸钾-水系统中水分的降低，醋酸根离子的羰基氧与高岭石的羟基基团相互作用，形成比原来已经存在于Si—O 基团与 Al—O 基团之间更强的氢键，随后插层就开始了。更重要的是，钾离子占据了高岭石表面的复三方孔的结构会加剧插入钾离子和内羟基基团氧之间的静电作用，这也证明了 3620cm^{-1} 处的羟基伸缩振动峰未发生变化的合理性。一般认为，高岭石的插层反应是通过层间氢键的断裂以及与插层分子形成新的氢键而实现的，也可以说是电子转移机理。对质子给体和质子受体而言，形成的氢键并不相同。质子给体，如尿素和酰胺类物质含—NH_2，通过和硅氧面的氧原子形成氢键 NH—O—Si 而插层，由于氧是比较弱的电子受体，因此这类氢键作用力较弱。而对于质子受体，如醋酸钾和二甲基亚砜分子含有可以接受质子的官能团—C—O—或—S—O—，和铝氧层的羟基形成氢键 C—O—

OHAl 或 S—O—HO—Al 而吸附于高岭石层间。同时具有两种官能团的插层剂，如尿素（—C—O—，—NH—），有可能同时形成上述两种氢键，温度为 298 K 时，尿素通过—NH$_2$—和高岭土形成氢键，而 77 K 时，可以同时形成上述两种氢键。因此，分析得出，高岭石-醋酸钾插层复合物是由于醋酸钾和水分子插入高岭石层间所形成。与此同时，拥有质子供体基团和质子受体基团的醋酸钾容易对高岭石进行插层，醋酸根离子具有质子受体，通过 C—O 基团的孤电子对与铝氧八面体片上的羟基可形成氢键。

3.3.2　二甲基亚砜

1. X 射线衍射

二甲基亚砜通常被用于区分高岭石与绿泥石。其之所以可以区分黏土矿物是因为经过二甲基亚砜插层的高岭石层间距从 0.715nm 膨胀到了 1.12nm。膨胀之后发生的脱嵌作用将导致高岭石的有序度降低。二甲基亚砜插入高岭石层间可作为插层"前驱体"使得部分强碱和碱金属盐进入高岭石层间成为可能。

张家口宣化沙岭子地区高岭石经过二甲基亚砜插层作用后，高岭石的 $d(001)$ 值由原来的 0.718nm 增至 1.130nm，该结果表明二甲基亚砜插层后，高岭石的层间距被撑大（图 3.5）。从插层前后的 X 射线衍射图谱仍然可以看出，经过插层后，插层复合物的（001）面衍射峰尖锐，表明二甲基亚砜分子在高岭石层间呈高度定向排列。二甲基亚砜插入高岭石层间后使其层间距扩大了 0.412nm，该数值略小于二甲基亚砜分子的大小，这一点可能说明二甲基亚砜分子中的一端甲基嵌入高岭石的复三方孔中。根据衍射峰的强度以及插层效果表征的方法表征并计算得到二甲基亚砜对高岭石的插层率为 95.06%。

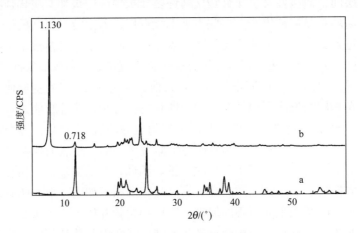

图 3.5　高岭石（a）及高岭石-二甲基亚砜插层复合物（b）X 射线衍射图谱

2. 红外光谱分析

早在 1984 年，Johnston 等利用拉曼光谱和红外光谱研究了用浓度为 91% 的二甲基亚砜水溶液对高岭石进行插层。红外光谱准确记录了高岭石结构中羟基（OH）伸缩振动谱带的位置、强度、形状及其变化。图 3.6 为高岭石-二甲基亚砜插层复合物的红外光谱图。

将该图谱与未经插层高岭石的图谱进行比较可以发现，经过插层后高岭石内羟基的伸缩振动峰（3620cm⁻¹）强度基本保持不变，同时再次说明在插层反应过程中内羟基处于相对稳定状态，这一点是由于高岭石内羟基位于四面体与八面体的共享面内，未能与插层反应客体分子直接接触。还发现经过二甲基亚砜插层作用后高岭石内羟基伸缩振动带3694cm⁻¹、3652cm⁻¹的强度急剧下降，同时这两个键也分别移至 3695cm⁻¹和 3648cm⁻¹；另外，在3604cm⁻¹产生了新的振动谱带，这一振动归属于高岭石层间氢键被破坏后，内羟基与二甲基亚砜分子中的 S=O 基团之间的新形成氢键作用。在3000～3500cm⁻¹范围内出现了一些水羟基的伸缩振动峰。

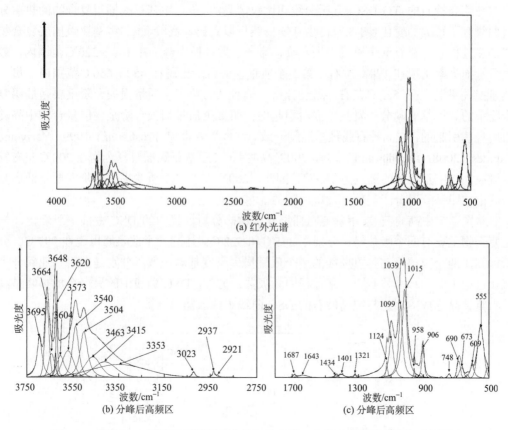

图 3.6　高岭石-二甲基亚砜插层复合物红外光谱、分峰后高频区及分峰后低频区

在低频区，除了高岭石基本结构中 Si—O 和 Al—O 振动外，二甲基亚砜分子中的 S=O 键的伸缩振动吸收频率在 1043cm⁻¹，经过插层作用后，该振动发生位移至 1039cm⁻¹；1434cm⁻¹、1401cm⁻¹和1321cm⁻¹为二甲基亚砜分子中 CH₃ 的振动峰。另外，1681cm⁻¹和1643cm⁻¹处为水的弯曲振动峰。这是由于二甲基亚砜对高岭石的插层是在水溶液中进行的，难免有水分子吸附在高岭石表面或是进入高岭石层间。高岭石基本结构中 Al—OH 振动峰位于941cm⁻¹和912cm⁻¹，二甲基亚砜插层后这两个峰分别移至958cm⁻¹和906cm⁻¹；O—Al—OH 键振动峰754cm⁻¹和696cm⁻¹移至748cm⁻¹和690cm⁻¹，可能说明高岭石结构中指向层间的内羟基受到层间二甲基亚砜分子的影响。

3. 热分析

1999 年，Frost 等利用 DTA/TGA 和拉曼光谱技术研究了二甲基亚砜插层高岭石的脱嵌问题。热分析结果显示在 77℃、117℃、173℃时分别出现了吸热峰，77℃的吸热峰是由于水的脱去，其他两个吸热峰是由于二甲基亚砜的脱去。并由此提出插层复合物中二甲基亚砜以两种不同形式存在的观点。据报道，插层复合物的脱嵌过程可通过羟基和 C—H 伸缩振动峰强度的降低来监测。值得注意的是，插层复合物脱嵌之后，至少在分子尺度上恢复了高岭石原来的结构。

与纯高岭石的 TG-DSC 分析曲线相比较，高岭石-二甲基亚砜插层复合物的热重分析曲线有了较大的变化(图 3.7)。由 TG 曲线可以看出，高岭石-二甲基亚砜插层复合物在加热过程中主要有两个质量损失台阶，第一个质量损失台阶在 180～220℃范围内，最大质量损失率出现在 199℃左右；第二个质量损失台阶出现在 450～650℃范围内，最大质量损失率发生在 522℃左右。通过分析，笔者认为第一个质量损失台阶主要是插层复合物中的二甲基亚砜分子发生脱嵌所引起的；第二个质量损失台阶是插层复合物中高岭石脱羟基引起的，与高岭石脱羟基温度一致。许多学者报道(Frost *et al.*，1999；Yariv and Lapides，2008；Lapides and Yariv，2009)高岭石-二甲基亚砜插层复合物在 200℃左右发生脱嵌，二甲基亚砜的沸点为 189℃，因此，200℃左右这个质量损失台阶主要是插层复合物中二甲基亚砜分子气化挥发所引起的。

从图 3.7 中高岭石-二甲基亚砜插层复合物热分析曲线中的 DSC 曲线可以看出，插层复合物主要有两个吸热峰，分别在 205℃和 522℃；还有一个放热峰出现在 997℃。分析得知，两个吸热峰与热重曲线的两个质量损失温度基本一致，分别是二甲基亚砜分子气化过程中吸热和高岭石脱羟基过程中的吸热；另外，DSC 曲线中的另一个放热峰是高岭石重结晶形成的，这与纯高岭石的 DSC 曲线中的放热峰一致。

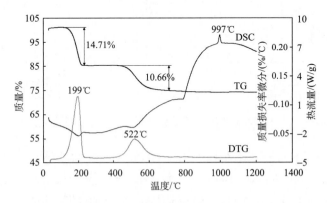

图 3.7　高岭石-二甲基亚砜插层复合物 TG-DSC 曲线

4. 高岭石-二甲基亚砜插层作用机理

二甲基亚砜(CH_3SOCH_3)为极性有机化合物，其与高岭石的插层作用主要是由于引起高岭石层间氢键的断裂，进入高岭石层间形成了新的氢键。极性有机化合物，如二甲基亚砜，其与高岭石内部羟基之间的氢键比高岭石层间原先固有的氢键要强得多，所以就会产生化学的引导力引起该分子进入高岭石层间，从而进行插层。这种插层作用也应从晶体边缘开始，逐渐地占据整个高岭石层间。然而，极性有机化合物又是许多非极性或弱极性化合物插层的引发剂，一旦高岭石晶层被撑开，其层间的作用力便会变弱，一些本来不能直接进入其层间的化合物就可以通过取代的方式间接进入高岭石层间。在二甲基亚砜分子 $[(CH_3)_2S{=}O]$ 中，H、C、S 和 O 原子电负性分别为 2、2.5、2.5 和 3.5，因此 C 原子与 3 个 H 原子之间的电子云略偏向 C 原子，3 个 H 原子核并非裸露，该原子可接受孤对电子的能力较差。而 $S{=}O$ 键的电子云则是偏向 O 原子，其具有多对可供给出的孤对电子，与高岭石一个层面可形成氢键的能力较强，因此，二甲基亚砜分子中的 $S{=}O$ 可与高岭石层面形成氢键，有利于其插层的进行。

二甲基亚砜在高岭石层间以一个甲基平行于高岭石的层面，另外一个甲基取向于高岭石的四面体片的六方网孔结构，其垂直高岭石层面的高度为 0.43nm，除去嵌入到六方网孔结构的部分，其数据与本节实验中层面间距的增加幅度基本一致，说明二甲基亚砜已插入高岭石层间并与层表面结构有着深入的键合。

3.3.3　甲酰胺

1. X 射线衍射

甲酰胺和乙酰胺分子可通过 $C{=}O$ 基团或者酰胺基团与高岭石内表面发生键合进入高岭石层间。先前的研究表明甲酰胺分子很容易插入高岭石层间，插层的过程取决于高岭石的结构有序度。高岭石的(001)面衍射峰位于 0.718nm，张家口宣化沙岭子地区高岭石经过甲酰胺插层作用后，插层复合物的(001)面衍射峰增大到 1.020nm，如图 3.8 所示。该结果表明经过甲酰胺插层后，高岭石的层间距被撑大。甲酰胺插层后形成的插层复合物新产生的(001)衍射峰对称而尖锐，该峰高与峰宽的比值约为 33∶1，而未经插层的高岭石(001)的峰高与峰宽的比值约为 9∶1。根据衍射峰的强度计算得到甲酰胺对高岭石的插层率为 84.95%。

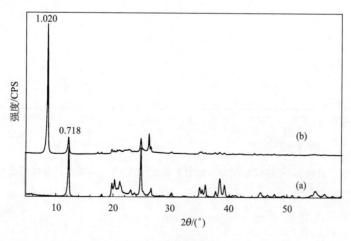

图 3.8　高岭石(a)及高岭石-甲酰胺插层复合物(b) X 射线衍射图谱

2. 红外光谱分析

在红外光谱中甲酰胺分子 NH 基的伸缩振动频率为 3300～3355cm^{-1}，经过插层后新产生 3604cm^{-1}和 3448cm^{-1}两个振动带，这一点说明插层后甲酰胺 NH 基与高岭石内表面羟基和四面体 O 原子之间形成了新的氢键(图 3.9)。由于甲酰胺分子中存在羰基，所以羰基也应该是甲酰胺插层后研究的一个重点。在羰基区插层作用产生的振动带位于 1714cm^{-1}、1710cm^{-1}和 1685cm^{-1}，这个区域的振动归属为与高岭石内表面羟基形成氢键后的 C＝O 基的伸缩振动。甲酰胺分子的 C—N 伸缩振动频率为 1300cm^{-1}，经过插层作用后与内表面羟基形成氢键使振动带位移到 1315cm^{-1}和 1394cm^{-1}。在高岭石结构区，Si—O 键的伸缩振动由 1115cm^{-1}、1037 cm^{-1}和 998cm^{-1}组成，其中 1115cm^{-1}为 Si—O 垂直(001)面的 A1 模式，1037cm^{-1}和 998cm^{-1}为对称双峰，属 E 模式，经过插层后最明显的变化是 E 模式双峰的分离，并分别位移至 1035 cm^{-1}和 1008 cm^{-1}；在羟基弯曲振动区，912cm^{-1}浅带尖锐，而 941cm^{-1}振动较弱，分别为内表面羟基弯曲振动峰和内羟基弯曲振动峰。插层后内表面羟基峰位移至 906cm^{-1}，这一点也说明原高岭石层间氢键的破坏及与甲酰胺分子之间新氢键的形成。内羟基弯曲振动也发生位移，频率为 958cm^{-1}，且强度均较弱。

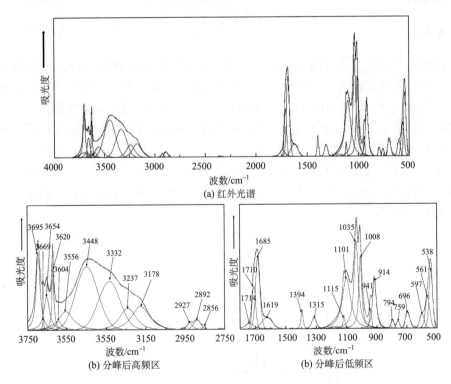

图 3.9　高岭石-甲酰胺插层复合物红外光谱、分峰后高频区及分峰后低频区

3. 热分析

与纯高岭石的热分析曲线相比，高岭石-甲酰胺插层复合物的热分析曲线出现了一些

不同。高岭石-甲酰胺插层复合物的热重曲线主要有两个质量损失台阶：第一个质量损失台阶出现在 150～200℃ 范围内，质量损失率最大点温度为 177℃，该质量损失主要是插层复合物中甲酰胺分子的脱嵌所引起的；第二个质量损失台阶发生在 480～650℃ 温度范围内，质量损失率最大点在 545℃，与纯高岭石的热重分析曲线基本一致，该范围内的质量损失主要是高岭石脱羟基引起的(图 3.10)。从图 3.10 高岭石-甲酰胺插层复合物热分析曲线中的 DSC 曲线可以看出，该插层复合物主要有两个较小的吸热峰，分别位于 177℃ 和 545℃；另外，还有一个放热峰位于 995℃。与高岭石-二甲基亚砜插层复合物的热分析结果类似，两个吸热峰与热重曲线的两个质量损失温度基本一致，第一个吸热峰为甲酰胺分子在插层复合物中脱嵌并挥发过程中吸热所引起的；第二个吸热峰和高岭石脱羟基的温度一致，为高岭石脱羟基吸热所引起；对于 DSC 曲线中的放热峰同样是高岭石重结晶形成的，这与纯高岭石重结晶的 DSC 曲线中的放热峰一致。

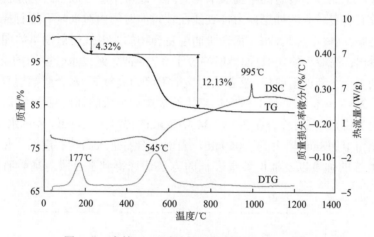

图 3.10　高岭石-甲酰胺插层复合物 TG-DSC 曲线

　　将高岭石-甲酰胺插层复合物、高岭石-二甲基亚砜插层复合物的热分析曲线与高岭石-醋酸钾插层复合物的热分析曲线相比较，可以发现，插层复合物脱嵌温度依次降低，这说明不同插层剂在高岭石层间新形成氢键的强度不同。

4. 高岭石-甲酰胺插层作用机理

　　甲酰胺又名氨基甲醛，分子式为 $HCONH_2$，是一种无色无味的高沸点极性溶剂，具有较强的溶解能力和较活泼的化学反应活性，在有机合成、医药、香料、染料及轻工业等方面有着广泛的用途。在插层反应过程中，作为质子活性的极性小分子，甲酰胺既可接受质子与高岭石表面羟基形成氢键，又可给出质子与四面体硅氧烷基形成氢键。Frost 等(1999)研究认为甲酰胺与高岭石可能形成 5 个氢键，其中 3 个 OH…O=C，1 个 N—H…OH，1 个 NH…O—Si，有机小分子在高岭石层间会发生倾斜或在分子水平内发生前后倾斜，以保持甲基与羟基有足够的距离。王林江等(2002)采用 XRD 和 DRIFT 对甲酰胺在高岭石层间的定向做了研究，结果表明甲酰胺分子的羰基 C=O 指向高岭石铝氧八面体层，并与内表面羟基形成氢键；甲酰胺的 N—H 基指向高岭石硅氧四面体层并与 Si—O

形成氢键，N—H 基的质子端嵌入高岭石复三方孔洞中。

3.3.4　水合肼

1. X 射线衍射分析

水合肼的插层使得高岭石层间距沿着 c 轴扩大至 1.04nm 左右。其 X 射线衍射图谱显示了强烈的不对称，这表明出现了不止一种结构形式。在水溶液中的肼只能以水合肼的形式存在，将肼插入高岭石层间可能涉及水合肼，因此，在高岭石与肼的插层反应过程中总是有水的存在。Johnston 和 Stone（1990）报道高岭石-肼插层复合物结构的部分塌陷使其层间距由 1.04nm 缩小到 0.96nm。导致部分塌陷的可能原因是插层分子部分 NH$_2$ 单元进入硅氧四面体的复三方孔中。此外，肼在高岭石表面改性中也得到了广泛应用。例如，肼可被用于比较高岭石的结构缺陷。此外，还可用肼合成三维有序插层复合物。水合肼对高岭石有着较强的插层能力，其能在较短的时间内对高岭石进行插层，且可达到较高的插层率。高岭石与高岭石-水合肼插层复合物的 X 射线衍射图谱如图 3.11 所示。从图中可以看出：高岭石的（001）面衍射峰位于 0.718nm，经过水合肼的插层作用后，在较低角度得到了一个新的衍射峰，笔者认为该衍射峰为高岭石-水合肼插层复合物的（001）衍射峰，位于 $2\theta=8.04°$。水合肼对张家口高岭石插层后形成的插层复合物新产生的（001）衍射峰对称而尖锐，原纯高岭石在 $2\theta=12.34°$ 衍射峰的强度大大降低。经过水合肼的插层，高岭石层间距由 0.718nm 增大到 1.050nm，表明水合肼进入高岭石层间，使其层间距扩大。根据衍射峰的强度以及插层效果表征的方法计算得到水合肼对高岭石的插层率为 78.21%。

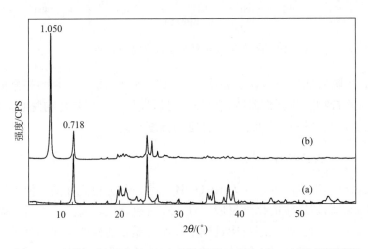

图 3.11　高岭石（a）及高岭石-水合肼插层复合物（b）X 射线衍射图谱

2. 红外光谱分析

与未经插层的高岭石相比，插层后最明显的变化主要在羟基各种振动键。插层前高岭石内表面羟基振动键分别位于 3691cm^{-1}、3668cm^{-1} 和 3650cm^{-1}，经过插层后这些键分别移至 3695cm^{-1}、3669cm^{-1} 和 3652cm^{-1} 处,同时这些峰的强度都有不同程度的降低(图3.12)。高岭石内羟基振动键 3620cm^{-1} 和 914cm^{-1} 经过插层后基本没有变化。这与其他插层剂插层后的研究结果一致,再次证明高岭石内羟基在插层过程中基本不受影响。3604cm^{-1} 处的红外吸收振动键为插层分子水合肼进入高岭石层间与外表面羟基形成氢键所形成。在红外吸收光谱高频区 3600~3000cm^{-1} 出现一个很宽的谱带,这可能有两个原因产生:第一,水合肼插层剂分子中水分在高岭石层间;第二,插层分子与临近没有反应的内羟基和插层分子表面 N—H 键伸缩振动所形成。这些新的振动谱带的出现表明插层分子水合肼已经成功进入高岭石层间并与其外表面羟基形成氢键。

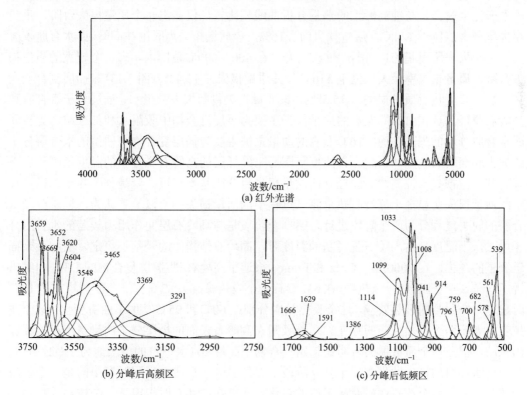

图 3.12　高岭石-水合肼插层复合物红外光谱、分峰后高频区及分峰后低频区

　　经过水合肼插层后,在低频区出现了一些新的振动峰,新增四个峰分别位于 1666cm^{-1}、1629cm^{-1}、1591cm^{-1} 和 1386cm^{-1};较弱的振动峰(1386cm^{-1})为水合肼分子中 N—H 振动和 O—H 的面内变形的振动进行偶合所引起的。这四个新特征峰的出现再次说明高岭石层间有水合肼分子的存在。然而在 1100~600cm^{-1} 的红外吸收振动峰的强度,比原高岭石在这个范围内相对应的峰的强度有不同程度的减弱。在高岭石结构区,Si—O 键的伸缩振动由 1115cm^{-1}、1037cm^{-1} 和 998cm^{-1} 组成,其中 1115cm^{-1} 为 Si—O 垂直(001)面的A1 模式,1037cm^{-1} 和 998cm^{-1} 为对称双峰,属 E 模式,经过插层后最明显的变化是 E 模式双峰的分离,并分别位移至 1033cm^{-1} 和 1008cm^{-1};在羟基弯曲振动区,914cm^{-1} 谱带尖锐,而 941cm^{-1} 振动较弱,分别为内表面羟基弯曲振动峰和内羟基弯曲振动峰。经过

水合肼的插层后这两个峰的位置没有发生变化，只是在强度上变弱。区分有序高岭石和无序高岭石的主要标志是 3600～3700cm^{-1}和 750～800cm^{-1}两个红外吸收振动区。通过对比发现，经过水合肼的插层后一些峰的位置和强度均发生变化，说明高岭石经过插层后，其结晶程度有所降低。

3. 热分析

早在 1968 年，Wada 和 Yamada 研究了高岭石-肼插层复合物的热行为。研究发现插层复合物层间的不完全塌陷和 0.71nm 处衍射峰强度的明显宽化及峰值降低表明插层分子并未完全脱去。与纯高岭土的热重分析曲线相比较，仅多出一个质量损失台阶，质量损失率最大点位于 124℃，质量损失为 2.16%，该质量损失为吸附在高岭土-水合肼表面的水分子失去所引起的。当温度继续上升，在 400～600℃范围内，有一个较大的质量损失台阶，质量损失率最大点位于 516℃，其质量损失为 13.42%(图 3.13)。插层复合物在 30～1000℃受热后质量损失为 15.58%，该质量损失包括失去吸附水、插层分子水合肼和高岭石脱羟基。在 124℃左右的质量损失主要为插层复合物中吸附水和部分结合力较弱的水合肼分子的失去，而 516℃左右的质量损失主要为插层复合物中残留的水合肼分子的失去和高岭石脱羟基引起。该温度范围与未经插层的高岭石脱羟基的温度范围稍有下降。其质量损失与纯高岭石脱羟基的质量损失百分比基本接近。但是整个热重测试过程中的质量损失明显多于高岭石热重测试过程中的质量损失；所以笔者认为，插层分子水合肼的脱去过程分为两个阶段进行，第一个阶段是与高岭石层间作用力较差的水合肼分子脱去，当温度高达高岭石脱羟基的温度时，高岭石结构中的羟基不稳定，引起残余插层分子的脱去。在 2000 年，Cruz 和 Franco 报道了高岭石-肼插层复合物的 DTA 曲线出现了一条 S 形低温放热-吸热峰，在 532℃有一个吸热峰，在 983℃有一个放热峰。在 110℃时出现一个强烈的吸热效应，这个吸热效应分别在 60℃和 95℃发生了曲折变化，这个曲折变化表明两个吸热效应的存在。尽管吸附在高岭石表面的插层分子的量是不可能计算出来的，但是这个质量损失表明在起始复合物中高岭石/(水+肼)的值大约为 1：2。研究还发现水和肼的损失发生在三个独立阶段，在低温吸热反应之后同时发生的是一个强烈的放热效应，这个放热效应对应于肼的氧化反应。在 280℃时出现了一个较弱的吸热效应，这个吸热效应可能与剩余的、牢固键合的插层分子的失去有关。在 450～640℃的范围内出现一个吸热效应，这个吸热效应是由高岭石的脱羟基作用引起。这个效应出现的温度比未处理的高岭石稍低。

从图 3.13 中高岭石-水合肼插层复合物热分析曲线中的 DSC 曲线可以看出，该插层复合物主要有两个较小的吸热峰，分别位于 135℃和 525℃；还有一个放热峰位于 996℃。与高岭土其他插层复合物的热分析结果类似，两个吸热峰与热重曲线的两个质量损失温度基本一致，第一个吸热峰为插层复合物吸附水分子的失去和部分结合力较弱的水合肼分子的失去过程吸热所引起的；第二个吸热峰和高岭石脱羟基的温度一致，为高岭石脱羟基以及残留在高岭石层间的水合肼分子的失去过程吸热所引起；对于 DSC 曲线中的放热峰同样由高岭石重结晶形成的，这与纯高岭石重结晶的 DSC 曲线中的放热峰一致。

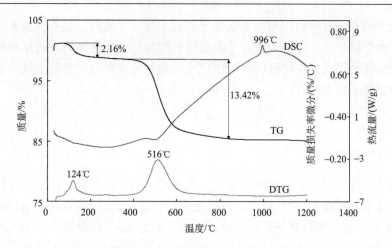

图 3.13　高岭石-水合肼插层复合物 TG-DSC 曲线

从目前关于高岭石-肼插层复合物热行为研究发现,这种插层复合物的热分解过程可分为三个阶段:第一阶段,在 25~200℃,插层复合物的结构重排,引起了层间距从 1.04nm 缩小到 0.96nm;第二个阶段,在 200~400℃,层间距减小至 0.85nm;第三个阶段,在 400~650℃,主要发生高岭石的脱羟基作用。这些变化在 DSC 曲线上主要表现为三个吸热反应。结果表明插层分子在插层复合物中占据了良好的位置,被插入的分子以一种有序的方式脱嵌。

4. 高岭石-水合肼插层作用机理

水合肼($N_2H_4 \cdot H_2O$)与二甲基亚砜(CH_3SOCH_3)相似,同为极性有机化合物,其与高岭石的插层作用主要是由于引起高岭石层间氢键的断裂从而形成了新的氢键。极性有机化合物,如水合肼,其与高岭石内部羟基之间形成新的氢键比高岭石层间原先固有的氢键要强得多,所以就会产生化学的引导力引起未能进入层间的其他水合肼分子进入高岭石层间,从而进一步进行插层。与二甲基亚砜插层作用相似,这种插层作用从晶体边缘开始,逐渐地有更多的水合肼分子通过渗透作用进入整个高岭石层间。有文献(Cruz and Franco,2000)报道水合肼的聚合态解聚成较小的分子才能进入高岭石层间,结晶程度好的高岭石对水合肼溶液中的水量要求较大,这是因为水合肼分子要解聚成更小的分子才能进入结晶程度较好的高岭石层间,而较无序的高岭石对水量的要求就小得多。由于高结晶度的高岭石晶层排列较为整齐,插层剂水合肼在较低浓度时不能破坏其层间的氢键,因此插层阈值比较高,较大的插层剂水合肼浓度梯度才能提供更高的驱动力,使水合肼分子进入高岭石层间。

肼插入高岭石的速度要比其他插层剂快。用肼对高岭石进行插层可在 2h 内完成,然而用二甲基亚砜或者甲酰胺对高岭石进行插层需要数天才能完成。与用二甲基亚砜和甲酰胺进行插层相比,关于肼插层的机制则存在更多的争议,尤其是插层分子在高岭石层间的排列及插层复合物的结构模型。Deng 等(2003)研究了高岭石-肼插层复合物可能的分子模型。认为水可以增加肼插层高岭石的插层率,还可使插层复合物的层间距从

0.96nm 增大至 1.03nm。其原因可能是水分子打破了肼分子的自身联系并且为插层释放出更多的"自由"肼分子。插层的肼分子在高岭石层间是按照叠加的方式排列的，分子的取向与 N—N 键平行或与高岭石(001)晶面平行，并且每个肼分子的四个氢原子均与硅氧四面体层的氧原子发生键合。

3.3.5　尿素

1. X 射线衍射分析

Ledoux 和 White(1966)首次将尿素插入高岭石层间。插层复合物制备过程是通过饱和尿素溶液与水洗高岭石-肼的悬浮液进行反应。Tsunematsu 和 Tateyama(1999)通过对高岭石-尿素插层复合物研磨使高岭石分层。高岭石的(001)衍射峰位于 0.718nm，经过尿素插层作用后，插层复合物的(001)衍射峰增大到 1.080nm，如图 3.14 所示。该结果表明经过尿素插层作用后，高岭石的层间距被撑大。与纯高岭石的 X 射线衍射图谱比较可以发现，经过插层后高岭石结晶程度受到了很大程度的破坏，高岭石两个"山"字峰和计算高岭石结晶度的几个峰几乎消失，说明经过尿素插层高岭石晶体结构遭到破坏。在插层复合物的 X 射线衍射曲线中，有一个特别强的衍射峰位于 $2\theta=23.7°$ 左右，通过分析与尿素的 X 射线衍射曲线比较得知，该衍射峰为尿素的衍射峰，尿素只有一个较强的衍射峰在该位置，且该衍射峰为最大的衍射峰 d 值。对于插层复合物中出现该衍射峰，笔者认为是插层复合物表面吸附多余的尿素分子所引起的。根据衍射峰的强度以及插层效果表征的方法计算得到尿素对高岭石的插层率为 90.45%。

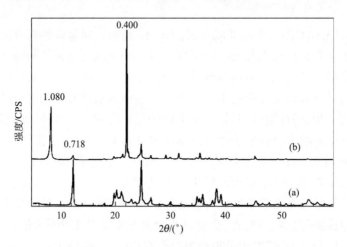

图 3.14　高岭石(a)及高岭石-尿素插层复合物(b) X 射线衍射图谱

2. 红外光谱分析

与未经插层高岭石的红外光谱进行比较可以发现，经过尿素插层作用后高岭石内表面羟基伸缩振动带 3694cm^{-1}、3652cm^{-1} 的强度急剧下降，同时这两个键分别蓝移和红移至 3695cm^{-1} 和 3645cm^{-1}；另外，在波数为 3604cm^{-1} 处出现了新的波谱振动带，这一振动归属于高岭石层间氢键被破坏后，内表面羟基与脲分子之间新形成氢键作用，如图 3.15 所示。3500～3000cm^{-1} 范围内主要为水羟基的伸缩振动峰。

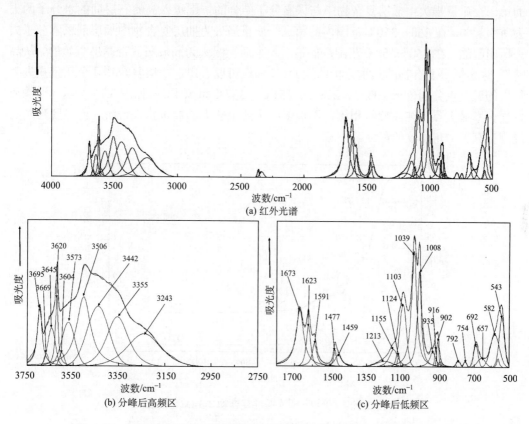

图 3.15　高岭石-尿素插层复合物红外光谱、分峰后高频区及分峰后低频区

　　由于插层分子为尿素，C—O 键振动区域的研究也应该是高岭石-尿素插层复合物研究的一个重点。在羧基区插层作用产生的振动带位于 1673cm^{-1}、1623cm^{-1} 和 1591cm^{-1}，这个区域的振动归属为与高岭石内表面羟基形成氢键后的 C≡O 基的伸缩振动以及层间可能含有的水分子的弯曲振动。尿素分子的 N—C—N 伸缩振动频率为 1300cm^{-1}，经过对高岭石插层作用后与内表面羟基形成氢键使振动带位移到 1477cm^{-1} 和 1459cm^{-1}。

　　在低频区，主要为高岭石基本结构振动区域，经过尿素分子插层后，高岭石基本结构中 Al—OH 振动峰发生了较大的变化，未经插层前高岭石的两个峰位于 941cm^{-1} 和 912cm^{-1}，尿素插层后这两个峰发生分裂分为三个峰，分别位于 935cm^{-1}、916cm^{-1} 和 902 cm^{-1}；O—Al—OH 键振动峰 754cm^{-1} 键位置未发生变化，但强度稍有降低；然而 O—Al—OH 键振动峰 696cm^{-1} 红移至 694cm^{-1}，可能说明高岭石结构中指向层间的内表面羟基受到层间尿素分子的影响。

3. 热分析

　　与未经插层高岭石的热重曲线相比较，高岭石-尿素插层复合物的热重曲线较为复杂。

该插层复合物在150～600℃有多个质量损失台阶,在150～210℃范围内的第一个质量损失由插层复合物层间的没有以任何键结合的水分子失去所引起的,在210～260℃范围内的第二个质量损失由插层复合物中与尿素分子结合的一起进入高岭石层间的水分子的失去所引起的。在260～350℃范围内的第三个质量损失为插层复合物中插层剂尿素分子失去所引起的。在450～550℃范围内的最后一个质量损失为高岭石脱羟基所引起的。从高岭石-尿素插层复合物的热重分析曲线DTG曲线可以看出,插层复合物几个质量损失率最大的温度点分别位于203℃、228℃、251℃、337℃和504℃,如图3.16所示。这些质量损失率最大点与纯高岭石相比,不仅多出了几个较大的质量损失台阶,而且脱羟基的温度也有了一定程度的降低。

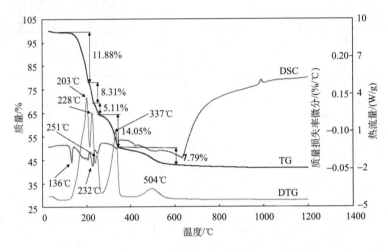

图3.16　高岭石-尿素插层复合物TG-DSC曲线

高岭石-尿素插层复合物热分析曲线中的DSC曲线较为复杂,该插层复合物主要有多个吸热峰,分别位于136℃、232℃和337℃;经分析这些吸热峰与插层复合物的DTG曲线的质量损失率最大点的温度基本一致,如图3.16所示。因此,这些吸热峰主要为插层复合物失去层间水、插层剂尿素和高岭石脱羟基所引起的。另外,还有一个放热峰位于993℃。该放热峰同样为高岭石重结晶形成的,与纯高岭石重结晶的DSC曲线中的放热峰一致。

通过对比插层复合物的热分析曲线可以发现,高岭石-尿素插层复合物的热分析曲线较为复杂,有多个质量损失台阶,说明该插层复合物中水分子和尿素分子的存在形式(状态)有多种结合方式。另外经过尿素插层后,高岭石的脱羟基温度也有了较小程度的下降。

4. 高岭石-尿素插层作用机理

尿素,碳酸的二酰胺,又称碳酰胺,分子式为H_2NCONH_2,白色晶体,是最简单的有机化合物之一。在尿素分子中,氮和氧的电负性较强。因此,N—H键之间的电子云略偏向N原子,氢带部分正电荷,使H原子更容易与其他带负电荷的原子相互吸引。而C=O键的电子云则偏向O原子,使O原子可提供多对孤对电子,使其更容易与其他带正电荷的原子相互吸引。因此，在尿素与高岭石的插层过程中，尿素分子中 N—H 键的氢容易与高岭石硅氧层中的氧相互作用形成氢键；此外，尿素分子中 C═O 键中的氧原子则能作为质子受体，与高岭石层间的铝羟基相互作用，形成新的氢键。资料表明插层的尿素分子较少时，尿素分子中的 C═O 优先与高岭石的羟基相互作用，生成 C═O…H—O—Al 氢键；随着插层复合物中尿素的增加，尿素分子中的 N—H 键将与高岭石中的硅氧层中的氧相结合，形成 N—H…O—Si 氢键(田玉玺，2007)。

插层复合物中尿素分子与高岭石的作用程度不相同，部分仅通过前述两种新氢键中的一种结合在一起，部分可能形成两种新氢键结合在一起。红外光谱中在 3500cm^{-1} 前后出现的较为宽泛的水羟基的伸缩振动峰，以及热分析 DSC 曲线中出现的多个吸热峰，均可证明这一点，即尿素与高岭石之间形成了不同形式的氢键。

3.4　替代插层法制备高岭石插层复合物

3.4.1　甲醇

甲醇(CH_3OH)与二甲基亚砜、醋酸钾、尿素及甲酰胺等均属于极性小分子。但是甲醇并不能直接插入高岭石层间，而需要经过替代插层法制备得到高岭石-甲醇插层复合物。高岭石-甲醇插层复合物的出现，不仅为得到更大层间距的高岭石片层提供了新的方法，而且使得有机长链大分子或聚合物进入高岭石层间成为可能。

高岭石-甲醇插层复合物的研究至今已有 30 余年。1982 年，Costanzo 等首次提出用甲醇处理高岭石-二甲基亚砜插层复合物，由此拉开了对高岭石-甲醇插层复合物研究的序幕。目前，高岭石-甲醇插层复合物的制备过程如下：首先，高岭石与极性小分子(如二甲基亚砜)作用制备得到高岭石有机复合物作为前驱体；然后，将其与新鲜的甲醇按照一定的比例混合，在室温条件下搅拌，离心更换新的甲醇溶剂，如此反复 6～15 次；最后，离心制备得到高岭石-甲醇插层复合物。高岭石-甲醇插层复合物需在密闭环境中保存，防止甲醇从高岭石层间脱嵌。到目前为止，对高岭石-甲醇插层复合物的研究主要集中在如下几个方面：①高岭石-甲醇插层复合物前驱体的选择；②高岭石-甲醇插层复合物制备影响因素；③甲醇分子在高岭石层间的结构形式；④高岭石-甲醇插层复合物的应用。

1)高岭石-甲醇插层复合物前驱体的选择

并非所有可以插入高岭石层间的极性小分子复合物都可以作为制备高岭石-甲醇复合物的前驱体，目前主要使用的前驱体有二甲基亚砜(DMSO)、甲酰胺、N-甲基甲酰胺及尿素等。本书作者对不同前驱体所制备的高岭石-甲醇插层复合物的形成机理进行了探讨，发现以下几个方面的问题。

(1)分别以高岭石-二甲基亚砜插层复合物和高岭石-尿素插层复合物为前驱体，采用多次置换插层的方法制备出高岭石-甲醇插层复合物。研究发现，前驱体不同，其置换过程行为不一样。

(2)以高岭石-二甲基亚砜插层复合物为前驱体，甲醇分子首先以分子状态引入高岭石层间，随着甲醇置换次数和时间的增加，逐渐以化学键结合于层间，其层间距(0.97～0.86nm)变化较大。

(3) 以高岭石-尿素插层复合物为前驱体，在置换过程中，甲醇分子直接以化学键结合于层间，因此表现为比较稳定的层间距(约0.89nm)。

2) 高岭石-甲醇插层复合物制备影响因素

Matusik 等(2012)选取高岭石-二甲基亚砜复合物为前驱体，分别探讨了前驱体的干燥程度、温度、时间及甲醇更换频率等因素对复合物制备的影响。发现在室温环境下，前驱体干燥后对制备高岭石-甲醇插层复合物最有利，且经过24h反应制备得到了插层率为98.1%的高岭石-甲醇插层复合物。

3) 甲醇分子在高岭石层间的结构形式

1996年 Tunney 和 Detellier 首次提出甲醇的醇基与高岭石的铝氧面的羟基发生缩合反应生成—Surf—O—CH$_3$和水，形成甲氧基嫁接高岭石。Komori 和 Sugahara(1998)、Komori 等(1999，2000)发现在高岭石-甲醇插层复合物层间除了含有甲醇(甲氧基)外，在湿润及干燥后仍有部分水分子存在于层间。

4) 高岭石-甲醇插层复合物的应用

高岭石-甲醇复合物作为有机长链大分子或聚合物进入高岭石层间的中间体而被深入研究。目前为止，通过其作为中间体而制备得到的复合物有高岭石-烷基胺插层复合物、高岭石-硅烷插层复合物、高岭石-季铵盐插层复合物、高岭石-脂肪酸及盐插层复合物等，上述复合物的制备及表征将在本章进一步论述。

国内外虽对高岭石-甲醇复合物的制备方法进行了研究，但前驱体对其结构和插层机理影响尚不十分清楚。下文介绍以高岭石-二甲基亚砜插层复合物和高岭石-尿素插层复合物为前驱体，通过多次置换方法制备出高岭石-甲醇插层复合物，探讨不同的前驱体对高岭石-甲醇插层复合物结构的影响。

1. X 射线衍射分析

将所制备的高岭石-二甲基亚砜插层复合物(K-D)作为前驱体，对其进行甲醇漂洗制备高岭石-甲醇复合物(K-D-M)，间隔24h置换新甲醇溶液。第24h更换甲醇溶液插层前驱体未发生任何变化，仍保持高岭石-二甲基亚砜插层复合物的基本层间距1.144nm；第72h更换甲醇后，复合物层间距尚未发生较大变化，但衍射峰显著宽化；第120h，在8°～9°出现一个微弱的馒头形新峰(如图3.17所示，K-D-M-120)，说明结构开始无序化；第168h，K-D 的1.144nm特征衍射峰消失，但在0.966nm处出现一个宽化严重、强度较低的新衍射峰，该峰为高岭石-甲醇复合物(K-M)的特征衍射峰；随着反应进一步进行，此峰逐渐向高角度偏移，宽化减弱，峰强增大，峰值有所降低。以 K-D 为前驱体制备 K-M 过程中，高岭石复合物结构经历了有序—无序—有序的变化过程，说明甲醇分子在高岭石层间的置换嫁接是逐渐完成的(图3.17)。

经尿素插层后，高岭石的层间距扩大至1.096nm，说明尿素插入高岭石层间。反应72h，高岭石-尿素插层复合物(K-U)的1.096nm特征衍射峰开始明显宽化，同时出现了K-M 的0.875nm特征衍射峰。经甲醇置换后，甲醇和尿素复合物的(001)面同时存在，

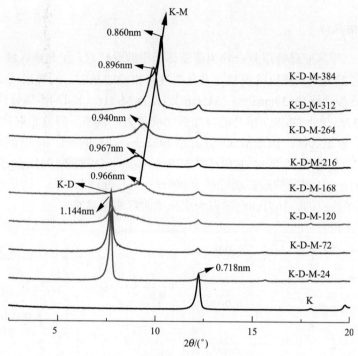

图 3.17　高岭石和高岭石-二甲基亚砜-甲醇不同天数插层复合物 X 射线衍射图谱

K-D-M-24，K-D-M-72，…，K-D-M-384，数字代表反应的小时数

随着反应的进行，**K-U** 特征峰强度逐渐降低并宽化，而 **K-M** 峰强度不断增大并尖锐，两者相伴出现并此消彼长（图 3.18）。

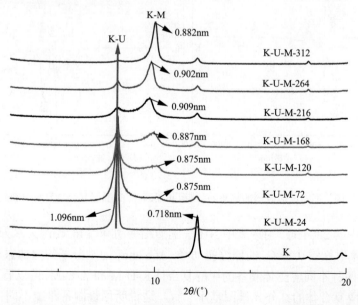

图 3.18　高岭石和高岭石-尿素-甲醇不同天数插层复合物 X 射线衍射图谱

K-U-M-1，K-U-M-3，…，K-U-M-13，数字代表反应的小时数

2. 红外光谱分析

以高岭石-二甲基亚砜插层复合物为前驱体经甲醇取代后,在高频区域,表面羟基的伸缩振动峰位置发生不同程度的偏移,并且强度有相应的减弱,同时出现了水分子在高岭石层间的伸缩振动峰(3539cm^{-1}和 3545cm^{-1})(K-D-M-216,K-D-M-384)[图 3.19(a)]。3023cm^{-1}和 2937cm^{-1}处 DMSO 甲基的伸缩振动峰消失,说明甲醇分子取代 DMSO 进入到高岭石层间。在低频区,由 DMSO 引入的 1428cm^{-1}、1394cm^{-1}和 1318cm^{-1}甲基的伸缩振动峰在第 120h 消失(K-D-M–120)[图 3.19(b)];Si—O 键的 1041cm^{-1}伸缩振动峰强度逐渐变大,Al—OH 键的伸缩振动峰移至 908cm^{-1},且峰逐渐增强,这是甲醇分子逐步取代 DMSO 分子造成的。1651cm^{-1}左右为水分子的弯曲振动峰。

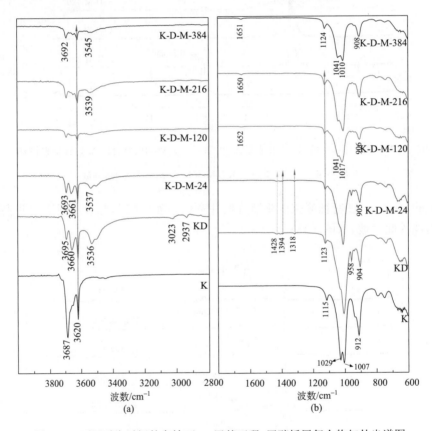

图 3.19　不同反应时间的高岭石-二甲基亚砜-甲醇插层复合物红外光谱图

K-U 曲线中的 2884cm^{-1}为尿素中 NH$_2$—的伸缩振动峰,3462cm^{-1}为水分子的振动峰,1593cm^{-1}是尿素酰胺键(C=O)的伸缩振动峰,1667cm^{-1}为水分子的弯曲振动峰。比较图3.19 和图 3.20 两种不同前驱体制备的甲醇复合体 K-D-M 和 K-U-M,可以看出,反应 120h以后形成的甲醇复合体的红外光谱图基本一致,这说明尽管制备路线不同,但制备得到的最终稳定产物高岭石-甲醇复合体中甲醇与高岭石的结合方式相同。

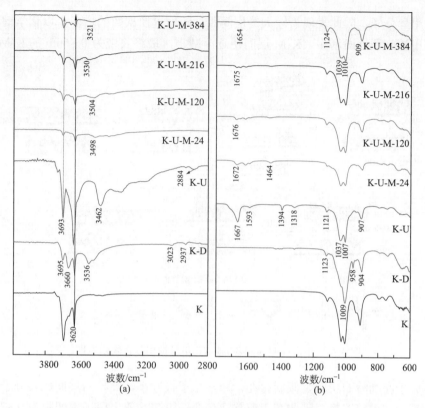

图 3.20　不同反应时间的高岭石-尿素-甲醇插层复合物红外光谱图

3. 甲醇对不同前驱体置换机理

通过 Materials Studio 分子模拟软件量取尿素及 DMSO 分子长度分别为 0.31nm 和 0.39nm，结合前人研究结果认为高岭石-二甲基亚砜插层复合物(K-D)和高岭石-尿素插层复合物(K-U)中 DMSO 分子和尿素分子在高岭石层间都是单层排列(Thompson and Chris，1985；Komori et al.，2000；Fang et al.，2005；Rutkai et al.，2009)，且二甲基亚砜分子的极性大于尿素。以 K-D 为前驱体与甲醇混合制浆，DMSO 分子在甲醇的作用下，逐渐从高岭石边缘脱嵌，由于单个 DMSO 分子在高岭石层间垂直存在，相邻分子之间影响小，高岭石层间结合力强，其层间的 DMSO 分子完全脱嵌困难。更换甲醇第 24~120h，全部显现的为 1.144nm 的 K-D 峰，甲醇复合物 K-M 的特征峰一直未出现，直到 168h 后，K-D 峰消失，代之以 0.966nm 的 K-M 峰出现，呈现出"更替式"替代，其置换机理过程推测如下(图 3.21(a))：由于 DMSO 分子链长度大于甲醇分子链长度，因此在置换的初期，一直是 DMSO 分子"顶天立地"于高岭石层间，尽管一部分 DMSO 分子被甲醇分子所置换，但高岭石的层间距一直被 DMSO 分子所支撑，从而表现为 K-D 复合体的层间距。随着置换 DMSO 的甲醇分子的增多，支撑高岭石层间距的 DMSO 分子全部被甲醇分子所取代，层间距为 1.144nm 的复合体结构突然坍塌，取而代之的为甲醇分子的支撑，故表现为层间距为 0.966nm 的 K-M 结构。在甲醇置换的早期，高岭石层间主要为游离状态的甲醇分子，因此表现为较大的层间距，随着置换次数的增多，以化学键结合的接枝状态甲醇分子逐渐增多，K-M 层间距逐渐减小，最终表现为 0.86nm 的 K-M 结构。

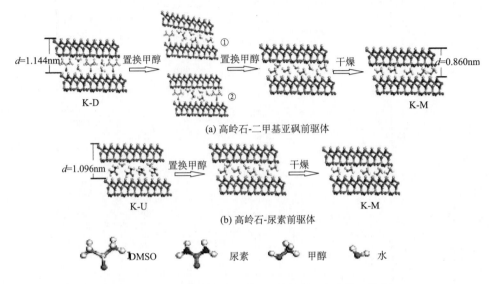

图 3.21　不同前驱体制备高岭石-甲醇插层复合物示意图

尿素分子在高岭石层间是倾斜存在，尿素分子极性小，高岭石层间尿素分子的结合力较弱，易于被甲醇置换，因此在甲醇置换初期，第 72h 就出现了层间距为 0.875nm 的 K-M 结构，随着置换次数的增多，1.096nm 的 K-U 层间距和 0.875～0.909nm 的 K-M 层间距一直相伴出现，且呈现此消彼长的关系。甲醇分子在高岭石层间对尿素分子的取代直接表现为化学键结合的接枝取代，层间游离状态的甲醇分子较少甚至没有，从而表现为相对比较稳定的 0.875～0.909nm 的 K-M 层间距，几乎没有差异的自然风干样和 50℃烘干样的 X 射线衍射图谱证实了这一点。

3.4.2　季铵盐

季铵盐作为一种重要的改性插层剂，在蒙脱石插层中应用广泛，却较少用于高岭石插层(Botana *et al.*, 2010)。季铵盐离子可看作三个甲基和一个长链烷基分别取代 NH_4^+ 上四个氢形成。理想直链烷基季铵盐离子形状类似大头针，其阳离子端略大。季铵盐有机阳离子通过与蒙脱石层间金属阳离子进行交换进入蒙脱石层间，而高岭石层间不含可交换的阴、阳离子，因此季铵盐在高岭石层间的插层机理及排布方式尚不清楚。本书通过多次置换插层反应，以高岭石-甲醇插层复合物为中间体，成功将不同链长季铵盐分子插入高岭石层间，并对其结构、形貌和插层机理进行了探讨，这对高岭石在纳米复合材料、储能材料及催化剂等领域的应用有重要理论和应用价值。

1. X 射线衍射分析

高岭石-季铵盐插层复合物的制备经过三次插层作用，第一次是制备高岭石-二甲基亚砜(DMSO)插层复合物，高岭石 d(001) 由 0.72nm 增至 1.13nm[图 3.22(a)中的 b]；第二次是制备高岭石-甲醇插层复合物，将高岭石-二甲基亚砜插层复合物(K-D)经甲醇七次漂洗后，在湿润状态下，复合物层间距为 1.08nm[图 3.22(a)中的 d]，但风干后塌陷至0.86nm[图 3.22(a)中的 c]，形成甲氧基嫁接高岭石插层复合物；第三次是以高岭石-甲醇插层复合物为中间体，采用置换方法制备出高岭石-季铵盐插层复合物。

经季铵盐插层后，复合物 d(001)均向小角度方向偏移，其 d 值均大于 0.86nm。对比发现，随季铵盐碳原子数由 4 增至 18，所形成的高岭石插层复合物层间距依次为(图 3.22)：1.39nm、1.51nm、3.40nm、3.66nm、3.50nm、3.80nm、4.09nm 和 4.24nm。高岭石-季铵盐插层复合物 d(001)与季铵盐碳原子数分布关系，如图 3.23 所示。

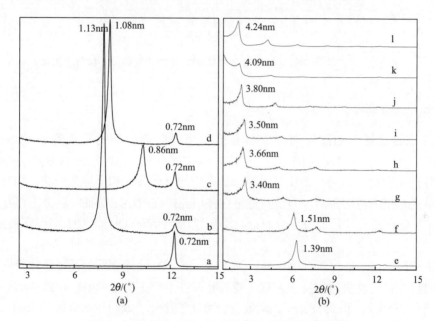

图 3.22　高岭石及系列插层复合物 X 射线衍射图谱

a.K(高岭石)；b. K-D(高岭石-二甲基亚砜插层复合物)；c. K-M-D(高岭石-甲醇插层复合物，干燥状态)；d. K-M-W(高岭石-甲醇插层复合物湿润状态)；e.K-BTAC(高岭石-丁基三甲基氯化铵插层复合物)；f.K-HTAB(高岭石-己基三甲基溴化铵插层复合物)；g.K-MTAC(高岭石-正辛基三甲基氯化铵插层复合物)；h.K-DETAC(高岭石-十烷基三甲基氯化铵插层复合物)；i.K-DTAC(高岭石-十二烷基三甲基氯化铵插层复合物)；j.K-TTAC(高岭石-十四烷基三甲基氯化铵插层复合物)；k.K-HTAC(高岭石-十六烷基三甲基氯化铵插层复合物)；l.K-STAC(高岭石-十八烷基三甲基氯化铵插层复合物)

随碳原子数增大，复合物层间距呈增大趋势，但非简单线性关系。特别值得注意的是，当季铵盐的碳原子数由 6 增加到 8 时，其复合物层间距发生了突变，由 1.51nm 突然增大至 3.40nm，这表明高岭石-季铵盐插层复合体的结构发生了突变。除此之外，每增加两个碳原子，其插层复合物的层间距 d(001)增加幅度为 0.15~0.30nm，这表明季铵盐分子在高岭石层间可能具有相似且规律的排列方式。

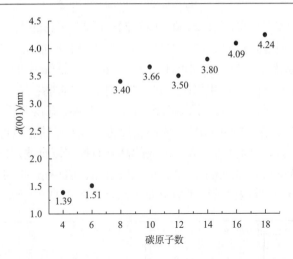

图 3.23　高岭石-季铵盐插层复合物 $d(001)$ 与季铵盐碳原子数分布关系

2. 红外光谱分析

季铵盐插层复合物红外谱图中与有机质相关的最显著的吸收峰为 $2850cm^{-1}$ 和 $2918cm^{-1}$，前者为—CH_2 基团中 C—H 对称伸缩振动，后者为—CH_2 基团中 C—H 反对称伸缩振动，这两个基团对亚甲基链中空间立体异构构形较为敏感；$1471cm^{-1}$ 归属于亚甲基基团的剪切振动，为烷基链集合体填充排列的鉴定特征，其会因相互间靠的较近的烷基链间相互作用而发生分裂；$1488cm^{-1}$ 归属于 N^+—CH_3 中 CH_3 对称弯曲振动（图 3.24）。

对比不同季铵盐插层复合物红外谱图可知，Si—O 键伸缩振动及羟基转换振动模式未发生明显变化，表明插层反应未对高岭石硅氧骨架产生明显影响。季铵盐插层复合物中均出现了 $2850cm^{-1}$ 和 $2918cm^{-1}$ 振动峰，表明季铵盐分子成功进入高岭石层间。不同季铵盐插层复合物的 $1471cm^{-1}$ 均以明显或不明显的单峰形式存在，表明季铵盐分子在高岭石结构中主要以有序方式排列，即季铵盐分子在高岭石层间主要以全反式（all-trans）构形存在（Venkataraman and Vasudevan，2001）。

3. 热分析

长链季铵盐分解过程十分复杂，在低于 300℃时长链季铵盐已经开始分解，分解产物通常比较复杂。从整体上看，经季铵盐插层后的高岭石均表现出与原始高岭石和单纯的季铵盐不同的热解特征（朱建喜，2013）。由图 3.25 可知，除高岭石-十八烷基三甲基氯化铵插层复合物（K-STAC）外，不同季铵盐插层复合物 DSC 曲线在低温反应区（87～98℃）均存在一个吸热峰，这是由季铵盐插层复合物中吸附水的逸出所致，其质量损失范围为 1.29%～4.80%。在 223～276℃，不同季铵盐插层复合物 DSC 曲线均存在一个吸热峰，对应 TG 曲线均存在一个质量损失台阶，这是由层间季铵盐分子分解所致。不同季铵盐插层复合物DSC曲线在493～517℃和997～1000℃分别存在一个吸热峰和一个放热峰，前者归属于高岭石脱羟基，后者是由高岭石重结晶形成莫来石所致。与高岭石原矿相比，脱羟基温度降低了 6～30℃，表明季铵盐的插入导致高岭石热稳定性降低，而重结晶温度保持不变(图 3.25)。

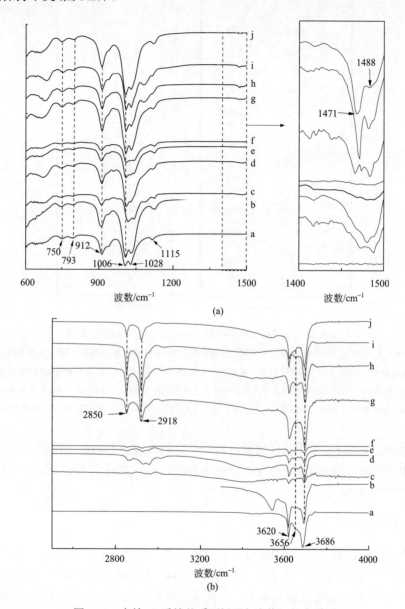

图 3.24　高岭石-季铵盐系列插层复合物红外光谱图

a.K(高岭石)；b. K-M-W(高岭石-甲醇插层复合物，湿润状态)；c.K-BTAC(高岭石-丁基三甲基氯化铵插层复合物)；d. K-HTAB(高岭石-己基三甲基溴化铵插层复合物)；e.K-MTAC(高岭石-正辛基三甲基氯化铵插层复合物)；f. K-DETAC(高岭石-十烷基三甲基氯化铵插层复合物)；g.K-DTAC(高岭石-十二烷基三甲基氯化铵插层复合物)；h. K-TTAC(高岭石-十四烷基三甲基氯化铵插层复合物)；i. K-HTAC(高岭石-十六烷基三甲基氯化铵插层复合物)；j.K-STAC(高岭石-十八烷基三甲基氯化铵插层复合物)

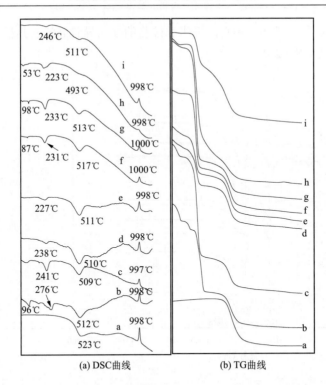

(a) DSC曲线　　　　　　　(b) TG曲线

图 3.25　高岭石-季铵盐系列插层复合物 TG-DSC 曲线

a. K(高岭石)；b. K-BTAC(高岭石-丁基三甲基氯化铵插层复合物)；c. K-HTAB(高岭石-己基三甲基溴化铵插层复合物)；
d. K-MTAC(高岭石-正辛基三甲基氯化铵插层复合物)；e. K-DETAC(高岭石-十烷基三甲基氯化铵插层复合物)；
f. K-DTAC(高岭石-十二烷基三甲基氯化铵插层复合物)；g. K-TTAC(高岭石-十四烷基三甲基氯化铵插层复合物)；
h. K-HTAC(高岭石-十六烷基三甲基氯化铵插层复合物)；i. K-STAC(高岭石-十八烷基三甲基氯化铵插层复合物)

综上所述，高岭石-季铵盐插层复合物的热分解过程可分为四个阶段：①复合物中吸附水的逸出（<100℃）；②层间季铵盐分解（<300℃）；③高岭石的脱羟基作用（<600℃）；④高岭石重结晶形成莫来石。

4. 扫描电镜分析

在扫描电镜(SEM)下，原始高岭石颗粒较自形，边缘平直，呈六方片状或书本状，叠置片层较多，直径为 0.5～3μm，片层厚度为 44～150nm[图 3.26(a)]。经甲醇多次漂洗后，高岭石仍呈六方片状或书本状，形貌未出现本质变化[图 3.26(b)]。高岭石-丁基三甲基氯化铵插层复合物及高岭石-己基三甲基溴化铵插层复合物保持六方片状或书本状不变[图 3.26(c)、(d)]，未出现明显卷曲，但片层边缘受到破坏，叠置片层减少，直径减小，这是由实验过程中搅拌、插层、脱嵌等物理化学作用所致。经正辛基三甲基氯化铵(MTAC)插层后，高岭石片层发生明显卷曲，形成卷曲程度不同的纳米卷，晶形较好的片层多沿六方片状边缘卷起，晶形较差的片层多沿边角卷起，存在独立的纳米卷，剥离形成的纳米卷产率大于 85%。在扫描电镜下，高岭石-正辛基三甲基氯化铵插层复合物 K-MTAC[图 3.26(e)]与 K-HTAB[图 3.26(d)]存在明显差异。MTAC 在高岭石层间呈石蜡型倾斜双层排列，形成层间距为 3.40nm 的插层复合物，使高岭石相邻片层间氢键作用力减弱，为纳米管的卷曲提供了充分自由空间；而己基三甲基溴化铵（HTAB）则形成单层平卧，层间距较小，高岭石相邻片层间氢键作用力较强，最终导致两者形貌上巨大差异。由此可以看出，当碳原子数小于 8 时，形成的高岭石-季铵盐复合体仍保持片状晶形；当碳原子数大于或等于 8 时，形成卷曲程度不同的管状及片状混合物，且随碳链长度增加，卷曲程度加深，

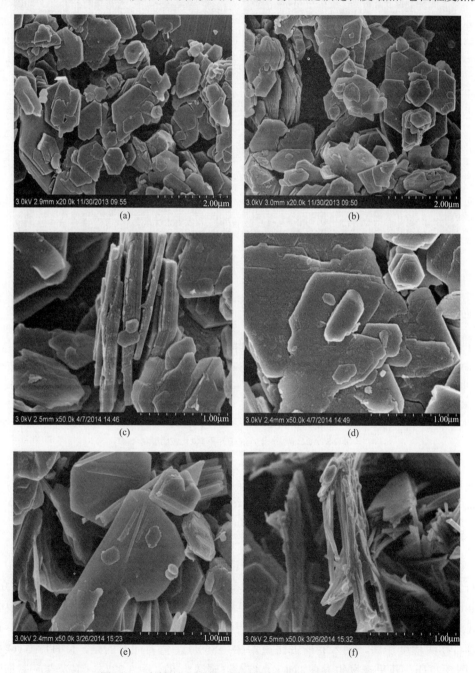

图 3.26   高岭石-季铵盐系列插层复合物扫描电镜照片

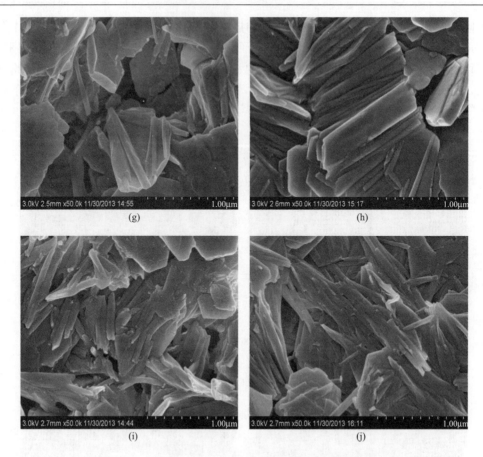

图 3.26　高岭石-季铵盐系列插层复合物扫描电镜照片(续)

(a) K (高岭石)；(b) K-M-D (高岭石-甲醇插层复合物，干燥状态)；(c) K-BTAC (高岭石-丁基三甲基氯化铵插层复合物)；
(d) K-HTAB (高岭石-己基三甲基溴化铵插层复合物)；(e) K-MTAC (高岭石-正辛基三甲基氯化铵插层复合物)；
(f) K-DETAC (高岭石-十烷基三甲基氯化铵插层复合物)；(g) K-DTAC (高岭石-十二烷基三甲基氯化铵插层复合物)；
(h) K-TTAC (高岭石-十四烷基三甲基氯化铵插层复合物)；(i) K-HTAC (高岭石-十六烷基三甲基氯化铵插层复合物)；
(j) K-STAC (高岭石-十八烷基三甲基氯化铵插层复合物)

纳米卷产率增大，形貌越完整，直径越均一[图 3.26(f)～(i)]。当碳原子数为 18 时，纳米卷产率达 95%，纳米管管长稳定于 800nm 左右，外径稳定于 30nm 左右[图 3.26(j)]。

5. 透射电镜分析

在透射电镜(TEM)下，K-BTAC 与 K-HTAB 几乎未发生卷曲(纳米管产率<1%)，高岭石保持较好自形，可见良好假六方片状晶形，边缘平直，表面光滑，直径为 0.5～1.5μm[图 3.27(a)、(b)]。当碳链长度大于或等于 8 时，高岭石-季铵盐系列插层复合物呈现为卷曲程度不同的片状及管状混合物，且随季铵盐碳链长度的增加[图 3.27(c)～(h)]，高岭石卷曲程度加深，纳米卷所占比重增加(>85%)。值得注意的是，K-HTAB(碳数为 6)[图 3.27(b)]几乎未发生卷曲，而 K-MTAC(碳数为 8)[图 3.27(c)]纳米卷产率却大于 85%，两者形貌发生巨大变化，再一次证明季铵盐的碳原子数对其插层复合物结构和形貌的控制作用，即碳原子数大于或等于 8 的季铵盐进入高岭石层间，将导致高岭石晶层的卷曲，形成纳米卷或管。

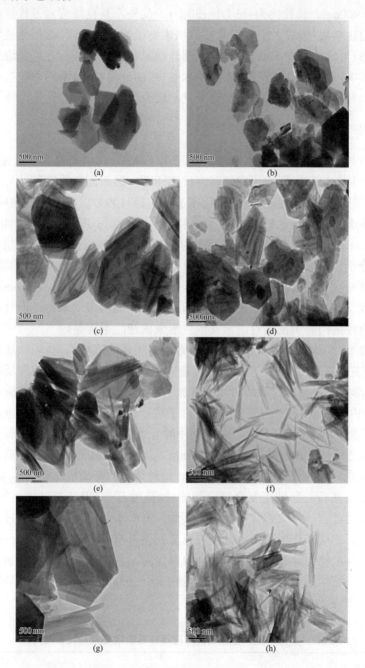

图 3.27 高岭石-季铵盐系列插层复合物透射电镜照片

(a) K-BTAC(高岭石-丁基三甲基氯化铵插层复合物)；(b) K-HTAB(高岭石-己基三甲基溴化铵插层复合物)；
(c) K-MTAC(高岭石-正辛基三甲基氯化铵插层复合物)；(d) K-DETAC(高岭石-十烷基三甲基氯化铵插层复合物)；
(e) K-DTAC(高岭石-十二烷基三甲基氯化铵插层复合物)；(f) K-TTAC(高岭石-十四烷基三甲基氯化铵插层复合物)；
(g) K-HTAC(高岭石-十六烷基三甲基氯化铵插层复合物)；(h) K-STAC(高岭石-十八烷基三甲基氯化铵插层复合物)

在透射电镜中，高岭石-季铵盐插层复合物形成的纳米卷外径为 15～90nm，长度为 240～1360nm，其长径比为 13：1～48：1。经统计发现，绝大多数纳米卷外径集中于 15～30nm，长度为 400～900nm，长径比为 13：1～30：1。此外，具良好假六方片状晶形颗粒大多沿六方片状边缘卷起（形成大于边缘长度的纳米卷或部分卷起），晶形受破坏颗粒易从晶形较差处卷起（形成纳米卷或部分卷起）。部分纳米卷形成于假六方片状边缘交叉处，受边缘重合角影响，通常形成外径较小的纳米卷（或部分卷起）。不同季铵盐插层复合物各自形成的纳米卷外部形态相似，管壁较平直，极少数发生弯折；管长、外径较一致。

3.4.3 烷基胺

烷基胺是常用的矿物浮选剂，已被广泛应用于蒙脱石、蛭石复合物的制备。近年来，烷基胺在层状复合材料插层应用中的研究日趋活跃。然而，高岭石无法与烷基胺直接进行插层反应，须先对其进行插层预处理。Komori 等（1999）以高岭石-甲醇插层复合体作为中间体制备出了高岭石-烷基胺插层复合物，并初步探讨了所制备复合物的性质。2005年，Gardolinski 和 Lagaly 制备出了层间距为 6.40nm 的高岭石-烷基胺插层复合物，并提出了烷基胺分子在其层间的排布方式。2012 年，高莉等在酸性环境下将高岭石与烷基胺混合制备出高岭石-十二烷基胺插层复合物，但其层间距仅增加了 1.56nm。尽管目前国内外已有少数学者将烷基胺插层进入高岭石层间并剥离形成纳米卷，但对不同类型烷基胺对插层复合体结构影响及其纳米卷形貌形成机理尚不清楚。

制备高岭石-烷基胺插层复合物步骤与方法与上述的高岭石-季铵盐插层复合物制备方法相似，首先在高岭石-二甲基亚砜复合物前驱体的基础上，利用甲醇反复漂洗置换形成高岭石-甲醇插层复合物，最后再用烷基胺替换制备出高岭石-烷基胺插层复合物。

高岭石-甲醇复合物具有与较大的极性分子进行嫁接的性质，复合物层间距为 1.01nm，但是极易塌陷至 0.87nm，究其原因应是层间甲醇分子挥发所致，但是这种塌陷是可恢复的，重新加入甲醇之后，层间距仍可恢复至 1.01nm。此外，在高岭石-甲醇复合物中，水分子亦可较容易地进入其中导致其层间距的扩大，此种现象的形成机制尚值得深入探究。

先用甲醇对高岭石预插层复合物前驱体（如高岭石-二甲基亚砜插层复合物）进行淋洗，其甲氧基通过置换方式嫁接到高岭石层间，高岭石的层间结构羟基被部分移除，大幅降低了高岭石的层间作用力，由此高岭石层间便具有较高的反应活性。按照此方法，可将烷基胺类有机物在较低温度下插入高岭石层间，且插层率高，可达 80%以上。由不同烷基链的烷基胺插层复合物的层间距可达到 1.6～6.0nm。不同种类烷基胺及其对应高岭石插层复合物特征及对比见表 3.2。

表 3.2　不同种类烷基胺及其对应高岭石插层复合物特征及对比

特征 ＼ 烷基胺种类	一异丙胺	正丁胺	正己胺	十二胺
分子量	59.1	73.1	101.2	185.4
挥发性	极易挥发	易挥发	较易挥发	白色晶体
沸点/℃	33	77	131	259

续表

特征 ＼ 烷基胺种类	一异丙胺	正丁胺	正己胺	十二胺
溶解性	与水、乙醇、甲苯混溶	与水、乙醇、甲苯混溶	与乙醇、甲苯混溶,微溶于水	与乙醇、甲苯混溶,微溶于水
插层复合物层间距 /nm	约 1.26	约 1.24	2.67	4.28
纳米卷产率/%	15	30	35	40
纳米卷形貌	仅边缘翘起,罕见管状晶形	边缘翘曲程度加大,出现少量纳米卷	大量半卷状态,较多管状晶型	大量平直完整纳米卷,且分散良好

注:上述所列纳米卷产率以及纳米卷形貌仅来自于透射电镜视域统计

1. X 射线衍射分析

高岭石经甲氧基嫁接后可进一步实现烷基胺的置换插层。使用四种烷基胺相对应烷基分别为异丙基、正丁基、正己基和正十二烷基,其分子长度随碳链长度的增加而增加,由于一异丙胺和正丁胺挥发性较强,且其可以与水以及有机溶剂混溶,难以与高岭石形成稳定的插层复合物,因此这两种烷基胺与高岭石插层复合物的 X 射线衍射曲线仅显示极微弱的 1.26nm 和 1.24nm 衍射峰(图 3.28 中的 a 和 b)。正己胺和十二胺挥发性次于前两者,且十二胺在室温下已经呈固体,两者均微溶于水,较长烷基链的存在一定程度上妨碍了分子的活动性,但又不至于阻碍氨基和高岭石内表面的键合,故在置换插层后均形成了比较稳定的复合物,其层间距分别为 2.67nm 和 4.28nm。在复合物 d(001)峰的右侧存在较弱的衍射峰(图 3.28),属于过量烷基胺氧化结晶而形成的衍射峰(Komori $et\ al.$, 1999;Matusik $et\ al.$,2012)。高岭石-十二胺插层复合物(K-DA)层间距已扩大至原高岭石的六倍,关于十二胺分子在高岭石层间的排布方式,Gardolinski 等(2005)认为烷基胺碳链垂直于高岭石内表面排列于层间,且是以双层方式排列。经多次重复实验,发现高岭石-烷基胺插层复合物具有固定层间距,该事实表明烷基胺在高岭石层间是以固定键合方式存在。

为了研究高岭石-烷基胺插层复合物的稳定性,将烷基胺插层复合物加入过量液态甲苯中,层间烷基胺可迅速溶解于甲苯而脱嵌(图 3.29),一异丙胺、正丁胺的分子较小且其含量本身极少,在其脱嵌之后高岭石层间距复位到 0.88nm、0.89nm,层间距恢复至甲氧基嫁接高岭石的状态;高岭石-正己胺插层复合物强而明显的 2.67nm 特征衍射峰在甲苯漂洗之后消失,仅残留 0.90nm 处甲氧基嫁接高岭石宽缓的衍射峰;高岭石-十二胺插层复合物在甲苯洗后仍残留微弱的 4.24nm d(001)衍射峰,且十二胺氧化衍射峰强度较高,说明甲苯未将其层间以及黏附的十二胺完全溶解,样品中部分颗粒保持了十二胺插层复合物的有序结构,而十二胺氧化衍射峰干扰了 0.90nm 有序衍射峰。由此可以看出,高岭石层间的烷基胺不稳定,易被有机溶剂溶出,随着烷基胺分子碳链的增长,其在高岭石层间的稳定性趋于增加。

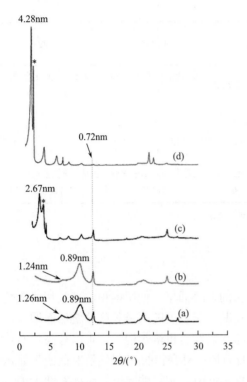
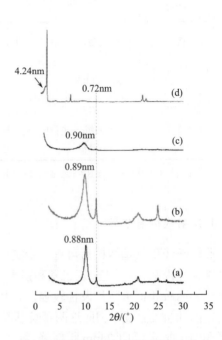

图 3.28　高岭石-烷基胺插层复合物 X 射线
衍射图谱

(a)K-IA(高岭石——异丙胺插层复合物)；(b)K-BA(高岭石-正丁胺插层复合物)；(c)K-HA(高岭石-正己胺插层复合物)；(d)K-DA(高岭石-十二胺插层复合物)。*代表烷基胺氧化而形成的峰

图 3.29　高岭石-烷基胺插层复合物经
甲苯漂洗后 X 射线衍射图谱

(a)K-IA(高岭石——异丙胺插层复合物)；(b)K-BA(高岭石-正丁胺插层复合物)；(c)K-HA(高岭石-正己胺插层复合物)；(d)K-DA(高岭石-十二胺插层复合物)

2. 红外光谱分析

经甲氧基嫁接之后(图 3.30 中的 b)，高岭石在 $3652cm^{-1}$、$3669cm^{-1}$、$3696cm^{-1}$的内表面羟基吸收峰强度明显减弱，$3620\ cm^{-1}$处内羟基的伸缩振动峰并未发生明显变化，表明甲氧基的嫁接只发生于内表面羟基处，未对内羟基产生影响。经甲氧基嫁接后，高岭石在 $1650cm^{-1}$、$3412cm^{-1}$、$3545cm^{-1}$处出现吸收峰(图 3.30 中的 b)，且位于 $3412\ cm^{-1}$处的振动峰相对宽缓且较强，表明分子状态的水和甲醇的共同存在，这印证了 X 射线衍射图谱中 $0.85\sim1.11nm$ 不等的 $d(001)$衍射峰是由吸附于层间的甲醇分子和水分子造成。

在高岭石-烷基胺插层复合物中，由于一异丙胺具有较强的挥发性，难以与高岭石形成稳定的插层复合物，因此难以探测出相关基团的吸收峰。在正丁胺、正己胺、十二胺分别形成的插层复合物的红外图谱中，$1320cm^{-1}$处的吸收峰为烷基胺中 C—N 的伸缩振动所引起，$1388cm^{-1}$为—CH_3 的弯曲振动峰，$1433cm^{-1}$、$1467cm^{-1}$为—CH_3、—CH_2 的弯曲振动峰，烷基胺中氨基的弯曲振动峰原本位于 $1593cm^{-1}$，经插层进入层间之后此峰移至 1569cm^{-1}，这说明氨基与内表面羟基发生了键合。1650cm^{-1}的吸收峰是水的弯曲振动峰。2851cm^{-1}、2926cm^{-1}、2954cm^{-1}分别为—CH、—CH$_2$、—CH$_3$ 中的 C—H 杂化形成的伸缩振动峰，从图 3.30 可以看出，从正丁胺和正己胺到十二胺，前两个吸收峰的强度逐渐增加，这说明随着烷基胺碳原子数量的增加，驻留在高岭石层间的烷基胺量也逐渐增加，相应的高岭石插层复合体的稳定性亦逐渐增强。

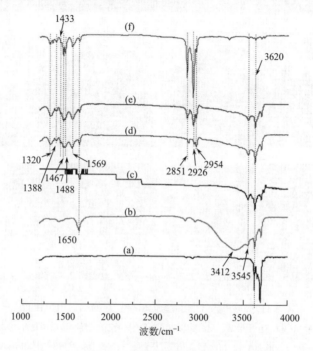

图 3.30　高岭石及其插层嫁接复合物红外光谱图

(a)K(高岭石)；(b)K-M(高岭石-甲醇插层复合物)；(c)K-IA(高岭石-一异丙胺插层复合物)；(d)K-BA(高岭石-正丁胺插层复合物)；(e)K-HA(高岭石-正己胺插层复合物)；(f)K-DA(高岭石-十二胺插层复合物)

3. 透射电镜分析

高岭石-烷基胺插层复合物在透射电镜下呈现不同卷曲形态的片状及管状的混合物，随着烷基胺碳链长度的增加，高岭石在插层剥离过程中发生卷曲的程度加深。一异丙胺插层处理的高岭石仅有少数片层发生卷起，且多仅发生于片层边缘，剥离形成纳米管的产率小于 5%；正丁胺插层的高岭石经剥离后，边缘翘曲程度加大，出现少量纳米卷，其成卷率略低于正己胺插层复合物，多为片层部分卷起部分叠合的中间状态；正己胺插层复合物剥离可形成较多完整独立的纳米卷，如图 3.31 所示。独立的纳米卷形貌主要表现为管壁较平直、直径较一致。研究结果表明，十二胺插层高岭石剥离的纳米卷形态最好，独立纳米卷数量最多。

在透射电镜下，高岭石纳米卷的直径为 20～50nm，其长度为 250～3000 nm；其长度与外管径之比最大者可达到 40：1，单纯的外界紊流剪切力无法形成如此剧烈的卷曲程度和如此平直的外径，从热力学角度上讲，高岭石经剥片后形成的纳米卷是一种稳定的存在状态。

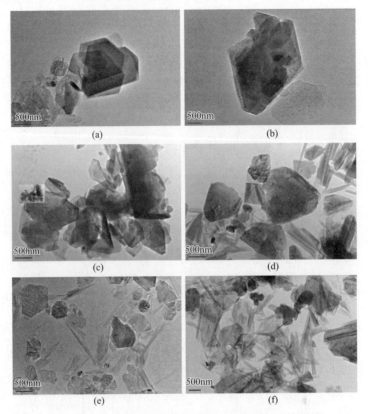

图 3.31　高岭石及不同烷基胺插层复合物透射电镜照片

(a) K(高岭石)；(b) K-M(高岭石-甲醇插层复合物)；(c) K-IA(高岭石-一异丙胺插层复合物)；(d) K-BA(高岭石-正丁胺插层复合物)；(e) K-HA(高岭石-正己胺插层复合物)；(f) K-DA(高岭石-十二胺插层复合物)

4. 扫描电镜分析与能谱分析

扫描电镜可以呈现具立体感的显微照片，高岭石原矿呈现六方板状晶型，片层等效直径多为 0.5～3.0μm。经甲醇淋洗过程后，多片层叠置的情况有所减少，但是片层厚度多在 70～140nm。图 3.32(c)～(f)显示了处于不同形貌状态的高岭石纳米卷，图 3.32(c)中高岭石片层较薄，左侧已经发生卷曲，右侧仍然与母体颗粒相连接而成片层状。图 3.32(d)、(e)已经产生少量纳米卷，较多处于半卷起状态。图 3.32(f)片层卷起较完整，在低倍视域可见大量完整纳米卷，大部分颗粒边缘已经卷起，仅剩颗粒内部片层仍由于氢键的强烈联结未发生卷曲。

为了确认纳米卷的化学成分，对其进行了能谱分析。结合高岭石理论化学组成 $Al_4[Si_4O_{10}](OH)_8$，X 射线能谱显示其 O、Al、Si 元素的原子百分比为 69.98∶14.5∶15.52(图 3.32)，其硅铝摩尔比值(SiO_2/Al_2O_3)约为 2。在所制备纳米卷位置选取微区采集能谱，结果显示其 O、Al、Si 元素的原子百分比为 67.84∶14.85∶17.31，符合高岭石的物质组成特点。

图 3.32　高岭石原矿及高岭石纳米卷扫描电镜照片及能谱图

(a)、(g)高岭石原矿；(b)为甲氧基嫁接高岭石；(c)～(f)、(h)高岭石-十二胺插层复合物剥离产物；(g-1)、(h-1)分别为(g)、(h)方框处的选区能谱

3.4.4 硅烷

硅烷偶联剂是一类分子内同时具有能与有机树脂、橡胶等有机材料结合的碳官能基团和能与无机材料(填料及其他增强材料)结合的可水解性官能基团的低分子有机硅烷的商品名称。这类分子内同时存在两种官能团的硅烷,能通过化学反应或物理作用使相互惰性的有机材料与无机材料之间形成分子桥,将两者结合起来,从而起到增进无机材料与有机材料界面之间的黏结,提高复合材料的性能。

目前,应用硅烷偶联剂对高岭石进行表面改性的研究比较多。硅烷偶联剂是一种水解后同时含有疏水基团和亲水基团的两性化合物,通式为 $RSiX_3$,其中,X 为可水解基团,如烷氧基(三甲氧基、三乙氧基等),R 为有机官能团(巯基、氨基、乙烯基、甲基丙烯酰氧基等)。水解后的硅烷偶联剂的通式为 $RSi—(OH)_3$,其中羟基与高岭石表面活性基团反应形成氢键,进而缩合成共价键,使得硅烷偶联剂与高岭石稳固结合,氢键的相继产生并包覆在高岭石表面,使得处于偶联剂另一端外露的具有反应性的疏水基团 R 在硫化过程中很容易与有机母体材料中的活性基团反应,形成很强的化学键,使硅烷偶联剂与母体材料稳定结合。主要反应如下:①与橡胶分子链上的双键发生加成反应;②与因机械力作用而生成的橡胶分子链自由基发生反应;③发生氢离子转移反应;④与异氰酸酯缩合;⑤与饱和聚合物反应。整体来看,硅烷偶联剂充当了"桥梁"的作用,使得有机母体与无机粉体以化学键的方式牢固地结合在一起。

高岭石有机插层复合物因兼具黏土矿物特有的吸附性、分散性、流变性、多孔性,以及有机分子的多种功能团的反应活性,在功能材料、吸附剂、纳米复合材料和环境工程材料等领域具有广阔的应用前景,已成为近年来矿物学、材料学、环境科学研究的热点之一。但目前,应用硅烷偶联剂对高岭石进行插层这方面的研究还较为少见。已见报道的仅有少数几种硅烷成功插入了高岭石层间。2007 年,Tonlé 等以二甲基亚砜插层高岭石复合物为前驱体在高温下完成了 γ-氨丙基三乙氧基硅烷在高岭石内表面的嫁接,使高岭石负载了更多反应基团。由于反应温度、气氛、溶剂的不同,硅烷分子以不同方式在层间排列,此方法制备的硅烷嫁接高岭石复合物可测得 1.00~2.00nm 不等的层间距。2010 年,Avila 等报道了 γ-氨丙基三乙氧基硅烷和 3-巯丙基三甲氧基硅烷嫁接高岭石。2011 年,Guerra 等制备了 γ-氨丙基三乙氧基硅烷嫁接高岭石,并用以吸附汞离子。2012 年,杨淑勤等采用 γ-氨丙基三乙氧基硅烷对不同有序度高岭石的层间表面羟基进行嫁接反应,并阐述了嫁接反应机理。其他类型的高岭石-硅烷插层复合物的制备及表征还未见报道。

本研究团队分别以高岭石-醋酸钾(K-KAc)、高岭石-二甲基亚砜(K-D)、高岭石-甲醇(K-M)插层复合物为前驱体,对氨基硅烷类、乙烯基硅烷类、巯基硅烷类等七大类硅烷于常温条件下均做了插层尝试,发现只有氨基硅烷类成功插入了高岭石-甲醇插层复合物层间。发现所有硅烷都不能直接插入前驱体 K-KAc 和 K-D 层间。以 K-M 为前驱体,只有氨基硅烷类能够成功插入,其他硅烷均不能。

对 K-M 成功插层的三种氨基硅烷为:γ-氨丙基三乙氧基硅烷[APTES,化学式 $H_2NCH_2CH_2CH_2Si(OC_2H_5)_3$]、 γ - 氨 丙 基 三 甲 氧 基 硅 烷 [APTMS , 化 学 式

$H_2NCH_2CH_2CH_2Si(OCH_3)_3$]、N-(β-氨乙基)-γ-氨丙基三甲氧基硅烷[AEAPTS,化学式 $H_2NCH_2CH_2NH(CH_2)_3Si(OCH_3)_3$]。与其他插层失败的硅烷比较可推知,氨基硅烷的氨基(—NH_2)与前驱体 K-M 的层间基团发生了作用,从而使氨基硅烷分子得以插入 K-M 层间。

K-M 为前驱体能成功使氨基硅烷分子插入高岭石层间,认为有以下三条原因:①与甲醇分子在高岭石层间排列方式有关。甲醇分子部分会与高岭石铝氧八面体的羟基发生缩合反应生成 Al—O—CH_3 嫁接在高岭石表面,难以脱嵌,而部分甲醇和水分子在湿润状态下则会以分子形式游离在高岭石层间,从而进一步撑开高岭石层间距。即干燥状态下,由于层间甲醇和水分子的脱去,K-M 的层间距只有 0.89nm,小于 K-KAc 的 1.45nm 及 K-D 的 1.14nm,但 K-M 在甲醇溶液润湿的状态下(本章实验所用前驱体 K-M 为甲醇溶液润湿状态),大量甲醇和水分子会游离进入高岭石层间,使 K-M 的层间距明显扩大,以致可能达到 2nm 甚至更大。层间距的扩大有利于氨基硅烷分子的进入。②甲醇极性大,对氨基硅烷分子的氨基官能团吸引作用强。③研究表明经甲醇处理后高岭石的脱羟基温度明显降低,说明高岭石的活性提高,层间基团更易于和氨基硅烷分子的氨基发生作用。

1. X 射线衍射分析

将所制备的高岭石-甲醇复合物(K-M)作为前驱体,常温条件下将 K-M 分别加入液态氨基硅烷 γ-氨丙基三乙氧基硅烷[APTES,化学式 $H_2NCH_2CH_2CH_2Si(OC_2H_5)_3$]、γ-氨丙基三甲氧基硅烷[APTMS,化学式 $H_2NCH_2CH_2CH_2Si(OCH_3)_3$]、N-(β-氨乙基)-γ-氨丙基三甲氧基硅烷[AEAPTS,化学式 $H_2NCH_2CH_2NH(CH_2)_3Si(OCH_3)_3$]中,分离出糊状物,依次得高岭石-氨基硅烷插层复合物 K-APTES、K-APTMS 和 K-AEAPTS。由 X 射线衍射图谱可知,三种插层复合物的层间距均扩大至 2nm 以上,说明三种氨基硅烷都成功插入到前驱体 K-M 层间(图 3.33)。

根据 X 射线衍射分析结果可知,经氨基硅烷 γ-氨丙基三乙氧基硅烷"替代"插层制备的复合物 K-APTES 层间距扩大至 2.69nm,前驱体 K-M 的层间距为 0.89nm,即 K-APTES 的层间距扩大了 1.80nm。利用 Material Studio 优化了 APTES 分子结构并测量其长轴长链长度约为 0.96nm。对比 K-APTES 层间距的扩大值 1.80nm 和 APTES 分子链长度 0.96nm 两个数值,发现 K-APTES 层间距的扩大值 1.8nm 明显大于 APTES 的分子链长度 0.96nm,但小于 APTES 的两倍分子链长度 1.92nm。说明在插层复合物中,APTES 分子可能为两层倾斜排列于高岭石层间。高岭石-γ-氨丙基三甲氧基硅烷插层复合物(K-APTMS)和高岭石-N-(β-氨乙基)-γ-氨丙基三甲氧基硅烷插层复合物(K-AEAPTS)的层间距分别扩大至 2.44nm、2.28nm,相较于前驱体 K-M,分别扩大了 1.55nm、1.39nm。利用 Material Studio 优化了 APTMS 和 AEAPTS 分子结构并测量其长轴长链长度约为 0.90nm、1.18nm。与 K-APTES 一致,K-APTMS 和 K-AEAPTS 层间距的扩大值都介于其插层剂分子的一倍分子链长度与两倍分子链长度之间,说明 APTMS 和 AEAPTS 分子可能是两层倾斜排列于高岭石层间。根据公式计算插层率可知,K-APTES、K-APTMS 和 K-AEAPTS 的插层率依次为 97.1%、97.5%、97.7%,插层率均较高。

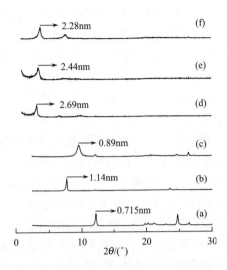 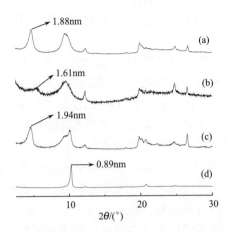

图 3.33　高岭石及其插层复合物 X 射线衍射图谱

(a)K(高岭石)；(b)K-D(高岭石-二甲基亚砜插层复合物)；(c)K-M(高岭石-甲醇插层复合物)；(d)K-APTES(高岭石-γ-氨丙基三乙氧基硅烷插层复合物)；(e)K-APTMS(高岭石-γ-氨丙基三甲氧基硅烷插层复合物)；(f)K-AEAPTS(高岭石-N-(β-氨乙基)-γ-氨丙基三甲氧基硅烷插层复合物)

图 3.34　甲醇漂洗后的高岭石-氨基硅烷插层复合物 X 射线衍射图谱

(a)K-APTES 经甲醇洗涤三次；(b)K-APTMS 经甲醇洗涤三次；(c)K-AEAPTS 经甲醇洗涤三次；(d)高岭石-氨基硅烷插层复合物经甲醇洗涤十次

图 3.34 中(a)~(c)分别为 K-APTES、K-APTMS 和 K-AEAPTS 插层复合物经甲醇三次漂洗后测得的 X 射线衍射图谱。经三次甲醇漂洗后，上述三种插层复合物的 $d(001)$ 值减小且衍射峰强度降低，甲醇插层复合物的特征峰明显增强。经十次甲醇漂洗后，K-APTES、K-APTMS 和 K-AEAPTS 插层复合物的 X 射线衍射图谱均变为如图 3.34 中(d)所示，$d(001)$ 衍射峰彻底消失，甲醇插层复合物的特征峰进一步增强，计算得甲醇插层率均为 92%左右，与前驱体 K-M 的原始插层率 94.2%相差无几。由此推知，K-APTES、K-APTMS 和 K-AEAPTS 插层复合物稳定性都不高，而前驱体 K-M 的稳定性很高。氨基硅烷 APTES、APTMS、AEAPTS 分子插入高岭石层间和前驱体 K-M 的甲氧基共同存在于高岭石层间。

综上所述，三种高岭石-氨基硅烷插层复合物的层间距均扩大至 2nm 以上，插层率都大于 95%。三种氨基硅烷分子 APTES、APTMS、AEAPTS 均和前驱体 K-M 的甲氧基共同存在于高岭石层间，且均呈两层倾斜排列，倾斜程度不同。K-APTES、K-APTMS 和 K-AEAPTS 插层复合物的结构模型如图 3.35 所示。

2. 红外光谱分析

经氨基硅烷插层后，K-APTES、K-APTMS 和 K-AEAPTS 插层复合物分别在 2974cm^{-1}、2927cm^{-1}、2885cm^{-1}处，2929cm^{-1}、2842cm^{-1}处和 2985cm^{-1}、2929cm^{-1}、2855cm^{-1}处产生了新的振动峰，此为一系列—CH、—CH$_2$、—CH$_3$ 的反对称和对称伸缩振动峰，说明氨基硅烷分子已经成功插层进入了高岭石层间。K-APTES、K-APTMS 和 K-AEAPTS 插

层复合物的羟基转换振动峰分别由 796cm^{-1}移至 791cm^{-1}、799cm^{-1}和 798cm^{-1}处。此外，原高岭石 3689cm^{-1}和 3650cm^{-1}处的内表面羟基伸缩振动峰也发生了一定程度的减弱及位移，如图 3.36 所示。

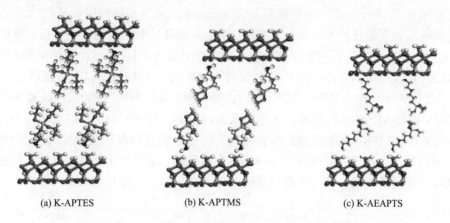

(a) K-APTES　　　　(b) K-APTMS　　　　(c) K-AEAPTS

图 3.35　高岭石-氨基硅烷插层复合物结构模型

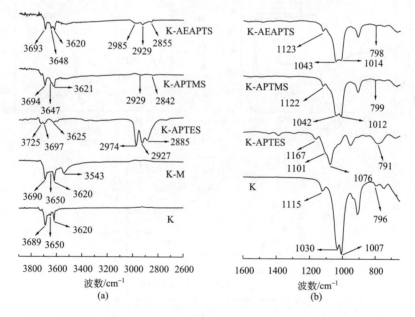

图 3.36　高岭石及高岭石-氨基硅烷插层复合物红外光谱图

经氨基硅烷插层后，Si—O 键的振动吸收峰发生了明显变化。K-APTES、K-APTMS 和 K-AEAPTS 插层复合物的 Si—O 键的对称伸缩振动峰分别由 1115cm^{-1}移至 1167cm^{-1}、1122 cm^{-1}和 1123cm^{-1}处，Si—O 键的反对称伸缩振动峰分别由 1030cm^{-1}、1007cm^{-1}处移至 1101cm^{-1}、1076cm^{-1}处，1042cm^{-1}、1012cm^{-1}处和 1043cm^{-1}、1014cm^{-1}处，且强度均发生了变化。综上所述，受氨基硅烷插层的影响，内表面羟基和 Si—O 键振动吸收峰的位置及强度均发生了明显变化，且在 2800~3000cm^{-1}范围内产生了一系列—CH、—CH$_2$、—CH$_3$的反对称和对称伸缩振动峰。

3. 热分析

K-APTES、K-APTMS 和 K-AEAPTS 三种插层复合物的热分解过程相似，均分三步进行，如图 3.37 所示。第一步是插层复合物表面水的蒸发及层间甲氧基(甲氧基由甲醇分子与高岭石内表面羟基发生脱水反应而生成，是氨基硅烷插层高岭石所用前驱体 K-M 的结构基团)的脱嵌，分解失重率依次为 7.4%、7.7%、9.4%。第二步为插层剂的脱嵌，K-APTES、K-APTMS 和 K-AEAPTS 插层复合物依次于 434℃、394℃、367℃发生脱嵌反应，质量损失率依次为 8.7%、3.2%、4.5%。第三步为高岭石脱羟基的过程，K-APTES、K-APTMS 和 K-AEAPTS 的质量损失率依次为 11.3%、10.9%、10.5%。此外，与高岭石原矿相比，K-APTES、K-APTMS 和 K-AEAPTS 插层复合物脱羟基温度依次为 500℃、508℃、511℃，相较于原高岭石的 514℃均有所降低。这是由于氨基硅烷分子的插入破坏了高岭石层间的氢键，使内表面羟基键合作用力减弱，更容易脱去。

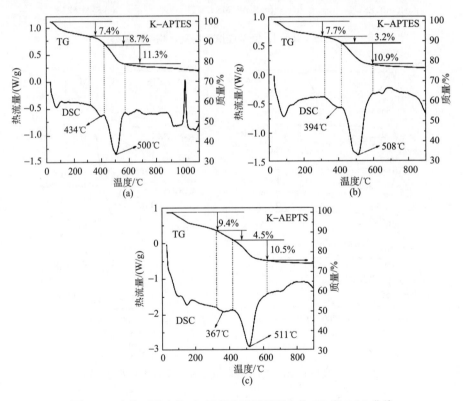

图 3.37　高岭石及高岭石-氨基硅烷插层复合物 TG 和 DSC 曲线

4. 形貌分析

经氨基硅烷 APTES、APTMS、AEAPTS 插层后，高岭石片层均产生了不同程度的翘起、剥离及卷曲变形，其原本平直的晶体边缘被拖拽成不规则弯曲状态，还出现了少量的纳米卷。此形态有利于高岭石内表面的暴露，将此作为填料、助剂使用会产生更优异的填充效果,如图 3.38 所示。

氨基硅烷分子的插入破坏了高岭石层间铝羟基和硅氧基之间的氢键,减弱了高岭石层与层之间的作用力。而高岭石自身结构中硅氧四面体片层与铝氧八面体片层之间存在错位,氢键的断裂加剧了这种错位,于是高岭石片层出现了一定程度的卷曲来抵消上述错位。此外,经氨基硅烷插层后,高岭石层间距均增至 2nm 以上,为片层的卷曲提供了空间。

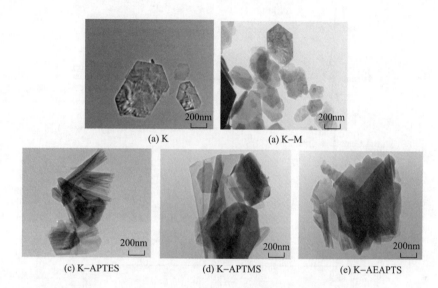

(a) K　　　　　　　　　　(a) K–M

(c) K–APTES　　　(d) K–APTMS　　　(e) K–AEAPTS

图 3.38　高岭石及高岭石-氨基硅烷插层复合物透射电镜照片

3.4.5　硬脂酸

硬脂酸的主要成分是十八烷碳的饱和酸。硬脂酸具有和醋酸盐相同的酸根(—COO⁻),属于水溶性酸。硬脂酸一端为长链烃基,与聚合物有一定的相容性,另一端是极性基,与无机粉体有一定的化学作用,是一种被广泛使用的阴离子型表面活性剂。席国喜和路宽(2011)制备出硬脂酸-埃洛石插层复合材料。埃洛石是高岭石族矿物的一种,与高岭石具有相似结构。目前,国内外对于制备高岭石-硬脂酸插层复合物的研究较少。笔者研究团队以高岭石-甲氧基嫁接插层复合物为中间体,利用直接插层与取代相结合的方法,制备高岭石-硬脂酸插层复合物,通过 X 射线衍射分析、红外光谱分析、热分析和透射电镜分析对复合物结构进行表征和分析,结合层间结构计算,推断出硬脂酸在高岭石层间的结构形态。

1. X 射线衍射分析

在制备高岭石-硬脂酸插层复合物(K-Sa)过程中,研究了反应时间及溶液酸碱性对插层复合物的层间距及插层率的影响。图 3.39 是在不同反应时间条件下测得的高岭石-硬脂酸插层复合物(K-Sa) X 射线衍射图谱,其中(a)~(c)分别表示反应时间 24h、48h 和 72h。以高岭石-甲醇插层复合物(K-M)为前驱体经硬脂酸插层后,高岭石在 2°(2θ)左右出现新的衍射峰，(001)衍射峰向低角度偏移，高岭石层间距增大。K-Sa 的 $d(001)$ (4.05～4.37nm) 与高岭石原矿 [$d(001)$=7.2nm] 及 K-M [湿润，$d(001)$=0.91nm] 相比，明显增大，说明硬脂酸成功插入高岭石层间。计算不同反应时间后的插层率分别为 56.2%(a)、69.1%(b)、86.9%(c)，发现插层率随时间的延长而增加。

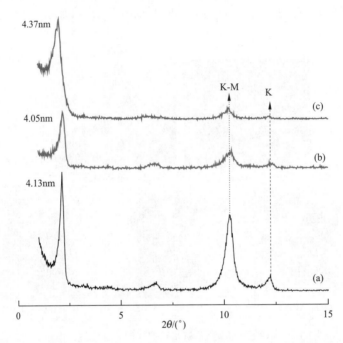

图 3.39　不同反应时间条件下高岭石-硬脂酸插层复合物 X 射线衍射图谱

　　为研究溶液酸碱性对插层反应过程的影响，实验中用盐酸(HCl)和氢氧化钠(NaOH)溶液来调节溶液 pH。硬脂酸是一种弱酸，在溶液中呈现弱酸性，实验测得 pH=6。图 3.40 是在调节溶液 pH 下制备得到高岭石-硬脂酸插层复合物的 X 射线衍射图谱。调节溶液 pH=2，与溶液不经处理相比，从图 3.40 可以看出 K-M 的(001)衍射峰强度均有所减弱；在不同实验条件下插层率分别为 a1 时 IR=82.3%；b1 时 IR=83.4%，与 a2 时 IR=56.2%，b2 时 IR=69.1%相比均增大，说明在酸性条件下有利于硬脂酸进入高岭石层间。由 $d(001)$ 值的变化：a2 时 $d(001)$=4.13nm 小于 a1 时 $d(001)$=4.21nm；b2 时 $d(001)$=4.05nm 小于 b1 时 $d(001)$=4.16nm，说明酸性条件对高岭石层间距的变化同样存在影响。

　　高岭石表面的电荷有两种类型：一种是永久电荷(Al/Si 的类质同像置换)；另一种是可变电荷(端面基团的质子化或去质子化)。表面电荷为零时对应的 pH 称为表面零电荷点(pH_{pzc})，当悬浊液 pH 低于 pH_{pzc} 时高岭石表面电荷显正电性，当 pH 高于 pH_{pzc} 时表面电荷显负电性。酸碱滴定结果显示，高岭石表面的 pH_{pzc} 为 5.1，同时测得硬脂酸-高岭石乙醇的水溶液中 pH=8，大于高岭石的 pH_{pzc}，说明高岭石表面荷负电，当调节 pH=2 时，高岭石表面荷正电。硬脂酸在溶液中电离生成硬脂酸根离子($CH_3(CH_2)_{16}COO^-$)，由于电性吸引，在酸性条件下更容易进入高岭石层间，进而影响硬脂酸在高岭石层间的排列方式，使高岭石-硬脂酸插层复合物的层间距增大，同时硬脂酸的插层率提高。

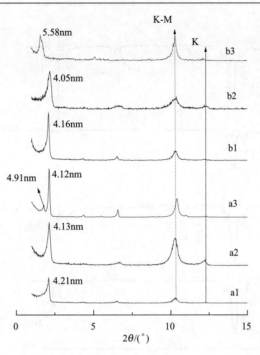

图 3.40　不同溶液 pH 条件下制备高岭石–硬脂酸插层复合物 X 射线衍射图谱

a.24h；b.48h。1.pH=2；2.pH=6；3.pH=10

　　调节溶液 pH=10，插层反应进行 24h，在 1.8°（2θ）左右出现新的衍射峰，其 $d(001)=4.91$nm，反应进行 48h K-Sa 的（001）衍射峰消失，在 1.58°（2θ）出现新的衍射峰，其 $d(001)=5.58$nm（图 3.40）。这可能是因为氢氧化钠与硬脂酸发生酸碱中和反应，生成硬脂酸钠，进入高岭石层间，生成高岭石–硬脂酸钠插层复合物。

2. 红外光谱分析

　　以 K-D 为前驱体，经甲醇的不断淋洗作用制备得到高岭石–甲醇嫁接插层复合物（干燥），其红外图谱如图 3.41（K-M-Dry）所示。当硬脂酸分子插入高岭石层间后（K-Sa），在高频区，内羟基 3620cm^{-1}几乎没有变化；内表面羟基 3691cm^{-1}与 K-M-Dry 的 3692cm^{-1}相比较，位移变化不明显，但是强度有所增加，与高岭石原矿相比则强度大大减弱，这可能是由于硬脂酸根离子与甲氧基之间形成氢键的作用，造成甲氧基与高岭石铝氧面的羟基受力发生重分配；在 2917cm^{-1}和 2849cm^{-1}出现新的吸收峰是 CH$_3$—和—CH$_2$—的伸缩振动峰；硬脂酸分子 C=O 的 1701cm^{-1}振动峰移至 1705cm^{-1}，且相对强度减弱明显；在 1471cm^{-1}出现的吸收峰为 C—O 伸缩振动峰；同时 Al—OH 的弯曲振动峰和 Si—O 的伸缩振动峰都发生一定的变化；以上的变化结合 X 射线衍射图谱，说明硬脂酸成功插入高岭石层间形成高岭石–硬脂酸插层复合物。

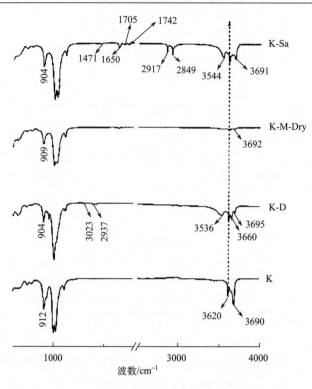

图 3.41　高岭石及其插层复合物红外光谱图

3. 插层复合物的热稳定性

高岭石-硬脂酸插层复合物分别在 160～300℃和 450～590℃内有两个质量损失台阶，前者归属于硬脂酸融化与分解作用，其质量损失率为 24.6%，稳定温度低于 160℃，由图 3.42 分析可知，硬脂酸分子与甲醇分子同时存在于高岭石层间，可以推测在第一个质量损失台阶过程中伴随着甲醇分子的脱嵌。后者是由于高岭石发生脱羟基作用产生的，质量损失率为 10.1%［图 3.42 中的 d］。同时可以看出经硬脂酸插层后，DTG 在 505℃左右失重峰宽化严重，说明脱羟基速率降低。对比 a、b、c 和 d 的 DTG 曲线在 500～525℃失重峰，可以发现，由于甲醇取代二甲基亚砜，高岭石的脱羟基的温度降低，说明经甲醇插层后高岭石羟基的活性提高。

4. 透射电镜分析

目前研究发现，制备高岭石长链大分子插层复合物过程中，部分高岭石片层会出现卷曲的现象。图 3.43(a)是高岭石原矿的透射电镜照片，可以看出高岭石形状为良好的六方片状晶形，边缘平直；图 3.43(b)是经甲醇插层后的高岭石片层，并未发生本质的变化；图 3.43(c)和(d)是高岭石-硬脂酸插层复合物的透射电镜照片，从前者可以看出高岭石片层从边缘开始发生卷曲，且多个片层同时卷曲，从后者可以看到类似埃洛石相未封闭的纳米管，其直径约为 30nm，长度约为 500nm，从其两边缘均有卷曲的痕迹可以推测其形成过程应该是硬脂酸分子从高岭石片层两个边缘同时作用使其卷曲。

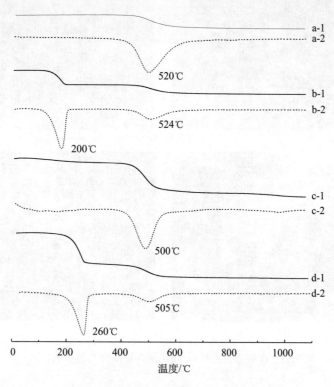

图 3.42　高岭石插层复合物 TG-DTG 曲线

a.K；b.K-D；c.K-M；d.K-Sa。1.TG 曲线；2.DTG 曲线

5. 高岭石-硬脂酸插层复合物结构模型

目前尚没有关于硬脂酸-高岭石插层复合物的报道，本书根据在制备过程中插层复合物 X 射线衍射特征的变化及红外分析，对硬脂酸插层高岭石的机理进行了初步探讨并提出了硬脂酸在高岭石层间的排列模型。由于硬脂酸中连接分子之间的作用力主要是分子之间的氢键，且其为最强氢键的一种，溶于 80℃水后硬脂酸分子发生电离反应，生成硬脂酸根离子与水和氢离子，氢键被大大地减弱至完全消除。高岭石端面与表面有吸附负电荷的倾向，硬脂酸根离子向高岭石靠近，但由于其分子链大，位阻效应明显，呈直立形式进入高岭石层间困难，所以硬脂酸根离子刚开始主要是沿水平方向进入高岭石层间。硬脂酸根离子两端的氧具有相同的吸引质子的能力，与甲氧基的甲基的两个氢形成氢键。随着反应的进行，高岭石层间硬脂酸根离子含量逐渐增加，在溶液的扰动作用下部分硬脂酸分子呈倾斜状态，最终形成平铺与倾斜同时存在于高岭石层间的混合排列状态。

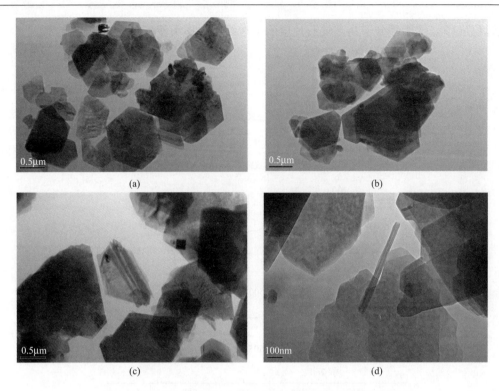

图 3.43　高岭石及高岭石-硬脂酸插层复合物透射电镜照片

　　硬脂酸分子结构和空间尺寸如图 3.44 所示。查表可知 C—H 的键长为 0.110nm，H—C—H 的键角为 109.5°，计算出 C 原子到 H 原子所在平面的距离为 0.036nm，在羧基中 C—O 的键长为 0.127nm，O—C—O 的键角为 125°，计算 C 原子到两个 O 原子所在直线的距离为 0.0586nm，C—C 的键长为 0.154nm，C—C—C—的键角为 111.9°，计算硬脂酸中两个 C 原子之间的距离为 0.255nm，由此可计算出直链硬脂酸根离子的长度为 0.036+0.255×8.5+0.0586=2.262nm。根据前面分析可知，甲氧基嫁接在高岭石铝氧面上，可以计算出其分子链长度为 0.127+0.036=0.163nm。1∶1 型层状硅酸盐 TO 厚度为 0.54 nm。即假设硬脂酸分子链在高岭石层间垂直单层排列时计算得到其层间距为 2.262+0.163+0.54=2.965nm，与 X 射线衍射测得高岭石-硬脂酸插层复合物层间距（4.05～4.37nm）相差 1.085～1.405nm，远在允许误差范围之内，所以，硬脂酸在高岭石层间不是简单的单层排列。据此推测硬脂酸分子在层间是平铺与倾斜混合形式存在，如图 3.45 所示。烷基链近似椭圆柱体，其截面长轴直径 a 为 0.46nm，短轴直径 b 为 0.41nm（Smith and March，2007；陈彦翠等，2008）。假设存在一层硬脂酸分子是垂直排列的，满足层间距要求则其平铺层数 n：

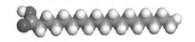

图 3.44　硬脂酸分子空间尺寸示意图

4.05-0.54-0.163-2.262=1.085，n_1=1.085/0.46=2.36，n_2=1.085/0.41=2.65；

4.37-0.54-0.163-2.262=1.405，n_3= 1.405/0.46=3.05，n_4=1.405/0.41=3.42，
则硬脂酸分子垂直或倾斜排列一层，平铺3～4层。当双层有机离子平铺时，由于烷基链紧密堆垛，导致烷基链发生联锁嵌合，层间距减少0.1nm（Brindley and Moll，1965）。由此计算层间距见表3.3，分析知排列3～4层时均满足条件。

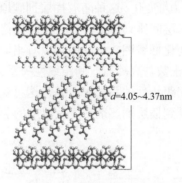

图 3.45　高岭石-硬脂酸插层复合物结构模型

表 3.3　硬脂酸不同平铺排列高岭石层间距

排列方式		3 层平铺层间距/nm	排列方式		4 层平铺层间距/nm
0a	3b	3.995	0a	4b	4.305
1a	2b	4.045	1a	3b	4.355
2a	1b	4.095	2a	2b	4.405
3a	0b	4.145	3a	1b	4.455
			4a	0b	4.505

3.5　插层剂类型对剥片高岭石形貌控制

以系列脂肪酸、季铵盐、十二烷基硫酸钠和十二胺作为插层剂，研究高岭石在插层过程中，高岭石的微观结构及形貌的变化，其中，脂肪酸和十二烷基硫酸钠归属为阴离子型插层剂，而季铵盐与十二胺则归属为阳离子型插层剂。通过选择不同类型及碳链长度的插层剂实现对高岭石片层形貌及结构的控制。最后通过分析插层剂与高岭石基团之间的相互作用，借助空间尺寸计算确定插层剂分子在高岭石层间的排列方式，探讨阴阳离子型插层剂对高岭石形貌的控制机理。

3.5.1　高岭石插层复合物的层间距

为研究不同插层剂对高岭石层间距变化的影响。以甲氧基嫁接高岭石复合物为前驱体，通过"替代插层"法得到高岭石-脂肪酸插层复合物和高岭石-季铵盐插层复合物，其 X 射线衍射图谱如图 3.46 所示。随着碳原子数的增加，(001)衍射峰逐渐向低角度偏

移，高岭石层间距增大；对比两类插层剂，高岭石-脂肪酸插层复合物层间距随碳原子数增加，其增幅较大(表3.4和图3.47)。当两类插层剂碳原子数在10～18变化时，直链烷基分子，每增加2个碳原子，碳链长度增幅约为2.55Å。对于高岭石-脂肪酸插层复合物，脂肪酸碳链每增长2个碳原子，其复合物层间距增幅在4.10～4.50Å变化；然而，对于高岭石-季铵盐插层复合物，除高岭石-十二烷基三甲基氯化铵(DTAC)插层复合物层间距异常外，其增幅均在1.5～3.0Å变化。这种随着插层剂碳原子数增加层间距定额增长，说明脂肪酸与季铵盐在高岭石层间排列方式具有一定的规律性。图3.47为两类插层复合物高岭石层间距随碳原子数变化曲线图。从图中可以看出，插层复合物层间距与碳原子数呈正相关关系，脂肪酸碳原子数与高岭石层间距线性关系比较明显，相关系数$R=0.9994$。季铵盐碳原子数与高岭石层间距线性关系相对较差，这可能是因为季铵盐在高岭石层间排列方式与脂肪酸不同，易受到插层剂溶剂浓度及温度的影响。

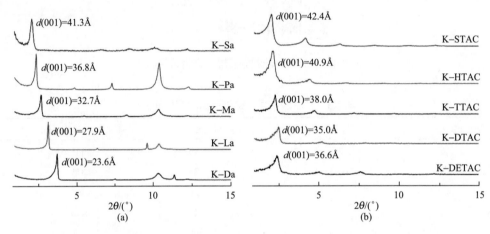

图 3.46　高岭石-脂肪酸插层复合物(a)与高岭石-季铵盐插层复合物(b)X射线衍射图谱

K-Sa.高岭石-硬脂插层复合物；K-Pa. 高岭石-棕榈酸插层复合物；K-Ma. 高岭石-肉豆蔻酸插层复合物；K-La. 高岭石-月桂酸插层复合物；K-Da. 高岭石-癸酸插层复合物；K-STAC.高岭石-十八烷基三甲基氯化铵插层复合物；K-HTAC.高岭石-十六烷基三甲基氯化铵插层复合物；K-TTAC.高岭石-十四烷基三甲基氯化铵插层复合物；K-DTAC.高岭石-十二烷基三甲基氯化铵插层复合物；K-DETAC.高岭石-十烷基三甲基氯化铵插层复合物

表 3.4　高岭石-脂肪酸和季铵盐插层复合物的(001)面层间距值

脂肪酸	分子链长/Å	$d(001)$/Å	Δd/Å	季铵盐	分子链长/Å	$d(001)$/Å	Δd/Å
癸酸(Da)	12.42	23.6	—	DETAC$^+$	14.60	36.6	—
月桂酸(La)	14.97	27.9	4.3	DTAC$^+$	17.15	35.0	−1.6
肉豆蔻酸(Ma)	17.52	32.7	4.1	TTAC$^+$	19.70	38.0	3.0
棕榈酸(Pa)	20.07	36.8	4.1	HTAC$^+$	22.25	40.9	2.9
硬脂酸(Sa)	22.62	41.3	4.5	STAC$^+$	24.80	42.4	1.5

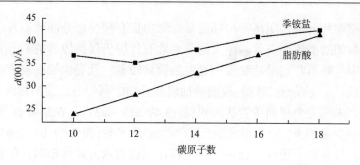

图 3.47　高岭石-脂肪酸和季铵盐插层复合物 d(001) 随烷基链碳原子数变化曲线图

3.5.2　高岭石的形貌

1. 插层剂分子链长对剥片高岭石形貌的控制

研究发现同种系列的插层剂分子，碳链长度满足一定临界值时，高岭石片层会发生剥离卷曲，且随着碳链长度的增加，高岭石层间距增大，高岭石剥离及卷曲程度随之增大，由此可实现对高岭石形貌的控制。图 3.48 为不同链长脂肪酸和季铵盐插层复合物透射电镜照片。对比脂肪酸和季铵盐插层所得的高岭石片层发现，随着碳链的增长，高岭石片层的卷曲程度逐渐增加。当插层剂脂肪酸中碳原子数大于或等于 14 时，高岭石片层从边缘开始有卷曲迹象，随着碳链长度的增加，单个高岭石片层卷曲层数增多，卷曲程度明显，发现部分狭长的片层卷曲成半封闭的管状。然而，当插层剂季铵盐中碳原子数大于或等于 6 时，插层复合物就开始出现卷曲，且随季铵盐碳链长度的增加，高岭石卷曲程度加深，纳米卷成比例增加(图 3.48)。

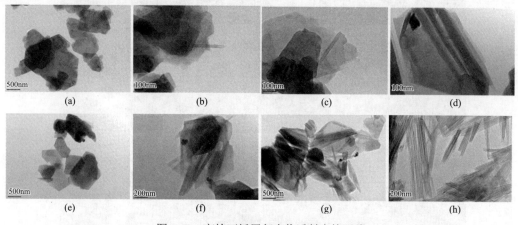

图 3.48　高岭石插层复合物透射电镜照片

(a) K-La(碳原子数 12)；(b) K-Ma(碳原子数 14)；(c) K-Pa(碳原子数 16)；(d) K-Sa(碳原子数 18)；(e) K-BTAC(碳原子数 4)；(f) K-HTAB(碳原子数 6)；(g) K-DTAC(碳原子数 12)；(h) K-STAC(碳原子数 18)

2. 插层剂离子类型对剥片高岭石形貌的控制

图 3.49 是高岭石阴离子和阳离子插层复合物透射电镜照片。对比不同离子类型插层

复合物透射电镜照片发现，阴离子型插层复合物中仅有极少部分高岭石片层发生卷曲，且不存在完全封闭的类埃洛石管，绝大部分高岭石片层仍保持较好的六方片状；阳离子型插层复合物中高岭石片层沿边缘发生卷曲的数量较多，且卷曲幅度较大，几乎不存在完整的六方片状。高岭石-十二烷基硫酸钠插层复合物中高岭石片层沿边缘卷曲明显，但卷曲幅度不大，未见完全卷曲成管状形貌[图 3.49(a1)~(a3)]。在高岭石-硬脂酸插层复合物中可发现极少量的类埃洛石状未封闭的高岭石纳米卷[图 3.49(b1)~(b3)]。高岭石经十二胺插层后，其片层沿边缘卷曲显著，不存在完整的六方片状形貌，但仍有少部分片状结构。十八烷基三甲基氯化铵插入高岭石层间，在透射电镜下呈现高岭石管或高岭石卷与极少量的高岭石片状结构混合存在，其管状产出率大于 90%。相同碳原子数，相近层间距，离子类型不同，高岭石的结构形貌差异很大。甲氧基嫁接高岭石复合物与阳离子型插层剂作用后，高岭石片层发生剥离后卷曲程度大，而经阴离子型插层剂作用，高岭石片层仅发生剥离，几乎未见到卷曲的迹象。

图 3.49　高岭石阴离子和阳离子插层复合物透射电镜照片

(a1)~(a3)高岭石-十二烷基硫酸钠插层复合物(K-S)；(b1)~(b3) 高岭石-硬脂酸插层复合物(K-Sa)；(c1)~(c3)高岭石-十二胺插层复合物(K-DA)；(d1)~(d3)高岭石-十八烷基三甲基氯化铵插层复合物(K-STAC)。a 和 b 为阴离子插层复合物，c 和 d 为阳离子插层复合物

3.5.3　插层剂分子与高岭石表面基团的作用

插层剂分子进入高岭石层间必然要与高岭石层间的基团发生作用，红外光谱是分析基团间相互作用的重要方法(图 3.50)。本节中，阴离子型插层剂选取脂肪酸，阳离子型插层剂选取季铵盐，对比分析不同离子类型插层剂与高岭石表面基团作用的机理。

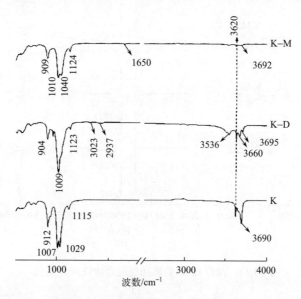

图 3.50　高岭石、高岭石-二甲基亚砜和高岭石-甲醇插层复合物红外光谱图

1. 与 Al—OH(铝氧面)之间的作用

高岭石-脂肪酸插层复合物和高岭石-季铵盐插层复合物的红外光谱图如图 3.51 和图 3.52 所示。甲氧基嫁接高岭石复合物分别与脂肪酸和季铵盐作用后，内表面羟基伸缩振动峰变化相似(与图 3.50 对比)。经两种插层剂作用后内表面羟基伸缩振动峰强度均增大，特征峰向高波数偏移。$900 \sim 912 cm^{-1}$归属于高岭石内表面羟基弯曲振动峰，脂肪酸插层复合物与高岭石原矿相比向低波数偏移，且其强度减小，而季铵盐插层复合物特征峰位置及强度变化不大，说明脂肪酸对高岭石内表面羟基影响大，即脂肪酸的羧基与高岭石内表面羟基之间作用力强。对比两种插层复合物中内表面羟基的伸缩振动峰，均向高波数偏移，而高岭石-季铵盐插层复合物随着碳链的增长，羟基伸缩振动峰的强度逐渐降低，脂肪酸插层复合物的 $3693 cm^{-1}$ 峰相对 $3620 cm^{-1}$ 峰的高度逐渐降低，同样说明其分子与内表面羟基之间的作用力强，与 $912 cm^{-1}$ 峰变化反映一致。$3620 cm^{-1}$ 归属于内羟基伸缩振动峰，对比可以看出，脂肪酸插层复合物中，其特征峰尖锐，而季铵盐插层复合物中发生宽化，说明季铵盐与高岭石的内羟基发生作用，这可能是季铵盐含氮端部的甲基($—CH_3$)插入高岭石硅氧四面体的复三方孔洞中造成的。

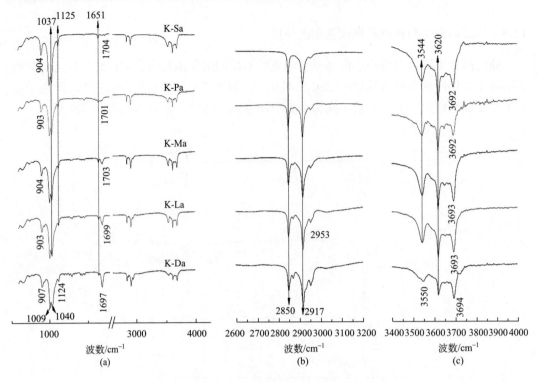

图 3.51　高岭石–脂肪酸插层复合物红外光谱图

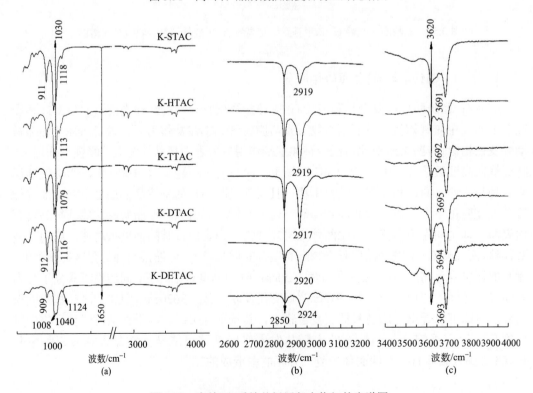

图 3.52　高岭石–季铵盐插层复合物红外光谱图

2. 与 Si—O(硅氧面)之间的作用

Si—O 键的伸缩振动峰的变化,甲氧基嫁接复合物经脂肪酸作用后 1040cm^{-1}变化较小,只是特征峰的位置发生微弱的偏移(图 3.50);而与季铵盐作用后发现,1040cm^{-1}偏移至 1030cm^{-1},同时特征峰的宽化明显,说明季铵盐分子与高岭石的硅氧四面体的顶氧发生作用。对比 1009cm^{-1}和 1008cm^{-1},两者与高岭石甲醇插层复合物相比较,特征峰的波数及强度变化并不明显,但比高岭石-甲醇插层复合物变得尖锐。脂肪酸插层复合物则无明显变化。

综上可知,高岭石插层复合物结构变化表现在以下两个方面:①甲氧基嫁接高岭石插层复合物经脂肪酸作用后主要与高岭石内表面羟基作用,对硅氧四面体的 Si—O 影响较小;②甲氧基嫁接高岭石插层复合物与季铵盐作用后,季铵盐分子不仅与高岭石内表面羟基发生作用,且对硅氧四面体的 Si—O 键产生明显影响。

3.5.4　插层剂类型对高岭石形貌控制

高岭石层间距及形貌变化过程如图 3.53 所示。高岭石形貌的改变是因其集合体发生剥离,片层厚度逐渐减小所致,高岭石自身结构缺陷造成的内应力大于其保持板状的集合外力,使得高岭石片层六方片状形貌发生变化。以上研究可知插层剂分子的链长和离子类型均对高岭石形貌变化存在影响。高岭石片层发生卷曲取决于两个因素:①失去层间氢键、静电力和范德华力的束缚;②结构中四面体片与八面体片之间的不匹配。前者是外力作用所引起的,后者是高岭石自身结构性质所造成的。所以,链长的变化以及离子类型都是对高岭石层间的束缚力产生影响才使得高岭石片层的形貌发生变化。随着插层剂分子链长的增加高岭石层间距增大,层间的束缚力减小,高岭石片层剥离、卷曲。分子链越长,使其层间距扩大越大,层间束缚力越小,片层越易卷曲。

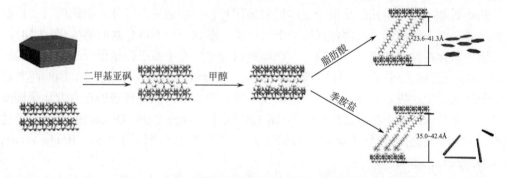

图 3.53　高岭石层间距及形貌变化示意图

高岭石-硬脂酸的插层复合物层间距为 41.3Å,高岭石-十八烷基三甲基氯化铵插层复合物层间距为 42.4Å,两者复合物层间距相近,形貌则有很大不同(图 3.49),说明插层剂类型不同对层间氢键的破坏程度影响更大。

插层剂分子在高岭石层间的排列方式可以确定插层剂基团与高岭石内层表面层间的

作用方式。图 3.53 为脂肪酸和季铵盐分子在高岭石层间的理想排列模型。季铵盐离子基团一方面易与铝氧八面体表面羟基通过氢键形成新的作用力，另一方面高岭石晶层的硅氧面带负电荷(李海普等，2004；刘钦甫等，2015)，通过静电力作用可吸引阳离子基团。然而，脂肪酸的羧酸根离子带负电荷，与硅氧面发生的同性相斥作用，可与高岭石的羟基发生作用。虽然脂肪酸(阴离子型)插层剂与季铵盐(阳离子型)插层剂分子在高岭石层间均是呈双层倾斜排列，但在高岭石层间阴离子型插层剂的羧酸根(—COO—)主要与高岭石的内表面羟基作用；阳离子型插层剂分子含氮端元不仅可与高岭石内表面羟基作用，而且还可与高岭石的硅氧四面体的 Si—O 键发生作用，同时可能会有部分甲基进入四面体的复三方孔中。相比阴离子型插层剂，阳离子型插层剂更容易破坏高岭石层间的氢键作用力，特别是两层季铵盐分子的阳离子基团与高岭石层间的硅氧四面体面和铝氧八面体面都产生作用，切断 Si—O 与 Al—OH 基团成键可能；而且，两层季铵盐分子之间的界面为同性离子相邻面，同性离子之间产生排斥力。因此，随着高岭石层间距的变大，高岭石层间连接力逐渐消失，高岭石片层在其自身结构错位产生的扭曲力作用下发生卷曲，从而形成管状。脂肪酸分子的基团(羧基、甲基)不仅与高岭石的内表面基团存在氢键力及微弱的静电引力，且层间脂肪酸分子彼此存在微弱的氢键作用，该作用力与高岭石结构错位产生的扭曲力达到平衡，将片层连接在一起，从而使阴离子插层的高岭石保持片状结构。

3.5.5　高岭石片层卷曲机制

1. 卷曲动力

高岭石属三斜晶系，其晶胞常数为：$a_0 = 0.514nm$，$b_0 = 0.893nm$，$c_0 = 0.737nm$，$\alpha=91.8°$，$\beta=104.5°$，$\gamma=90°$。而其实际结构的八面体片 $a_0 = 0.506nm$，$b_0 = 0.862nm$，四面体片 $a_0 = 0.514nm$，$b_0 = 0.893nm$(赵珊茸等，2004)，在尺寸上铝氧八面体比硅氧四面体要小。

高岭石基本结构单元层是由一层硅氧四面体片和一层铝氧八面体片组成的 1∶1 型结构，硅氧四面体和铝氧八面体共用一个氧原子，形成一个不可分割的整体(图 3.54)，单元层之间存在氢键作用力。理论上六个硅氧四面体应在平面上联结形成一个稳定的正六方环状结构[图 3.55(a)]，但由于铝氧八面体片比硅氧四面体片尺寸要小，因此两者存在一个结构适配过程。实际高岭石晶体结构中硅氧四面体只能由理想的正六方环结构变为复三方环结构，缩小顶氧之间的间距[图 3.55(b)] (Singh,1996; Dixon,1989)，或经过轻度翘曲(潘兆橹，1994)才能达到与铝氧八面体结构的适配(图 3.56) (Brady et al., 1996;Deng et al., 2002)。

良好结晶的高岭石在自然界产出形态为平行于(001)的假六方板状，集合体成蠕虫状。板状高岭石能稳定存在，有如下几个原因(Dixon,1989; Dixon and Schulze, 2002)：①Si^{4+} 和 Al^{3+}之间的同性电荷互斥作用；②四面体底氧与邻层羟基的氢键作用力；③四面体底氧的皱曲旋转以在空间方位上与邻层羟基适配。多重因素造就了高岭石在自然界的宏观片状矿物形貌。

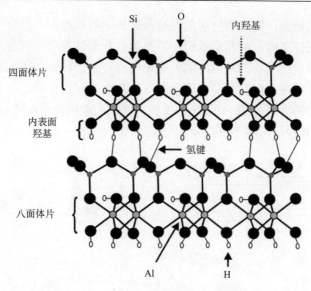

图 3.54 高岭石晶体结构示意图

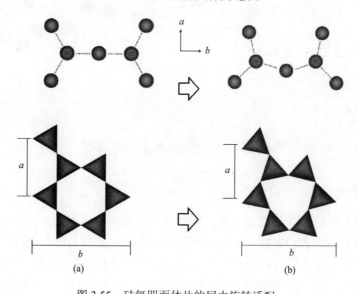

图 3.55 硅氧四面体片的层内旋转适配

(a)理想四面体片的原子排布方位; (b)四面体片的复三方结构模式

高岭石的基本结构层包含五层原子面,其片层直径与其基本结构层厚度比值非常大,即使数十层叠置仍可达到相当大的径厚比,其内部的结构错位形成的强烈驱动力,加之本身二维纳米材料固有的不稳定形态,高岭石单片层难以在这样的二维尺度上保持稳定,只有在 c 轴方向上做出一定程度的卷曲与扭结,甚至完全卷曲而形成管状,才能达到结构稳定状态。

前述研究表明,高岭石经三步插层可形成 2.0~5.0nm 层间距的插层复合物,层间距的增加使层间氢键大大减弱,束缚高岭石片层叠置的主要作用力被释放,已不足以维持高岭石的原始片状形态；同时当插层剂在液相流体中被移除后，产生了充分的无障碍空间，在相邻片层回位之前，单元层结构中四面体、八面体的错位回复力促使单片层或较薄片层自动卷曲形成纳米卷或翘曲，达到稳定结构。由于四面体比八面体尺寸稍大，从而导致硅氧四面体层在外铝氧八面体层在内，以某个方向发生卷起，直至达到稳定结构的纳米卷状。其管的直径为 20~100nm、长度主要取决于所使用高岭石原矿的片层粒度，为 250~2000nm，长径比可达 100：1。

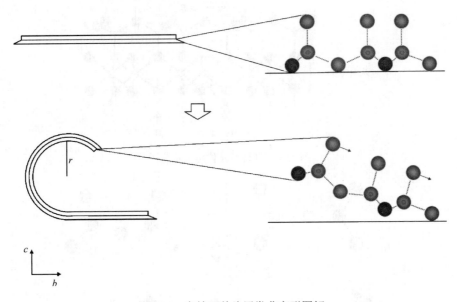

图 3.56　高岭石单片层卷曲变形图解

2. 卷曲方向

研究高岭石的硅氧骨干可以发现，每个四面体顶氧与周围另外三个顶氧相邻，由此产生了三个可供四面体顶氧相互靠近并有可能导致四面体扭曲的方向[图 3.57(a)左侧图所示]，这三个方向就是高岭石片层有可能发生卷曲的方向，其卷曲轴方向（A-A′）、（B-B′）、（C-C′）可看做是(001)晶面分别与(010)、(110)、(1$\bar{1}$0)相交而成的晶带方向，这三个晶带分别为[100]、[1$\bar{1}$0]、[110]，如 A-A′卷曲轴是 a 轴，但其卷曲方向是 b 结晶轴，这三者分别呈 60°或 120°夹角关系。从图 3.57(a)右侧图可以看出，垂直于 C-C′方向相邻的两个四面体顶氧分别与上部两个不同的八面体共用，两个八面体分流了尺寸的不匹配，从而在此方向上减弱了卷曲的动力。而垂直于另外两个方向 B-B′和 A-A′的相邻两个四面体顶氧均共用于同一个八面体，产生了较大的卷曲力，从而导致 B-B′和 A-A′方向可能为两个优势卷曲轴向，如果这两个优势方向同时相向卷曲且卷曲力基本相等则形成图 3.57(b)最右边所示的平行四边形的卷曲外貌。此外，这两个优势卷曲动力共同作用于一个方向上了还可产生一个更大的合力，这个合力的方向与两者各呈 30°，平行于 C-C′方向，此合力所引发卷曲的卷曲轴为(001)晶面与(130)晶面决定的[3$\bar{1}$0]晶带，其结果则形成图 3.57(b)中间所示的三角形卷曲外貌。如果高岭石在某一边优先插层活化并首先卷曲，并且其单方向卷曲速度比较快而其他方向卷曲力尚未发生作用时，则形成如图 3.57(b) 最左边图所示的直管状形貌。不同方向相对卷曲力大小依次为 $[3\bar{1}0]>[100]=[1\bar{1}0]>[110]$。图 3.57(b) 所示的单边卷曲(单方向)、三边卷曲(三角形卷曲)、四边卷曲(菱形卷曲)三种形式是比较典型的卷曲形貌，其中前者是最常见的并且是最终的稳定状态，而后两者是处于剥离中间状态。

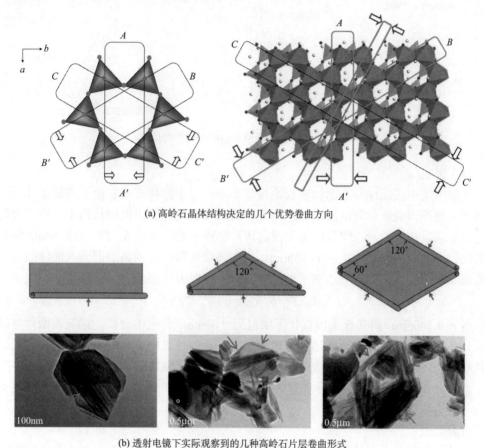

(a) 高岭石晶体结构决定的几个优势卷曲方向

(b) 透射电镜下实际观察到的几种高岭石片层卷曲形式

图 3.57　高岭石片层卷曲方向和形式

3. 卷曲曲率

由前述可知，纳米卷的初始卷曲动力来自四面体、八面体不匹配的尺寸差异，由于片层朝向 c 轴方向卷起，而在高岭石基本结构单元层中的五层原子面在 c 轴方向上的距离是一定的，因此这种一定量的垂直于 c 轴方向上的尺寸差异通过卷曲形貌来释放时，也决定了初始点的曲率半径。为便于计算，以 b 轴方向为卷曲方向(卷曲轴为 a 轴)，且近似认为纳米卷的横截面为同心圆状(图 3.58)。

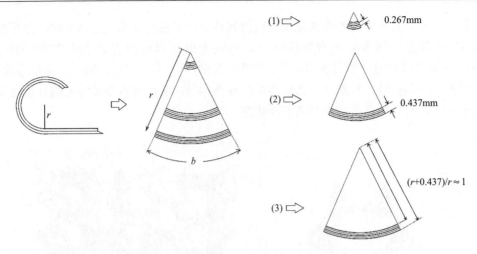

图 3.58　高岭石纳米卷的不同半径值

1）下限值

文献中关于四面体与八面体轴长的报道不一，对于同种高岭石由于测试条件的不同也可能获得不同的轴长测试值，而不同类型的高岭石更可能出现轴长的不一致。笔者在此选取见诸报道的关于硅酸盐矿物中四面体片比较大的轴长值 $b_0(T) = 0.9164$nm 和八面体的比较小的轴长值 $b_0(O) = 0.8655$nm，层距离取四面体片阳离子面到八面体阳离子面的距离 0.267 nm。该参数的选取可使高岭石片层卷曲力达到最大，管径最小。由

$$b_0(T) / b_0(O) = (r+0.267)/r$$

得 r=4.540nm；得其理论内直径下限值为 9.08nm。若超出此值，铝氧八面体与硅氧四面体之间的尺寸差距将无法达到管径的曲率，且内径过小引起的离子间距过小会放大同性离子间静电斥力的影响，成为阻止卷曲的因素。这就决定了高岭石纳米卷的中空性质，而非实心。透射电镜下实际观察到的最小内径约为 10nm，未见溢出此下限值，实际观察与理论计算基本相符。

2）最适值

取常见板状形态高岭石中 1：1 层稳定结构参数：$b_0(T) = 0.893$nm，$b_0(O) = 0.862$nm；且层距离取单元结构层最外侧两层阴离子间距 0.437nm；由

$$b_0(T) / b_0(O) = (r+0.437)/r$$

得 r= 12.151nm；卷曲内直径为 24.3nm。透射电镜实际观察的纳米卷半径多位于 20~25nm 范围，与理论分析基本吻合。

3）上限值

卷曲一旦发生，在卷曲过程中直径增大引起原始驱动力有所降低，此时仅需较小的驱动力便可维持，直至纳米卷曲率增大至无法产生足够的驱动力为止。当$(r+0.437)/r≈1$，可认为停止卷曲。

当 r=50nm 时，$b_0(T) / b_0(O)$=1.00874，此时两者之间仅有极小的尺寸差，其差值已不足以满足硅氧四面体骨架对曲率的要求，尺寸不匹配而导致的回复力已十分微小，难

以发生继续卷曲，因此形成完整纳米卷外半径的上限值约为 50nm（外直径约 100nm）。

极少量外直径大于 100nm 的纳米卷，其外形一般不甚规则，它可能是起源于多个单元层卷曲，或为两相向卷闭合而在背面被观测到的结果。

4）实测纳米管直径

统计多张透射电镜照片算得纳米卷的内直径频率分布直方图如图 3.59 所示，其内直径分布范围为 8~50nm，常见直径位于 20~25nm，算得内直径平均值为 20.9nm。由于测量存在人为误差因素，实际测量和理论计算结果可认为基本一致。

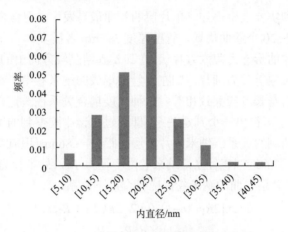

图 3.59　纳米卷内直径频率分布直方图

4. 卷起单元层数量与纳米卷形态的关系

两个单元层若同时发生卷曲，初始内侧层卷曲半径应接近于 12.15nm（卷曲半径最适值），液相插层剥片后，大分子置换插层剂如季铵盐、烷基胺已被移去，高岭石层间仅剩接枝甲醇，此时高岭石层间距恢复到 0.86nm，起始外半径为 13.87nm，卷曲 n 周后的外半径为 $12.15+(n+1)\times0.86\times2$。由于实际观察的平均最大外直径为 50nm，因此最大的卷曲周期不超过 7。

当四个单元层同时发生卷曲，在第四周期结束后产生了 $12.15+(4+1)\times0.86\times4=29.35$ nm 的外半径，且此时壁厚度已超 17nm，电镜下尚未发现纳米管壁厚超过 17nm 者，虽然电镜偶见纳米卷直径大于 50nm 者，但其属于多层同时发生的半卷状态，未发现完整的纳米管外形。

若相邻层之间没有充足的自由空间，但层间氢键作用力由于插层剂的进入而有了明显减弱，此时多个单元层都存在的卷曲动力可促使其多层一起翘曲，在母颗粒边缘可观察到翘曲结构。

随着卷积单元层数量的增大，卷曲半径随周期的增加而发生更快增长，卷曲动力衰减速率较大，纳米卷趋向于更少的卷曲周期和更大的外径。同时，多个单元片层的叠置，层间存在的氢键作用力使得片层趋向于相互牵引而维持原板状形态，造成触发卷曲的难度增大，故多层壁纳米卷的形成随层数的增多而愈加困难。根据上文中对于纳米卷卷曲半径上限值 50 nm 和卷曲内直径下限值 24.3nm，以甲氧基嫁接结构中每个单元层 0.86nm 厚度计，则最大卷曲层数为

$$(25-12.15)/0.86 \approx 15$$

这意味着即使层间氢键作用力变得极为微弱，超过 15 个片层叠置的颗粒（厚度超过 $15 \times 0.715 = 10.725$nm）已很难发生卷曲，其形貌仍将保持片状晶形。

5. 形貌参数耦合关系

以上理论推导和实验观察得知，单片层的卷曲最易发生，且倾向于以 24nm 的内直径为始，最终形成 5~20 个卷曲周期，管壁厚度 3~7nm 者居多。

由于高岭石原矿的形态为假六方片状，在其 a、b 结晶轴方向上的延伸长度基本一致，将每个高岭石片层大致等效为圆片，则在其卷曲形成的纳米卷中，纳米卷卷曲构造中各层的周长之和与其自身长度应大致相等。这种尺度耦合关系在一定程度上约束了高岭石纳米卷的形貌，因此，可得出一个判定关系，即通过电镜中观察到的纳米卷长度和壁厚、半径必然存在下面的制约关系：纳米卷片层层间距 $d=0.86$nm（甲氧基嫁接高岭石结构中层间距），高岭石片层的近似直径 L，纳米卷内半径为 R_1，外半径为 R_2，纳米卷的卷曲周期数为 n，则对于单层卷曲的纳米卷，应符合以下关系：

$$L \approx 2\pi[2R_1+(n-1)d]n/2 = 2\pi(R_1+R_2)n/2$$
$$(n-1) \times d \approx R_2 - R_1$$

以纳米卷的内外半径反推即可得原高岭石卷曲之前的片层的等效直径。

以常见的纳米管尺寸为例，场发射扫描电子显微镜观察其长度约为 1000nm，内半径为 17nm，外半径为 24nm，约卷起 $(24-17)/0.86+1 \approx 9$ 个周期，经上述公式计算得 $L \approx 1158$nm，验证了上述理论分析的正确性。

参 考 文 献

陈彦翠, 孙红娟, 彭同江. 2008. 系列烷基季铵盐插层蒙脱石研究. 非金属矿, 31(3): 18~21

高莉, 谷宁杰, 姬万滨等. 2012. 十二烷基胺-高岭石插层复合物的合成及其表征. 青海大学学报: 自然科学版, 30(5):6~9

李海普, 胡岳华, 王淀佐等. 2004. 阳离子表面活性剂与高岭石的相互作用机理. 中南大学学报: 自然科学版, 35(2): 228~233

刘钦甫, 左小超, 张士龙等. 2015. 高岭石-硬脂酸插层复合物的制备及结构模型的提出. 无机化学学报, 31(1): 7~14

潘兆橹. 1994. 结晶学及矿物学 (下册). 北京: 地质出版社. 164~185

Smith M B, March J. 2007. 高等有机化学. 李艳梅译. 北京: 化学工业出版社

田玉玺, 黄世萍, 汪文川. 2007. 高岭石层间尿素-水体系的分子动力学模拟. 北京化工大学学报, 34(6): 599~603

王林江, 吴大清, 袁鹏等. 2002. 高岭石-甲酰胺插层的 Raman 和 DRIFT 光谱. 高等化学学报, 23(10): 1948~1951

席国喜, 路宽. 2011. 硬脂酸埃洛石插层复合相变材料的制备及其性能研究. 硅酸盐通报, 30(5): 1155~
　　1159

杨淑勤, 袁鹏, 何宏平等. 2012. γ-氨丙基三乙氧基硅烷(APTES)与高岭石层间表面羟基的嫁接反应机理.
　　矿物学报, 32(4): 468~474

赵珊茸, 边秋娟, 凌其聪. 2004. 结晶学及矿物学. 北京: 高等教育出版社. 365~374

朱建喜. 2003. HDTMA-柱撑蒙脱石层间域内有机离子的排列、演化模式及构型变化. 广州:中国科学院
　　广州地球化学研究所博士学位论文

Avila L R, De Faria E H, Ciuffi K J, et al. 2010. New synthesis strategies for effective functionalization of
　　kaolinite and saponite with silylating agents. Journal of Colloid and Interface Science, 341(1):186~193

Botana A, Mollo M, Eisenberg P, et al. 2010. Effect of modified montmorillonite on biodegradable PHB
　　nanocomposite. Applied Clay Science, 47(3-4):263~270

Brady P V, Cygan R T, Nagy K L. 1996. Molecular controls on kaolinite surface charge. Journal of Colloid
　　and Interface Science, 183(2): 356~364

Brindley G W, Moll W F. 1965. Complexes of natural and synthetic Ca-montmorillonites with fatty acids.
　　American Mineralogist, (50): 1355~1370

Costanzo P M, Gises R F, Lipsicas M, et al. 1982. Synthesis of a quasi-stable kaolinite and heat capacity of
　　interlayer water. Nature, 296(5857): 549~551

Cruz M D R, Franco F. 2000. Thermal behavior of the kaolinite-hydrazine intercalation complex. Clays and
　　Clay Minerals, 48: 63~67

Deng Y J, Dixon J B, White G N. 2003. Molecular configurations and orientations of hydrazine between
　　structural layers of kaolinite. Journal of Colloid and Interface Science, 257(2): 208~227

Deng Y, White G N, Dixon J B. 2002. Effect of structural stress on the intercalation rate of kaolinite. Journal
　　of Colloid and Interface Science, 250(2): 379~393

Dixon J. 1989. Kaolin and serpentine group minerals. In: Minerals in Soil Environments. Madison: Soil
　　Science Society of America , 1: 467~525

Dixon J, Schulze D. 2002. Kaolin-serpentine minerals. In: Soil Mineralogy with Environmental Applications.
　　Madison: Soil Science Society of America, 7: 389~414

Fang Q H, Huang S P, Wang W C. 2005. Intercalation of dimethyl sulphoxide in kaolinite-Molecular
　　dynamics simulation study. Chemical Physics Letters, 411(1): 233~237

Frost R L, Kristof J, Horváth E, Kloprogge J T T. 1999. Deintercalation of dimethyl-sulphoxide intercalated
　　kaolinites-a DTA/TGA and Raman spectroscopic study. Thermochim Acta, 327: 155~166

Gardolinski J E F C, Lagaly G. 2005. Grafted organic derivatives of kaolinite: II. Intercalation of primary
　　n-alkylamines and delamination. Clay Minerals, 40(4):547~556

Guerra D L, Oliveira S P, Silva R A S, et al. 2011. Dielectric properties of organofunctionalized kaolinite clay
　　and application in adsorption mercury cation. Ceramics International, 38(2): 1687~1696

Johnston C T, Stone D A. 1990. Influence of hydrazine on the vibrational modes of kaolinite. Clays and Clay
　　Minerals, 38: 121~128

Johnston C T, Sposito G, Bocian DF, et al. 1984. Vibrational spectroscopic study of the interlamellar
　　kaolinite-dimethyl sulfoxide complex. Journal of Physical Chemistry, 88: 5959~5964

Komori Y, Sugahara Y. 1998. A kaolinite-NMF-methanol intercalation compound as a versatile intermediate
　　for further intercalation reaction of kaolinite. Journal of Materials Research, 13(4): 930~934

Komori Y, Enoto H, Takenawa R, et al. 2000. Modification of the interlayer surface of kaolinite with methoxy groups. Langmuir, 16(12): 5506~5508

Komori Y, Sugahara Y, Kuroda K. 1999. Intercalation of alkylamines and water into kaolinite with methanol kaolinite as an intermediate. Applied Clay Science, 15(1-2): 241~252

Lagaly G. 1999. Introduction: from clay mineral-polymer interactions to clay mineral-polymer nanocomposites. Applied Clay Science, 15(1-2): 1~9

Lapides I, Yariv S. 2009. Thermo-X-ray-diffraction analysis of dimethylsulfoxide-kaolinite intercalation complexes. Journal of Thermal Analysis and Calorimetry, 97(1): 19~25

Ledoux R L, White J L. 1966. Infrared studies of hydrogen bonding interaction between kaolinite surface and intercalated potassium acetate, formmamide and urea. Journal of Colloid and Interface Science, 21(2):127~152

Makó E, Rutkai G, Kristof T. 2010. Simulation-assisted evidence for the existence of two stable kaolinite-potassium acetate intercalate complexes. Journal of Colloid and Interface Science, 349(1): 442~445

Matusik J, Gaweł A, Bahranowski K. 2012. Grafting of methanol in dickite and intercalation of hexylamine. Applied Clay Science, 56: 63~67

Matusik J, Scholtzova E, Tunega D. 2012. Influence of synthesis conditions on the formation of a kaolinite-methanol complex and simulation of its vibrational spectra. Clays and Clay Minerals, 3(60): 227~239

Pavlidou S, Papaspyrides C D. 2008. A review on polymer-layered silicate nanocomposites. Progress in Polymer Science, 33(12): 1119~1198

Ruiz C M D, Duro F L F. 1999. New data on the kaolinite-potassium acetate complex. Clay Minerals, 34: 565~577

Rutkai G, Makó É, Kristóf T. 2009. Simulation and experimental study of intercalation of urea in kaolinite. Journal of Colloid and Interface Science, 334(1): 65~69

Singh B. 1996. Why does halloysite roll? —A new model. Clay and Clay Minerals, 44(2): 191~196

Smith D L, Zuckerman J J, Milford M H. 1966. Mechanism for intercalation of kaolinite by alkali acetates. Science, 153: 741-743

Theng B K G. 2002. Organo-clay complexes and interactions. Geoderma, 109(1-2):161~162

Thompson J G, Chris C. 1985. Crystal structure of kaolinite:dimethylsulfoxide intercalate. Clays and Clay Minerals, 33(6): 495~550

Tonlé I K, Diaco T, Ngameni E, et al. 2007. Nanohybrid kaolinite-based materials obtained from the interlayer grafting of 3-aminopropyltriethoxy silane and their potential use as electrochemical sensors. Chemistry of Materials, 19(26): 6629~6636

Tsunematsu K, Tateyama H. Delamination of urea-kaolinite complex by using intercalation procedures. Journal of the American Ceramic Society, 82(6): 1589~1591

Tunney J J, Detellier C. 1996. Chemically modified kaolinite grafting of methoxy groups on the interlamellar aluminol surface of kaolinite. Journal of Materials Chemistry, 10(6): 1679~1685

Venkataraman N V, Vasudevan S. 2001. Conformation of methylene chains in an intercalated surfactant bilayer. Journal of Physical Chemistry B, 105(9):1805~1812

Wada K, Yamada H. 1968. Hydrazine intercalation-intersalation for differentiation of kaolin minerals from chlorites. American Mineralogist, 53(1-2): 334~339

Wada K. 1961. Lattice expansion of kaolin minerals by treatment with potassium acetate. American Mineralogist, 46: 78~91

Wang Y Q, Zhang H F, Wu Y P, *et al*. 2005. Preparation and properties of natural rubber/rectorite nanocomposites. European Polymer Journal, 41(11): 2776~2783

Yariv S, Lapides I. 2008. Thermo-infrared-spectroscopy analysis of dimethylsulfoxide-kaolinite intercalation complexes. Journal of Thermal Analysis and Calorimetry, 94(2): 433~440

第4章　高岭石插层复合物分子动力学模拟

4.1　分子模拟简介

分子模拟法是用计算机以原子水平的分子模拟来研究分子的结构与行为，进而模拟分子体系的各种物理与化学性质(陈正隆等，2007)。分子模拟法不但可以模拟分子的静态结构，也可以模拟分子的动态行为(如分子在表面的吸附行为、分子的扩散等)。分子模拟法不但可以模拟分子体系的物理问题，也可以模拟分子体系的各种光谱特征，如分子的晶体和非晶体的 X 射线衍射图、核磁共振的二维与多维图谱等。自 20 世纪量子力学的快速发展后，几乎有关分子的一切性质，如结构、电离能、电子亲和力、电子密度等皆可由量子力学计算获得，而且计算结果与实验值相当吻合。与实验相比，利用计算机计算研究化学有很多优点，如成本降低、增加安全性、可研究极快速的反应和变化、得到较佳的准确度、增进对问题的了解。

量子力学是以分子中电子的非定域化为基础，一切电子的行为以其波函数表示。根据海森伯的测不准原理，量子力学仅能计算区间电子出现的概率，其概率正比于波函数绝对值的平方，欲得到电子的波函数，则需要解薛定谔方程式即

$$\hat{H}\Psi = E\Psi \tag{4.1}$$

式中，$\hat{H}$ 为薛定谔算子，是一些数学指令；Ψ 为电子的波函数；E 为能量。由于原子与分子含有许多电子(原子序越大，原子数越多)，解此方程并非易事。最为普遍的量子力学方法为从头算计算方法。这种分子轨道计算法，利用变分原理，将系统电子的波函数展开为原子轨道波函数的组合，而原子轨道的波函数又为一些特定的数学函数(如高斯函数)的组合。这种计算方法虽然精确，却甚为缓慢，所能计算的系统亦极为有限，通常不超过 100 个原子。因此，量子力学的方法适用于简单的分子或者电子数量较少的体系。但在自然界与工业界的许多系统，如生化分子(蛋白质、核酸、酶……)、聚合物(橡胶、脂肪……)等均含有大量的原子和电子。此外，如金属材料、聚合物材料、固态混合物、纳米材料等系统，不但需要了解单一分子的性质及分子间的相互作用，还需要了解整个体系的集合性质、动态行为及热力学性质。类似于上述复杂体系，因其电子数过多，迄今仍不能完全依赖量子化学模拟。为了实现对庞大体系的分子模拟，并得到精确的结果，科学家开始着手研究非量子化学模拟，即从 1970 年发展起来的分子力学方法。

分子动力学模拟是依据经典力学的计算方法，此种方法主要依据分子力场计算模拟体系的各种特性。依照伯恩-奥本海默近似原理，计算中将电子的运动忽略，而将系统能量视为原子核位置的函数。分子的力场含有许多参数，这些参数可经由量子力学计算或试验方法得到。与量子力学相比(仅适用于简单分子或电子数量较少的体系)，利用分子力学法可准确计算庞大与复杂体系的稳定构想、热力学性质及振动光谱等资料。与量子

力学相比，此方法适合于模拟庞大体系，所需计算时间远小于量子力学的计算，可快速得到模拟体系的各种性质。在某些情况下，由分子力学方法所得的结果与量子力学所得的结果一致。最早的分子力学计算方法为蒙特卡罗计算方法（Montecarlo Method，MC）。蒙特卡罗计算方法借由系统中质点（原子或分子）的随机运动，结合统计力学的概率分配原理，以得到体系的统计及热力学资料。该方法的弱点在于只能计算统计的平均值，无法得到系统的动态信息。目前，分子动力学方法（Molecular Dynamics Simulation，MD）是时下应用最为广泛的计算庞大复杂体系的模拟方法。分子动力学模拟是基于力场及牛顿运动动力学原理所发展的计算方法，与蒙特卡罗方法相比，分子动力学模拟系统中粒子的运动有正确的物理依据，该方法计算精确度高，可同时获得系统的动态及热力学统计资料，并可广泛适用于各种系统及各类特性的探讨。分子动力模拟计算经过许多改进，以及随着力场的不断发展和完善，现在模拟对象可覆盖各个领域。但分子动力学模拟本身还有一定的局限性，由于此计算需要引用数理积分方法，因此仅能研究系统短时间的运动，而不能模拟一些时间较长的运动（如蛋白质的折叠）的问题。目前，科学家们正在努力提升计算机的计算能力和改进计算方法，以期能利用分子动力学研究更长时间范围内的运动。

4.2　分子动力学模拟

4.2.1　分子动力计算基本原理

模拟体系的能量为系统中分子的动能与系统总势能的总和。其总势能为分子中各原子位置的函数 $U(\vec{r}_1, \vec{r}_2, \cdots, \vec{r}_n)$。通常势能分为分子间的非键结范德瓦尔斯作用（VDW）与分子内部势能两大部分，分子内势能则为各类型的键伸缩势能、键角弯曲势能、二面角扭曲势能等的总和。依照经典力学，系统中任一原子 i 所受的力为势能的梯度：

$$\vec{F}_i = -\nabla_i U = -(\vec{i}\,\frac{\partial}{\partial x_i} + \vec{j}\,\frac{\partial}{\partial y_i} + \vec{k}\,\frac{\partial}{\partial z_i})U \tag{4.2}$$

依此，由牛顿运动定律可得 i 原子的加速度为

$$\vec{a} = \frac{\vec{F}_i}{m_i} \tag{4.3}$$

将牛顿运动定律方程式对时间积分，可预测 i 原子经过时间 t 后的速度位置。

$$\frac{d^2}{dt^2}\vec{r}_i = \frac{d}{dt}\vec{v}_i = \vec{a}_i \tag{4.4}$$

$$\vec{v}_i = \vec{v}_i^0 + \vec{a}_i t \tag{4.5}$$

$$\vec{r}_i = \vec{r}_i^0 + \vec{v}_i^0 t + \frac{1}{2}\vec{a}_i t^2 \tag{4.6}$$

式中，$\vec{r}$ 和 $\vec{v}$ 分别为粒子的位置与速度，上标"0"为各物理量的初始值。

分子动力计算的原理就是利用牛顿运动定律。先由系统中各分子计算系统的势能，再由式（4.2）和式（4.3）计算系统中各原子的力及加速度，然后在式（4.4）中令 $t=\delta t$，δt 表

示一个非常短的时间间隔，则可得到经过 δt 后各分子的位置及速度。重复以上步骤，由原子新的位置计算系统的势能，计算各原子所受的力及加速度，预测经过 δt 后各分子的位置及速度……如此循环，可得到各时间段内分子运动的位置、速度及加速度等资料。这些随着时间变化的原子坐标反映出系统中原子运动的轨迹，利用原子运动的轨迹可以计算相关的物理量而得到模拟体系的热力学、统计学及动态信息。

4.2.2 牛顿运动方程的数值解法

在分子动力计算中必须解式(4.5)和式(4.6)的牛顿运动方程来计算模拟体系各粒子的速度与位置。一般在分子动力计算中，最常用的方法是 Verlet 所发展的数值解法。起初，Verlet 解法是将粒子的位置以泰勒式展开，即

$$r(t+\delta t)=r(t)+\frac{\mathrm{d}}{\mathrm{d}t}r(t)\delta t+\frac{1}{2!}\frac{\mathrm{d}^2}{\mathrm{d}t^2}r(t)(\delta t)^2+\cdots \tag{4.7}$$

将式(4.7)中的 δt 换成 $-\delta t$，得

$$r(t-\delta t)=r(t)-\frac{\mathrm{d}}{\mathrm{d}t}r(t)\delta t+\frac{1}{2!}\frac{\mathrm{d}^2}{\mathrm{d}t^2}r(t)(\delta t)^2+\cdots \tag{4.8}$$

将式(4.7)与式(4.8)相加得

$$r(t+\delta t)=-r(t-\delta t)+2r(t)+\frac{\mathrm{d}^2}{\mathrm{d}t^2}r(t)(\delta t)^2 \tag{4.9}$$

因为 $\frac{\mathrm{d}^2}{\mathrm{d}t^2}r(t)=a(t)$，故依据式(4.9)可由 t 及 $t-\delta t$ 的位置预测 $t+\delta t$ 时的位置。如果将式(4.7)与式(4.8)相减，可得速度公式：

$$v(t)=\frac{\mathrm{d}r}{\mathrm{d}t}=\frac{1}{2\delta t}\left[r(t+\delta t)-r(t-\delta t)\right] \tag{4.10}$$

式(4.10)表示时间 t 时的速度可由 $t+\delta t$ 及 $t-\delta t$ 的位置得到。Verlet 式的缺点在于式(4.10)中含有 $\frac{1}{\delta t}$ 项，由于实际计算中通常选取很小的 δt 值(δt 约为 10^{-15}s)，容易导致误差。为了矫正此缺点，Verlet 发展了另一种称为蛙跳法(Leap Frog Method)的计算方法。此计算方法的速度与位置的数学式为

$$\vec{v}_i(t+\frac{1}{2}\delta t)=\vec{v}_i(t-\frac{1}{2}\delta t)+\vec{a}(t)\delta t$$

$$\vec{r}_i(t+\delta t)=\vec{r}_i(t)+\vec{v}i(t+\frac{1}{2}\delta t)\delta t \tag{4.11}$$

计算时假设已知 $\vec{v}_i(t-\frac{1}{2}\delta t)$ 与 $\vec{r}_i(t)$，则由 t 时的位置 $\vec{r}_i(t)$ 计算质点所受的力与加速度 $\vec{a}(t)$。再依式(4.11)预测时间为 $t+\frac{1}{2}\delta t$ 时的速度 $\vec{v}_i(t+\frac{1}{2}\delta t)$，依次类推，时间 t 时的速度可由式(4.11)算出：

$$\vec{v}_i(t) = \frac{1}{2}\left[\vec{v}_i(t+\frac{1}{2}\delta t) + \vec{v}_i(t-\frac{1}{2}\delta t)\right] \tag{4.12}$$

利用蛙跳法计算仅需要储存 $\vec{v}_i(t-\frac{1}{2}\delta t)$ 及 $\vec{r}_i(t)$ 两种资料，可节省存储空间。这种算法不仅简便而且准确性及稳定性较高。

除 Verlet 蛙跳法外，另一种比较常用的 Beeman 方法，此方法的储存量大于 Verlet 蛙跳法。但优点在于可以引用较长的积分间隔 δt。

4.2.3　周期性边界条件与最近镜像

执行分子动力计算通常选取一定数目 N 的分子，将其置于一立方体的模拟盒子中。设定盒子的边长为 L，将其体积设为 $V=L^3$。若分子的质量为 m，则体系的密度为

$$d = \frac{Nm}{L^3} \tag{4.13}$$

模拟体系的密度应等于实验所测定的密度。为了使计算过程中体系的密度保持不变，通常采用周期性边界条件。以二维的计算系统为例，图 4.1 显示二维盒中系统粒子的排列及移动。图中位于中央的盒子表示所模拟的系统，其盒子周围与模拟体系系统具有相同的排列及运动，称为周期性镜像系统。当计算体系中的任意粒子跑出模拟盒子外，则必有一个粒子由相对的方向移入，如图中的 b 粒子。这样的系统限制可使模拟体系中的粒子数保持恒定，密度不变，符合实际的要求。

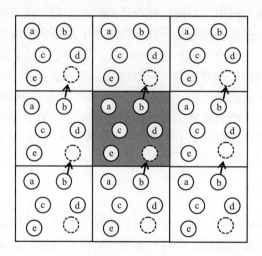

图 4.1　二维周期性系统的粒子排列与移动

计算系统中的分子间作用力时，采用最近镜像方法。如图 4.2 所示，计算粒子 a 与 b 的相互作用时，取粒子 a 与其最近的距离镜像分子 b。在所有的镜像系统中，分子 a，b 距离最近的为计算系统的粒子 a 与 4 盒子中的粒子 b，而非计算模拟系统中的粒子 a 与粒子 b。同样的，计算分子 b 与分子 a 的相互作用时是选取计算系统中分子 b 与 6 盒子中粒子 a。

在计算中利用最近镜像的概念，因此需要采用截断半径的方法计算非键结的远程作用力，否则会因为重复计算粒子之间的相互作用力而导致不正确的计算结果。在实际的分子动力学模拟过程中，如果分子间的距离大于截断半径，则将其作用视为零。截断半径最大不能超过模拟盒长的一半。

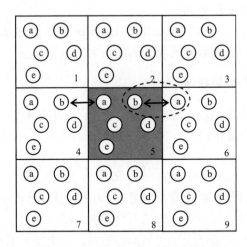

图 4.2　模拟体系中粒子的最近镜像

4.2.4　积分步程

在分子动力学模拟过程中，如何选择合适的积分步程，以节省计算时间而又不失去计算精准性至关重要。通常的原则是积分步程应小于系统中最快运动周期的 1/10。以水分子为例，水分子的内运动为键长和键角的变化，其分子间的运动为质心的移动和分子的转动。分子间的运动源于范德华力，一般较慢，而分子内的运动一般较快。由红外光谱测得的水分子内原子间的最大振动频率约为 $1.08 \times 10^{14} s^{-1}$，即最快的运动为每秒振动 $1.08 \times 10^{14} s^{-1}$。因此，分子动力计算的积分步程最大为 δt 约为 $T=1/v=0.92 \times 10^{-14} s$。因此，分子动力计算的最大积分步程最大 δt 约为 $T=1/v=0.9 \times 10^{-16} s$。分子动力计算中，积分步程越大则可研究的时间范围越长。

4.2.5　分子动力计算流程

执行分子动力计算的起点，将一定数目的分子置于立方体的盒子中，使其密度与实验密度相符，再选择计算的温度，即可开始着手计算。计算时必须知道模拟体系中各分子的初始位置及速度。通常可将分子随机置于盒子内，或是取其结晶形态的位置排列为初始位置。系统中所有原子运动的动能总和应满足式(4.14)的条件。

$$K.E = \sum_{i=1}^{N} \frac{1}{2} m_i (|\vec{v}_i|)^2 = \frac{3}{2} N k_B T \tag{4.14}$$

式中，$K.E$ 为系统的总动能；N 为总原子数；k_B 为玻尔兹曼常数；T 为热力学温度。原子运动的初速度可依此式产生。例如，可取一半的原子向右运动，而另一半的原子向左运动,而原子的总动能为 $\dfrac{3}{2}Nk_BT$ 。或是令原子的初速度呈高斯分布,而总动能为 $\dfrac{3}{2}Nk_BT$ 。产生原子的起始位置和初速度后，则可进行分子动力计算。

由初始位置与初始速度开始，计算的每一步产生新的速度与位置，由新产生的速度可计算系统的温度 T_{cal} 为

$$T_{cal} = \frac{\sum_{i=1}^{N} m_i(v_i^2,x + v_i^2,y + v_i^2,z)}{3Nk_B} \tag{4.15}$$

若系统的计算温度与所定的温度相比过高或过低，则需校正速度。一般允许的温度范围为

$$0.9 \leqslant \frac{T_{cal}}{T} \leqslant 1.1 \tag{4.16}$$

若计算的温度超过此范围，则将所有原子的速度乘以一校正因子，即

$$f = \sqrt{\frac{T}{T_{cal}}} \tag{4.17}$$

使得系统的温度重新调整为

$$\frac{\sum_{i=1}^{N} m_i(v_i^2,x + v_i^2,y + v_i^2,z) \times f^2}{3Nk_B} = \frac{T}{T_{cal}} \cdot T_{cal} = T \tag{4.18}$$

将计算的温度校正回到系统的设定温度。实行执行分子动力计算的过程，于计算开始时每隔数步即需校正速度；随后校正的时间间隔增长；每隔数百步或数千步才需要校正，直至原子的速度不需要再校正，而系统的总动能在 $\dfrac{3}{2}Nk_BT$ 上下呈现出约 10%的涨落，此时系统称为已达到热平衡状态。在到达热平衡状态前的轨迹与速度是不需要保存的，其物理意义不够严谨，当系统达到平衡后，才开始储存计算的轨迹与速度。通常的分子动力计算需要累积数百万步的运动轨迹以供分析，因而会导致储存的问题。以 1000 个原子的系统为例，储存每步轨迹与速度需要 10kB 的硬盘容量，储存 1000 步需要 100MB 的容量。因为分子动力计算中的积分步程很小，每一步的原子移动的幅度有限，故常每隔 10~20 步存取一次轨迹与速度以节省硬盘容量。图 4.3 为 Verlet 蛙跳法的分子动力计算流程图。这种计算方法为一般性分子动力计算，计算中系统的原子数 N、体积 V 与总能量 E 维持不变，相当于统计力学的微正则综综，记为 (N, V, E) 综综。

4.2.6　分子动力计算初始条件设定

分子动力模拟前必须选取适当的初始条件，如起始位置、速度、执行温度、积分步长等。若初始条件选择不当会浪费相当长的计算时间才能使模拟体系达到热平衡，或甚至不能达到热平衡。初始条件的选取越近似模拟系统的结构越佳。通常模拟时最好执行一些实验性的预算，以确定设定的系统没有太高的能量，否则会造成模拟的不稳定。又可利用能量最小化的方法，以最低能量的结构为模拟的起点，以避免高能作用的产生。

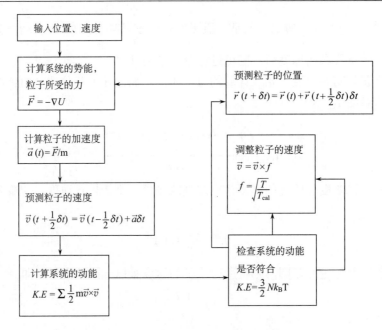

图 4.3　Verlet 蛙跳法的分子动力计算流程图

　　一般说来系统的初始条件都是不知道的，表面上看这是一个难题，实际上精确选择待求系统的初始条件是没有意义的，因为模拟时间足够长时，系统会忘掉初始条件。但是初始条件的合理选择将可以加快系统趋于平衡。常用的初始条件可以选择为：①令初始位置在差分划分网格的格子上，初始速度则从玻尔兹曼分布随机抽样而得到。②令初始位置随机地偏离差分划分网格的格子，初始速度为零。③令初始位置随机地偏离差分网格的格子，初始速度从玻尔兹曼分布随机抽样而得。

4.2.7　分子动力学模拟的系综

　　分子一般性动力计算适用于 (N, V, E) 系综，计算的系统总能量恒定，温度于其平衡值附近扰动。除 (N, V, E) 系综外，分子动力计算亦可处理其他类型的系综，如 (N, V, T)、(N, P, T) 等，系综的选取应视实际的体系需要而定。例如研究材质的相变化，多采用 (N, P, T) 系综，在定压条件下计算各温度时系统的能量和比热容，由此判断相变化的温度。而研究一般溶液的特性，如水合能，解离效应等则多采用正则系综。在实际处理问题时，应视需要，选择合适的方法。

　　1) (N, V, E) 系综

　　(N, V, E) 系综又称为微正则系综，又称它是孤立的、保守的统计系综。在这种系综中，系统沿着相空间中的恒定能量轨道演化。在分子动力学模拟的过程中，系统中的原子数 (N)、体积 (V)、和能量 (E) 维持恒定。

　　一般来说，对于给定能量的精确初始条件是无法知道的，为了把系统调节到给定的能量，先给出一个合理的初始条件，然后对能量进行增减，直至系统达到所要到达的状态为止。能量的调整一般是通过对速度进行特别的标度来实现的。这种标度可以使系统的速度发生很大的变化。为了消除可能带来的影响，必须给系统足够的时间以再次建立平衡。

2) $(N,\ V,\ T)$ 系综

$(N,\ V,\ T)$ 系综又称为正则系综，在此系综中，系统的原子数 (N)、体积 (V) 和温度 (T) 都保持不变，并且总动量为零。在恒温下，系统的总能量不是一个守恒量，系统要与外界发生能量交换。保持系统的温度不变，通常运用的方法是让系统与外界的热浴处于热平衡状态。由于温度与系统的动能有直接的关系，通常的做法是把系统的动能固定在一个给定值上。

3) $(N,\ P,\ T)$ 系综

$(N,\ P,\ T)$ 系综又称为等温等压系综，就是系统的原子数 (N)、压力 (P) 和温度 (T) 都保持不变。这种系综是最常用的系综，许多分子动力学模拟都要在这个系综下进行。这时，不仅要保证系统的温度恒定，还要保持它的压力恒定。温度的恒定是通过调节系统的速度或加一约束力来实现的。常用的定温计算法为 Anderson 和 Nose-Hoover 定温法 (Nosé，1984；Hoover，1985)。后者的计算方法较前者稳定，可用以调整未平衡体系的温度。而后者的定温计算方法则较适用于已达热平衡的体系。对压力进行调节，就比较复杂，由于系统的压力 P 与其体积 V 是共扼量，要调节压力值可以通过改变系统的体积来实现，目前有许多调压的方法是采用这个原理，如 Berendsenk 控压器 (Berendsen *et al.*，1984)。

4) $(N,\ P,\ H)$ 系综

$(N,\ P,\ H)$ 系综又称为等压等熵系统，就是保持系统的原子数 (N)、压力 (P) 和熵值 (H) 都不变。由于系统的熵值 H 是通过下式得到的：$H=E+PV$，故在该系统下进行模拟时要保持压力与熵值为固定值，其调节技术的实现也有一定的难度。事实上，这种系综在实际应用中已很少使用了。

4.3　力　　场

力场可以看作势能面的经验表达式，是分子动力学模拟和蒙特卡罗等模拟方法的基础。针对不同的模拟体系及模拟目的，力场分为许多不同的形式，具有不同的适用范围和局限性，计算结果的准确性与选用的力场及设定的立场参数密切相关。力场是计算模拟体系能量的势能函数。分子的总能量为动能与势能的总和，分子的势能通常可表示为简单的几何坐标函数。模拟体系的总势能一般可分为各类型势能的总和，这些类型包括：

总势能=非键结势能 (E_{nb})+键伸缩势能 (E_b)+键角弯曲势能 (E_θ)+二面角扭曲势能 (E_φ)+离平面振动势能 (E_χ)+库仑静电势能 (E_{el})。

势能习惯上以符号表示为：

$$E = E_{nb}+E_b+E_\theta+E_\varphi+E_\chi+E_{el} \tag{4.19}$$

非键结势能最常用的函数形式为 Lennard-Jones (LJ) 势能，该势能又称为 12-6 势能，其数学表达式为

$$E_{\mathrm{nb}} = 4\varepsilon\left[\left(\frac{\sigma}{\gamma}\right)^{12} - \left(\frac{\sigma}{\gamma}\right)^{6}\right] \tag{4.20}$$

式中，γ 为原子对间的距离；ε 和 σ 为势能参数，因原子种类而异。σ 的大小反映原子间的平衡距离，而 ε 的大小反映势能曲线的深度。两种不同原子间的 LJ 作用常数通常以下式估计。

$$\sigma_{AB} = \frac{1}{2}(\sigma_A + \sigma_B)$$

$$\varepsilon_{AB} = \sqrt{\varepsilon_A \times \varepsilon_B} \tag{4.21}$$

式中，A、B 分别为两种不同的原子。

键的伸缩势能函数一般是简谐振动 [图 4.4(a)]，如下式：

$$E_{\mathrm{b}} = \frac{1}{2}\sum_{ij} k_{ij}(r_{ij} - r_0)^2 \tag{4.22}$$

式中，k_{ij} 为键伸缩的弹力常数：r_{ij} 和 r_0 分别为第 i 个键的键长和其平衡键长。

键角弯曲项的势能函数为键角的简谐振动 [图 4.4(b)]：

$$E_{\theta} = \frac{1}{2}\sum_{ij} k_{ijk}(\theta_{ijk} - \theta_0)^2 \tag{4.23}$$

式中，k_{ijk} 为键角弯曲的弹力常数；θ_{ijk} 和 θ_0 分别为第 i 个键角及其平衡键角的角度。

二面角扭曲 [图 4.4(c)] 势能的函数形式一般为

$$E_{\varphi} = \frac{1}{2}\sum_{ijkl}\left\{ V_1(1 + \cos\varphi_{ijkl}) + V_2\left[1 + \cos\left(2\varphi_{ijkl}\right)\right] + V_3\left[1 + \cos\left(3\varphi_{ijkl}\right)\right]\right\} \tag{4.24}$$

式中，V_1、V_2 及 V_3 为二面角扭曲项的弹力常数；φ 为二面角的角度。

离平面振动 [图 4.4(d)] 项的一般形式为

$$E_{\chi} = \frac{1}{2}\sum_i k_{\chi}\chi^2 \tag{4.25}$$

式中，k_{χ} 为离平面振动项的弹力常数；χ 为离平面振动的角度。

库仑势能作用项的一般形式为

$$E_{\mathrm{el}} = \sum_{i,j}\frac{q_i q_j}{D r_{ij}} \tag{4.26}$$

式中，q_i 和 q_j 分别为分子中的第 i 个离子与第 j 个离子所带的电荷；r_{ij} 为两个离子间的距离。D 为有效介电常数。

以上势能函数是力场中较常用的函数形式，有的力场为了提高计算精度，在键的伸缩势能项和键角弯曲项，除了二次简谐振动项外还包括三次与四次的非简谐振动项。较常用的力场有 MM 形态力场、AMBER 力场、CHARMM 力场、CVFF 力场及 PCFF 力场。这些力场都是针对特定的模拟对象，如聚合物高分子及蛋白质分子所发展起来的，各有其优缺点及适用范围。随着分子动力学模拟计算的发展，为了使力场能够广泛适用于整个周期表所涵盖的元素，发展了从原子角度为出发点的力场，如 EFF 力场和 Dreding 力场(Teppen *et al.*, 1997)。在执行分子动力学模拟计算时, 选择合适的力场极为重要, 往往决定计算成果的优劣。

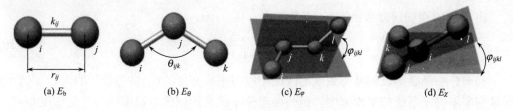

(a) E_b　　　　(b) E_θ　　　　(c) E_φ　　　　(d) E_χ

图 4.4　分子内键结势能示意图

4.4　分子动力计算的应用

4.4.1　运动轨迹分析

分子动力计算可得到系统内所有原子(或基团)在每一步的坐标及速度。这些随着时间变异的原子坐标反映出系统中原子运动的途径。这些原子运动的途径, 称为运动轨迹(trajectory)。分子动力计算中原子的运动速度反映出原子运动的快慢与方向, 通常计算中每 10 步或 20 步存取系统中所有原子的坐标及速度以作为分析之用, 称为存取轨迹。利用所存取的轨迹可以计算相关的物理量而得到许多有用的热力学、统计学及动态的信息。最直接显示计算结果的方法是将所有计算的结果以图形的形式显现。另一种常用的轨迹表示法为将特定的原子或特定的内坐标的运动轨迹与时间的关系以图形表示, 用以研究特殊形态的运动。除了以统计的方式将计算结果显现外, 亦可将轨迹以动态图形的方式显现。

4.4.2　径向分布函数

径向分布函数(Radial Distribution Function, RDF)的物理意义可由图 4.5 显示, 图中黑球为流体系统中的一个分子, 称其为参考粒子, 与其中心的距离由 $r \to r + \mathrm{d}r$ 间的分子数目为 $\mathrm{d}N$。

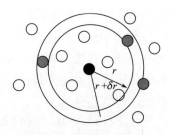

图 4.5　径向分布示意图

定义径向分布函数 $g(r)$ 为

$$\rho g(r) 4\pi r^2 = \mathrm{d}N \tag{4.27}$$

式中，ρ 为系统的密度。若系统中的分子数目为 N，则由以上的关系可得

$$\int_0^\infty \rho g(r)4\pi r^2 = \int_0^N \mathrm{d}N = N \tag{4.28}$$

由式(4.9)得径向分布函数与 $\mathrm{d}N$ 的关系，即

$$g(r) = \frac{\mathrm{d}N}{\rho 4\pi r^2 \mathrm{d}r} \tag{4.29}$$

径向分布函数可以解释为系统的区域密度与平均密度的比。参考分子的附近(r值小)区域密度不同于系统的平均密度，但与参考分子距离远时区域密度应与平均密度相同，即当 r 值大时径向分布函数的值应接近 1。分子动力计算径向分布函数的方法为

$$g(r) = \frac{1}{\rho g(r)4\pi r^2 \delta r} \frac{\sum\limits_{t=1}^{T}\sum\limits_{j=1}^{N}\Delta N(r \to r+\delta r)}{N \times T} \tag{4.30}$$

式中，N 为分子的总数目；T 为计算的总时间(步数)；δr 为设定的距离差；ΔN 为介于 $r \to r+\mathrm{d}r$ 间的分子数目。

径向分布函数的应用范围很广，除了上述关于液体的结构外，还可以用于计算系统的平均势能及压力，如

$$\frac{U}{N} = \frac{1}{2}\rho\int_0^\infty u(r)\cdot g(r)4\pi r^2 \mathrm{d}r \tag{4.31}$$

$$P = \rho T - \frac{1}{3}\frac{1}{2}\rho^2\int_0^\infty \frac{\mathrm{d}u(r)}{\mathrm{d}r}\cdot r\cdot g(r)4\pi r^2 \mathrm{d}r \tag{4.32}$$

式中，势能为成对加成形式 $U = \sum\limits_{i<j} u(r_{ij})$；$P$ 为压力；ρ 为系统的密度。

4.4.3 均方位移

分子动力计算系统中的原子由起始位置不停地移动，每一瞬间各原子的位置皆不相同。以 $\vec{r}(t)$ 表示时间 t 时粒子 i 的位置。粒子位移平方的平均值称为均方位移(Mean Square Displacement，MSD)，即

$$\mathrm{MSD} = R(t) = \langle |\vec{r}(t) - \vec{r}(0)|^2 \rangle \tag{4.33}$$

式中，$\langle\ \rangle$ 表示平均值。依据统计原理，只要分子数目够多，计算时间够长，系统的任一瞬间均可作为时间的零点，所计算的平均值应该相同。因此，由储存的轨迹计算均方位移应将各轨迹点视为零点。设分子动力计算共收集了 n 步轨迹，各步的位置向量分别为 $\vec{r}(1)$，$\vec{r}(2)$，$\cdots$，$\vec{r}(n)$，通常将此轨迹分为相等数目的两部分，计算均方位移时，每次计算 $R(t)$ 皆取 $n/2$ 组数据的平均。将轨迹分为

$$\vec{r}(1)，\vec{r}(2)，\cdots，\vec{r}(n) \text{ 及 } \vec{r}(n/2+1)，\vec{r}(n/2+2)，\cdots，\vec{r}(n)$$

设步数的时间间隔为 δt，因为任一瞬间均可视为零点，故均方位移为

$$R(\delta t) = \frac{|\vec{r}(2)-\vec{r}(1)|^2 + |\vec{r}(3)-\vec{r}(2)|^2 + \cdots + |\vec{r}(n/2+1)-\vec{r}(n/2)|^2}{n/2}$$

$$R(2\delta t) = \frac{\left|\vec{r}(3) - \vec{r}(1)\right|^2 + \left|\vec{r}(4) - \vec{r}(2)\right|^2 + \cdots + \left|\vec{r}(n/2+2) - \vec{r}(n/2)\right|^2}{n/2}$$

$$R(m\delta t) = \frac{\left|\vec{r}(m+1) - \vec{r}(1)\right|^2 + \left|\vec{r}(m+2) - \vec{r}(2)\right|^2 + \cdots + \left|\vec{r}(m+n/2) - \vec{r}(n/2)\right|^2}{n/2}$$

$$R(n\delta t/2) = \frac{\left|\vec{r}(n/2+1) - \vec{r}(1)\right|^2 + \left|\vec{r}(n/2+2) - \vec{r}(2)\right|^2 + \cdots + \left|\vec{r}(n) - \vec{r}(n/2)\right|^2}{n/2} \tag{4.34}$$

式(4.34)为计算某一粒子的均方位移，如计算系统中所有粒子的均方位移则需要对粒子数平均。

4.4.4　相关函数

设 A、B 分别为系统的两个不同的物理量(如速度、位置、角度……)，设 A 或 B 的自身相关函数(Auto Correlation Function)的表示式为

$$C_A(t) = \langle A(t) \cdot A(0) \rangle = \langle A(T+t) \cdot A(T) \rangle$$
$$C_B(t) = \langle B(t) \cdot B(0) \rangle = \langle B(T+t) \cdot B(T) \rangle \tag{4.35}$$

相关函数的物理意义为一个物理量随时间改变后与其起始时间的相关性。因为物理量的平均值不随选择时间的起点而改变，故式(4.35)中，T 为任意的起始时间。A 与 B 的交互相关函数(Cross Correlation Function)的表示式为

$$C_{AB}(t) = \langle A(t) \cdot B(0) \rangle = \langle A(T+t) \cdot B(T) \rangle \tag{4.36}$$

相关函数表示物理量和物理量间与时间的相关性，通常定义归一化的自身相关函数为

$$\bar{C}_A(t) = \frac{C_A(t)}{C_A(0)} = \frac{\langle A(t) \cdot A(0) \rangle}{\langle A(0) \cdot A(0) \rangle} \tag{4.37}$$

由分子动力模拟所储存的轨迹计算相关函数的方法与计算均方位移一样，应将轨迹的各点均视为时间的起点。设分子动力计算系统含有 N 个分子，共收集了 n 步轨迹，则

$$C_A(t) = \frac{\sum_{i=1}^{N} \left[A(t+1) \cdot A(1) + A(t+2) \cdot A(2) + \cdots + A(t+n/2) \cdot A(n/2) \right]}{N \times (n/2)} \tag{4.38}$$

由以上可知，相关函数可由存储估计直接计算。设积分步程为 δt，则 $t=\tau\delta t$ 的相关函数计算表示为

$$C_A(\tau) = \langle A(\tau) \cdot A(0) \rangle = \frac{1}{\tau_{\max}} \sum_{\tau_0=1}^{\tau_{\max}} A(\tau_0) \cdot A(\tau_0 + \tau) \tag{4.39}$$

式中，$\tau_{\max}$ 为所取的平均总数。以上为直接计算相关函数的方法。

相关函数为统计力学中最重要的一种函数，可借由不同形式的相关函数计算各种与时间相关的物理量的平均值。

速度的自身相关函数可用于计算粒子的扩散系数，其关系式为

$$D = \frac{1}{3} \int_0^\infty \langle \vec{v}(t) \cdot \vec{v}(0) \rangle \mathrm{d}t \tag{4.40}$$

速度相关函数除了可用于计算扩散系数外,还有一些重要应用。流体系统中的原子不停地运动,与原子运动相关的运动模式各有其运动的频率。以水分子中的氢原子为例,与其相关的运动包括水分子的移动、转动与各种内振动。分子的移动与转动的频率较小,而分子内的振动频率较大,通常属于红外光的侦测范围($400 \sim 4000 \mathrm{cm}^{-1}$)。与原子有关运动的模式的频率可经由速度相关函数的傅里叶转换计算,即

$$I(\omega) = Re \left[\frac{1}{2\pi} \int_0^\infty \langle \vec{v}(t) \cdot \vec{v}(0) \rangle \mathrm{e}^{i\omega t} \mathrm{d}t \right] \tag{4.41}$$

式中,ω 为频率;Re 表示取括号中的实数部分;$I(\omega)$ 称为该频率的图谱密度。根据计算的轨迹将式(4.22)转换为

$$I(\omega) \propto \lim_{N_T \to \infty} \sum_{n-0}^{N_T} C_V(n\Delta t) \cos(\omega \cdot n\Delta t) \Delta t \tag{4.42}$$

式中,N_T 为计算的总步数,将各频率的图谱密度绘出所得的图谱称为功率谱。由功率谱可检视各种运动的功率。由计算的功率谱可分析系统中各种特殊形态的运动及其运动的频率,对了解分子间的作用很有帮助。

分子偶极的相关函数可用以计算红外光谱,光谱的线状函数为

$$I(\omega) = \frac{1}{2\pi} \int_{-\infty}^\infty \mathrm{d}t \mathrm{e}^{-i\omega t} \langle \vec{M}(t) \cdot \vec{M}(0) \rangle \tag{4.43}$$

式中,$\vec{M}$ 为分子的偶极矩,红外线谱所侦测到的分子内振动的频率与由功率谱所得到的振动频率应相同。故比对计算的功率谱与实验的红外光谱可用以检测分子动力计算的准确性。

除了红外光吸收光谱的计算外,利用相关函数亦可计算散射光谱和拉曼光谱。相关函数的应用很广,许多系统动态的特性可由选择适当的相关函数计算。

4.5　高岭石插层复合物分子动力学模拟现状

常规的实验测试如:红外光谱、核磁共振、中子衍射、和 X 射线衍射等方法很难在原子水平或分子水平有效研究黏土矿物与插层客体有机物或水分子等之间的界面结构特征和相互作用。分子模拟技术可以给出上述实验方法难以得到的信息。随着分子模拟技术在蒙脱石研究中的应用,诸多学者开始将其扩展到其他黏土矿物的研究。考虑到最初的分子模拟方法所应用的力场只包含静电势能和范德华势能,或者是把黏土矿物的各原子都固定住,将其视为刚性分子。但此方法有一定的局限性,首先,黏土矿物表面原子的运动会影响到与其距离最近水分子的结构及溶剂分子或离子的特性。再者,吸附动力学的动态模拟是很有必要的,因为界面的活化能主要取决于吸附体的表面声子。而且,如果将模拟体系视为刚性分子的话,那么由中子衍射所测得原子间的平均距离不能被实际模拟。考虑到上述问题。Teppen 等(1997)开发了适合于模拟黏土矿物的力场。该力场

在 CFF91 力场的基础上,融合了黏土矿物分子内的键结势能参数包括键的伸缩势能参数、键角弯曲势能参数和二面角扭曲势能参数。通过比较从头算量子化学模拟的静电势和由 X 射线衍射测得电子密度变形推导出黏土矿物原子的局部电荷。应用该力场对石英、三水铝石、高岭石和叶腊石进行(N,P,T) 系综分子动力学模拟,模拟的晶胞参数值与实验值相对比,误差均小于 1%。而且,该力场被用于模拟季铵盐插层蒙脱石复合体系,模拟的复合物层间距值与实验值基本吻合,证明了该力场对黏土矿物及黏土矿物+有机物复合体系模拟的适用性。Smirnov 和 Bougeard(1999)应用分子动力学模拟的方法分别研究了层间距为 0.85nm 和 1nm 高岭石层间水分子的结构特征和动态信息。研究结果表明:水分子在高岭石层间呈现两种结构模式,一种是水分子吸附在硅氧层表面,其分子内的 HH 矢量平行于高岭石(001)晶面,其偶极矩矢量与垂直于高岭石表面方向的夹角为 30°。另外一种是水分子的 HH 矢量与偶极矩矢量分别垂直于高岭石(001)晶面和高岭石(001)晶面的法线。随着高岭石层间距和层间水分子量的增加导致高岭石层间形成一个水分子层。该层水分子的氧原子与铝氧层上羟基中的氢原子形成氢键,并与吸附在高岭石表层的分子形成较强的键合作用。此外,研究还发现与液态水相比,束缚在高岭石层间的水分子的扩散系数明显降低。高岭石+水体系的分子动力学模拟逐渐引起人们的关注,水分在高岭石层间的微观结构信息至关重要,因为水对高岭石插层客体起到溶剂的作用。在原子水平理解影响高岭石表面水分子的取向、移动和转动因素对用于造纸涂料色素分散体的制备具有重要的启示作用。Warne 等(2000)模拟了水分子在高岭石和无定形二氧化硅表面的行为,与之前的模拟不同,黏土矿物和二氧化硅的原子没有被固定在其结晶位置,所有原子在模拟过程中都可以自由移动。两个模拟结果都显示了水分子扩散系数的明显降低和转动相关时间的明显增长。本节还考虑了水分子离子强度增强的影响,对比了模拟计算的扩散系数与转动相关时间和核磁共振的实验结果。

随着高岭土在工业领域的不断推广,制备纳米级高岭土和对其有机改性成为增加其附加值的必要工序。此外,高岭土具有较大的比表面积和较高的表面活性,与其他黏土矿物相比,高岭石具有两个不同的潜在吸附表面,对有机物与水有不同的亲和力,使其在环境治理领域成为廉价、绿色天然的吸附剂。应用分子动力学模拟在分子水平探索有机物分子在高岭石表面的行为,及他们之间的相互作用逐渐引起科学家的兴趣。Teppen 等(1998)最早应用该研究小组开发的适合于黏土矿物的力场模拟了水化高岭石对三氯乙烯的吸附,揭示了在自然界中,随着高岭石层间水含量的增加,三氯乙烯在高岭石层间至少有三种存在形式。当水含量较少时,三氯乙烯分子与高岭石层间的硅氧层面和铝氧层面几乎呈"全原子接触"关系,三氯乙烯的分子平面平行于高岭石(0 0 1)晶面。当水含量增加时,三氯乙烯与高岭石内层面的全接触关系被破坏。此时,三氯乙烯与高岭石内表面呈"单原子接触关系",即仅有三氯乙烯的氯原子与高岭石内表面的原子之间形成氢键结合,其他原子与层间水分子形成氢键键合。随着层间水含量的进一步增加,层间水完全破坏三氯乙烯与高岭石内表面的氢键键合,起到类似溶剂的作用,将高岭石层间的三氯乙烯完全溶解。有机物在液相环境下被高岭石表面的吸附行为被 van Duin 和 Larter(2001)模拟,该模拟计算了单一苯并咔唑分子在水化高岭石表面的吸附热,结果表明苯并咔唑同分异构体更倾向于吸附在水化高岭石表面而不是在液相条件下被解离于高岭石表面。苯并咔唑同分异构体之间的吸附行为并没有明显差异。此外，该研究组还模拟了高岭石+水+环己烷复合体系。研究表明，在无极性液相有机分子存在的情况下，高岭石更具亲水性，高岭石的硅氧面对水分子的亲和性要高于铝氧层。Vasconcelos 等（2007）应用 ClayFF 力场分别模拟了高岭石表面在液相环境下对 Cs^+、Na^+、Cd^{2+} 和 Pb^{2+} 的吸附。研究表明，溶液中的阳离子倾向于吸附在硅氧层表面，而阴离子倾向于吸附在铝氧层表面。Cl^- 在铝氧层表面的铝原子缺位处牢固的内配位吸附在铝氧层表面，部分 Cs^+ 和 Na^+ 在 Cl^- 的驱使下也与铝氧层形成内配位吸附，但 Cs^+ 更倾向于在硅氧层的复三方孔中与硅氧层形成较强的内配位复合体。少量的 Na^+ 可随机内配位吸附在硅氧层表面。二价的 Cd^{2+} 和 Pb^{2+} 与两个内表面基本都不形成内配位复合体，但二者可在硅氧层的复三方孔上方，与之形成较强的外配位吸附。通过计算各离子的溶剂化能与内配位吸附能，离子在高岭石表面的配位数，以及径向分布函数分析也证实了上述结论。Yang 和 Zaoui（2013）采用 ClayFF 力场模拟了高岭石对铀酰的吸附。模拟了四种不同类型的内配位吸附复合体系和一种外配位吸附复合体系。研究表明在高岭石表面形成内配位吸附的铀酰几何结构主要取决于赋予铝氧层上氧原子的电荷和带有电荷氧原子之间的距离。

插层剥片是制备纳米级高岭土的有效途径，理解高岭石与插层剂间的界面结构特征和相互作用可为寻找及合成高效插层剂提供理论指导。Fang 等（2005）应用分子动力学模拟研究了二甲基亚砜插层高岭石的行为，描述了插层二甲基亚砜分子数量与插层复合物层间距的关系及二甲基亚砜分子的结构特征。随着二甲基亚砜分子数量的增加，插层复合物的层间距经历了三种状态：①层间距缓慢增大，二甲基亚砜分子在高岭石层间呈单层分布；②层间距小量增加，二甲基亚砜分子在高岭石层间由单分子层向双分子层过渡；③层间距大幅度增加，此时二甲基亚砜分子在高岭石层间呈双层分布。通过对模拟体系能量的计算，表明二甲基亚砜分子在高岭石层间呈单层分布时体系总能量几乎直线下降，当从单层向双层过渡时，总位能有突然增加的过程。说明二甲基亚砜分子在高岭石层间的稳定构型为单分子层，如果要形成双分子层需要有额外的驱动力去克服能垒。二甲基亚砜分子的一个 S—C 键平行于高岭石表面，另一个 S—C 键垂直于高岭石表面，导致一个甲基指向高岭石硅氧表面的四面体洞穴。Kristóf 等在（N, P, T）系综下分别对二甲基亚砜、甲酰胺、甲醇、尿素及醋酸钾插层高岭石复合体系进行了蒙特卡罗分子模拟。由模拟计算的高岭石插层复合物层间距与实验值相符，采用与 Fang 等（2005）类似的方法描述了插层剂在高岭石层间的结构特征。Liu 等（2014）应用改进的 Dreiding 力场对尿素插层高岭石复合体系进行了分子动力学模拟，研究了尿素分子在高岭石层间的结构特征，模拟发现尿素分子在高岭石层间存在三种分布模式。第一种是尿素分子的偶极矩平行于高岭石（001）晶面；第二种是尿素分子的偶极矩指向硅氧层，其矢量与高岭石（001）晶面的夹角变化于 20°～40°；第三种是尿素分子偶极矩垂直于高岭石（001）晶面。三种分布模式的尿素分子与高岭石内表面硅氧层和铝氧层形成的氢键作用依次增强，导致其热脱嵌温度依次增高。模拟结果为尿素插层高岭石复合物的热分解过程中存在三个明显的分解阶段，对应于三种分布模式的尿素分子的依次脱嵌奠定了理论基础。该研究小组用相同的方法模拟了由间接插层法制备的十二胺插层高岭石复合物，分析了十二胺分子在高岭石层间域的分层行为（Zhang et al.，2014）。研究发现十二胺分子在高岭石层间并非以理想的似晶体状的单层、双层、假三层或石蜡型反式构型分布。而是在靠近于铝氧层和硅氧层表面呈双层分布，在层间域中间部位以邻位交叉式和反式混合的构型模式分布。

4.6　高岭石分子动力学模拟体系构建

4.6.1　模型构建、力场及模拟细节

本书所涉及的高岭石插层复合物结构模拟都是用 Material Studio 模拟软件的 Forcite 分子动力学模拟模块完成。首先要建立高岭石模型，根据 Bish(1993)利用中子衍射数据改进的高岭石的晶胞参数构建高岭石单晶胞，该晶胞的化学成分为 $Al_4Si_4O_{10}(OH)_8$，具有 P1 对称性，其晶胞参数为 $a = 0.515nm$，$b = 0.893nm$，$c = 0.738nm$，$\alpha = 91.93°$，$\beta = 105.04°$，$\gamma = 89.79°$。为了构建高岭石-插层剂复合体系模型，首先构建高岭石 4×4 超晶胞，即超晶胞在 x 和 y 轴方向均为四个单晶胞，该超晶胞在 x 和 y 轴方向的尺寸分别为 2.060nm 和 3.574nm。下一步构建含有插层剂的无定型模拟盒子，该盒子在 x 和 y 轴方向的尺寸与构建的高岭石超晶胞完全一致，如此一来可以实现高岭石超晶胞与插层剂无定型盒子在 z 轴方向的堆叠，从而完成高岭石-插层剂复合体系的构建。在本书的模拟实例中，高岭石与插层剂之间的化学计量比都是由所模拟的复合体系的热重实验数据给出。该数据已详细介绍于高岭石插层复合物的制备与表征部分，在此不再赘述。所有高岭石插层复合物的分子动力学模拟都采用有 Heinz 开发的 PCFF INTERFACE 力场(Heinz *et al.*，2012)，该力场适合于黏土矿物与有机相复合体系的模拟，而且模拟的结果与实验值较吻合。

在分子动力学模拟之前，首先将构建好的高岭石-插层剂复合体系进行几何优化。为了计算复合体系的层间距，首先将复合体系在(N, P, T)系综下进行 300ps 的分子动力学模拟运算，其中前 100ps 用以确保复合体系达到能量平衡，而后 200ps 用以数据收集计算复合体系的层间距。为了得到复合体系的结构及动态信息，还需要将(N, P, T)系综下获得的最后一帧轨迹文件在(N, V, T)系综下进行 300ps 的模拟运算。在所有的模拟运算过程中，都采用 Verlet 发展的数值解法，积分步长为 1fs，轨迹结构每 20fs 输出一帧。长程静电作用采用 Ewald 算法，范德华相互作用采用 Lennard-Jones 势能函数计算。复合体系在三维方向均采用周期性边界条件。

4.6.2　模拟分析

1. 层间距

应用在(N, P, T)系综下收集的体系平衡后的 200ps 数据计算高岭石-插层剂复合体系的层间距，其计算公式为

$$d = V / S - T_k \tag{4.44}$$

式中，V、S、T_k 分别为模拟体系的平均体积、模拟体系的(001)晶面面积和一个高岭石硅氧四面体层与铝氧八面体层的总厚度。

2. 原子密度分析

高岭石层间插层剂各原子沿着 z 轴方向即垂直于高岭石(001)晶面方向的空间分布称为原子密度分布。原子密度可用于分析插层剂在高岭石层间的结构特征。插层剂各原子组分的密度分布基于复合体系 300ps 的 $(N,\ V,\ T)$ 系综下的模拟数据，其计算公式为

$$\rho(z) = \left[N(z - \Delta z / 2, z + \Delta z / 2) \right] / (\Delta z \times S) \qquad (4.45)$$

式中，$N(z - \Delta z / 2, z + \Delta z / 2)$ 代表在 $(z - \Delta z / 2, z + \Delta z / 2)$ 区间内出现的原子的平均数量。

3. 径向分布函数

高岭石-插层剂复合体系不同原子之间的径向分布函数，可以理解为在给定的距离范围内，原子 B 在原子 A 周围的平均密度。径向分布函数曲线的峰值代表在距离原子 A 一定距离，原子 B 所出现的频率最高。高出现频率可以用来推断原子 A 与原子 B 之间的相互作用和键合作用。径向分布函数的计算公式为

$$G_{AB}(r) = \frac{1}{4\pi \rho_B r^2} \frac{\mathrm{d}n_{AB}}{\mathrm{d}r} \qquad (4.46)$$

式中，ρ_B 为原子 B 的数目密度；$\mathrm{d}n_{AB}$ 为在距离原子 A 的 r 到 $r+\mathrm{d}r$ 范围内原子 B 的平均数目。

4. 均方位移

插层剂在高岭石层间的动态信息可由插层剂及其各组分的均方位移(MSD)来表征。在分子动力计算系统中插层剂在高岭石层间由起始位置不停地移动，每一瞬间各原子的位置皆不相同。粒子位移平方的平均值称为均方位移，其计算公式为

$$\mathrm{MSD} = \frac{1}{N} \frac{1}{N_{t0}} \sum_{i=1}^{N} \sum_{N_{t0}} \left[X_i(t + t_0) - X_i(t_0) \right]^2 \qquad (4.47)$$

式中，N 为分析对象的原子数目；X_i 为分子 i 的坐标。

均方位移对时间的斜率是扩散系数，可由爱因斯坦方程得出：

$$\mathrm{MSD} = 2dDt \qquad (4.48)$$

式中，d 为计算对象的空间维数；t 对应于记录的均方位移的模拟时间。

4.7　高岭石-醋酸钾与水插层复合物结构模拟及分析

4.7.1　模型构建及模拟过程

首先根据 Bish 利用中子衍射数据改进的高岭石的晶胞参数构建高岭石单晶胞，然后构建高岭石 4×4 超晶胞，即超晶胞在 x 和 y 轴方向均为四个单晶胞，该超晶胞在 x 和 y 轴方向的尺寸分别为 2.060nm 和 3.574nm。然后采用 Amorphous Cell 工具构建醋酸钾和水混合体系的无定型模拟盒子。由于在高岭石-醋酸钾插层复合物的热重曲线中，插层剂的脱嵌过程没有明显的中断。根据插层剂脱嵌所引起的质量损失很难判断出醋酸钾与层

间水的质量损失比,因此很难计算出醋酸钾与水的化学计量比(Wada, 1961;Ható *et al.*, 2014)。本节所构建的高岭石-醋酸钾与水混合体系模型参考于 Kristóf 等(1993)的研究,将醋酸钾与水的化学计量比设为 12∶131。最后将构建好的高岭石超晶胞与醋酸钾-水混合体系的无定型模拟盒子沿着 z 轴方向堆叠在一起形成高岭石-醋酸钾与水的复合体系模型。

在复合体系的分子动力学模拟运算之前,首先将复合体系进行几何优化,使其能量达到局部最小值。然后对优化好的模型在(N, P, T)系综下进行 300ps 的分子动力学模拟运算,在此过程中前 100ps 时期内,体系的能量逐渐趋于平稳,后 200ps 的运算用于数据收集及后期数据分析。为了得到复合体系的结构及动态信息,将(N, P, T)系综下获得的最后一帧轨迹文件在(N, V, T)系综下再进行 300ps 模拟运算。在模拟运算过程中,复合体系在三维方向均采用周期性边界条件。算法采用 Verlet 发展的数值解法,积分步长设为 1fs,轨迹结构每 20fs 输出一帧。长程静电作用采用 Ewald 算法,范德华相互作用采用 Lennard-Jones 势能函数计算,其截断半径设为 1nm。在模拟过程中体系的温度和压力分别采用 Nose 控温法和 Berendsen 控压器使体系的温度和压力始终保持在室温(298K)和常压(0.1MPa)条件。

4.7.2　醋酸根离子结构与插层特性

醋酸根离子结构示意图如图 4.6 所示,其结构式为 CH_3COO^-,离子中的氧和碳氧双键形成共轭双键,具有较强的电负性,大大高于硅氧键上氧的电负性,因此进入高岭石层间后,有足够的能量打断高岭石层间氢键与高岭石铝羟基面上的羟基形成较强的氢键。从醋酸根的结构上看,羧基上的两个氧是同等的,可同时和高岭石羟基形成氢键。

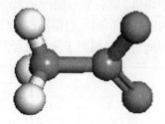

图 4.6　醋酸根离子结构示意图

4.7.3　模拟结果与结构分析

将收集的 200ps 的 NPT 模拟运算轨迹文件,根据式(4.44)计算的高岭石-醋酸钾与水插层复合体系的层间距为 1.47nm,与实验值 1.42nm 基本一致。

先前报道的高岭石-醋酸钾插层复合物的结构只是根据常规实验手段 X 射线衍射和红外光谱再结合醋酸钾几何结构间接推导得出。早在 1961 年,Wada 就讨论了高岭石-醋酸钾插层复合物可能的分子结构模型。结果显示 K^+ 占据了高岭石表面硅氧四面体的复三方孔,在醋酸根离子和高岭石内表面羟基之间存在一层水分子。然而,Kristóf 等(1993)的结论并非如此,他们认为 K^+ 被水化后与醋酸根离子分离。这个观点与 Wada 提出的结构模型形成了鲜明的对比,但是他们都认为水在插层复合物过程中起到了重要作用。Ruiz 和

Duro(1999)认为存在于高岭石与水之间的氢键(由 Wada 提出),可能会在插层复合物部分脱水后仍然存在。与此相反,Smith 等(1966)认为醋酸根离子的羰基氧的孤对电子比高岭石硅氧烷基团的孤对电子多,且可用于形成氢键。因此,随着高岭石-醋酸钾-水系统中水分的降低,醋酸根离子的羰基氧与高岭石的羟基基团相互作用,形成比原来已经存在于 Si—O 基团与 Al—O 基团之间更强的氢键,随后插层就开始了。更重要的是,钾离子占据了高岭石表面的复三方孔的结构会加剧插入钾离子和内羟基基团氧之间的静电作用,这也证明了 3620cm^{-1} 处的羟基伸缩振动峰未发生变化的合理性。Makó 等(2010)研究了高岭石-醋酸钾插层复合物可能具有的结构类型。提出了 1.40nm 的间距由双层醋酸钾(不含水)组成。此外,这个阶段应当是无水的,这与先前关于这方面报道的结论相反。White 等(2010)指出由于缺水所以 Makó 等的结构配置是不符合实际的,并且这种结构配置与热分析结果不符。因此,分析得出,高岭石-醋酸钾插层复合物是由于醋酸钾和水分子插入高岭石层间形成。与此同时,钾离子位于高岭石硅氧四面体复三方孔中影响了羟基振动模式的位置和强度。钾离子的存在可能会影响羟基基团的偶极矩,这是通过有效的"挤"进复三方孔完成的。温度升高的影响使钾离子进入复三方孔中或者至少部分位于复三方孔中。

1. 醋酸钾和水分子在高岭石层间的原子密度分析

在针对高岭石-醋酸钾与水复合体系结构分析的分子动力学模拟中发现高岭石层间醋酸根离子重心及水分子中氧原子在原子密度分布图中(图 4.7)均有两个明显的峰值,分别位于高岭石层间域中心两侧,但偏向于铝氧层面,说明醋酸根离子和水分子在高岭石层间呈双层分布,其与铝氧层表面羟基的相互作用要强于其与硅氧层之间的相互作用。钾离子的原子密度分布图同样存在两个峰值,其位置与醋酸根离子重心及水分子中氧原子所处位置基本相同,与高岭石内表面的硅氧层和铝氧层距离相对较远,表明钾离子受高岭石内表面的影响较小,而是在高岭石层间与醋酸根离子和水分子形成较强的配位作用。

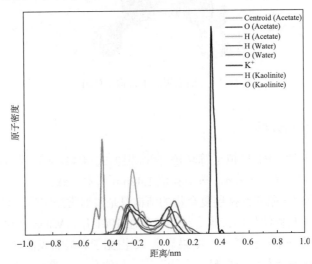

图 4.7　醋酸钾和水分子中各原子在垂直于高岭石(001)晶面方向密度分布图
原点位于高岭石层间域的中间位置

　　由图4.8可以看出在靠近铝氧层醋酸根离子中羧基上的碳原子与甲基上的碳原子以及羧基上的氧原子基本位于同一位置，由此可知该层的醋酸根离子以 C—C 平行于高岭石(001)晶面的形式分布在硅氧层之上。而靠近硅氧层醋酸根离子中羧基碳原子与甲基碳原子并没有分布在同一位置，其峰值间距为 d=0.04nm，根据式(4.49)可以计算出醋酸根离子的 C—C 键与高岭石(001)晶面的夹角为 15.47°，由此可知该层醋酸根离子倾斜排列于高岭石层间，其 C—C 键矢量与高岭石(001)晶面大致呈 15.47°，甲基指向硅氧四面体层(图 4.9)。

$$\mathrm{Sin}\theta = d_{C—C} / l_{C—C} \tag{4.49}$$

式中，$d_{C—C}$ 为醋酸根离子中羧基碳原子与甲基碳原子在原子密度分布图中相邻峰值的间距；$l_{C—C}$ 为醋酸根离子中 C—C 键长(0.15nm)。

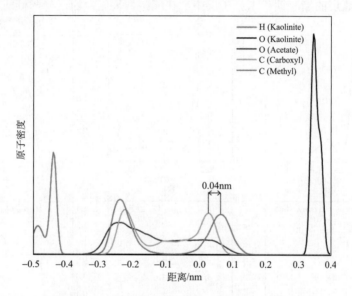

图 4.8　醋酸根离子各原子在垂直于高岭石(001)晶面方向密度分布图

原点位于高岭石层间域的中间位置

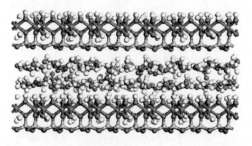

图 4.9　高岭石-醋酸钾插层复合物结构示意图

2. 径向分布函数分析

　　醋酸根离子、水分子及高岭石硅氧层中氧原子与钾离子的径向分布函数［图 4.10(a)～(c)]同样证明了上述观点。由图 4.10(a)～(c)可以看出醋酸根离子和水的氧原子与钾离子之间的平均距离均为 0.3nm，而靠近高岭石铝氧层的钾离子与铝氧层氧原子之间的平均距离则为 0.38nm。醋酸根氧原子的密度分布图在靠近铝氧层的峰值要远大于靠近硅氧层的峰值，而且距离铝氧层羟基氢的距离较近，说明大部分醋酸根离子凭借其氧原子与高岭石内表面羟基氢形成较强的氢键作用。从水分子氧的密度分布图（图 4.8）可以看出，其靠近铝氧层的峰位置与醋酸根氧原子基本相同，表明水分子同样与高岭石内表面羟基形成氢键作用。醋酸根离子和水分子中的氧原子与高岭石内表面羟基氢之间的平均距离基本相同，分别为 0.26nm 和 0.27nm［图 4.10（d）、（e）］也说明醋酸根离子和水分子都与高岭石铝氧层表面存在氢键作用。由此可知，水分子的存在会与醋酸根离子争夺内表面羟基氢并与之形成氢键，从而降低醋酸根离子与高岭石内表面羟基的相互作用。在靠近硅氧层的醋酸钾和水分子层中，在醋酸根离子氧原子峰与硅氧层氧原子峰之

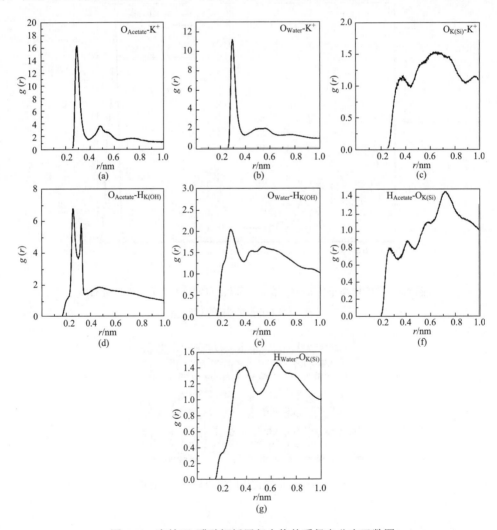

图 4.10　高岭石-醋酸钾插层复合物体系径向分布函数图

$O_{Acetate}$.醋酸根中的氧原子；K^+.钾离子；O_{Water}.水分子中的氧原子；$O_{K(Si)}$.高岭石硅氧层中的氧原子；$H_{Acetate}$.醋酸根中的氢原子；H_{Water}.水分子中的氢原子；$H_{K(OH)}$.高岭石内表面羟基氢

间存在醋酸根离子的氢原子峰，而且在水分子氧原子峰与硅氧层氧原子峰之间也出现了水分子的氢原子峰，揭示了醋酸根离子甲基上的氢原子和水分子的氢原子都与高岭石硅氧层的氧原子之间存在氢键作用。图 4.10(f)、(g)显示醋酸根离子甲基氢原子与高岭石硅氧层氧原子之间的平均距离为 0.27nm，远小于水分子中氢原子与高岭石硅氧层氧原子之间的平均距离 0.34nm，表明前者的氢键作用要强于后者。以上研究表明，水分子的存在会争夺铝氧层的羟基氢原子和硅氧层的氧原子并与之形成氢键，这可以作为高岭石-醋酸钾插层复合物容易被水洗脱嵌的理论依据。

4.8　高岭石-二甲基亚砜插层复合物结构模拟

4.8.1　复合体系模型构建及模拟过程

根据 Bish 利用中子衍射数据改进的高岭石的晶胞参数构建高岭石单晶胞，然后构建高岭石 4×4 超晶胞，即超晶胞在 x 和 y 轴方向均为四个单晶胞，该超晶胞在 x 和 y 轴方向的尺寸分别为 2.060nm 和 3.574nm。然后采用 Amorphous Cell 工具构建二甲基亚砜无定型模拟盒子。根据高岭石-二甲基亚砜插层复合物热重数据中二甲基亚砜脱嵌的质量损失可以计算出二甲基亚砜与高岭石的化学计量比，间接推导出高岭石层间二甲基亚砜分子个数为 18。所构建的二甲基亚砜无定型模拟盒子在 x 和 y 轴方向的尺寸与高岭石超晶胞完全相同，这样可以将构建好的高岭石超晶胞与二甲基亚砜无定型模拟盒子沿着 z 轴方向堆叠在一起形成高岭石-二甲基亚砜复合体系模型。

在复合体系的分子动力学模拟运算之前，首先将复合体系进行几何优化，使其能量达到局部最小值。然后对优化好的模型在 (N, P, T) 系综下进行 300ps 的分子动力学模拟运算，在此过程中前 100ps 时期内，体系的能量逐渐趋于平稳，后 200ps 的运算用于数据收集及后期数据分析。在模拟过程中体系的温度和压力分别采用 Nose 控温法和 Berendsen 控压器使体系的温度和压力始终保持在室温(298K)和常压(0.1MPa)条件。为了得到复合体系的结构及动态信息，将 (N, P, T) 系综下获得的最后一帧轨迹文件在 (N, V, T) 系综下再进行 300ps 模拟运算。在所有模拟运算过程中，复合体系在三维方向均采用周期性边界条件。算法采用 Verlet 发展的数值解法，积分步长设为 1fs，轨迹结构每 20fs 输出一帧。长程静电作用采用 Ewald 算法，范德华相互作用采用 Lennard-Jones 势能函数计算，其截断半径设为 0.9nm。

4.8.2　二甲基亚砜分子结构及插层特性

二甲基亚砜分子的结构如图 4.11 所示，其结构简式为 $(CH_3)_2SO$，常温下为无色无臭的透明液体，是一种吸湿性的可燃液体。具有高极性、高沸点、热稳定性好、非质子、与水混溶的特性，能溶于乙醇、丙醇、苯和氯仿等大多数有机物，被誉为"万能溶剂"。该分子为质子惰性分子，但具有较大的偶极矩(4.3)，含有可接受质子的官能团 S＝O，可与高岭石铝氧层的内表面羟基形成氢键。

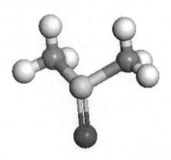

图 4.11　二甲基亚砜分子结构示意图

4.8.3　模拟结果与结构分析

以往的研究发现小分子或聚合物通常以单层或双层分子平行、垂直或以一定角度斜交于高岭石层间，通过插层剂分子的几何结构与高岭石层间距的增加值可以推断出插层分子在高岭石层间的排列方式，但这些可能的分子结构模型都是通过实验手段间接推测的。Thompson 和 Cuff(1985)通过对高岭石-二甲基亚砜插层复合物的核磁共振分析，发现二甲基亚砜分子的两个甲基在高岭石层间有两种赋存位置，结合 X 射线衍射分析及中子衍射分析，推断出一个甲基嵌入高岭石的硅氧层的复三方孔中，另一个甲基位于高岭石层间域，与高岭石基面平行分布。Frost 等(1998)结合 X 射线衍射、红外光谱、拉曼光谱及热重分析提出了高岭石-二甲基亚砜可能的三种分子结构模型。高岭石每个内表面羟基都与一个二甲基亚砜分子形成氢键作用，与此同时，水分子还与层间二甲基亚砜分子形成配位作用。第一种是水分子在高岭石层间起到桥梁链接的作用，其两个氢原子分别与两个二甲基亚砜分子的硫原子配位形成二甲基亚砜分子"聚合物"；第二种是二甲基亚砜分子没有与水分子形成配位作用，只是单纯与内表面羟基氢形成氢键；第三种是水分子的一个或两个氢原子只与一个二甲基亚砜分子的硫原子形成配位作用。一部分二甲基亚砜分子在高岭石层间平行分布，其两个甲基的碳原子与 S=O 官能团中的硫原子在一个平面内与高岭石基面平行；另一部分二甲基亚砜分子倾斜排列于高岭石层间，其中一个甲基指向硅氧四面体，另一个甲基与高岭石基面平行。

1. 二甲基亚砜分子在高岭石层间的原子密度分析

根据式(4.44)计算的高岭石-二甲基亚砜插层复合物的层间距为 1.27nm，与由 X 射线衍射测得实验值 1.13nm 基本一致。

高岭石-二甲基亚砜插层分子动力学模拟发现，二甲基亚砜分子的重心密度分布图只存在一个峰，位于高岭石层间域中心稍偏向于铝氧层位置(图 4.12)，说明在高岭石层间二甲基亚砜分子呈单层分布，与之前由实验推测的结论一致。二甲基亚砜分子中甲基碳原子密度分布图也只有一个峰，而且和氧原子峰几乎位于同一位置，表明二甲基亚砜分子的两个甲基和氧原子基本位于同一个平面上，该平面与高岭石(001)晶面相平行。由此可知，二甲基亚砜分子在高岭石层间平行分布，其甲基和 S=O 几乎在同一平面上，并非是由实验推测的一个甲基嵌入了高岭石硅氧层的复三方孔中。在二甲基亚砜碳原子峰与高岭石硅氧层氧原子峰之间还存在甲基氢原子峰,表明在二甲基亚砜分子甲基氢原子与高岭石硅氧层的六元环氧原子之间也存在微弱的氢键作用。

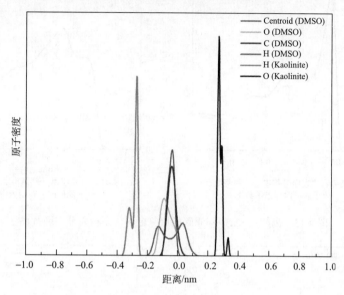

图 4.12　二甲基亚砜分子中各原子在垂直于高岭石(001)晶面方向密度分布图
原点位于高岭石层间域的中间位置

2. 径向分布函数分析

由高岭石硅氧层六元环氧原子与二甲基亚砜分子氢原子之间的径向分布函数图 4.13(b)可知,在 0.3nm 处存在一个低峰,而在 0.5nm 处存在一个尖锐的峰,表明只有少部分二甲基亚砜分子甲基上的氢原子与高岭石硅氧层氧原子之间形成氢键,其平均距离为 0.3nm。大部分氢原子位于距离高岭石硅氧层的 0.5nm 处,说明甲基氢与高岭石硅氧层的相互作用相对较弱。由高岭石内表面羟基氢与二甲基亚砜分子氧之间的径向分布函数图[4.13(a)]可以看出,在 0.22nm 处存在一个尖锐的峰,说明绝大部分二甲基亚砜分子的 S═O 官能团的氧原子与高岭石羟基氢之间形成强烈的氢键作用。由此可知高岭石内表面羟基与二甲基亚砜分子之间具有强烈的相互作用,内表面羟基的活性以及二甲基亚砜的质子受体官能团对其插层起关键作用。

3. 二甲基亚砜分子的均方位移分析

二甲基亚砜分子在高岭石层间是不停移动的,图 4.14 为二甲基亚砜分子在高岭石层间的均方位移图,可以反映出二甲基亚砜分子在高岭石层间的运动信息,包括在 x、y 和 z 三维方向的动态信息。高岭石–二甲基亚砜复合体系中二甲基亚砜分子重心、氢原子以及氧原子的均方位移在模拟过程中呈现出一致规律,即随着模拟时间的进行,在 x、y 轴方向的位移值较大,而在 z 轴方向的均方位移值几乎为 0,说明在模拟过程中,二甲基亚砜分子只是在平行于高岭石基面方向动态运动,而在垂直于高岭石基面方向几乎没有移动(图 4.15)。同样说明了二甲基亚砜在高岭石层间与高岭石内表面形成氢键作用,限制了其在 z 轴方向的运动。

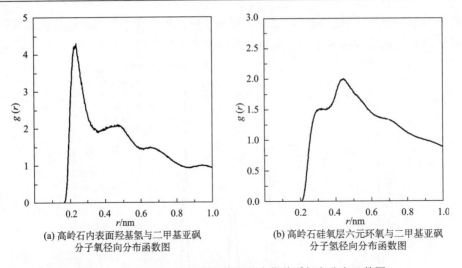

(a) 高岭石内表面羟基氢与二甲基亚砜
　　分子氧径向分布函数图

(b) 高岭石硅氧层六元环氧与二甲基亚砜
　　分子氢径向分布函数图

图 4.13　高岭石-二甲基亚砜插层复合物体系径向分布函数图

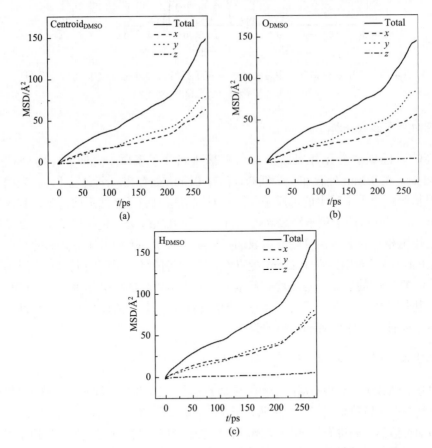

图 4.14　高岭石-二甲基亚砜复合体系中二甲基亚砜分子重心、二甲基亚砜氧原子及氢原子均方位移随
时间变化图

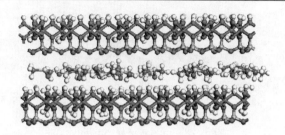

图 4.15　高岭石-二甲基亚砜插层复合物结构示意图

4.9　高岭石-尿素插层复合物结构模拟

4.9.1　模型构建及模拟过程

首先根据 Bish 利用中子衍射数据改进的高岭石的晶胞参数构建高岭石单晶胞，然后构建高岭石 4×4 超晶胞，即超晶胞在 x 和 y 轴方向均为四个单晶胞，该超晶胞在 x 和 y 轴方向的尺寸分别为 2.060nm 和 3.574nm。下一步采用 Amorphous Cell 工具构建尿素的无定型模拟盒子。根据高岭石-尿素插层复合物热重数据中尿素脱嵌的质量损失间接推导出高岭石层间尿素分子个数为 30。在构建过程中，将尿素的无定型模拟盒子在 x 和 y 轴方向的尺寸设置成与高岭石超晶胞尺寸完全相同，这样可以将构建好的高岭石超晶胞与尿素无定型模拟盒子沿着 z 轴方向堆叠在一起形成高岭石-尿素复合体系模型。

在对构建好的高岭石-尿素复合体系模型进行分子动力学模拟运算之前，将复合体系进行初步几何优化，从而降低体系的能量。然后对优化好的模型先进行 300ps 的 NPT 分子动力学模拟运算，即在模拟过程中保持整个体系的原子个数、温度和压力为恒定值。体系的温度和压力分别采用 Nose 控温法和 Berendsen 控压器使体系的温度和压力始终保持在室温(298K)和常压(0.1MPa)条件。在此过程中前 100ps 时期内，体系的能量逐渐趋于平稳，后 200ps 的运算用于数据收集及后期数据分析。在 $(N,\ P,\ T)$ 系综下模拟运算完成后，将该系综下获得的最后一帧轨迹文件在 $(N,\ V,\ T)$ 系综下(保持体系的原子个数、体积和温度不变)再进行 300ps 模拟运算用于原子密度分析、径向分布函数分析及均方位移分析。在所有模拟运算过程中，复合体系在三维方向均采用周期性边界条件。算法采用 Verlet 发展的数值解法，积分步长设为 1fs，轨迹结构每 20fs 输出一帧。长程静电作用采用 Ewald 算法，范德华相互作用采用 Lennard-Jones 势能函数计算，其截断半径设为 0.9nm。

4.9.2　尿素分子结构及插层特性

尿素分子结构示意图如图 4.16 所示，该分子结构简式为 $(NH_2)_2CO$，为白色无臭固体，熔点 133～135℃，相对密度 1.323(20/4℃)，易溶于水和乙醇，强热时分解成氨和二氧化碳。与醋酸根离子和二甲基亚砜分子不同，尿素分子同时含有质子受体官能团 C=O 和质子给体官能团 NH_2，因此尿素分子的插层特性比较特殊，在高岭石层间可形成两种氢键作用，既可以通过 C=O 与高岭石铝氧层羟基形成氢键又可以通过 NH_2 与高岭石硅氧层氧形成氢键。

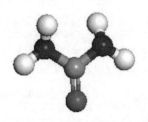

图 4.16　尿素分子结构示意图

4.9.3　模拟结果与结构分析

　　根据实验数据推测高岭石-尿素插层复合物的结构鲜有报道。陈洁渝等(2010)根据高岭石-尿素插层复合物的热重实验推断出尿素在高岭石层间存在三种成键方式：①尿素分子只通过质子给体官能团 NH₂ 的氢原子与高岭石硅氧层的六元环氧原子之间形成氢键；②尿素分子只通过 C=O 与高岭石铝氧层羟基形成氢键；③尿素分子的两种官能团同时与高岭石硅氧层和铝氧层形成氢键。本书作者团队根据高岭石-尿素插层复合物的热重实验数据，通过对插层复合物的分子动力学模拟验证了尿素分子在高岭石层间的三种成键方式(Liu *et al.*，2014)。

　　1. 尿素分子在高岭石层间的原子密度分析

　　根据式(4.44)计算的高岭石-尿素插层复合物的层间距为 1.18nm，与由 X 射线衍射测得的实验值 1.08nm 基本吻合。

　　与二甲基亚砜分子的原子密度分布图类似，尿素分子重心密度分布图(图 4.17)只存在一个峰位于高岭石层间域中心位置，说明其在高岭石层间呈单层分布。尿素分子的氮

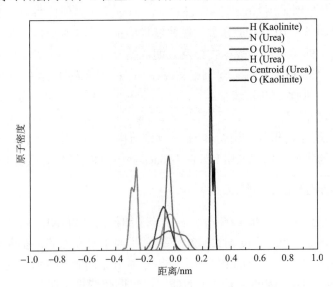

图 4.17　尿素分子中各原子在垂直于高岭石(001)晶面方向密度分布图
原点位于高岭石层间域的中间位置

原子密度分布图也只有一个峰，其位置与氧原子峰位置基本相同，表明高岭石层间尿素分子的两个氮原子与氧原子基本在同一平面内，且平行于高岭石(001)晶面分布。从图4.17可以看出，尿素分子氧原子呈现出尖锐的峰，靠近于铝氧层表面，说明尿素分子质子受体官能团 C=O 的氧原子与铝氧层羟基氢原子之间存在氢键作用。与之相反，尿素分子氢原子的密度分布曲线较宽缓，说明其几乎贯穿高岭石整个层间域。在尿素分子氮原子峰与高岭石硅氧层氧原子峰之间存在微弱的氢原子峰，说明部分尿素分子质子给体官能团 NH₂ 的氢原子与高岭石硅氧层的六元环氧原子之间也存在氢键作用。

2. 径向分布函数分析

图 4.18(a) 为高岭石铝氧层的羟基氢原子与尿素分子氧原子之间的径向分布函数图。从图中可以看出：在 0.2nm 处存在一个尖锐的峰，说明绝大部分尿素分子质子受体官能团 C=O 的氧原子位于距离铝氧层羟基氢原子 0.2nm 处，并与之形成强烈的氢键作用。而在高岭石硅氧层六元环氧原子与尿素分子氢原子之间的径向分布函数图 4.18(b) 可知，该曲线相对较宽缓，只在 0.3nm 和 0.42nm 处存在两个相对明显的峰，表明只有部分尿素分子质子给体官能团 NH₂ 的氢原子与高岭石硅氧层的六元环氧原子之间形成微弱的氢键。大部分氢原子均匀分布于高岭石整个层间域，这与尿素分子氢原子在高岭石层间的原子密度分析结果一致。研究表明，尿素分子在高岭石层间存在两种氢键作用，即通过 C=O 与高岭石铝氧层羟基形成氢键和通过 NH₂ 与高岭石硅氧层氧形成氢键，但前者的氢键作用要强于后者。由此可知，高岭石内表面羟基的活性以及尿素分子的质子受体官能团对其插层起关键作用。

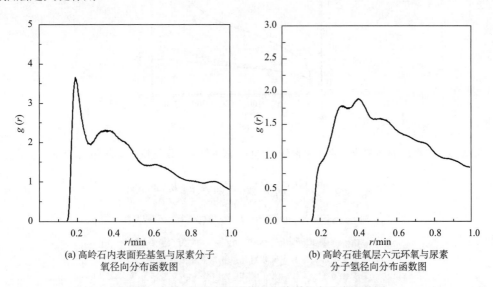

(a) 高岭石内表面羟基氢与尿素分子　　　　(b) 高岭石硅氧层六元环氧与尿素
　　　氧径向分布函数图　　　　　　　　　　　分子氢径向分布函数图

图 4.18　高岭石-尿素插层复合物体系径向分布函数图

3. 尿素分子在高岭石层间的均方位移

高岭石-尿素复合体系中尿素分子重心、尿素氧原子及氢原子的均方位移与二甲基亚砜在高岭石层间的均方位移类似，随着模拟时间的进行，在 x、y 轴方向的位移值较大，而在 z 轴方向的均方位移值几乎不变，说明在模拟过程中，尿素分子只是在平行于高岭石基面方向动态运动，而在垂直于高岭石基面方向几乎没有移动(图 4.19，图 4.20)。说明尿素在高岭石层间与高岭石内表面形成氢键作用，限制了其在 z 轴方向的运动。

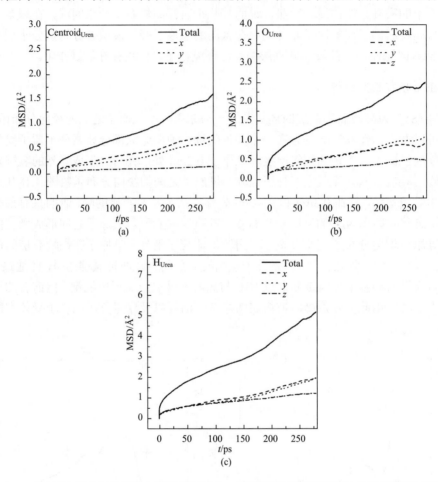

图 4.19　高岭石-尿素复合体系中尿素分子重心、尿素氧原子及氢原子均方位移随时间变化图

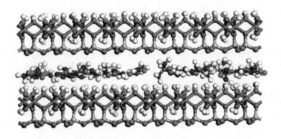

图 4.20　高岭石-尿素插层复合物结构示意图

4.10　高岭石-系列季铵盐插层复合物结构模拟

4.10.1　模型构建及模拟过程

在分子动力学模拟过程中，高岭石晶胞是根据 Bish 利用中子衍射数据改进的高岭石的晶胞参数所构建，然后构建高岭石 4×4 超晶胞，该超晶胞在 x 和 y 轴方向均为四个单晶胞，其在 x 和 y 轴方向的尺寸分别为 2.060nm 和 3.574nm。然后采用 Amorphous Cell 工具构建系列季铵盐的无定型模拟盒子。根据高岭石-季铵盐插层复合物热重数据中季铵盐脱嵌的质量损失可以计算出季铵盐与高岭石的化学计量比，间接推导出高岭石层间季铵盐的分子个数(表 4.1)。在构建过程中，将季铵盐的无定型模拟盒子在 x 和 y 轴方向的尺寸设置成与高岭石超晶胞尺寸完全相同，这样可以将构建好的高岭石超晶胞与季铵盐无定型模拟盒子沿着 z 轴方向堆叠在一起形成高岭石-季铵盐复合体系模型。

表 4.1　高岭石与季铵盐的化学计量比及高岭石层间季铵盐的分子个数

季铵盐	季铵盐脱嵌的质量损失/%	高岭石与季铵盐化学计量比	高岭石层间季铵盐分子个数
BTAC	27.63	0.98	16
HTAB	28.87	0.67	24
MTAC	10.70	2.7	6
DETAC	11.20	3	6
DTAC	23.47	1.61	10
TTAC	35.88	1	16
HTAC	34.97	1.13	14
STAC	11.56	5.51	3

注：BTAC 为丁基三甲基氯化铵；HTAB 为己基三甲基氯化铵；MTAC 为正辛基三甲基氯化铵；DETAC 为十烷基三甲基氯化铵；DTAC 为十二烷基三甲基氯化铵；TTAC 为十四烷基三甲基氯化铵；HTAC 为十六烷基三甲基氯化铵；STAC 为十八烷基三甲基氯化铵。

在对构建好的高岭石-季铵盐复合体系模型进行分子动力学模拟运算之前，将复合体系进行初步几何优化，从而降低体系的能量。然后对优化好的模型先进行 300ps 的 NPT 分子动力学模拟运算，即在模拟过程中保持整个体系的原子个数、温度和压力为恒定值。体系的温度和压力分别采用 Nose 控温法和 Berendsen 控压器使体系的温度和压力始终保持在室温(298K)和常压(0.1MPa)条件。在此过程中前 100ps 时期内，体系的能量逐渐趋于平稳，后 200ps 的运算用于数据收集及后期数据分析。在 (N, P, T) 系综下模拟运算完成后，将该系综下获得的最后一帧轨迹文件在 (N, V, T) 系综下(保持体系的原子个数、体积和温度不变)再进行 300ps 模拟运算用于原子密度分析、径向分布函数分析及均方位移分析。在所有模拟运算过程中，复合体系在三维方向均采用周期性边界条件。算法采用 Verlet 发展的数值解法，积分步长设为 1fs，轨迹结构每 20fs 输出一帧。长程静电作用采用 Ewald 算法，范德华相互作用采用 Lennard-Jones 势能函数计算。

4.10.2　季铵盐离子结构

季铵盐离子可看作三个甲基和一个长链烷基分别取代 NH_4^+ 上四个氢形成,用 $[RN(CH_3)_3]^+$ 表示,其中 R 代表烷基基团。此类有机阳离子含有不随 pH 变化的永久性正电荷,它带正电荷端是 N 端,为亲水端。拥有链长不等的 R 基团,为中性基团,是疏水端。由于它同时具有亲水和疏水基团,故可以用来制备具有不同表面特征的有机黏土矿物。况且,这类有机阳离子目前已经能够大量生产并广泛用作洗涤剂、纤维软化剂、去静电剂等,因此价格便宜易得。根据 Van der Waals 半径数据,加上共价半径与键角数据(表 4.2),可知有机分子立体构形、大小及形状。

表 4.2　季铵盐分子若干化学键键长及键角

化学键	键长/nm	键角
C—C	0.154	碳链中相邻 C—C 键夹角 $\angle_{C-C-C}$ 为 111.9°
C—N	0.147	与 N 原子相连的三个 C—N 键夹角 $\angle_{C-N-C}$ 为 109.5°
C—H	0.109	端甲基上三个 C—H 键夹角 $\angle_{H-C-H}$ 为 108°,亚甲基上两个 C—H 键夹角 $\angle_{H-C-H}$ 为 107°

从 HTAC 横截面可知,有机离子空间结构并非简单的圆柱体,而是类似大头针,其阳离子端略大,链部较扁。当含氮头部之字形碳链水平放置时[图 4.21(a)],其头部直径为 0.51nm,烷基链截面长轴直径为 0.46nm;当含氮头部之字形碳链垂直放置时[图 4.21(b)],其头部直径为 0.67nm,烷基链截面长轴直径为 0.41nm。系列季铵盐分子结构类似,仅碳链长度有所差别。通过计算可知,直链烷基上每相差两个碳原子,烷基链长度相差 0.26nm,由此可计算出不同链长季铵盐离子长度。

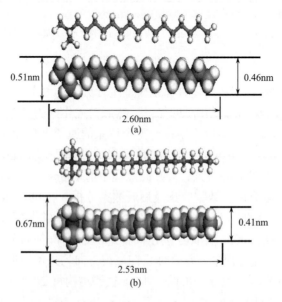

图 4.21　长链季铵盐分子结构示意图

4.10.3　模拟结果与结构分析

Lagaly(1981)认为，烷基胺在黏土矿物层间的排列方式受层电荷密度(ξ)和烷基链(R链)长度影响，低电荷密度的 2∶1 型层状硅酸盐中，短链烷基铵离子采取单层平卧(Lateral-Monolayer)排列形式；长链烷基氨离子采取双层平卧(Lateral-Bilayer)排列形式。在高电荷密度黏土中可以形成倾斜单层(Paraffin-type Monomolecular)、倾斜双层(Paraffin-type Bimolecular)及由扭曲的 R 链组成的假三层(Pseudotrilayer)排列方式。同时，Beneke 和 Lagaly(1982)均认为，如果层电荷密度逐渐增加至理论最大值，碳链与硅氧面夹角(α)也会逐步增加至 90°，即 R 链垂直于硅氧面排布。Tomasz 等(2003)认为，短链烷基季铵离子在蒙脱石层间以平卧形式存在；当碳链长度大于 8 时出现交叉型的双层结构，即链锁嵌合平卧双层排列。Brindley 和 Moll(1965)对烷基链的链锁嵌合模式进行过深入研究，他们认为在两个平行排列的烷基链中，一个—CH_2 相邻烷基链中两个—CH_2基团中。若形成此种结构，必然导致有机相的高度小于双层烷基链未嵌合时的高度。通过计算，每形成一层链锁嵌合结构，总体高度将会减少约 0.1nm。因此，季铵盐分子双层平卧排列和假三层排列有机相高度分别为 0.82nm、1.03nm。

笔者通过研究发现，1mol/L 的季铵盐溶液对高岭石插层，季铵盐在高岭石结构中并非以有序方式排列，即 All-trans 构形。不同季铵盐分子在高岭石层间的排列方式不同(图4.22，图4.23)。由图 4.22(a)、(b)高岭石-丁基三甲基氯化铵插层复合物和高岭石-己基三甲基氯化铵插层复合物的原子密度分布图可知，丁基三甲基氯化铵和己基三甲基氯化铵的氮原子，甲基碳原子和亚甲基碳原子对称分布在高岭石层间域中心两侧，分别靠近于铝氧层和硅氧层，说明在高岭石层间大部分丁基三甲基氯化铵和己基三甲基氯化铵呈双层平行分布于高岭石层间。其中一层平行分布于高岭石硅氧层，另一层平行分布于高岭石的铝氧层。但在层间域的中心部位还出现了亚甲基碳原子峰，表明部分插层剂分子穿插在高岭石层间，以支柱的形式将高岭石片层撑开。随着插层剂分子碳链长度的增加，所引起的高岭石插层复合物的层间距也在逐渐扩大，季铵盐在高岭石层间的分布形式有所变化。图 4.22(c)～(h)中在靠近高岭石铝氧层和硅氧层均出现尖锐的季铵盐氮原子，甲基碳原子和亚甲基碳原子峰，表明在这些插层复合物中，大部分插层剂同样呈单层状分别平行分布于铝氧层和硅氧层。在高岭石-正辛基三甲基氯化铵插层复合物[图 4.22(c)]和高岭石-十烷基三甲基氯化铵插层复合物[图 4.22(d)]的原子密度分布图中，在层间域的中心位置还出现了微弱的氮原子峰和甲基碳原子峰，而仅在层间域中心位置到铝氧层的层间域中出现了亚甲基碳原子峰，表明部分正辛基三甲基氯化铵和十烷基三甲基氯化铵分子的头部铵基和尾部甲基吸附在高岭石的铝氧层，其碳链以反式结构的形式延伸向高岭石层间域。而高岭石-十二烷基三甲基氯化铵插层复合物的原子密度分布图中，仅在层间域中心位置到铝氧层的层间域中出现亚甲基碳原子峰，表明部分十二烷基三甲基氯化铵分子的头部铵基和尾部甲基吸附在高岭石的硅氧层，其碳链以反式结构的形式延伸向高岭石层间域。由图 4.22(f)～(h)可知，随着碳链长度的进一步增加，插层剂分子几乎贯穿整个高岭石层间域。在高岭石层间域中心位置的两侧都出现了微弱的插层剂氮原子与甲基碳原子密度峰，而且在高岭石层间整个区域都存在微弱的亚甲基碳原子峰，说明部分插层剂分子穿插在高岭石层间域。由于位于高岭石层间域中心位置两侧的氮原子峰和甲基碳原子峰的位置与靠近于硅氧层和铝氧层的甲基碳原子峰和氮原子峰位置之间的距离不同于相应插层剂的分子长度，表明插层剂在高岭石层间可能出现两种存在形式：①以反式结构形式倾斜排列于高岭石层间；②插层剂的碳链发生偏转，以邻位交叉式形式分布在高岭石层间。

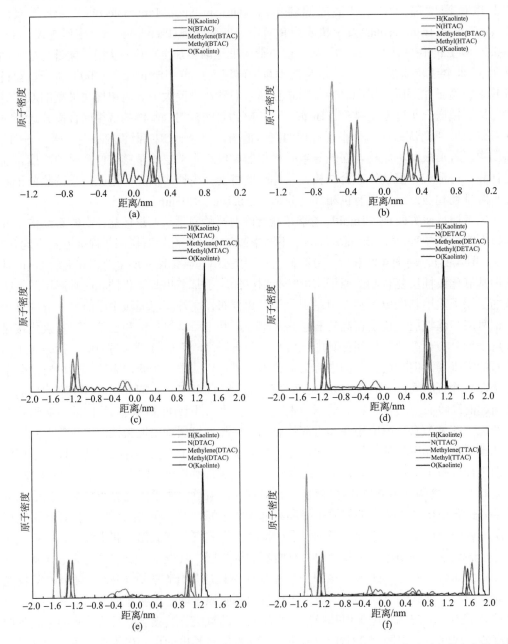

图 4.22　系列季铵盐分子中 N、C(methylene)、C(methyl)在垂直于高岭石(001)晶面方向密度分布图

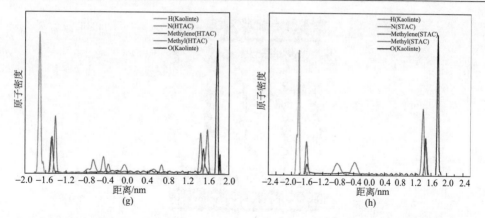

(g)　　　　　　　　　　　　　　　　(h)

图 4.22　系列季铵盐分子中 N、C(methylene)、C(methyl)在垂直于高岭石(001)晶面方向密度分布图(续)
(a)丁基三甲基氯化铵(BTAC)；(b)己基三甲基氯化铵(HTAB)；(c)正辛基三甲基氯化铵(MTAC)；(d)十烷基三甲基氯化
铵(DETAC)；(e)十二烷基三甲基氯化铵(DTAC)；(f)十四烷基三甲基氯化铵(TTAC)；(g)十六烷基三甲基氯化铵(HTAC)；
(h)十八烷基三甲基氯化铵(STAC)。原点位于高岭石层间域的中间位置

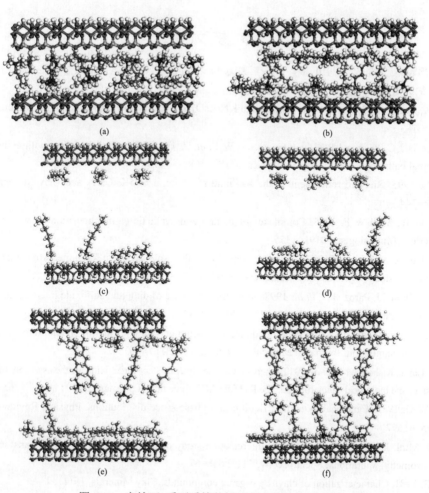

(a)　　　　　　　　　　　　　　　　(b)

(c)　　　　　　　　　　　　　　　　(d)

(e)　　　　　　　　　　　　　　　　(f)

图 4.23　高岭石-系列季铵盐插层复合物结构示意图

(g)

图 4.23　高岭石-系列季铵盐插层复合物结构示意图(续)

(a) 丁基三甲基氯化铵(BTAC)；(b) 己基三甲基氯化铵(HTAB)；(c) 正辛基三甲基氯化铵(MTAC)；(d) 十烷基三甲基氯化铵(DETAC)；(e) 十二烷基三甲基氯化铵(DTAC)；(f) 十四烷基三甲基氯化铵(TTAC)；(g) 十六烷基三甲基氯化铵(HTAC)

参 考 文 献

陈洁渝, 严春杰, 万为敏等. 2010. 高岭石/尿素夹层复合物的结构及热稳定性. 硅酸盐学报, (9): 1837~1842

陈正隆, 徐为人, 汤立达. 2007. 分子模拟的理论与实践. 北京:化学工业出版社

Beneke K, Lagaly G. 1982. The brittle mica-like KNiAsO₄ and its organic derivatives. Clay Minerals, 17(2): 175~183

Berendsen H J C, Postma J P M, van Gunsteren W F, *et al.* 1984. Molecular dynamics with coupling to an external bath. Journal of Chemical Physics, 81(8): 3684~3690

Bish D L. 1993. Rietveld refinement of the kaolinite structure at 1. 5K. Clays and Clay Minerals, 41(6): 738~744

Brindley G W, Moll W F. 1965. Complexes of natural and synthetic ca-montmorillonites with fatty acids. American Mineralogist, 50(9): 1355

Fang Q, Huang S, Wang W. 2005. Intercalation of dimethyl sulphoxide in kaolinite: Molecular dynamics simulation study. Chemical Physics Letters, 411(1-3): 233~237

Frost R L, Kristof J, Paroz G N, *et al.* 1998. Molecular structure of dimethyl sulfoxide intercalated kaolinites. Journal of Physical Chemistry B, 102(43): 8519~8532

Ható Z, Makó É, Kristóf T. 2014. Water-mediated potassium acetate intercalation in kaolinite as revealed by molecular simulation. Journal of Molecular Modeling, 20(3): 1~10

Heinz H, Lin T, Kishore M R, *et al.* 2012. Thermodynamically consistent force fields for the assembly of inorganic, organic, and biological nanostructures: the INTERFACE force field. Langmuir, 29(6): 1754~1765

Hoover W G. 1985. Canonical dynamics: Equilibrium phase-space distributions. Physical Review A, 31(3): 1695~1697

Kristóf J, Mink J, Horváth E, *et al.* 1993. Intercalation study of clay minerals by Fourier transform infrared spectrometry. Vibrational Spectroscopy, 5(1): 61~67

Lagaly G. 1981. Characterization of clays by organic compounds. Clay Minerals, 16(1): 1

Liu Q F, Zhang S, Cheng H F, *et al.* 2014. Thermal behavior of kaolinite-urea intercalation complex and molecular dynamics simulation for urea molecule orientation. Journal of Thermal Analysis and Calorimetry, 117(1): 189～196

Makó E, Rutkai G, Kristof T. 2010. Simulation-assisted evidence for the existence of two stable kaolinite/potassium acetate intercalate complexes. Journal of Colloid and Interface Science, 349(1): 442～445

Mayo S L, Olafson B D, Goddard W A. 1990. DREIDING: a generic force field for molecular simulations. Journal of Physical Chemistry, 94(26): 8897～8909

Nosé S. 1984. A unified formulation of the constant temperature molecular dynamics methods. Journal of Chemical Physics, 81(1): 511～519

Ruiz C M D, Duro F L F. 1999. New data on the kaolinite-potassium acetate complex. Clay Minerals, 34: 565～577

Rutkai G, Kristóf T. 2008. Molecular simulation study of intercalation of small molecules in kaolinite. Chemical Physics Letters, 462(4-6): 269～274

Rutkai G, Makó É, Kristóf T. 2009. Simulation and experimental study of intercalation of urea in kaolinite. Journal of Colloid and Interface Science, 334(1): 65～69

Smirnov K S, Bougeard D. 1999. A molecular dynamics study of structure and short-time dynamics of water in kaolinite. Journal of Physical Chemistry B, 103(25): 5266～5273

Smith D L, Zuckerman J J, MiIford M H. 1966. Mechanism for intercalation of kaolinite by alkali acetates. Science, 153: 741～743

Teppen B J, Rasmussen K, Bertsch P M, et al. 1997. Molecular dynamics modeling of clay minerals. Ⅰ. gibbsite, kaolinite, pyrophyllite, and beidellite. Journal of Physical Chemistry B, 101(9): 1579～1587

Teppen B J, Yu C, Miller D M, et al. 1998. Molecular dynamics simulations of sorption of organic compounds at the clay mineral/aqueous solution interface. Journal of Computational Chemistry, 19(2): 144～153

Thompson J G, Cuff C. 1985. Crystal structure of kaolinite: dimethylsulfoxide intercalate. Clays and Clay Minerals, 33(5): 490～500

Tomasz K, Maciej H, Katarzyna S, et al. 2003. Adsorption isotherms of homologous alkyldimethylbe-nzylauunonium bromides on sodium montmorillonite. Jouranal of Colloid and Interface Science, 264(1):14～19

van Duin A C T, Larter S R. 2001. Molecular dynamics investigation into the adsorption of organic compounds on kaolinite surfaces. Organic Geochemistry, 32(1): 143～150

Vasconcelos I F, Bunker B A, Cygan R T. 2007. Molecular dynamics modeling of ion adsorption to the basal surfaces of kaolinite. Journal of Physical Chemistry C, 111(18): 6753～6762

Wada K. 1961. Lattice expansion of kaolin minerals by treatment with potassium acetate. American Mineralogist, 46(1-2): 78～91

Warne M R, Allan N L, Cosgrove T. 2000. Computer simulation of water molecules at kaolinite and silica surfaces. Physical Chemistry Chemical Physics, 2(16): 3663～3668

White C E, Provis J L, Gordon L E, et al. 2010. Effect of temperature on the local structure of kaolinite intercalated with potassium acetate. Chemistry of Materials, 23(2): 188～199

Yang W, Zaoui A. 2013. Uranyl adsorption on(001)surfaces of kaolinite: A molecular dynamics study. Applied Clay Science,(80-81): 98～106

Zhang S, Liu Q, Cheng H, et al. 2014. Intercalation of dodecylamine into kaolinite and its layering structure investigated by molecular dynamics simulation. Journal of Colloid and Interface Science, 430: 345～350

第 5 章 高岭石剥片

5.1 高岭石剥片简介

高岭土的深加工技术主要包含选矿提纯、超细粉碎及表面改性等,而剥片属超细粉碎使其纳米化的一种技术。剥片是通过机械或化学的方法,使叠层状或书册状的高岭石剥离成单片,使其粒度减小并达到纳米级。高岭石单元层与单元层之间以较弱的氢键结合,氢键一旦破裂,高岭石即沿层与层之间剥离,形成单一的薄片晶体。剥片与超细粉碎的差别在于通过选择合适的作用力及不同力的组合,以保证剥片过程中高岭石单晶片不受破坏。常见的剥片方法有以下五种。

1. 高压挤出法

高压挤出法的原理是利用活塞泵给容器中的浆料一定的压力,使高压浆料在匀浆器的喷口表面通过经过处理的很狭窄的缝隙,以一定的速度磨挤喷出,高速喷出的料浆射到常压区的叶轮上,突然改变运动方向,则产生很强的穴蚀效应。高压料浆由喷嘴喷出时,由于压力急剧降低,从而使料浆中的高岭石堆积体沿层与层间破裂,形成较薄的高岭石片层。

2. 化学浸泡法

化学浸泡法是将高岭土浸泡于化学试剂中,通过化学试剂与高岭土的化学作用,浸泡剂插入高岭石的层间,使得高岭石的层间距增大。高岭石层间距扩大后,层间存在的氢键结合力变弱,使得高岭石的片层剥开。

3. 磨剥法

磨剥法是借助研磨介质在水中的相对运动,相互间产生剪切、挤压、冲击与磨剥等作用,使得大颗粒高岭土的叠层剥开,并趋向于片层单个分离。磨剥法是目前国内外普遍使用的高岭土剥片方法,其使用的主要设备包括介质搅拌磨机、球磨机和砂磨机。梁宗刚(2005)将 BMP-500 型磨剥机以及自动控制系统应用于煤系高岭土的超细粉碎中,其结构简单,需要的配套设备较少,耗能低,产量大,粒度分布合理,可以大规模生产。

磨剥机的类型较多,生产能力范围较广,但是一般需要磨矿时间较长,磨剥运转能耗较高,同时其磨剥时需要大量的特制磨剥介质,而且磨剥过程中会给高岭土带来一些杂质,所以这种方法的生产成本较高。高岭土的磨剥设备最典型的有球磨机和介质式搅拌磨机,这两种设备的原理相同,都是利用高岭土的结构特性,通过剪切力使高岭石片层剥离,从而使高岭土的粒度减小,达到超细化的目的。

4. 化学浸泡-磨剥法

化学浸泡-磨剥法是将上述两种技术联合后对高岭土进行超细化的一种技术，即是用化学药剂对高岭土进行浸泡，使这些浸泡剂浸入高岭石叠层中，使得高岭石层间距变大，随之层间氢键的作用力变弱，晶层间的结合力也就变弱，然后再施以机械磨剥法，从而使高岭石叠层分开。

5. 插层-超声法

高岭土中主要矿物成分为高岭石，呈六角形鳞片状、单晶呈六方板状，其集合体常呈书册状结构，因此高岭石易于沿与层面平行的方向裂开。将高岭石堆垛的晶体沿层间解离，便实现其在纳米尺度上的应用，将会使现有的用途产生质的改善，使高岭土原矿的价值倍增。在当前高岭石的开发利用中，用作纸张的填料和涂布料、陶瓷原料、橡胶填充剂、油漆和涂料的添加剂等，粒度一般为 2μm 左右。高岭石一些特征参数包括比表面积、白度、粒度和形状直接决定其在技术上的应用性。若能在较短时间内，成功使高岭石剥片达到纳米级别，将会带来工业上的革新，产生良好的效益。

阎琳琳等(2007)将插层法和超声法相结合对高岭土进行剥片。选用三种不同的插层剂(尿素、醋酸钾和二甲基亚砜)对高岭土首先进行插层。分别采用饱和溶液浸泡法、吸潮法和微波插层法，首先制备出高岭土的插层复合物，再对其进行超声处理。运用超声法尝试将高岭石插层复合物剥片，研究其插层及剥片效果，探讨超声剥片的可行性。Valášková 等(2007)首先用尿素对高岭石进行插层，然后利用机械设备分时间段进行碾磨，并利用 X 射线衍射、红外光谱等手段对最终产品进行表征。插层处理后，高岭土的比表面积增大，中位径（d_{50}）应该是减小。

5.2　化　学　剥　片

5.2.1　化学剥片原理

高岭石属于层状矿物材料的一种，所谓层状材料，是指在晶体中某些层内原子以强化学键相联结而在层之间以较弱的力相联结，其单元结构层仅为几个甚至单个原子的厚度，这就形成了独特的准二维结构层状材料。层状材料的这种固有属性为片层的剥离提供了可能。剥片就是将层状材料层与层之间解离，使其达到更小的颗粒粒径、更大的比表面积、更好的分散程度。层状材料被剥片后最大的影响是比表面积的急剧增大，比如，会大大增加黏土矿物这类层状硅酸盐材料在作为工业填料使用时产品的强度、刚度、气密性等。

化学剥片是处理层状材料使其层剥离的良好方法，这种方法可大大降低对材料的物理触碰损伤，截至目前，不少研究者运用这一方法制备剥离了诸如过渡金属氧化物、金属卤化物、双氧化物、层状硅酸盐矿物等多种多样的二维纳米片。而实际上，热力学涨落会导致完美的二维纳米晶体无法在有限温度下存在。例如，即使近年来石墨烯的制备获得巨大成功,它也不是完美的二维结构,其本身是伴随着微观结构的皱曲才得以存在。即使如此, 二维、一维、零维纳米材料仍然以它们独特的物理化学性质吸引着人们的研究。高岭石的机械剥离的方法主要有磨剥法(包括各种磨剥机和助磨介质)和高压挤出法等。后者效果较好,但设备要求高,工艺较复杂;前者设备磨损消耗较大,生产成本较高。化学剥离的原理是利用高岭石的插层作用使高岭石层间发生一定程度的膨胀,层间氢键键合力大大减弱,此时若将插层客体分子移除,原来堆垛的片板状高岭石就会从母体颗粒剥离下来,形成更薄的片层,最终完成高岭石材料的化学剥片。

　　层状材料的剥片过程大致分为两种类型(图 5.1):图 5.1(a)为第一种类型,液相流体中含有的离子可插层进入层间使原结晶层发生膨胀,降低其原联结力,再经液相环境中的搅拌、超声或者热将原堆垛层完全剥离;第二种类型为离子交换,许多层状结构物质因层内含有多余电荷需要其层间含有异性离子来维持稳定,在液相条件下,这些层间离子可以被半径较大的或者具备其他特性的不同离子置换,从而使其更加容易被剥离分散;而被超声剥离后的层状材料,放置于溶液时,可由于溶液和材料本身的特性而产生不同程度的再聚集,所以寻找适配分散性好的溶液是进一步制备优良纳米材料的基础保证。常用的液相剥离液体有甲基吡咯烷酮、小分子液态醇类、表面活性剂溶液等(Nicolosi *et al.*,2013)。

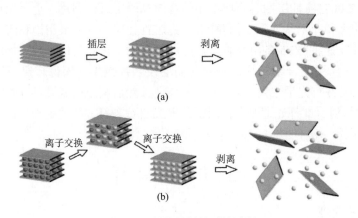

图 5.1　层状材料的剥片过程

　　由于高岭石层间强烈的氢键和极低的离子交换能力,直接插层逐渐成为限制其剥片的瓶颈,传统的插层剥片仍然无法将其多数单片层剥离母体颗粒。近年来,研究者开始诉诸于高岭石的间接插层作用,因为间接插层可以使高岭石的层间距达到更大以至于产生剥片效果从而获得更有希望的利用前景。间接插层的一个方式是先将直接插层的高岭石用较大极性分子在较高温度下进行置换,或者用各类醇进行反复替换嫁接后再使用大分子插层进入。据报道间接插层剂有吡啶、对硝基苯胺、丙烯酰胺等(王林江等,2002;张生辉等,2004;顾晓文等,2007)。剥片是通过机械或化学的方法,使叠层状或书册状的高岭石剥离成单片,使其粒度减小至纳米级。为了取得较高径厚比的高岭石片层材料,要求剥片过程中尽量使高岭石的片层不受破坏。因此,若通过插层过程使得高岭石产生较大层间距,层与层之间的作用力便大大降低,此时,高岭石的剥片便更容易进行。若插层率较高,对其剥片则相对简单,更容易获得粒度极细且其晶型未被破坏的高岭石,从而达到高岭土原矿的纳米化。

如前所述，脲、二甲基亚砜、醋酸钾、水合肼、甲酰胺、乙酰胺、甲基甲酰胺等一类极性小分子可以插层进入高岭石层间，形成高岭石插层复合物，层间距产生一定程度（通常为 0.3~0.7nm）的扩张，层间的氢键作用力随之产生一定程度减弱，这样原本聚集成板状的高岭石片层产生一定程度的"松动"，甚至在液体环境下经流体的涡流作用力极有可能裂开，但此种方法仅可以进行初步程度的剥片，较难持续剥片为单层。部分学者（Komori *et al.*，1999，2000；Itagaki and Kuroda，2003）开始使用嫁接手段将一元醇、二元醇、多元醇、醚的有机物与高岭石嫁接，从而获得了具备更大反应活性的高岭石改性复合体，而这些嫁接反应中，尤以甲醇漂洗处理最为简单易行，已在此基础上制备出高岭石-烷基胺、高岭石-季铵盐等插层复合物。

5.2.2　高岭石的化学剥片过程

1. 高岭石插层复合物的液相剥片

经直接插层后，对高岭石进行修饰处理，将直接插层的小分子替换，将高岭石的铝羟基面做出改性，这样就能将高岭石转换为一种高效率的插层接受体，这个过程一般需要如下三个阶段完成。

第一，制备高岭石-脲、高岭石-二甲基亚砜、高岭石-甲基甲酰胺等一步插层复合物作为前驱体；

第二，醇、醚等液相环境下针对内表面的改性修饰；

第三，烷基胺、季铵盐类等较大分子的插层和高岭石片层在液相环境下的剥离。

高岭石作为一类非膨胀型黏土矿物，层间不含有可交换的离子。

2. 高岭石在聚合物复合材料中的剥片

高岭石-聚合物复合材料的制备方法大致分为两个途径。

途径 1：先制备高岭石插层复合物，再将可聚合的单体替换插层，最后使单体聚合。1988 年，Sugahara 等发明了聚合物-插层高岭石纳米复合材料的方法。首先运用二甲基亚砜插层的高岭石为前驱体，使用醋酸铵、丙烯腈依次替换之，最终得到聚丙烯腈-插层高岭石纳米复合材料。

途径 2：将聚合物直接与高岭石插层复合物混合。Tunney 等于 1996 年首次直接将液态聚乙二醇置换插层插入预插层的高岭石材料中，制得了聚合物-高岭石纳米复合材料。

在高岭石-聚合物纳米复合材料制备中，高岭石的剥片效果，若未经由液相过程，其剥片则多为机械力而引起，固态或半固态环境中不含有类似液相环境下的自由空间，也就无法产生触发卷曲的有利条件，最终形成的剥片效果有限。Letaief 与 Detellier 发现高岭石聚合物纳米复合材料中卷曲状的高岭石，这也应与制备过程中所经由的液相环境有关。

5.2.3　化学剥片对高岭石结构的影响

高岭石原始晶体为六方片状堆叠的书本状集合体，其 $d(001)$ 层间距为 0.71nm；经二甲基亚砜插层后，高岭石晶体结构在 c 结晶轴方向被撑开，层间距相应增大至 1.12nm，经甲醇多次漂洗后，内表面羟基处发生了甲氧基嫁接，层间距略微减小至 0.90nm。烷基胺借助嫁接于高岭石层间的甲氧基团，插层进入高岭石层间，使其层间距迅速扩大至 1.24～4.23nm，为其原始层间距的 2～6 倍，不仅大大地降低了高岭石晶层间的氢键作用力，而且为高岭石单片层的卷曲提供了充分的自由空间。

　　高岭石-烷基胺(或季铵盐)插层复合物之所以能被剥离成卷，外因在于经烷基胺(或季铵盐)插层后，高岭石层间距扩大，层间的氢键作用力减弱，内因在于高岭石自身结构中四面体片与八面体片之间的错位。高岭石单元层由铝氧八面体片和硅氧四面体片 1：1 叠合而成，硅氧四面体的顶氧原子与铝氧八面体共用，形成了一种本身结构上原子的错位，单层不能保持在稳定的平面二维状态。高岭石单元层结构中的四面体片比八面体片稍大，底氧面中氧原子之间间距稍大而与顶氧原子之间形成错位，这种错位可以由硅氧键的旋转或者 1：1 层的卷曲来抵消，而同性离子间的排斥力会阻碍硅氧键的旋转，故通过形态上的卷曲来抵消这种错位是最容易的，当离子间库仑力达到平衡时形成比较稳定的、类似于埃洛石的管状结构，此过程正是单片层高岭石弯曲成纳米卷的内在因素；另外，复合物在液相溶剂中的浓度很低(质量比约为 1：10)，层间烷基胺溶解之后，每一层有充分的无障碍空间，液相流体中形成的剪切力加之超声波的扰动，使原有片层结构的平衡被打破而引发卷曲。长链烷基胺插层复合物形成高岭石纳米卷的产率相对较高，插层复合物的层间距是决定性因素，其原因在于，较大的层间距有利于层间氢键作用力的降低，同时较大的层间距为片层的卷曲提供了更充分的无障碍空间。否则，由于自由空间限制或者相邻层间氢键作用力的限制，片层仅发生部分卷曲，停留于"半卷"状态(图 5.2)。

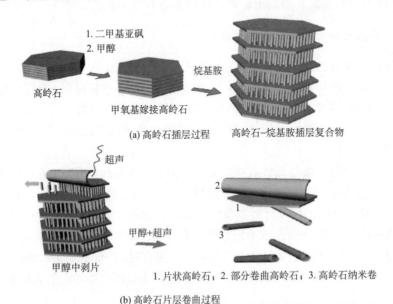

(a) 高岭石插层过程

(b) 高岭石片层卷曲过程

图 5.2　高岭石插层、剥片过程示意图

5.3　化学浸泡-磨剥法

从高岭土剥片工业的实践可以看出，单独利用机械磨剥法、高速喷射法及化学浸泡法的剥片效果都不是很理想。因此，对原有的高岭土剥片技术方法进行改进升级以及探索新的高岭土剥片技术方法，对高岭土深加工工业以及高岭土在高新技术领域的应用发展是非常迫切的，同时具有非常重要的意义。

高岭石是一种层状硅酸盐矿物，对其进行插层使得一些小分子进入高岭石层间，使高岭石层间距扩大。如果能够寻找出一些具有较大偶极距的小分子化合物不仅能够进入高岭石层间，使得高岭石层间距扩大，而且能较大程度上破坏高岭石层间作用力，这时再利用机械磨剥的作用，达到高岭石晶片剥离的目的，则是一种有效的超细剥片技术，同时也是现代超细粉碎技术所追求的。因此，所提出的化学浸泡-磨剥法就是将高岭土进行插层后再利用机械磨剥的作用使得高岭石层与层剥离，从而达到超细化和提高径厚比的最终目的。

5.3.1　化学浸泡-磨剥法剥片原理

所谓的化学浸泡-磨剥法是先用化学药剂(称为浸泡剂、插层剂或预浸剂)对片状高岭石进行浸泡，当药剂浸入晶体叠层以氢键结合的晶面之间，则使其间的结合力变弱，晶层之间的相对位移就变得容易，叠层之间出现"松懈"或"松动"现象。当这种经过药剂浸泡的片状高岭石受外力剪切作用时，由于层间的氢键或范德华力受到削弱，且其远远小于离子键和共价键的键能。因此，在这种情况下只要施以较小的机械外力，叠层即可解离，其晶就会一层层地剥落下来，产生小鳞片状近于单体高岭石晶片，即所谓"小片晶"，完成了高岭石叠层的剥片过程。

与其他物料的磨剥一样，高岭土的剥片不仅是一个机械力学过程，同时是一个机械化学过程。因此，凡影响矿浆流变学性质和高岭土硬度变化的药剂，必将引起剥片行为的改变。从流变学观点出发，由于高岭土经磨剥后，矿浆表面张力增大，黏度增大，流动性变差。此时加入化学试剂或插层剂，一方面可以降低表面张力；另一方面可以吸附在矿粒表面，起到保护胶粒因电解质引起聚沉的影响，从而使矿粒处于悬浮状态，改善矿浆的可流动性，使超细粉碎和剥片更为有利。从这个意义上讲，剥片剂实质就是分散剂或插层剂，如水玻璃、六偏磷酸钠等。从降低硬度的观点出发，加入助剥剂后，由于药剂在矿物表面吸附，引起表面层晶格的位错迁移，产生点或线的缺陷，从而使其层间结合力变弱，晶体叠层松懈，更利于矿物的解离。这类药剂主要有烷基醇胺、聚丙烯酸、苯甲酸等。苏州中材非金属矿工业设计研究院曾使用助剥剂进行浸泡剥片，可使-2μm粒级产率由30%上升到55.1%，但由于成本过高，难于推广应用。

早在 20 世纪 80 年代，苏联选用尿素作为浸饱剂。具体操作如下：首先制备尿素的饱和水溶液，在 18~20℃温度下，在 100mL 水中加入 108g 尿素，搅拌均匀即可。然后将高岭土粉与饱和的尿素水溶液配制成 20%~30%的悬浮液，搅拌 5~10h，加入六偏磷酸钠，同时升温至 80℃，高岭石晶体叠层在高速搅拌产生的穴蚀作用下，被剥离成近于单晶的小鳞片体,完成剥片过程。此时产品中$-2\mu m$ 的粒级可增加到大于 80%,随着产品粒度的变细,其白度也有显著提高。如果还满足不了要求,则再进行漂白处理,可以加入漂白剂,如连二亚硫酸钠或连二亚硫酸锌,当有尿素存在时,连二亚硫酸钠很容易深入高岭石晶体内表面中,与染色物质,特别是氧化铁充分反应,生成铁的可溶物而被除去,从而提高产品的白度。实验结果表明原始白度为 81.7%的高岭土,经过上述工艺处理后,白度可提高到89%以上,亮度提高到91GE 以上。

在高岭土剥片技术中,化学浸泡-磨剥法是最新发展起来的一种方法,克服了其他方法的缺点,产品具有粒度细、白度高、成本低等特点,且工艺流程简单,不需要特殊设备,浸泡液可重复使用和综合利用,具有广阔的发展前景。

5.3.2　高岭土化学浸泡磨剥过程

化学浸泡-磨剥法是针对已有的高岭土剥片技术的缺点,从削弱晶层间结合力出发,选用合适的化学药剂,再利用普通设备,施以较小的外力来完成晶体叠层的剥离。该法的关键在于化学浸泡剂的选择。浸泡剂要具备以下条件:可渗入到晶层间且能削弱其间的结合力,因此,该药剂的分子量不能过高且易流动,价格要低廉,来源广、易制取。

化学浸泡-剥片的过程分为两个连续的操作过程,首先制备高岭石-尿素、高岭石-醋酸钾、高岭石-甲酰胺、高岭石-二甲基亚砜、高岭石-甲基甲酰胺等直接插层复合物;然后借助磨剥介质的机械冲击力,使这类较为"松散"的插层复合物在其弱联结处发生断裂,达到一定的剥片效果,其叠置的单元层数大大减少,获得较大径厚比的高岭石片层。本节中所使用的插层客体为醋酸钾,其极易除去,只要加入少量水进行剧烈搅拌后,便可洗去层间的醋酸钾。

不同于高岭石的纯化学液相剥片,化学浸泡-磨剥是指在简单插层高岭石复合物的基础上加以机械力作用使其叠置的大颗粒产生断离,最终获得更大径厚比颗粒的过程。实际生产中诸如橡胶工业、造纸工业中更需要的是板状晶型的高岭石微颗粒,且其径厚比越大,产生的纳米填充效应越明显。上述纯液相化学剥片的最终产物多为单层卷曲的纳米卷状高岭石,其形貌特征决定了已经不利于作为填料相关的工业应用,故采用效果较为明显但又不至于导致过度剥片的机械化学剥片方法。

5.3.3　插层剥片对高岭石结构的影响

1. 高岭石晶体结构分析

高岭石经过醋酸钾插层后其层间距扩大到1.42nm(图 5.3 中的 b),经过 2h 的磨剥后,高岭石-醋酸钾插层复合物在 $2\theta=6.21°$处的衍射峰的强度几乎消失,而高岭石(001)衍射峰的强度并没有得到良好恢复,说明该插层复合物部分被分离,部分插层剂分子可能发生脱嵌(图 5.3 中的 c)。这是由于醋酸钾进入高岭石层间后使其层间距扩大,层间作用力减弱,磨剥只要加以轻微的作用力便可使其层与层之间分开。

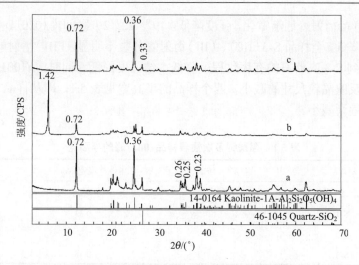

图 5.3　高岭石(a)、高岭石插层复合物(b)和插层复合物剥片后(c) X 射线衍射图谱

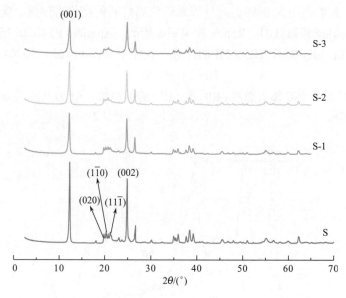

图 5.4　高岭石被醋酸钾多次插层洗涤样品 X 射线衍射图

S 为高岭石；S-1为醋酸钾插层复合体磨剥后离心洗涤；S-2 为将 S-1再次醋酸钾插层磨剥离心洗涤；S-3 为将 S-2
再次醋酸钾插层磨剥离心洗涤

　　不同结晶度的高岭石，其 X 射线衍射图谱形态和特征不同，主要反映在(001)、(002)基面衍射峰尖锐度和强度以及 19°~22°(2θ)区间内(020)、($1\bar{1}0$)、($11\bar{1}$)峰的强度等。高岭石(001)衍射峰的尖锐度越高，强度越大，其结晶度越好，有序化程度越高，并且 19°~22°(2θ)区间内(020)、($1\bar{1}0$)、($11\bar{1}$)衍射峰强度的降低是晶体结构趋于无序的反映。样品 S(001)和(002)衍射峰强而尖锐，19°~22°(2θ)区间内(020)、($1\bar{1}0$)、($11\bar{1}$)衍射峰分裂明显，并且强而尖锐，如图 5.4 所示。为了研究插层剥片对高岭石结构、粒度及其径厚比的影响，笔者对高岭石进行了多次插层剥片实验。研究发现，随着插层磨剥洗涤

次数的增多,样品衍射峰逐渐宽化,强度降低,$19° \sim 22°(2\theta)$ 区间内 (020)、$(1\bar{1}0)$、$(11\bar{1})$ 衍射峰的强度降低,至样品 S-3$(1\bar{1}0)$、$(11\bar{1})$ 衍射峰分裂不明显,$(11\bar{1})$ 衍射峰趋于消失。则可知样品 S 到 S-3 高岭石的有序化程度降低,结晶度降低。同时,$d(001)$ 处衍射峰的半高宽的增大反映晶粒尺寸的减小,四个样品的半高宽见表 5.1,即从样品 S 到 S-3,高岭石的粒度是逐渐减小。

表 5.1　醋酸钾多次插层样品 (001) 峰的半高宽

样品	半高宽(W)
S	0.22
S-1	0.33
S-2	0.37
S-3	0.48

　　长期以来,人们利用 X 射线衍射分析来研究高岭石的结构有序度,提出了不同的判别方法,如 Hinckley 指数(HI)、Range 和 Weiss 指数、Aparicio 的 KCIS 指数等,但是应用最广的还是 Hincldey 指数(HI)。HI 的计算公式如下(Frost et al.,2000):

$$HI=(A+B)/At$$

式中,A、B 分别为两个毗邻衍射峰 $(1\bar{1}0)$ 和 $(11\bar{1})$ 的的高度;At 为其中最高衍射峰到背底线的距离(图 5.5)。

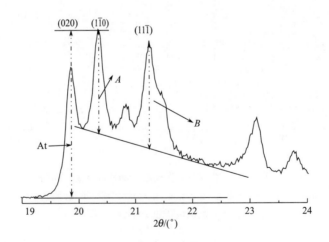

图 5.5　高岭石结晶度指数

　　通常被测样品的结晶度指数(HI)越高,说明其有序度越好。人们通常定义高岭石的结晶度指数(HI)大于 1.0 为有序,小于 1.0 为无序。经计算,四个样品的 HI 值见表 5.2。由表 5.2 的 HI 值可以看出,原矿高岭石的 HI 值最大,随着插层剥片次数的增多,样品的 HI 值逐渐减小,有序度逐渐降低,其中样品 S-2、S-3 的 HI 值都小于 1.0,为无序高岭石。由此可知,样品 S 到 S-3,有序度逐渐降低,高岭石从有序变为无序。另外根据

《中国黏土矿物》中结晶度的测试方法：比较晶面（$1\bar{1}0$）和(020)强度之比，即 $I(1\bar{1}0)/I(020)$，数值越大，结晶度越好。从表 5.2 可知，从 S 到 S-3，$I(1\bar{1}0)/I(020)$ 值由 2.32 降低到 0.83，表明四个样品的结晶度呈降低的趋势，同样说明高岭石由有序变成无序，这与前面用 HI 指数得到的结论相吻合。这是因为随着插层磨剥次数的增多，高岭石的晶体结构在一定程度变形或遭到破坏，从而使高岭石有序度降低。

表 5.2　醋酸钾多次插层高岭石样品的结晶度指数

样品	A/cm	B/cm	At/cm	HI	$I(1\bar{1}0)$	$I(020)$	$I(1\bar{1}0)/I(020)$
S	0.63	0.66	1.00	1.29	22118	9525	2.32
S-1	0.56	0.63	1.12	1.08	8477	5330	1.60
S-2	0.35	0.37	0.87	0.83	4153	4544	0.91
S-3	0.3	0.32	0.9	0.69	2609	3141	0.83

2. 高岭石微观形貌变化

高岭石经过前两次插层磨剥后，保持了良好的六方片状晶形，很少发现高岭石片层发生卷曲，大部分颗粒在电镜呈现薄而透明状，说明高岭石层与层发生了剥离，晶层变薄[图 5.6(b)、(c)]。这可能是由于插层作用使高岭石层间距变大，其层间作用力显著减弱，经机械磨剥洗涤后高岭石片层间发生剥离，晶层厚度减小。从高岭石第三次插层磨剥后的透射电镜照片可以看出有部分高岭石片层从边缘发生卷曲[图 5.6(d)]，但卷曲程度不高，很少完全卷曲成纳米卷，由此可知随着高岭石厚度的减小，高岭石呈现由片层形貌向管状形貌转变的趋势。

3. 高岭石微观结构变化

为了研究插层以及磨剥对高岭石微结构的影响，将高岭石、未经插层高岭石磨剥样以及醋酸钾插层后磨剥高岭石的红外光谱进行详细的对比，通过对比来说明插层、磨剥对高岭石微结构的影响。图 5.7 为高岭石、未经插层高岭石磨剥样品与醋酸钾插层高岭石磨剥样品的高频区红外光谱图。外表面羟基位于高岭石片层表面，其易于和合适的插层分子形成氢键。$3620cm^{-1}(v_5)$ 为内羟基伸缩键，由于该羟基位于高岭石硅氧四面体和铝氧八面体内部，在插层反应过程中处于相对稳定状态，其红外吸收光谱的振动谱带波数与强度均不易发生明显变化。同时由于其位于高岭石基本单元层的中间，其不能与层间的任何分子形成氢键。对比谱图可以看出，未经插层进行高岭石磨剥的样品的红外光谱高频区羟基伸缩振动的四个键的强度明显下降，然而对于插层后磨剥高岭石样品的红外光谱高频区羟基伸缩振动的强度几乎没有任何变化。未经插层磨剥样品羟基伸缩强度的下降可能与磨剥过程中一些羟基官能团被破坏有关。

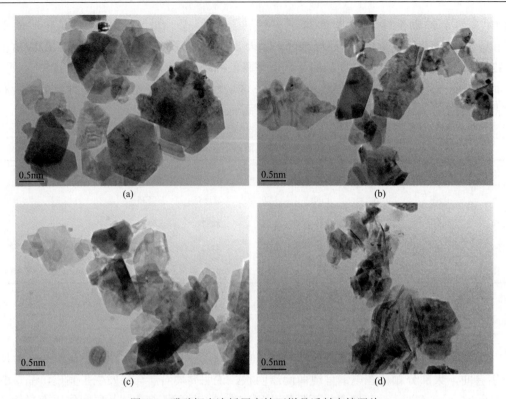

图 5.6　醋酸钾多次插层高岭石样品透射电镜照片

(a)高岭石(S)；(b)醋酸钾第一次插层(S-1)；(c)醋酸钾第二次插层(S-2)；(d)醋酸钾第三次插层(S-3)

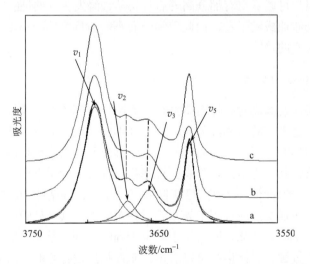

图 5.7　高岭石(a)、未经插层高岭石剥片(b)和插层复合物剥片后(c)高频红外光谱图

　　在粒度降低过程中，有更多高岭石表面羟基暴露出来，由于没有进行插层磨剥过程，片层表面的羟基受到了一定的影响。羟基伸缩振动强度的下降及半高宽的变宽均表明未经插层磨剥过程引起高岭石结构的破损。图 5.8 为高岭石、未经插层磨剥高岭石以及醋酸钾插层后磨剥高岭石在低频区的红外光谱图。根据 Farmer 和 Russell(1966)、Franco

等(2007)的报道, Si—O 键振动的强度以及位置可以用来判断高岭石剥片过程, 这是由于该振动为极性垂直于高岭石基本单元层的振动。1115cm^{-1}(v_{10}) 和 940cm^{-1}(v_{15}) 分别为 Si—O 面外振动和羟基解型振动, 这两个键的缺失与 1099cm^{-1}(v_{11}) 和 926cm^{-1}(v_{16}) 键强度的下降均是由于高岭石未经插层直接对其进行磨剥引起的结构破坏所造成。经过醋酸钾插层后对高岭土进行剥片, 其红外光谱图与高岭土原矿的红外光谱图基本相近。表 5.3 中键的强度、半高宽以及键的位置也进一步说明了插层后磨剥及未经插层直接进行磨剥对高岭石基本结构的影响。

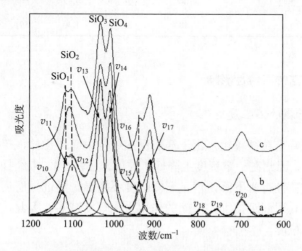

图 5.8　高岭石(a)、未经插层高岭石剥片(b)和插层复合物剥片后(c)低频红外光谱图

表 5.3　高岭石、未经插层高岭石剥片和插层复合物剥片后的红外光谱吸收键

波峰	高岭石			未经插层高岭石剥片			插层后高岭石剥片		
	波数/cm^{-1}	半高宽/cm^{-1}	强度/%	波数/cm^{-1}	半高宽/cm^{-1}	强度/%	波数/cm^{-1}	半高宽/cm^{-1}	强度/%
v_1	3694	21.8	6.79	3695	20.0	6.58	3695	23.0	7.18
v_2	3668	15.8	1.18	3669	15.8	0.50	3668	19.5	1.25
v_3	3651	20.6	2.29	3652	27.6	1.38	3651	23.6	2.14
v_5	3620	8.8	2.36	3620	9.1	2.16	3620	13.1	1.89
v_{10}	1115	12.0	1.90				1113	24.0	6.59
v_{11}	1099	45.8	13.86						
v_{12}	1045	38.8	11.11	1083	55.1	10.48	1093	48.3	16.23
v_{13}	1032	18.8	13.97	1033	29.0	17.12	1033	27.6	19.93
v_{14}	1009	20.0	12.21	1008	20.3	13.87	1008	18.7	9.21
v_{15}	940	17.6	3.54				939	19.5	2.26
v_{16}	926	12.2	1.01				925	11.8	1.00
v_{17}	913	18.9	5.61	914	19.5	6.27	914	21.9	6.67

续表

波峰	高岭石			未插层高岭石剥片			插层后高岭石剥片		
	波数/cm⁻¹	半高宽/cm⁻¹	强度/%	波数/cm⁻¹	半高宽/cm⁻¹	强度/%	波数/cm⁻¹	半高宽/cm⁻¹	强度/%
v_{18}	791	21.3	0.72	792	26.8	1.10	792	26.5	1.18
v_{19}	756	23.1	0.81	756	22.2	0.80	756	23.2	0.91
v_{20}	695	29.2	2.55	697	26.6	2.52	696	28.3	2.88
v_{21}				590	35.4	1.40	591	37.3	1.50

5.3.4 插层剥片对高岭石特性影响

1. 插层剥片后高岭石粒度变化

未经插层前高岭土粒径较粗，由于插层反应过程中需要搅拌，该过程就引起了高岭土颗粒之间的碰撞，因此在一定程度上降低了粒度，见表5.4。未经插层直接对高岭土进行磨剥，高岭土的粒径有所下降，但是下降幅度不明显。经过插层后，醋酸钾分子进入高岭石层间，使得其层间距扩大，层间的作用力大幅度减弱。因此，再进行磨剥便在很大程度上降低了其粒度。

表 5.4 高岭石、高岭石插层复合物、未经插层高岭石剥片和插层复合物剥片后的粒度

不同处理高岭土样品		高岭石原矿	插层高岭石	未插层高岭石剥片	插层后高岭石剥片
粒度	<1μm	5%	12%	15%	75%
	<2μm	18%	39%	57%	98%

2. 插层剥片后高岭石径厚比变化

高岭土在橡塑领域主要用于增量型填料，旨在降低橡塑制品的生产成本，一般不具功能性。近年来，随着国际上纳米黏土的研究兴起，制备一种用于橡胶和塑料中的功能性黏土材料成为人们的研究重点。然而，目前人们成功制备了橡胶-高岭土纳米复合材料，由于该材料气体阻隔性能存在缺陷，仍处于探索阶段。利用层状硅酸盐提高气体阻隔性的主要原因是其可以延长气体分子在基体中扩散的路径。具有大的径厚比的硅酸盐片层均匀地分散在聚合物基体中，使得气体或液体小分子在聚合物基体中的扩散运动必须绕过这些片层，因此增加了气体、液体分子在聚合物基体中扩散的有效途径，提高了聚合物材料对气体和液体的阻隔性能。研究表明，聚合物-黏土纳米复合材料的微观结构和阻隔性能主要受控于黏土剥离后的径厚比、在聚合物中的取向及剥离程度。

径厚比(Aspect Ratio)是指具有片层状结构的非金属矿物经超细粉碎后，片层状颗粒单体的直径与其厚度的比值。径厚比是片状矿物材料应用过程中的重要物理参数之一，

对其工艺性能有重要影响(任耀武，1998)。目前对于片状矿物的径厚比的描述主要是基于透射电镜或扫描电镜的观察，并且仅是定性和概略性的描述，尚未有一个统一和定量的检测方法和标准。表 5.5 为利用扫描电镜数据对磨剥后高岭土颗粒的径厚比进行的分析比较。高岭石原矿接近于高有序堆叠的高岭石晶体；未经插层直接磨剥高岭石颗粒中有较多片层堆叠现象；醋酸钾插层后剥片高岭石几乎保持原矿高岭石最初的六方片层结构，均匀分散开(图 5.9)。众所周知，高岭土的传统解离多采用机械剥片和研磨方法，如湿法或干法碾磨。这种单靠机械碾磨方法的缺点是过度研磨会破坏高岭石的晶体结构，其机械研磨的最细粒度也只能达到 1~2μm，且不易控制径厚比。高岭石的结构单元层由氢键结合在一起，插层剂醋酸钾分子能够直接破坏高岭石层与层之间的氢键，插入高岭石的层间，撑大高岭石的层间距，进而有可能较易使高岭石层与层剥离。不管是机械研磨剥离作用、插层作用或者是超声波处理，均可能使高岭石的晶形或层状结构遭到破坏。如果将这种晶形或层状结构破坏的高岭石用于橡胶基体中，势必会影响其性能，特别是阻隔性能。因此，在插层或磨剥过程中控制高岭石晶形和适当的径厚比，对于其在橡胶中的应用来讲，具有非常重要的实际意义。

表 5.5　高岭石、高岭石插层复合物、未经插层高岭石剥片和插层复合物剥片后的径厚比

样品	高岭石原矿	未插层高岭石剥片	插层后高岭石剥片
径厚比	1	2.3	10.6

3. 插层剥片后高岭石 BET 比表面积变化

表 5.6 高岭石、高岭石-醋酸钾插层复合物、未经插层直接磨剥高岭石以及醋酸钾插层后磨剥样品的比表面积值。高岭土原矿的比表面积为 $8.78m^2/g$，经过插层后，由于粒度的下降引起了比表面积在一定程度上增加至 $12.57m^2/g$，其增幅不是很明显。未经插层磨剥高岭石的比表面积为 $13.54m^2/g$，这一值与插层高岭石的比表面积基本相当，这可能主要是由于插层后高岭石层间距扩大，N_2 进入有插层分子的高岭石层间。插层后磨剥过程使得已经插层的高岭石片层被剥开形成单片层，因此其比表面积扩大了三倍。

表 5.6　高岭石、高岭石插层复合物、未经插层高岭石剥片和插层复合物剥片后的 BET 比表面积

样品	高岭石原矿	插层高岭石	未插层高岭石剥片	插层后高岭石剥片
比表面积/(m^2/g)	8.78	12.57	13.54	27.52

未经插层的高岭土经过剥片后，高岭石片层未能充分的分开，较多片层仍然堆叠在一起；同时可以看出，高岭土层状晶体边缘比较模糊。插层后磨剥的高岭土样品层与层之间基本已完全剥离，几乎未能发现多层堆叠的现象，同时可以看出这些被剥离开的高岭石晶片层能很好地的保持原有的六方片层形状(图 5.9)。

图 5.9　高岭石、高岭石插层复合物、未经插层高岭石剥片和插层复合物剥片后扫描电镜照片

(a)高岭石；(b)高岭石插层复合物；(c)未经插层高岭石剥片；(d)插层复合物剥片后

参 考 文 献

顾晓文, 张先如, 徐政. 2007. 高岭石/N-氧化吡啶插层复合物的制备及其机理分析. 材料科学与工程学报, 25(2): 253～257

梁宗刚. 2005. BMP-500 型磨剥机在煤系煅烧高岭土超细磨矿中的应用. 中国非金属矿工业导刊, (5): 45～46

任耀武. 1998. 非金属矿物径厚比快速测定法. 中国非金属矿工业导刊, (3): 32～33

王林江, 吴大清, 刁桂仪. 2002. 高岭石/聚丙烯酰胺插层复合物的制备与表征. 无机化学学报, 18(10): 1028～1032

阎琳琳, 张存满, 徐政. 2007. 高岭石插层-超声法剥片可行性研究. 非金属矿, (1): 1～5

杨雅秀. 1994. 中国黏土矿物. 北京: 地质出版社

张生辉, 夏华, 杨薇等. 2004. 高岭石/对硝基苯胺插层复合物的制备与表征. 材料工程, (3): 24～27

Farmer V C, Russell J D. 1966. Effects of particle size and structure on the vibrational frequencies of layer silicates. Spectrochimica Acta Part A: Molecular and Biomolecular Spectroscopy, 22(3): 399～402

Franco F, Cecila J A, Pérez-Maqueda L A, et al. 2007. Particle-size reduction of dickite by ultrasound treatments: Effect on the structure, shape and particle-size distribution. Applied Clay Science, 35(1-2): 119～127

Frost R L, Kristof J, Kloprogge J T, *et al*. 2000. Rehydration of potassium acetate-intercalated kaolinite at 298K. Langmuir, 16(12): 5402~5408

Itagaki T, Kuroda K. 2003. Organic modification of the interlayer surface of kaolinite with propanediols by transeste rification. Journal of Materials Chemistry, 13(5): 1064~1068

Komori Y, Enoto H, Takenawa R, *et al*. 2000. Modification of the interlayer surface of kaolinite with methoxy groups. Langmuir, 16(12): 5506~5508

Komori Y, Sugahara Y, Kuroda K. 1999. Intercalation of alkylamines and water into kaolinite with methanol kaolinite as an intermediate. Applied Clay Science, 15(1):241~252

Nicolosi V,Chhowalla M,Kanatzidis M,*et al*.2013.Liquid exfoliation of layered materials.Science,139(340) : 1 226419

Valášková M, Rieder M, Matejka V, *et al*. 2007. Exfoliation/delamination of kaolinite by low-temperature washing of kaolinite-urea intercalates. Applied Clay Science, 35(1-2): 108~118

第6章 高岭石径厚比测试方法

6.1 概 述

径厚比是指具有片层状结构颗粒的直径与其厚度的比值，是非金属矿物材料应用过程中的重要物理参数之一(程宏飞等，2008)。高岭石的径厚比在其应用的许多领域都是一个关键的影响因素，具有重要的研究价值，如造纸、涂料，尤其是应用于橡胶的阻隔性能和补强性能(刘钦甫等，2005；张玉德等，2006；陆银平等，2009)。目前对于片状矿物径厚比的测量主要是基于大量透射电镜照片或扫描电镜照片的观察，并且仅是定性和概略性的描述，尚未有一个统一和定量检测的方法及标准。Bundy 等(1965)统计了大量高岭石矿物的透射电镜(TEM)照片，根据其阴影来观察矿物的直径和厚度，从而计算径厚比；Morris 等(1965)也用同样的方法对高岭石径厚比进行了测算。Slepetys 和 Cleland(1993)尝试综合利用沉降法和激光法粒径分析，研究了激光衍射和单粒子光散射(静态和动态)与片层径厚比的相关性。Gantenbein 总结了前人测算径厚比的方法(Baudet *et al.*，1993；Yildirim，2001；Yekeler *et al.*，2004；Gantenbein *et al.*，2011)，提出了一种通过分析利用氮吸附获得的比表面积和综合利用粒度数据来测算片层矿物径厚比的方法(Gantenbein *et al.*，2011)。

国内对片层材料径厚比的相关研究十分稀少。于冰和于建勇(1995)尝试利用透射电镜测量层状硅酸盐细粉的厚度，任耀武(1998)尝试利用偏光显微镜对少量片层矿物径厚比进行测量。乔素梅(2013)提出了高径厚比微片对锌粉的影响和好处；冯启明等(2006)在对片层材料石墨的研究中，拍摄了大量的扫描电镜照片来对石墨进行径厚比测量。白翠萍(2008)对云母的径厚比做了较系统的研究，提出并对比了多种测试方法，但目前关于径厚比的研究尚未有一个切实可行的方法。

目前，国内外尚未有专用于类似高岭石等微细片层材料的径厚比测算的方法，现有的关于片层材料径厚比测量的方法主要是综合采用扫描电镜法、透射电镜等图像法，以及联用激光法和沉降法测试颗粒粒径、氮吸附颗粒比表面积等来推算径厚比，但这些方法所得结果均不稳定，重复性差，难以准确有效地反映片层颗粒的径厚比，操作难度大，其应用受到限制。

虽然片层材料的径厚比测试尚未有一个有效方法，但对于粉体颗粒的粒度测试则国内外已经成熟，常见的测试方法和原理有激光法、沉降法、电阻法、图像法等，不同粒度测试方法的比较见表6.1。本书作者研究团队基于电阻法原理，利用库尔特仪器发明了一种测算高岭石径厚比的方法。

表 6.1　几种粉体颗粒粒径测试方法

测试方法	激光法	沉降法	电阻法	图像法
原理	Fraunhofer 衍射和 Mie 散射理论	Stokes 定律	Coulter 原理	成像原理；图像处理；数据处理
仪器	(1)英国 Malvern 公司的 Mastersizer 2000 激光粒度仪；(2)中国丹东百特科技有限公司研制的 Bettersize2000 激光粒度仪	(1)美国麦克公司 SediGraph Ⅲ 5120 沉降法测颗粒分析仪；(2)中国丹东百特科技有限公司研制的 BT–1600 沉降粒度分析仪	美国 Beckman Coulter 公司的 Multisizer 3 颗粒粒度分析计数仪	(1)中国丹东百特科技有限公司研制的 BT–1600 图像颗粒分析仪；(2)扫描电子显微镜
测试范围	0.2～2000μm	0.1～800μm	0.4～1200μm	1～3000μm
测量时间	5min	15min	10min	1～30min
等效粒径	等效体积径	等效沉积径	等效电阻径	等效投影面积径，电镜成像

6.2　电阻法测算径厚比

6.2.1　电阻法简介

1.　测试原理

电阻法又称库尔特计数法(陈长雄，1995)，是一种唯一能通过三维测量而直接提供颗粒体积数据和绝对计数的分析方法(陈卫，2009)。其原理是，悬浮在电解液中的颗粒在负压作用下通过一个由红宝石制成的小孔，两个铂电极组成的电阻式传感器分别插浸在小孔的两侧(图 6.1)，颗粒通过小孔时，排开了等体积的电解液，由于颗粒被认为是不导电的绝缘体，因此电极间的瞬间电阻增大，产生一个电压脉冲。脉冲的幅值对应于颗粒的体积和相应的粒径，脉冲的个数对应于颗粒的个数。对所有逐一测量到的脉冲计数并确定其幅值，即可得出颗粒的大小，统计出颗粒的分布。电阻法原理认为脉冲的幅度与产生脉冲的微粒的体积是直接成比例的，不同粒径的颗粒产生不同的脉冲。电阻变化与颗粒体积的关系为(杨昱、高玉成，1997)

$$\Delta R = \frac{\rho_f V_p}{A^2}\left(1 - \frac{\rho_f}{\rho_s}\right)\frac{1}{1 - \left(1 - \frac{\rho_f}{\rho_s}\right)\frac{\alpha}{A}} \tag{6.1}$$

式中，ΔR 为颗粒通过小孔时引起的电阻变化；ρ_s 和 ρ_f 分别是微粒和电解液的电阻率；α 为微粒横断面积；A 为小孔横断面积；V_p 为微粒体积。

当微粒直径小于小孔直径的 30%时，式(6.1)可简化为(杨昱、高玉成，1997)

$$\Delta R = \frac{\rho_f V_p}{A^2} \tag{6.2}$$

可见，在使用同一个小孔管时，颗粒的体积与产生的脉冲成正比。又因为脉冲的高度和宽度所代表的物理量与片状颗粒的形状参数有关，基于此，可通过对脉冲峰形参数的分析，对片状颗粒的径厚比进行推导计算。

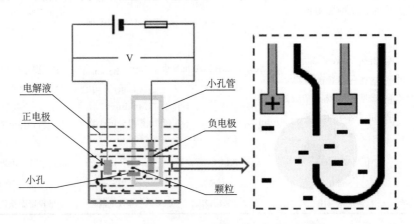

图 6.1　电阻法仪器测颗粒粒径的简化原理图

2. 相关仪器简介

本法采用美国贝克曼库尔特有限公司生产的 Coulter Multisizer 3 粒度仪对样品进行测试并对其数据分析计算。该仪器采用电阻法进行颗粒粒度测试，传统上主要用于血液细胞球计数及大小分析(韩喜江等，2004)。

图 6.2　Coulter Multisizer 3 粒度仪

Coulter Multisizer 3 粒度仪(图 6.2)的功能及特点如下：

功能：颗粒计数及粒度分析。

分析范围：0.4～1200μm。

应用原理：电阻法原理。

适用范围：粉末颗粒、水细胞等。

技术特点：数字脉冲处理技术 DPP、可测量样品分布和浓度、符合 ASTM 和 ISO 标准、微软窗口平台设计。

Coulter Multisizer 3 粒度仪是检测悬液中颗粒的数量及大小的有效工具，测量范围大、分辨率和准确率高，软件功能强大，已在化工、冶金、环保、医药卫生等行业的微细颗粒检测以及血细胞分析计数、注射液等药品的质量检验等方面得到应用。

Coulter Multisizer 3 粒度仪的优点之一是重复性好，以标准样品对其进行检测，发现其准确性也非常好，因此，国家计量院也使用库尔特仪作为检验国家级标准颗粒的仪器。

库尔特仪尽管测算精确，但使用却受到了一定的限制：

(1)库尔特仪需要经常使用标准样品来校准仪器，以保证测算数据准确。同时要求保证专配的蒸馏水和测试用电解质。

(2)对于粒度分布相对较宽的颗粒，电阻法不太实用，因为必须用于样品颗粒范围相适配的管孔才可以测量样品，若颗粒过大，小孔偏小则有阻塞小孔的可能，但颗粒较小，小孔较大则颗粒有可能小于小孔的测试下限，导致不被计数。

(3)此测量方法的测试下限由最小孔径(20μm 的小孔管)所限制，所测样品粒度越细，所需小孔管精度要求越高，最小的小孔管比较容易被样品堵塞。

综上所述，该方法尽管适用于血球的粒度分析，但对很多工业物质来说测试条件较为苛刻。故而长期在矿物颗粒测试方面利用较少。由于其输出图形的脉冲高度和宽度与片状颗粒的形状参数，如直径和厚度有一定相关性，因此本书作者研究团队尝试探索用此进行高岭石径厚比的测量和分析。

3. 库尔特仪输出数据分析

库尔特仪专配的分析软件开放性较强，通过分析样品源数据，可以导出如下数据：

脉冲波数据包括序列(Sequence)、脉冲高度绝对值(Max Pulse Height)及脉冲高度(Max Pulse Height/μm)、脉冲电压数据(Max Pulse Height/V)及脉冲宽度(Pulse Width/μs)等。其中，脉冲高度单位为微米(μm)，脉冲宽度数据单位为微秒(μs)，如图 6.3 所示。

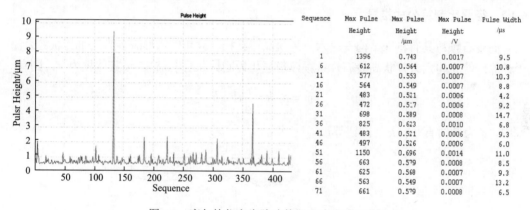

Sequence	Max Pulse Height	Max Pulse Height /μm	Max Pulse Height /V	Pulse Width /μs
1	1396	0.743	0.0017	9.5
6	612	0.564	0.0007	10.8
11	577	0.553	0.0007	10.3
16	564	0.549	0.0007	8.8
21	483	0.521	0.0006	4.2
26	472	0.517	0.0006	9.2
31	698	0.589	0.0008	14.7
36	825	0.623	0.0010	6.8
41	483	0.521	0.0006	9.3
46	497	0.526	0.0006	6.0
51	1150	0.696	0.0014	11.0
56	663	0.579	0.0008	8.5
61	625	0.568	0.0007	9.3
66	563	0.549	0.0007	13.2
71	661	0.579	0.0008	6.5

图 6.3　库尔特仪产生脉冲数据及脉冲波示意图

脉冲数据(即脉冲波的高、宽)与高岭石片层颗粒的直径、厚度有很明确的对应关系(图 6.4)。每个高岭石颗粒通过测试区域时，都将产生一个脉冲波，当颗粒开始进入恒定电阻率的测试区域(图 6.4 中的圆形区域)时，排开与自身体积相当的电导液，同时，测试区域电阻率开始变化，检测系统产生脉冲波；当颗粒完全离开测试区域，稳定测试区的电阻率恢复到原状态，脉冲波结束。由此可见，脉冲宽度(W)代表了颗粒完全通过测试区域的时间，其与颗粒的直径(d)有着密切的联系；脉冲高度(L)则反映颗粒体积的大小，其表达形式有绝对值(无单位)、排开电阻率(单位为 V)及长度(等效球体的直径，单位为 μm)等，根据圆饼颗粒体积与直径的关系转化获得颗粒厚度(h)，之后可计算获得颗粒的径厚比。

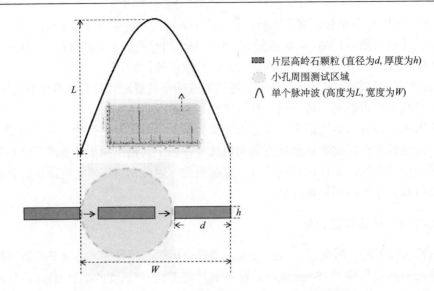

片层高岭石颗粒 (直径为d, 厚度为h)

小孔周围测试区域

单个脉冲波 (高度为L, 宽度为W)

图 6.4　脉冲波与颗粒形貌物理量的相关性原理图

6.2.2　径厚比测算公式推导

高岭石颗粒具有特殊结构——六方片状晶形结构，故其矿物形貌多为扁平片状。为便于计算，首先将六方片状高岭石片状颗粒理想化为圆饼状(图 6.5)。设其体积为 V，则有

$$V_\text{饼} = S \cdot h = \frac{\pi}{4}d^2 \cdot h \tag{6.3}$$

式中，d 为圆饼直径；h 为圆饼厚度。

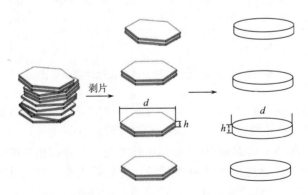

图 6.5　高岭石六方片层等效为圆饼形示意图

由此，径厚比(Aspect Ratio，AR)可简单表示为

$$\text{AR} = \frac{d}{h} = \frac{\pi d^3}{4V_\text{饼}} \tag{6.4}$$

式中，d 为样品颗粒的直径；V 为颗粒的体积。

与片状高岭石颗粒体积相同的等效球体颗粒，排开的电导液的体积相同，则有公式：

$$V_{饼} = V_{球} \tag{6.5}$$

球形样品的体积公式为

$$V_{球} = \frac{4}{3}\pi\left(\frac{L}{2}\right)^3 = \frac{\pi}{6}L^3 \tag{6.6}$$

式中，L 为等效球形颗粒的直径，实际上就是实测脉冲高度(因为是球形颗粒，其粒径即为直径，电阻法仪器测得的颗粒粒径以脉冲高度的形式给出)。

用电阻法测试国家标准物质球形颗粒 [GBW(E)130381、GBW(E)130382、GBW(E)130383 等]，取其脉冲高度、宽度数据整理，见表 6.2，该表可将脉冲宽度数据(时间单位)和颗粒粒径(长度单位)建立一一对应的关系。

表 6.2 球形标准颗粒脉冲数据与颗粒粒径对比简表

标样粒径 $n/\mu m$	脉冲高度 $L_n/\mu m$	脉冲宽度 $W_n/\mu s$
1	1.03	11.50
2	2.08	12.40
4	4.24	12.70
5	5.1	13.10
7	7.02	14.50
9	8.68	16.00
10	10.12	17.20
12	11.32	18.10
16	14.8	22.40
18.5	16.42	25.20
20	20.18	33.80

把直径在小范围内的变化(相邻标样粒径之间的变化)认为是线性变化，则脉冲宽度为 $W(\mu s)$ 的颗粒所代表的直径 $d(\mu m)$ 为

$$d = n + \frac{W - W_n}{W_m - W_n}(m - n) \tag{6.7}$$

式中，n 为球形标准样品的粒径；W_m、W_n 为球形标准样品相邻粒径的脉冲宽度($W_m > W_n$)，均查表 6.2 可得；W 为高岭石样品实测脉冲宽度，$W_m > W \geqslant W_n$。

综合式(6.3)~式(6.7)可得径厚比测算公式：

$$AR = \frac{d}{h} = \frac{\pi d^3}{4V_{饼}} = \frac{\pi d^3}{4\frac{\pi}{6}L^3} = \frac{3}{2}\left(\frac{d}{L}\right)^3 = \frac{3}{2}\left(\frac{n + \frac{W - W_n}{W_m - W_n}(m - n)}{L}\right)^3 \tag{6.8}$$

式中，W 为高岭石样品实测脉冲宽度(μs)；L 为高岭石样品实测脉冲高度(μm)；其中 $n(\mu m)$、$W_m(\mu s)$、$W_n(\mu s)$ 查表 6.2 可得。

6.2.3 径厚比测算实例

以某地高岭土样品为例,通过上述方式,可测得样品的平均脉冲高度为 $L=1.655\mu m$,平均脉冲宽度为 $W=12.8\mu s$,对照标准球形颗粒脉冲数据与颗粒粒径对比(表 6.2),W 介于 $12.7\mu s$ 和 $\sim 13.1\mu s$ 之间,则对应的,$n=4$、$m=5$、$W_n=12.7\mu s$、$W_m=13.1\mu s$,代入公式:

$$d = n + \frac{W - W_n}{W_m - W_n}(m - n) = 4 + \frac{W - W_4}{W_5 - W_4}$$

$$= 4 + \frac{12.8 - 12.7}{13.1 - 12.7} \times 1 = 4.25\mu m$$

由此可根据径厚比公式计算:

$$AR = \frac{d}{h} = \frac{3}{2}\left(\frac{d}{L}\right)^3 = \frac{3}{2}\left(\frac{4.25}{1.655}\right)^3 = 25.402$$

则该高岭石样品径厚比计算结果为 25.402。

国内外尚没有非常精确的方法检验高岭石径厚比测算结果是否准确,通常采用大量观测样品的扫描电镜图像或透射电镜图像来获得其径厚比。通过观测大量该地区样品的扫描电镜照片(图 6.6)发现,该地区高岭石样品颗粒粒径分布在 $1\sim 5\mu m$,平均片层厚度为 $0.05\sim 0.5\mu m$,据抽样统计,高岭石片层的平均直径为 $1.52\mu m$(同马尔文粒度仪测量结果),平均厚度为 $0.058\mu m$,算得径厚比为 26.21,与本书算法算得结果非常接近。

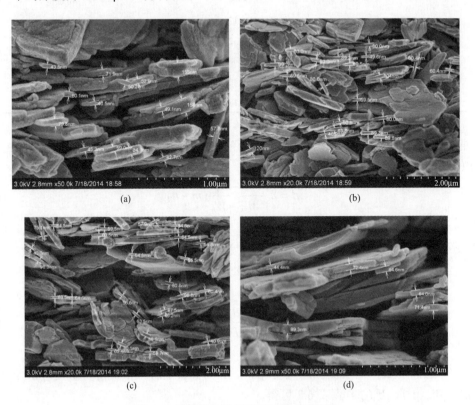

(a)　　　　　　　　　　　　　　　　　　(b)

(c)　　　　　　　　　　　　　　　　　　(d)

图 6.6　检测样品的场发射扫描电镜图像

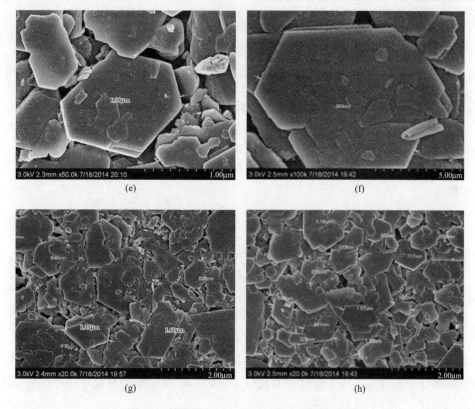

图 6.6　检测样品的场发射扫描电镜图像(续)

6.3　激光–库尔特法联用测径厚比

通过观察库尔特仪对小颗粒径厚比的测算，发现对于粒径过小的片状颗粒，由于接近库尔特仪的测算下限，故不能保证测算结果足够精确，且产生偏差的可能性较大。所以，对于颗粒较小的片状高岭石，尝试只利用库尔特仪最准确的体积数据，同时联用激光法测得的与颗粒直径最接近的粒径，将两组数据结合获得径厚比。

6.3.1　公式推导

用激光法测片层颗粒的直径，因为激光粒度的概念反映的是散射效果相同的颗粒的直径，对于片状颗粒来讲，其值与片的直径有很大关系。电阻法测得的粒度概念是所测样品同体积球体的直径。根据不同测算方法，颗粒体积不变的原理推算径厚比。具体推算公式如下。

(1)根据电阻法原理：与片状颗粒体积相同的等效球体颗粒，排开的电导液的体积相同，故有 $V_{饼} = V_{球}$，其中球形样品的体积公式为

$$V_{球} = \frac{4}{3}\pi\left(\frac{L}{2}\right)^3 = \frac{\pi}{6}L^3 \tag{6.9}$$

式中，L 为球体直径，代表电阻法测算的颗粒的体积径。

（2）将片状颗粒理想化为圆饼状，则其体积：

$$V_{饼} = S \cdot h = \frac{\pi}{4} d^2 \cdot h \qquad (6.10)$$

式中，d 为圆饼直径，相当于激光法给出的粒径；h 为圆饼厚度。

（3）结合以上两公式，得电阻法给出粒径值 L 与激光法测算出粒径直径 d 之间的关系：

$$L^3 = \frac{3}{2} d^2 \cdot h \qquad (6.11)$$

即厚度

$$h = \frac{2L^3}{3d^2} \qquad (6.12)$$

（4）根据以上公式，可推知，径厚比：

$$AR = \frac{d}{h} = \frac{3d^3}{2L^3} \qquad (6.13)$$

6.3.2 应用实例

以两组高岭石样品为例，考察此方法的准确性。其中一组高岭石样品命名为 1～4，是直接磨剥分级的样品；另一组命名为 KAC1～KAC4，是醋酸钾插层后在醋酸钾饱和溶液内原位剥片、洗涤后分级的样品。

分别对两种样品的数据进行整理，并针对 d_{50}、d_{75}、d_{90} 利用步骤（4）推算的径厚比公式进行计算，数据见表 6.3。

表 6.3　激光-库尔特法测得径厚比对比表（a）

样品名称	库尔特/μm			马尔文/μm			径厚比		
	d_{50}	d_{75}	d_{90}	d_{50}	d_{75}	d_{90}	d_{50}	d_{75}	d_{90}
1	0.85	1.01	1.25	0.77	1.25	2.04	20.68	2.84	6.53
2	0.93	1.15	1.42	0.91	1.50	2.19	19.62	3.30	5.47
3	0.92	1.15	1.43	0.98	1.53	2.23	21.15	3.58	5.70
4	0.89	1.15	1.49	1.24	1.86	2.49	32.80	6.43	6.98
KAC1	0.96	1.22	1.51	1.03	1.58	2.29	20.38	3.23	5.22
KAC2	1.04	1.30	1.58	1.07	1.65	2.42	19.09	3.05	5.37
KAC3	0.97	1.23	1.49	1.14	1.77	2.57	27.74	4.52	7.61
KAC4	0.95	1.19	1.48	1.38	2.15	2.89	42.76	8.82	11.27

由表 6.3 可见，分别用 d_{50}、d_{75} 和 d_{90} 的数据推导出的径厚比数据均非常符合直接磨剥或插层-磨剥的规律，即随着磨剥或插层-磨剥的进行，高岭石颗粒粒径逐渐变小，片层变薄，径厚比逐渐增大的事实。由于 d_{50} 和粉体的平均粒径比较接近，因此可以 d_{50} 径厚比来反映粉体的平均径厚比。

利用八个不同产地高岭石样品验证此方法,将福建龙岩 LY、内蒙古蒙西 MX、山东枣庄 ZZ、河北张家口 ZJK、山西金洋 JY、淮北雪纳 XN、广西北海 BH,这 8 种来自不同地区的高岭土原矿简单磨剥后,分别测试各样品的激光法、电阻法粒径数据,提取各样品的两组 d_{50}、d_{75} 和 d_{90} 数据列表,用上述方法测算径厚比,测算对比结果见表 6.4。

表 6.4　激光-库尔特法测得径厚比对比(b)

样品名称	库尔特/μm			马尔文/μm			径厚比		
	d_{50}	d_{75}	d_{90}	d_{50}	d_{75}	d_{90}	d_{50}	d_{75}	d_{90}
LY-M	1.56	2.12	3.03	2.11	3.50	4.70	3.70	6.78	5.61
MX-M	1.41	1.83	2.52	1.63	3.50	7.13	2.29	10.53	33.77
ZZ-M	1.32	1.64	2.14	1.34	2.50	5.28	1.58	5.35	22.62
ZJK-M	1.33	1.66	2.21	2.88	5.00	9.32	15.37	41.36	113.01
JY-M	1.12	1.14	1.17	2.96	6.00	11.60	27.89	216.40	1481.54
XN-W	1.07	1.31	1.64	2.48	7.00	19.05	18.82	231.50	2333.10
BH-M	1.60	2.24	3.30	4.91	8.00	13.17	43.40	68.24	95.65

由表 6.4 可见,利用 d_{50} 测算出的径厚比基本反映了各样品的真实情况,而利用 d_{75} 和 d_{90} 推算出的径厚比有些样品与真实情况相差很大,其值显然不准确,因此建议采用 d_{50} 推算出的径厚比作为样品的平均径厚比。

6.4　不同测试方法比较

不同的粒度测试仪因工作原理不同,所测得的等效粒径也不同,代表的物理意义也不相同。图像法测量的是等效投影面径,激光法测量的是等效体积径,沉降法测量的是等效沉积径,电阻法测量的是等效电阻径。为了合理地使用和比较不同测试方法的粒度数据,需要了解这些方法之间的差异和原因,并对测量结果进行对比分析。首先观察用不同方法测算高岭石样品以及部分其他片状矿物的粒径对比表(表 6.5)。

表 6.5　不同测量方法测得的不同矿物粒径数据　　　　　　　(单位:μm)

片层矿物	激光法			电阻法			显微镜法	SEM 统计
	d_{50}	d_{75}	d_{90}	d_{50}	d_{75}	d_{90}	平均值	平均值
高岭石	2.196	4.013	11.36	1.242	1.638	2.136	2.34	2.1
石墨	17.08	20.71	24.19	11.45	13.36	15.28	17.79	16.7
云母	13.55	24.6	39.95	2.110	2.914	4.115	19.33	18.5
滑石	7.253	11.96	16.96	2.321	3.303	4.825	12.37	14.2
碳酸钙	1.136	2.052	3.164	0.963	1.228	1.616	2.12	1.2

由表 6.5 可见，不同的测试方法获得的测算结果有较大差别，电阻法测得的粒度数据普遍小于激光法，激光法 d_{50} 值接近于显微镜法和扫描电镜统计出来的平均值。

由表 6.6 和表 6.7 可以看出，不同方法所得样品径厚比结果差别较大。建议对于颗粒较细样品采用激光-库尔特联用法，对于颗粒较粗样品采用库尔特法。

表 6.6　不同测量方法测得的不同矿物径厚比

片层矿物	库尔特法(d_{50} 径厚比)	激光-库尔特法(d_{50} 径厚比)	SEM 统计
石墨	5.54	4.98	2.57
云母	34.49	397.25	151.14
滑石	10.95	95.38	14.63
碳酸钙	5.11	2.51	2.67
高岭石	4.42	8.26	9.75

表 6.7　不同测量方法测得的不同地区高岭石径厚比

名称	库尔特法(d_{50} 径厚比)	激光-库尔特法(d_{50} 径厚比)	SEM 统计
LY-M	14.69	3.70	6.37
MX-M	10.10	2.29	4.13
ZZ-M	5.24	1.58	5.52
ZJK-M	12.20	15.37	8.58
JY-M	4.97	27.89	4.18
XN-M	6.96	18.82	9.14
BH-M	2.47	43.40	35.54

参 考 文 献

白翠萍. 2008. 云母粉径厚比测定方法研究. 武汉:武汉理工大学硕士学位论文

陈卫. 2009. 库尔特原理诞生与发展的历程——纪念库尔特原理发明 50 周年. 中国粉体工业, (2): 1~7

程宏飞, 刘钦甫, 王陆军等. 2008. 我国高岭土的研究进展. 化工矿产地质, 30(2): 125~128

冯启明, 董发勤, 温才. 2006. 鳞片石墨径厚比及掺量对导电混凝土性能的影响. 矿物岩石, 25(3): 71~74

韩喜江, 张慧姣, 徐崇泉等. 2004. 超微颗粒尺寸测量方法比较研究. 哈尔滨工业大学学报, 36(10): 1331~1334

黄长雄. 1995. 库尔特公司及其科学仪器简介. 现代科学仪器, 2: 55

刘钦甫, 张玉德, 陆银平. 2005. 黏土-聚合物纳米复合材料研究现状. 非金属矿, 28(9): 41~43

陆银平, 张玉德, 刘钦甫等. 2009. 纳米黏土的制备及应用研究进展. 化工新型材料, 37(10): 8~10

乔素梅. 1998. 纳米片状锌粉制备工艺的研究. 上海: 华东理工大学硕士学位论文

任耀武. 1998. 非金属矿物径厚比快速测定法. 中国非金属矿工业导刊, (3): 32~33

杨昱, 高玉成. 1997. WJ-1 型智能微粒检测仪和库尔特计数仪计数原理的研究. 电子测量技术, (1): 45~48

于冰, 于建勇. 1995. 层状硅酸盐细粉厚度测试样品制备方法研究. 电子显微学报, 14(5): 395~398

张玉德, 刘钦甫, 伍泽广等. 2006. 纳米高岭土和白炭黑硫化橡胶复合材料. 湖南科技大学学报: 自然科

学版, 21 (2) : 73～76

Baudet G, Bizi M, Rona J P. 1993. Estimation of the average aspect ratio of lamellae-shaped particles by laser diffractometry. Particulate Science and Technology, 11 (1-2) : 73～96

Bundy W M, Johns W D, Murray H H. 1965. Physico-chemical properties of kaolinite and relationship to paper coating quality. Tappi, 48 (12) : 688～695

Gantenbein D, Schoelkopf J, Matthews G P, *et al.* 2011a. Determining the size distribution-defined aspect ratio of rod-like particles. Applied Clay Science, 53 (4) : 538～543

Gantenbein D, Schoelkopf J, Matthews G P, *et al.* 2011b. Determining the size distribution-defined aspect ratio of platy particles. Applied Clay Science, 53 (4) : 544～552

Morris H H, Sennett P, Drexel R J. 1965. Delaminated clays—physical properties and paper coating properties. Tappi, 48 (12) : 92～99

Slepetys R A, Cleland A J. 1993. Determination of shape of kaolin pigment particles. Clay Minerals, 28 (4) : 495～508

Yekeler M, Ulusoy U, Hiçyılmaz C. 2004. Effect of particle shape and roughness of talc mineral ground by different mills on the wettability and floatability. Powder Technology, 140 (1) : 68～78

Yildirim I. 2001. Surface free energy characterization of powders. Blacksburg: Ph. D. Thesis, Mining and Minerals Engineering, Virginia Polytechnic Institute and State University

第7章　高岭石表面改性研究

表面改性是制备功能性高岭石的主要方法(Lilian *et al.*，2010；Bujdák *et al.*，2012)，本章系统研究了高岭石的机械力化学改性、等离子体活化改性、核-壳包覆改性等，采用红外光谱分析、扫描电镜分析、热分析、X射线衍射分析和粒度分析等方法对样品进行分析表征，对其改性机理进行了分析研究。

7.1　机械力诱导硅烷接枝改性

7.1.1　实验部分

1. 原材料

高岭土取自河北，原矿经制浆沉降、化学漂白处理后，作为本章研究的高岭土样。样品的化学组成为：SiO_2 44.58%；Al_2O_3 38.05%；Fe_2O_3 0.28%；TiO_2 1.10%；Na_2O 0.26%；CaO 0.12%；K_2O 0.08%；MgO 0.05%；烧失量 15.02%。甲基丙烯酰氧基三甲氧基硅烷(KH-570)是南京曙光化工集团有限公司的产品，无水乙醇、氢氧化钠、硫酸均为分析纯。实验中全部使用去离子水。

2. 实验方法

取一定量的除杂后的高岭土样，加入去离子水配制浓度 25%的浆液，调节浆液 pH 到 10 左右，使浆液良好分散，采用卧式砂磨机(NNM05)进行机械剥片，通过粒径分析确定最佳的磨剥条件。将磨剥后的高岭土浆液经离心沉降固液分离后，加入乙醇，经机械搅拌和超声分散使高岭土充分分散在乙醇溶液中，然后加入预先水解的硅烷偶联剂 γ-甲基丙烯酰氧基丙基三甲氧基硅烷 KH-570(其用量为干土质量的 1%)，在砂磨机中继续磨剥 30min，在机械力的作用下对高岭土进行表面化学修饰。最后，将高岭土浆液过滤、烘干、粉碎。

3. 测试与表征

采用离心沉降式粒度仪(BT-1500)，测定机械磨剥对高岭土粒径的影响；样品的 X 射线衍射测定用日本 Rigaku 公司的 Dmax 2500 PC 型 X 射线衍射仪测定。样品的比表面积和孔结构分布采用全自动物理吸附仪(Micromeritics ASAP 2020)进行测定，200°条件下脱附 2h，然后在液氮低温环境下，采用介孔法进行样品的氮气吸附测试。采用 KBr 压片技术，利用美国的 NICOLET 170SX 型傅里叶变换红外光谱仪，对样品进行表面特性表征。采用扫描电镜(S-4800 型)对高岭土表面微观形貌进行观测分析。

7.1.2　结果与讨论

1. 粒度分析

磨剥时间、球配比(直径 2mm 与 1mm 介质球的重量比)、球料比(介质球用量与浆料的重量比)、表面改性等因素对高岭土颗粒粒径的影响如图 7.1 所示。当球配比为 1:4,球料比为 4:1 时,随着磨剥时间的延长[图 7.1(a)],高岭土颗粒的粒径逐渐减小。从 1h 到 3h,小于 1μm 和小于 2μm 的颗粒累积频率分别由 15.19%和 41.48%增大到 31.46%和 70.01%,粒径降低明显,而随时间进一步延长到 5h,高岭土粒径虽有所降低,但变化很小。可见高岭土的粒径达到一定程度,单靠延长处理时间,效果甚微。磨剥时间 3h,球料比 4:1 时,2mm 和 1mm 介质球用量配比对高岭土粒径的影响如图 7.1(b)所示。随着小球比例的增加,高岭土颗粒粒径逐渐降低,当配比为 1:5 时,小于 0.5μm、1μm 和 2μm 的累积频率分别达到 15.47%、42.56%和 86.5%,效果较优。图 7.1(c)是介质球与加入高岭土的球料比对磨剥效果的影响(磨剥时间 3h,球配比 1:5)。当球料比为 2:1 时,由于物料过多不能充分磨剥,效果较差。随着球料比的增大,物料磨剥效果变好,在 4:1 时各细粒级含量大幅增加,球料比 5:1 时,高岭土颗粒虽有所减小,但变化不明显,并且球料比过低时,处理量低。综上分析,本实验取磨剥时间 3h,2mm 和 1mm 球配比 1:5,球料比 4:1 为最佳机械磨剥条件。将在此条件下磨剥后的高岭土,进行硅烷偶联剂表面修饰,其粒径变化如图 7.1(d)所示。改性后,小于 0.5μm 和 1μm 的细粒含量有明显增大,对于 2μm 及以上的颗粒含量几乎没有变化。这主要是因为在机械磨剥作用下形成的细颗粒比表面能高,彼此间发生团聚,在磨剥作用下,经表面修饰后表面能降低,细

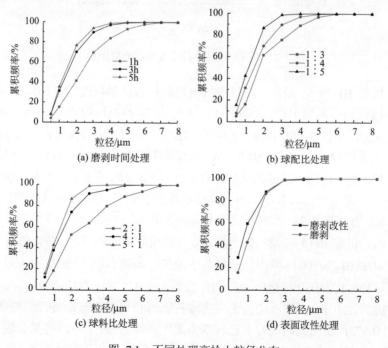

图 7.1　不同处理高岭土粒径分布

颗粒的团聚大大降低，细粒物含量增大，而对于粗粒则没有这种效果，这也是粗颗粒含量几乎没有变化的原因。

2. X 射线衍射分析

X 射线衍射是分析高岭石晶体结构的常用方法(姚林波、高振敏，1996)，为了分析机械磨剥对高岭石晶体结构的影响，本节分别对高岭石原矿(ORK)、1h 磨剥处理样(BK-1)和 3h 磨剥处理样(BK-3)进行了 X 射线衍射测试分析，其结果如图 7.2 所示。由图可知，高岭石原矿的晶体衍射峰，强度高、尖锐且峰形对称，a 区和 b 区的"山字峰"十分明显，结晶度高。经 1h 磨剥后，高岭石的衍射峰强度明显降低，峰形对称性也有所下降，说明 BK-1 的结晶度有所降低。经 3h 磨剥处理后，高岭石的衍射峰强度、对称性均降低，且(001)的峰形严重宽化，其结晶度明显降低。

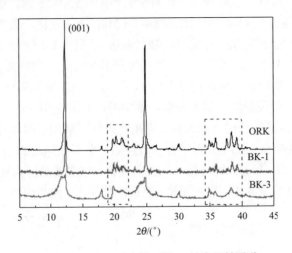

图 7.2　不同处理高岭石样 X 射线衍射图谱

结晶度指数 HI 和 R_2 是被广泛接受的衡量高岭石结晶程度的方法。HI 指数法是峰$(1\bar{1}0)$ 和 $(11\bar{1})$ 的顶点到图中切线的距离(A 与 B)之和与峰 $(1\bar{1}0)$ 的顶点到基线的距离(At)的比值，具体方法如图 7.3(a)和表 7.1 所示。HI 值大于 1 说明高岭石有序，HI 小于 1 则说明高岭石无序(Zhang et al.，2014)。R_2 是由峰$(1\bar{3}1)$ 和 (131) 以及它们之间的峰谷到基线的距离计算所得，具体方法如图 7.3(b)和表 7.1 所示。R_2 值小于 0.7 表示高岭石无序，R_2 值为 0.7～1.2 表示高岭石有序。不同高岭石样的 X 射线衍射部分放大图谱如图 7.3 所示。高岭石原矿在 19°～24° (2θ) 的衍射峰 $d(0\,2\,0)$、$d(1\bar{1}0)$、$d(11\bar{1})$ 和 34°～40° (2θ) 的 $d(003)$、$d(1\bar{3}0)$ 和 $d(1\bar{3}\bar{1})$ 均清晰可见，随着机械磨剥的处理，这些衍射峰强度降低，3h 处理后，$d(1\bar{1}0)$、$d(003)$ 和 $d(131)$ 峰几乎消失。高岭石原矿的 HI 为 1.177，经 1h 磨剥后 HI 降为 1.060，有序度降低，但其 HI 值仍大于 1，属于有序高岭石。经 3h 磨剥后 HI 值降为 0.529，小于 1，已经成为无序高岭石。R_2 值也随着研磨处理而降低，且 3h 处理后降低到 0.672，说明此时高岭石已转变为无序高岭石(表 7.1)。可见，较长时间的机械磨剥处理，会使高岭石的微观晶体结构发生明显变化。为了进一步定量地表示机械磨剥对高岭石片层的影响，基于 X 射线衍射测量结果采用 Scherrer 公式对高岭石原样、不同时间磨剥处理样分别进行计算，其结果见表 7.2。经 3h 的机械磨剥后，高岭石晶体的片层厚度由 34.94nm 减小到 6.08nm。

表 7.1　高岭石样的结晶度指数

样品	At	A	B	HI	K_2	K	K_1	R_2
ORK	710	411	425	1.177	873	122	603	1.156
BK-1	463	261	230	1.060	499	85	359	1.094
BK-3	418	81	140	0.529	446	143	188	0.672

注：$HI = (A + B)/At$，$R_2 = [1.5(K_1 + K_2) - 3K]/(K_1 + K_2 + K)$。

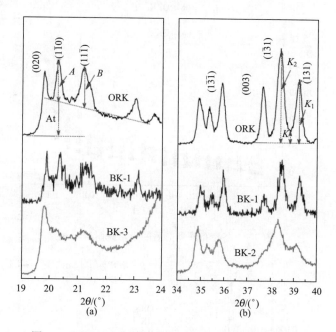

图 7.3　不同处理高岭石样 X 射线衍射图谱部分放大图

表 7.2　不同处理高岭石样单晶片层厚度

样品	ORK	BK-1	BK-3
D /nm	34.94	31.60	6.08

注：Scherrer 公式 $D = K\lambda/(\beta\cos\theta)$，其中，$K$ 为常数，其值为 0.89；D 为晶粒尺寸(nm)；β 为积分半高宽(rad)；θ 为衍射角；λ 为 X 射线波长，为 0.154056nm。

3. 氮吸附测试分析

高岭石经磨剥处理后，比表面积和孔分布情况由氮气吸附法测定。图 7.4 和图 7.5 分别是不同高岭石样的 N_2 吸脱附等温线和孔径分布图。由图可知，ORK、BK-1 和 BK-3 的吸脱附等温线类似，同属于 Ⅰ 型和 Ⅱ 型的混合类型，在相对压力 P/P_0 为 0.4～0.9 有滞后环，说明样品均具有中孔结构，在相对压力 P/P_0 为 1.0 左右时，曲线上升，说明三种高岭石样均具有大孔结构。三者的吸附脱附曲线也有着较大的区别，随着磨剥时间的延长，高岭石样的吸附量逐渐增大，说明其比表面积变大。根据 BET 比表面积计算得知（表7.3），高岭石原样的比表面积为 9.98m²/g，磨剥 1h 后，比表面积增大到 15.15m²/g，随着时间延长，磨剥处理 3h 后，高岭石的比表面积达到 20.40m²/g。由详细的孔结构分布图可知，高岭石原样以中孔结构为主，且集中在 2～6nm，这主要是高岭石原样中大量片层堆积体表面形成的孔隙。经磨剥处理后，BK-1 和 BK-3 样均出现了微孔结构，这是机械磨剥使高岭石晶体结构发生破坏而产生的小于2nm的微孔隙，且BK-3样微孔含量最多。

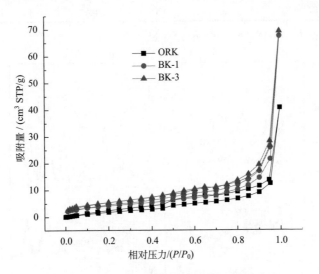

图 7.4　高岭石磨剥前后的吸附脱附等温线

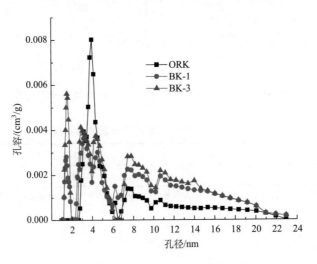

图 7.5　高岭石磨剥前后孔结构分布

表 7.3　不同处理高岭石样的比表面积和孔容数值表

样品	$S_{BET}/(m^2/g)$	$V_t/(cm^3/g)$
ORK	9.98	0.063
BK–1	15.15	0.104
BK-3	20.40	0.107

4. 扫描电镜表征

高岭土原样、机械磨剥高岭土和磨剥改性高岭土的微观形貌照片如图 7.6 所示。高岭土原样中，大量高岭石片层相互堆垛，形成粗大颗粒，仅有少量的细小颗粒。经机械磨剥后产生许多细小高岭土颗粒，堆垛体被剥离。由图 7.6 可知，机械磨剥后高岭石颗粒形貌一定程度上发生了破坏，高岭石片边缘出现了少量的破损和翘起现象，这也是高岭石经磨剥后(001)峰发生宽化的原因。经 3h 的磨剥处理，高岭石虽产生严重的无序化，但由扫描电镜照片可以看出，绝大部分高岭石仍然具有较为规则的片状结构，且高岭石片的厚度和宽度均有大幅减小。这主要是因为机械磨剥主要靠介质球相互滑动的剪切作用实现高岭土颗粒的剥片，使高岭土沿片层平行方向剥离，避免了冲击式破碎对片层的破坏。

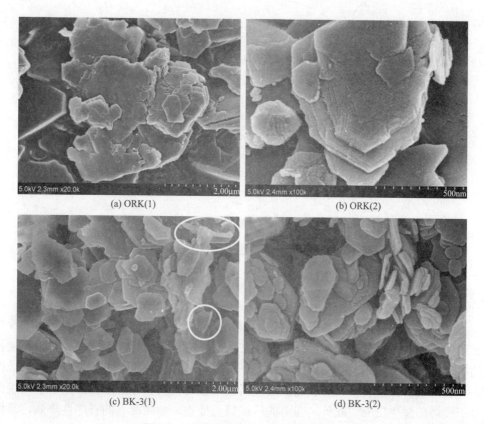

(a) ORK(1)　　　　　　(b) ORK(2)

(c) BK-3(1)　　　　　　(d) BK-3(2)

图 7.6　不同处理高岭石扫描电镜照片

5. 红外光谱分析

　　红外光谱分析(图 7.7)表明，磨剥改性高岭土(图 7.7 中 c)相对于高岭土原样(图 7.7 中 a)和磨剥前改性高岭土(图 7.7 中 b)而言，出现了明显的新的红外峰。2928cm^{-1} 属于 —CH$_3$ 的振动吸收峰，2870cm^{-1} 属于 —CH$_2$— 的振动吸收峰。并且在 1718 cm^{-1} 和 1306cm^{-1} 出现了 C=O 双键和 Si—C 键的特征红外峰。磨剥改性高岭土(图 7.7 中 b)和高岭土原样相比，几乎没有变化。这说明经磨剥后高岭土颗粒表面易于和硅烷偶联剂相结合。此外，高岭石的特征羟基峰 3697cm^{-1}、3652cm^{-1} 和 3620cm^{-1} 经磨剥改性后也发生了很大变化，内表面羟基峰 3697cm^{-1} 和 3652cm^{-1} 已经消失，而内羟基 3620cm^{-1} 不受有机分子的影响，依然存在。这是因为在磨剥作用下，堆垛的高岭石发生片层剥离，大量的内表面羟基得以暴露出来，与加入的硅烷偶联剂的水解硅醇发生接枝反应，而内羟基即便发生片层剥离也不能暴露出来，没有受到影响。这进一步说明了硅烷偶联剂与磨剥解离的高岭石片层表面发生了化学结合。与直接改性高岭土对比可知，未经磨剥解离的高岭土颗粒，片层间的活性羟基不能与硅烷偶联剂接触，只有表面少量的羟基参与反应，改性效果差。可见磨剥处理使大量堆垛的高岭石片层发生解离，粒径减小，内表面羟基得以裸露出来，与硅烷偶联剂具有良好的反应能力，改性效果良好。

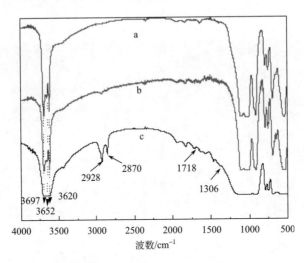

图 7.7　高岭土样红外光谱图

7.1.3　机理分析

　　通过上述分析可知，高岭石经机械磨剥后，易于硅烷偶联剂对其进行表面修饰改性。这种通过机械磨剥促使硅烷偶联剂与高岭石表面发生化学反应，实现高岭石表面接枝改性的机理如图 7.8 所示。在机械磨剥作用下，高岭石大的片层聚集体被剥离，形成微小的高岭石片层，新生表面具有较强的反应活性，且比表面积显著增大，更易于硅烷偶联剂分子接触而发生反应。此外，强力的机械磨剥处理，使高岭石的有序性降低，晶体结构遭到一定程度的破坏，Si—O 键、Al—O 键等晶体价键的断裂，产生大量的硅、铝悬键,在水中形成反应活性高的 Si—OH 和 Al—OH 羟基基团,易于与硅烷偶联剂水解产生的硅醇发生缩合反应。并且随着高岭石颗粒的减小,这些活性羟基基团,在颗粒表面所占的比例也显著提高,从而实现了高岭石表面的硅烷偶联剂接枝改性。

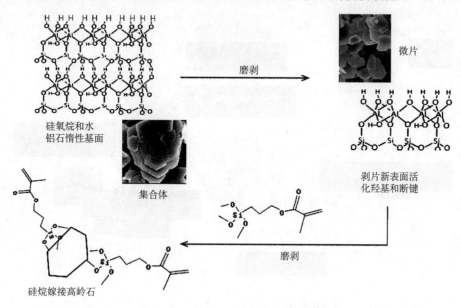

图 7.8　机械力诱导高岭石表面接枝硅烷偶联剂原理示意图

7.2　核-壳包覆改性

7.2.1　实验部分

1. 实验原材料和实验设备

高岭土由山东省枣庄市三兴高新材料有限公司提供,正硅酸乙酯为道康宁公司产品,环氧基三甲氧基硅烷(KH-560)南京曙光化工集团有限公司产品,氢氧化钠和盐酸均为分析纯。

2. 实验方法

本节研究采用两步法制备了硅烷化学接枝改性高岭土。首先采用溶胶凝胶法,以正硅酸乙酯为前驱体,在高岭土表面引入一层二氧化硅膜,进而以新生成的二氧化硅壳层替代高岭土本身的表面,使其表面具有二氧化硅的特性,然后用硅烷偶联剂对其表面进行化学接枝改性。

图 7.9 是其主要原理示意图。在此过程中主要考察了正硅酸乙酯的用量和反映 pH 对高岭土表面包覆二氧化硅的影响,最终制备了表面均匀包覆二氧化硅壳层的高岭土。具体过程如下:将 5g 高岭土粉体添加到盛有 90mL 的乙醇和去离子水的混合溶液的三口烧瓶中,充分搅拌并超声处理 45min 使高岭土颗粒均匀分散,然后加热至 60℃。调节 pH,

缓慢加入一定量的正硅酸乙酯，继续搅拌 5h，在此过程中不断调解浆液 pH，使其稳定在设定值。随后加入预先水解的硅烷偶联剂，继续搅拌 30min。最后过滤浆液并用去离子水多次洗涤，在 120℃下烘干后，粉碎。

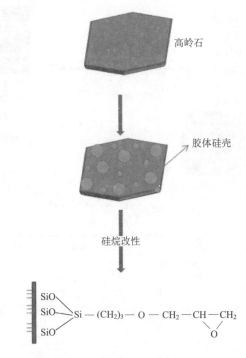

图 7.9　溶胶-凝胶法制备烷基化高岭石-二氧化硅复合粒子

7.2.2　结果与讨论

1. 在水溶液中的分散稳定性

将在不同 pH 条件下，制备的高岭石-二氧化硅核壳颗粒，分别与去离子水混合，配制相同固含量(3%)的浆液，并将 pH 统一调整到 6.0，充分搅拌分散后，移入量筒中，静置沉降，观察其分散稳定性。具体结果如图 7.10 所示。由图可知，随着溶胶-凝胶处理 pH 的增大，所得产物在水中沉降曲线逐渐变缓，沉降速度降低，分散稳定性逐渐提高。在较低的反应 pH 条件下(pH<6)，所得产物在去离子水中的分散稳定性差，迅速沉降；在较高的反应 pH 条件下(pH>8)，所得产物在去离子水中的分散稳定性好，沉降速度很慢，并且在反应 pH 为 10 时，分散稳定性最好。高岭土在水溶液中具有双电荷特性，其两底面，因离子置换而具有永久性负电荷，而端面电荷随溶液 pH 而变化，pH 较低时带正电，高岭土颗粒因静电吸附而团聚易于沉降。当其表面被包覆二氧化硅后，其表面性质变化，双电性减弱，表面包覆越均匀，颗粒表面的双电性越弱，颗粒间的静电引力小，在水中的分散稳定性也越好。以上的分析结果表明，溶胶凝胶处理高岭土的 pH 为 10 时，二氧化硅在高岭土表面的包覆效果最好。这也被下面的电镜观察结果所证实。

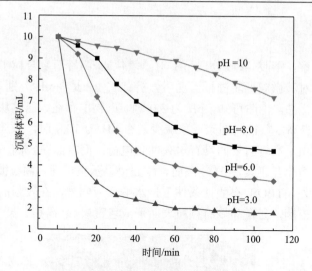

图 7.10　不同溶胶-凝胶反应 pH 对高岭石在水中沉降性的影响

2. ζ 电位分析

　　将高岭石原样和包覆后的高岭石,分别取 10mg 与 500mL 的氯化钠溶液(浓度 $10^{-3}M$)混合均匀,利用盐酸和氢氧化钠调整浆液的 pH,采用马尔文 Zeta 电位粒径仪,测试不同 pH 下样品的电位值。高岭石的 ζ 电位随 pH 的变化关系如图 7.11 所示。由图可见,高岭石包覆前后,它们的 Zeta 电位都随 pH 的增大而降低。与高岭石原样相比,在整个实验考察的 pH 范围内,高岭石-二氧化硅核壳复合粒子的 Zeta 电位都变低,并且 pH 越低时,两者的差别越大。可见,包覆处理后高岭石粒子表面性质发生了很大变化,具有更低的 Zeta 电位。在较低的 pH 下,高岭石颗粒底面显示负电性,而端面显示正电性,整体电位略高,而高岭石颗粒表面包覆二氧化硅薄膜后,端面也显示负电性,这样就使包覆前后二者在较低 pH 下电位差别更大。

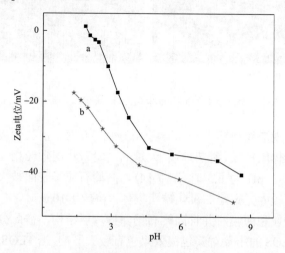

图 7.11　高岭石包覆前后 Zeta 电位与 pH 的关系曲线

a.高岭石原矿;b.硅包壳高岭石

3. 扫描电镜分析

为了进一步考察，溶胶-凝胶处理 pH 对二氧化硅-高岭石复合粒子的影响，采用扫描电镜和透射电镜对其微观形貌进行了观察分析。图 7.12 是在 pH 分别为 3.0、6.5 和 10.0 的条件下，制备的样品，由图可知，pH 为 3.0 时，产物中存在大量结块，颗粒间团聚现象严重，随着 pH 提高，颗粒间团聚现象减少，在 pH 为 10.0 时，颗粒之间只有少量的微团聚现象。这是由于高岭石表面具有永久性负电荷，而端面在较低 pH 时显正电，颗粒间通过静电力引力相互团聚，pH 较高时，端面也显示负电性，颗粒彼此分散，避免了团聚体的包覆。此外，TEOS 在酸性条件下，水解反应剧烈，在较强的碱性条件下，反应比较温和，容易控制，易在高岭石颗粒表面形成包覆层（余锡宾、吴虹，1996）。

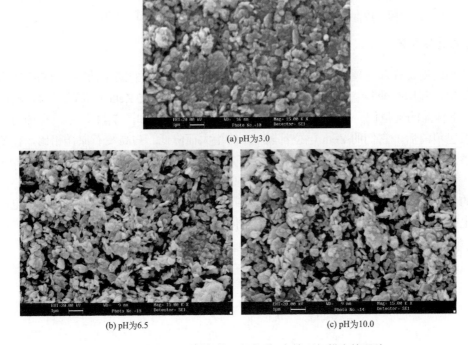

(a) pH为3.0

(b) pH为6.5　　　　　　　　　　(c) pH为10.0

图 7.12　不同 pH 下制备的二氧化硅-高岭石扫描电镜照片

透射电镜对其微观形貌观察进一步证明，pH 为 3.0 时，主要生成细小的二氧化硅粒子，高岭石颗粒聚集体比较大（图 7.13）。大量的高岭石片层颗粒相互团聚而被包覆于二氧化硅的网状结构中； pH 为 6.5 时（图 7.14），高岭石粒子表面被大的二氧化硅网络覆盖，并且有游离的，较大无定形二氧化硅聚集体。pH 为 10.0 时，包覆较为均匀，表面是细小的二氧化硅颗粒和薄膜，并且高岭石仍保持片层结构，彼此分散，无明显团聚现象（图 7.15）。此外，TEOS 的用量对其包覆效果也有较大影响。当 TEOS 用量较多时（10%），透射电镜观察发现，高岭土颗粒表面的包覆效果反而变差，有较大的二氧化硅絮状体生成，游离或黏附于高岭石颗粒边缘（图 7.16）。

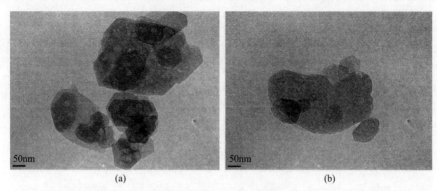

图 7.13　二氧化硅包覆高岭石透射电镜照片（pH 为 3.0）

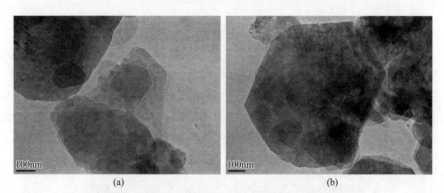

图 7.14　二氧化硅包覆高岭石透射电镜照片（pH 为 6.5）

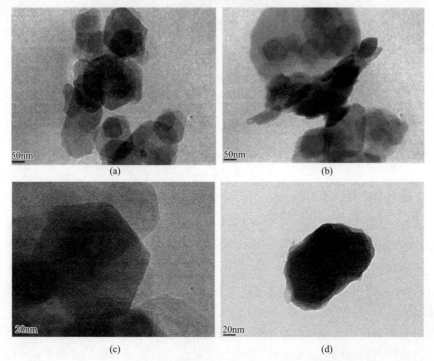

图 7.15　二氧化硅包覆高岭石透射电镜照片（pH 为 10.0）

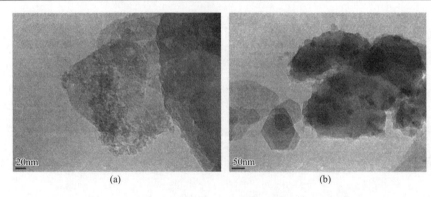

图 7.16　二氧化硅包覆高岭石透射电镜照片(TEOS 用量 10%)

高倍率的透射电镜观察表明(图 7.17)，此时高岭石颗粒表面被包覆一层致密的二氧化硅层，其厚度约为 10nm，同时也有部分被二氧化硅球形粒子覆盖，其直径约为 10nm。

高岭石表面包覆二氧化硅的主要过程和机理是：首先高岭石片层颗粒在浆液中充分分散，正硅酸乙酯经水解形成原硅酸，部分原硅酸与高岭石表面羟基缩合，另一部分相互缩合形成低聚体，与缩合在高岭石表面的原硅酸缩聚生长而形成二氧化硅网状结构覆盖于高岭石颗粒表面。在此过程中部分低聚体相互缩合形成二氧化硅颗粒沉积在高岭石表面。

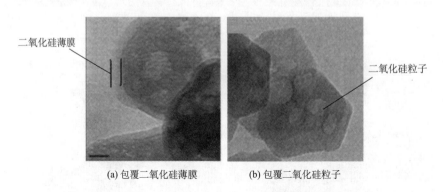

(a) 包覆二氧化硅薄膜　　　　　　(b) 包覆二氧化硅粒子

图 7.17　高倍率透射电镜图包覆二氧化硅薄膜包覆二氧化硅粒子

4. X 射线衍射分析

Zeta 电位、电镜观察分析均表明，经溶胶-凝胶法处理后，TEOS 在高岭石表面形成一层二氧化硅薄膜，并且表面性质发生了明显变化。为了进一步考察，高岭石表面生成二氧化硅薄膜具有规则的晶体结构，还是无定形态的网状结构，笔者采用 X 射线衍射对包覆前后的样品进行了表征，其结果如图 7.18 所示。由图可知，高岭土原样(ORK)特征衍射峰明显，具有较好的有序性，在 d=3.34Å 处具有石英的衍射峰，说明高岭土原样中具有少量的石英杂质。采用 TEOS 经溶胶-凝胶处理后的样品(Silica-K)具有与原样几乎完全一样的高岭石衍射峰，可见溶胶-凝胶处理对高岭石的晶体结构并无影响。但是对比虚线框部分的衍射峰可知，Silica-K 在此区域的衍射峰强度变小，且在 d=3.34Å 处的衍射峰强度明显减弱，且发生宽化。由此可以判断，高岭石经溶胶-凝胶处理后，表面所形成的是一种无定形的二氧化硅网状交联体，没有 X 射线衍射峰，并且使原有的石英的峰也得到了弱化。

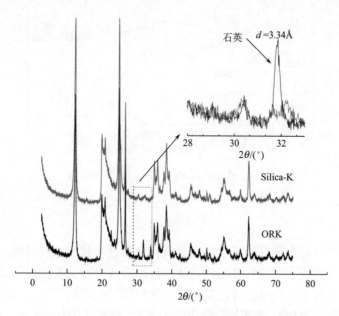

图 7.18　高岭石包覆前(ORK)后(Silica-K) X 射线衍射图谱

5. 红外光谱分析

为了考察包覆二氧化硅对高岭石烷基化处理效果的影响，本节采用红外光谱对高岭石原矿(ORK)、硅烷直接改性高岭石(SMK)和硅烷改性高岭石-二氧化硅复合颗粒(SMKS)进行了检测分析，结果如图 7.19 所示。经硅烷偶联剂改性后，SMKS 的红外谱图发生明显变化，在 $2963cm^{-1}$ 和 $1261cm^{-1}$ 处，分别出现了 Si—C 键和—CH 键的红外吸收峰，并且这些吸收峰与 SMK 的相比，强度有明显提高，这说明前者表面具有更多的硅烷偶联剂。一般认为，高岭石经有机分子化学改性后，其内表面羟基($3695cm^{-1}$)易受到影响，红外峰强度降低，而内羟基($3621cm^{-1}$)不会受到影响(Ledoux and White，1964；Murakami *et al.*，2004)。由红外光谱分析图可知，SMK 的内表面羟基吸收峰的强度只有轻微的降低，而 SMKS 的内表面羟基峰几乎消失，高岭石的外羟基峰强度明显减弱，同时表面吸附水的峰强度也明显降低。这说明高岭石颗粒表面引入二氧化硅壳层后，更有利于硅烷偶联剂进行表面修饰。并且，高岭石内表面羟基峰的消失，也说明硅烷与其发生了化学接枝反应。可见二氧化硅包覆层的引入，极大地改善了高岭石颗粒的烷基化改性效果，这主要因为二氧化硅具有丰富的表面羟基反应活性，易于与硅烷偶联剂发生缩合反应，而高岭土表面惰性强，只有断裂的边缘有少量羟基，相对于高岭石颗粒整个表面来说，羟基含量过少，难于和硅烷偶联剂发生化学反应(Braggs，2000)。

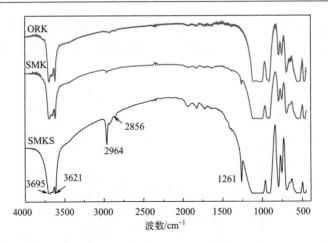

图 7.19　核-壳包覆改性高岭石红外光谱图

7.2.3　机理分析

通过对比硅烷直接改性高岭石和包覆二氧化硅后进行硅烷改性得知，由于高岭石的惰性表面缺少与硅烷反应的活性基团，直接进行表面改性效果甚微；而经二氧化硅包覆后，表面被引入大量的活性基团硅羟基，极大地提高了硅烷的改性效果。具体改性机理如图 7.20 所示。首先，TEOS 经酸催化作用发生水解，烷氧基团（—OC$_2$H$_5$）被羟基（—OH）取代，形成原硅酸，原硅酸通过羟基与高岭石端面少量的活性羟基发生缩合反应，同时

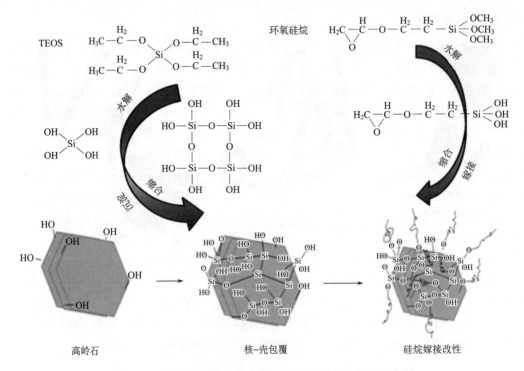

图 7.20　烷基化高岭石-二氧化硅核壳粒子制备机理示意图

原硅酸彼此间发生缩合反应，形成大的网状体，沿高岭石端面接枝的原硅酸覆盖在高岭石颗粒表面，形成无定形二氧化硅网状壳层。这层包覆层，具有丰富的硅醇，硅烷分子与二氧化硅-高岭石核壳粒子接触，与其表面大量的硅醇基团发生缩合反应，从而以化学键形式接枝在高岭石表面，实现高岭石的表面烷基化修饰。

7.3　等离子体辅助活化改性

7.3.1　实验部分

1. 原材料和实验设备

高岭土取自河北张家口，原矿经制浆沉降去渣、化学漂白后，作为本节研究的高岭土样。乙烯基三甲氧基硅烷(KH-171)，南京曙光化工集团有限公司产品。无水乙醇、氢氧化钠、硫酸均为分析纯。实验中全部使用去离子水。等离子体改性处理仪由常州中科常泰等离子科技有限公司生产。

2. 实验方法

取一定量的高岭土样，100℃烘干 2h，然后取 3g 高岭土粉末，均匀铺展在石英托盘上，放入等离子体发生腔，抽真空到 3Pa 的条件下，通入空气、氩气或氧气，经辉光放电产生相应的空气、氩气或氧气等离子体，处理一定时间，得到空气、氩气和氧气等离子体刻蚀活化高岭土粉末样。然后，将上述样品与乙醇混合，充分搅拌分散制浆，移入带回流装置的烧瓶中，加入预先水解的乙烯基三甲氧基硅烷采用磁力搅拌水浴，恒温65℃，搅拌反应 1h，将样品离心洗涤，100℃烘干，研磨得到改性产品。

3. 样品的分析与表证

采用在水中的分散稳定性考察等离子介质种类和处理时间对高岭石表面性质的影响；采用 X 射线衍射和扫描电镜分析表征高岭石微观结构的变化；采用在液体石蜡中的分散特性，考察等离子处理时间对后续硅烷改性效果的影响；采用傅里叶红外光谱分析表征等离子处理及硅烷改性前后高岭石颗粒表面性质的变化。

7.3.2　结果与讨论

1. 等离子体处理对高岭石表面性质和微观结构的影响

1) 水中的分散稳定性

分别采用氧气、空气和氩气等离子体处理不同时间的高岭土样在水中沉降的沉物量变化如图 7.21 所示。由图可知，经氧气等离子体处理后，高岭土在水中的沉物量有明显变化，随着等离子处理时间的延长，其在水中的沉渣量逐渐降低，15min 处理样的沉渣量最小为 0.42g，随着等离子体处理时间的延长，沉渣量反而增大，30min 时已与未处理高岭土原样沉渣量相近。可见，经氧气等离子处理后，高岭土在水中的分散性有明显改善，并且 15min 处理后，分散性最好。这说明，氧气等离子处理，使高岭石表面性质发生了很大变化。经空气等离子体处理后沉渣质量变化很微小，说明空气等离子处理对高岭石表面性质影响甚微。经氩气等离子体处理后，高岭土在水中的沉物量有一定变化，但并不明显。可见氩气等离子处理对高岭石表面性质的影响也较小。通过上述分析，本节研究采用氧气等离子体对高岭石进行刻蚀活化改性研究。

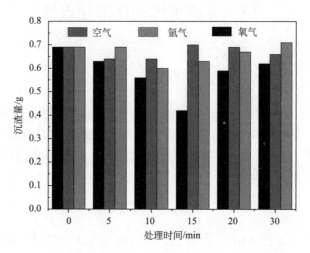

图 7.21　等离子体处理不同时间的高岭土样在水中沉降图

2)X 射线衍射晶体结构分析

氧气等离子体处理不同时间的高岭石样的 X 射线衍射图谱如图 7.22 所示。由图可知，经不同时间处理后，高岭石样的 X 射线衍射图谱几乎没有发生任何变化。高岭石的特征衍射峰均比较明显。这说明氧气等离子处理对高岭石的晶体结构没有任何破坏。

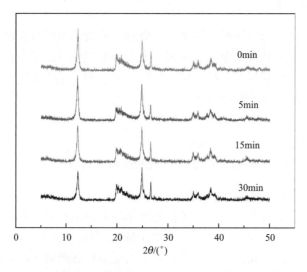

图 7.22　氧气等离子体处理不同时间的高岭石样 X 射线衍射图谱

3)扫描电镜微观形貌观测分析

为了进一步考察，氧气等离子体处理对高岭石微观结构的影响，采用扫描电镜对其形貌进行观察，其结果如图 7.23 所示。由图可知，经氧气等离子体处理后，高岭石样的整体形貌并没有发生变化，仍是六方片状或假六方片状。但经等离子体处理后，其片层堆垛体变得更为松散，堆垛体层间作用被一定程度的破坏，高岭石片层集合体变小［图 7.23（c）］。并且经长时间（30min）处理后，高岭石片表面出现明显的刻蚀［图 7.23（d）］。可见长时间处理，会使高岭石颗粒表层遭到破坏，这种破坏可能会使高岭石表面由等离子体处理而产生的活性基团也遭到破坏。这也是长时间处理后，高岭石在水中的分散性反而降低的原因。

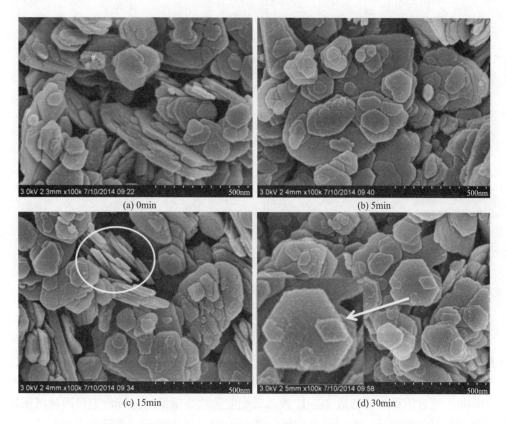

图 7.23　氧气等离子体处理不同时间的高岭石样扫描电镜照片

4)红外光谱表面性质分析

通过上述水中的沉降性、X 射线衍射分析和扫描电镜分析可知，氧气等离子体处理会使高岭石表面性质和微观结构受到一定改变。为了进一步分析其表面性质的变化，采用红外光谱对氧气等离子体处理不同时间的高岭石样进行表征分析，其红外光谱图如图 7.24 所示。由图可知，经氧气等离子体处理后，高岭石在 $2900 \sim 3100 \mathrm{cm}^{-1}$ 处的红外光谱图发生了明显变化，出现了新的红外峰。并且随着处理时间的延长，$3010 \mathrm{cm}^{-1}$ 和 $2940 \mathrm{cm}^{-1}$ 两个红外峰逐渐增强，15min 处理样的强度最高，随着时间进一步延长，峰的强度反而减弱。研究发现,经等离子体处理后高岭石会产生不同形式的羟基(Ming and Spark,2003;Ömer and Cafer,2013),具有较强的反应活性。通过以上分析,表面氧气等离子体处理15min 时, 高岭石表面产生较多的活性羟基基团,时间进一步延长,生成的活性基团会被破坏。

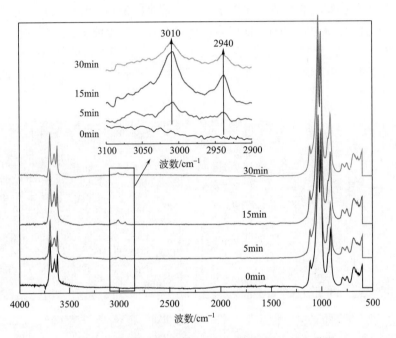

图 7.24　氧气等离子处理不同时间高岭石样红外光谱图

2. 等离子体处理对高岭石表面烷基化修饰的影响

1)液体石蜡中的沉降特性

表面改性的目的主要是改变高岭石表面的极性,使其由亲水性变为疏水性,增强与非极性聚合物的相容性。鉴于此, 作者采用其在非极性的液体石蜡中的分散稳定性作为考察改性效果的初始判据。称取 0.6g 改性后的样品,加入到 20mL 液体石蜡中,磁力搅拌 10min,然后用移液管移取 10mL 放入带刻度的柱塞量筒内静置,记录固体沉积物的体积随沉降时间的变化,得到沉降曲线。在相同的实验条件下,沉降曲线越平缓,沉降速度越小,说明改性高岭土在液体石蜡中的分散性和稳定性越好,改性效果也就越好。硅烷改性等离子不同时间处理高岭石样在液体石蜡中的沉降曲线如图 7.25 所示。由图可知,未经等离子处理的高岭石硅烷改性样,在液体石蜡中迅速沉降,60min 几乎全部沉降,分散性很差,说明改性效果差。经等离子体处理后,再进行硅烷表面修饰的高岭石样,在液体石蜡中的沉降曲线,随着等离子体处理时间的增长,而逐渐变缓,15min 处理样的沉降曲线最为平缓,分散性最好,改性效果也最好;而随着处理时间的进一步延长,沉降曲线反而变得陡峭,沉降速度增大,分散性降低,说明改性效果随之变差。

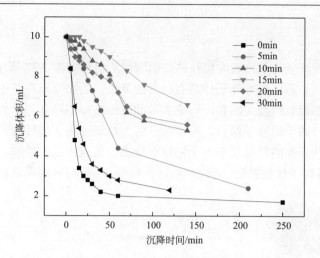

图 7.25　硅烷改性等离子不同时间处理高岭石样在液体石蜡中的沉降曲线

2) 红外光谱分析

本书对高岭石原样(ORK)、硅烷直接改性高岭石样(M-K)和经 15min 等离子体预处理后硅烷改性高岭石样(M-K15)分别进行了红外光谱测试，其结果如图 7.26 所示。由图可知，M-K15 与 ORK 和 M-K 相比，出现了明显的新的红外峰。$3085cm^{-1}$ 为末端是 CH_2 的双键吸收峰，$2962cm^{-1}$ 是—CH_3 吸收峰，$1450cm^{-1}$ 为 CH 的吸收峰。可见通过等离子体预处理后，高岭石表面很容易与硅烷偶联剂反应，表面修饰效果较好。此外，高岭石的外表面羟基峰 $3695cm^{-1}$ 和内羟基 $3621cm^{-1}$ 的强度，相对于其他高岭石样，也有明显降低。这进一步说明，硅烷偶联剂与高岭石颗粒发生了化学接枝改性。

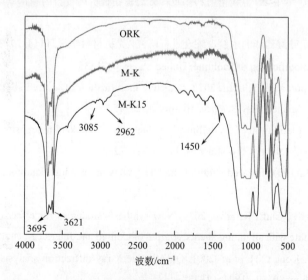

图 7.26　等离子体预处理前后高岭石表面改性红外光谱图

ORK.高岭石原样；M-K.硅烷直接改性样；M-K15 为经 15min 等离子体预处理后硅烷改性样

7.3.3　机理分析

　　高岭石氧气等离子体活化表面接枝硅烷偶联剂的机理如图 7.27 所示。氧气在辉光放电条件下形成等离子态，氧等离子体具有很高的能量，轰击暴露在其中的高岭石颗粒，使其表面的硅氧和铝氧键发生断裂，形成大量的硅羟基和铝羟基。此外，高岭石铝氧八面体表面的羟基与两个铝原子结合，反应活性弱，经氧等离子体处理后，部分铝氧键的断裂使铝氧八面体表面的羟基仅与一个铝原子成键，而成为活性羟基。在上述两种作用下，高岭石经氧等离子体处理后，表面形成活性羟基，易于与硅烷偶联剂发生接枝反应。

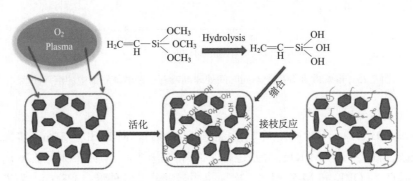

图 7.27　高岭石氧气等离子体活化表面接枝硅烷改性机理示意图

参 考 文 献

姚林波, 高振敏. 1996. 运用 X 射线衍射和多重峰分离程序解析高岭石的结构缺陷. 矿物学报, 16(2): 132～140

余锡宾, 吴虹. 1996. 正硅酸乙酯的水解、缩合过程研究. 无机材料学报, 11(4): 703～707

Braggs. 2000. Surface modification of kaolinite. United States, 6071335

Bujdák J, Danko M, Chorvát Jr D, et al. 2012. Selective modification of layered silicate nanoparticle edges with fluorophores. Applied Clay Science, (65-66):152～157

Hinckley D N. 1963. Variability in "crystallinity" values among the kaolin deposits of the coastal plain of Georgia and South Carolina . Clay Minerals, 11(1):229～235

Ledoux R L, White J L. 1964. Infrared study of the OH groups in expanded kaolinite. Science, 143(3603): 244～246

Lilian R A, Emerson H F, Ciuffi K, et al. 2010. New synthesis strategies for effective functionalization of kaolinite and saponite with silylating agents. Journal of Colloid and Interface Science, 341(1):186～193

Lu L M, Sahajwalla V, Kong C H, et al. 2001. Quantitative X-ray diffraction analysis and its application to various coals. Carbon, 39(12):1821～1833

Ming H, Spark K M. 2003. Radio frequency plasma-induced hydrogen bonding on kaolinite. Journal of Physical and Chemistry B, 107(3): 694～702

Murakami J, Itagaki T, Kuroda K. 2004. Synthesis of kaolinite-organic nanohybridswith butanediols. Solid

State Ionics , 172(1-4)∶ 279～282

Ömer Y, Cafer S. 2013. Surface modification with cold plasma application on kaolin and its effects on the adsorption of methylene blue. Applied Clay Science, (85):96～102

Zhang Y D, Liu Q F, Xiang J J, *et al*. 2014. Insight into morphology and structure of different particle sized kaolinites with same origin. Journal of Colloid and Interface Science, 426: 99～106

第8章 高岭石-橡胶复合材料的硫化性能及力学性能

填料是橡胶工业中的主要原料之一，可以赋予橡胶材料许多优异的性能。填料的主要作用是增容和补强，能够大幅度地提高橡胶材料的力学性能，使橡胶材料具有使用价值，同时还可以改善橡胶制品的加工性能。因此，填料的性质对于橡胶复合材料的加工性能和力学性能具有决定性的影响。传统上，炭黑和白炭黑是橡胶复合材料中普遍使用的补强剂，其本身具有纳米尺度的细微结构，因此可以起到补强剂和增溶剂的双重作用，具有优异的效果。但是炭黑和白炭黑的能源消耗大，生产工艺复杂，生产成本较高，对环境污染严重。而高岭石作为无机黏土矿物，其资源丰富，价格低廉，生产能耗低，且其颜色较浅，可以广泛应用于浅色聚合物制品。同时，由于高岭石本身的物理化学性质和独特的微观结构形貌，将其填充到橡胶中制备的高岭石-橡胶复合材料将具有优异的加工性能和物理机械性能。

在高岭石-橡胶复合材料的结构中，经过表面处理的高岭石颗粒可以在橡胶基体中均匀分散。在起到填充作用的同时，可以限制橡胶的形变，阻碍橡胶的裂纹扩展，从而具有良好的补强效果。因此，高岭石-橡胶复合材料的力学性能与高岭石的表面处理及其结构紧密相关。

8.1 实验原理与方法

8.1.1 实验材料和实验配方

实验原材料与配方见表 8.1 和表 8.2。

表 8.1 实验原材料

材料与试剂名称	牌号	产地
丁苯橡胶	SBR-1500E	吉林石化公司
天然橡胶	NR-3＃烟片胶	海南天然橡胶产业集团股份有限公司
丁苯胶乳	SBR-1500	山东省淄博市临淄区齐鲁石化
其他原材料	—	市售

表 8.2 橡胶复合材料实验配方

丁苯橡胶		天然橡胶	
SBR	100	NR	100
氧化锌	3	氧化锌	5
硬脂酸	1	硬脂酸	4
促进剂 NS	1	促进剂 M	1

续表

丁苯橡胶		天然橡胶	
硫黄	1.75	硫黄	3
		防老剂 D	1.5
补强剂	变量	补强剂	变量

8.1.2　设备与仪器

橡胶复合材料制备所用到的设备和仪器见表 8.3。

表 8.3　测试中使用设备和仪器

设备名称	型号或规格	生产厂家
开炼机	开放式炼胶机(电加热)-SK0160B 型 ϕ160mm×320mm	江都市新真威实验机械有限责任公司
无转子硫化仪	ZWL	江都市新真威实验机械有限责任公司
电子万能实验机	DL-D2500	江都市新真威实验机械有限责任公司
平板硫化机	—	郑州大众机械制造有限公司
邵氏橡胶硬度计	LX-A	江都市真威实验机械有限责任公司
橡胶用测厚仪	WHS–10A	江都市真威实验机械有限责任公司
冲片机	CP-25	江都市真威实验机械有限责任公司

8.1.3　橡胶复合材料制备方法

1. 熔融共混法

将有机化改性的高岭土与橡胶熔体进行共混，使粉体在橡胶基体中达到均匀分散，从而制得橡胶复合材料，其制备过程如下所示：

胶料先在开炼机中混炼，混炼工艺为：生胶→小料(促进剂、活性剂)→补强剂→软化剂→硫黄→薄通数次后均匀下片，混炼时间为 12～15min。再用硫化仪测定正硫化时间，最后，在平板硫化机上模压成型，制得高岭石-橡胶复合材料试片，其中天然橡胶硫化条件为 153℃/10MPa×T_{90}，丁苯橡胶硫化条件为 163℃/10MPa×T_{90}。

2. 乳液共混法

将高岭土制成一定浓度的悬浮液，然后再与一定浓度的橡胶乳液按比例进行乳液共混，接着慢速机械搅拌一定时间，滴加质量浓度为 1%的稀盐酸絮凝，用去离子水洗涤三次，然后将共混溶液在干燥箱中以 60℃温度烘干至重量不再变化，最后将共混干胶经塑炼、混炼、停放、硫化，得到高岭石-橡胶复合材料试片。

8.1.4　性能测试

1. 硫化性能

通过硫化仪可以了解胶料的整个硫化过程和胶料在整个硫化过程中的主要特性参数，如门尼黏度、焦烧时间、正硫化时间、硫化速度、硫化平坦期等。图 8.1 为混炼胶的整个硫化过程(杨清芝，2005)。

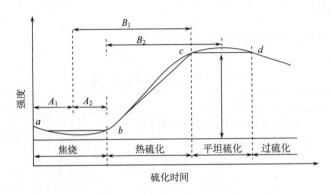

图 8.1　混炼胶的硫化进程

门尼黏度：将胶料填充到模腔与转子之间，在一定的实验温度下，通过测定转子在转动过程中转动力矩的大小来表征胶料的流动性。其用 $M_L(1+4)100℃$ 表示。门尼黏度是胶料测试的主要工艺参数。

焦烧时间(T_{10})：又称诱导期，是从胶料加入模具中受热开始到转矩为 M_{10} 所对应的时间。其中 $M_{10}= M_L+(M_H- M_L)×10\%$，充分的焦烧时间可以保证胶料的混炼、压延、挤出、成型及模压充模，因此焦烧时间对橡胶的生产加工安全性至关重要。

正硫化时间(T_{90})：指从胶料加入模具受热到 M_{90} 所需要的时间，其中 $M_{90}= M_L+(M_H- M_L)×90\%$。工艺正硫化时间为胶料在实际加工过程中的硫化时间，也间接表征胶料的硫化速率。

2. 静态力学性能

本章实验研究中高岭石-橡胶复合材料的静态力学性能均采用国家标准进行测试,测试项目主要包括：硫化胶的拉伸强度、定伸强度、扯断伸长率、扯断永久变形(GB/T531-99)、撕裂强度(GB/T529-99)、硬度(GB/T528-98)。

硫化胶胶片的拉力实验采用 6.00mm 裁刀制哑铃片，拉伸速率为 500mm/min，测试温度为常温；撕裂实验采用 1mm 裁刀制裤形片，拉伸速率为 100mm/min。

拉伸强度(σ)：为测试样品被拉断时的极限强度，单位为 MPa，其中 $\sigma = P/(bh)×9.8$，P 为测试样品被拉断时所受的拉力,b 为测试样品的宽度(mm),h 为测试样品的厚度(mm)。

撕裂强度(σ_s)：测试样品在一定的速率下拉伸，割口部位被撕开，直至断裂。其中 $\sigma_s=2P/bh×9.8$，P 为按 ISO6133 的规定计算负荷的中值。

扯断伸长率(ε)：为测试样品断裂时伸长部分与原始长度之比。其中 $\varepsilon = (L_1-L_0)/L_0 \times$ 100%，L_0 为实验前测试样品工作区的标距(mm)，L_1 为测试样品断裂时的间距(mm)。

扯断永久变形(H_d)：为试样不可恢复的长度与原长之比，其中 $H_d=(L_2-L_0)/L_0 \times 100\%$，$L_2$ 为测试样品扯断后停放 3min 的长度(mm)，L_0 为试样断裂前的长度(mm)。

8.2　改性剂的影响

本书采用 M1(二甲基亚砜)、M2(钛酸酯偶联剂)、M3(铝酸酯偶联剂)、M4(硅烷偶联剂 KH560)、M5(硅烷偶联剂 KH550) 和 M6(硅烷偶联剂 Si-69) 六种改性剂对高岭石表面进行改性处理。下面主要讨论高岭石表面性质的差异对橡胶复合材料的硫化性能和力学性能的影响，其中填料在橡胶基体中的添加量为 50phr[①]。

表 8.4 为不同改性剂改性高岭石填充 SBR 复合材料的硫化性能指标测试结果。从表中可以看出，与纯丁苯橡胶(SBR-P)相比，高岭石改性后填充 SBR 复合材料的最小力矩(F_{min})没有明显的变化规律，而最大力矩(F_{max})都有不同程度的降低，说明高岭石在橡胶的加工过程中降低了胶料的黏度，改善了胶料的加工性能。从胶料的焦烧时间(T_{10})和硫化时间(T_{90})来看，M1 改性高岭石填充的橡胶复合材料变化不大，而其他改性高岭石填充的橡胶复合材料均有较大幅度的缩短，说明改性高岭石的加入大大提高了橡胶复合材料的生产效率。

表 8.4　不同改性剂改性高岭石填充 SBR 复合材料的硫化性能

样品名称	最小扭矩/(N·m)	最大扭矩/(N·m)	T_{10}/min	T_{90}/min
SBR-P	0.89	3.64	12.39	24.06
SBR-M1	0.68	2.14	12.21	21.90
SBR-M2	1.00	2.98	6.20	15.47
SBR-M3	0.79	2.61	6.08	15.46
SBR-M4	0.91	2.24	7.08	17.15
SBR-M5	0.77	2.76	8.07	17.02
SBR-M6	0.87	3.26	5.51	14.21

表 8.5 为不同改性剂改性高岭石填充 SBR 复合材料的力学性能指标测试结果。从表中可以看出，在六种改性剂中，M6 改性剂的改性效果最好，橡胶复合材料的拉伸强度达到 16.33MPa，撕裂强度达到了 34kN/m。M2 改性剂的改性效果最差，其改性的高岭石填充橡胶复合材料的拉伸强度只有 9.39MPa；其他改性剂的改性效果比较相近，拉伸强度都在 12~13MPa。这说明 M6 改性剂的无机活性基团与高岭石表面的活性点羟基、硅氧键发生相互作用，使高岭石的有机化程度提高；同时改性后的高岭石表面也具有活性的有机基团(氨基、环氧基、乙烯基等)，可以与橡胶大分子发生物理缠绕或化学作用，

---

① phr 为百分橡胶含量(parts per hundreds of rubber)。

使一部分橡胶附着在高岭石表面，固定在高岭石的片层结构中，限制了橡胶大分子的自由运动，从而使橡胶复合材料具有较高的拉伸强度和定伸强度。而 M2 改性剂缺少与橡胶大分子相互作用的有机活性基团，因此其改性的高岭石对橡胶大分子的限制作用较弱，复合材料的力学性能较差。M1 改性剂为二甲基亚砜，其不但与高岭石相互作用，还增大了高岭石的层间距，其含有的甲基与 SBR 具有良好的相容性，因此复合材料具有较好的力学性能。

表 8.5　不同改性剂改性高岭石填充 SBR 复合材料的力学性能指标

样品名称	硬度/HA	100%定伸强度/MPa	300%定伸强度/MPa	拉伸强度/MPa	撕裂强度/(kN/m)	扯断伸长率/%
SBR-P	39	0.63	1.60	1.43	13	581
SBR-M1	45	1.02	2.88	12.3	29	730
SBR-M2	51	1.01	1.81	9.39	22	819
SBR-M3	52	1.04	2.38	13.01	28	840
SBR-M4	52	1.25	3.41	13.42	29	754
SBR-M5	52	0.99	1.64	12.31	21	754
SBR-M6	53	1.28	4.35	16.33	34	692

8.3　高岭石径厚比的影响

选用张家口高岭石，根据斯托克沉降法则分选出四组不同粒径的高岭石，经改性后填充到丁苯橡胶复合材料中，研究其径厚比对复合材料性能的影响。

表 8.6 为不同径厚比高岭石填充丁苯橡胶复合材料的硫化性能。由表可知，尽管是同一产地的高岭石，经过同样改性方法制备的橡胶复合材料，但其硫化性能仍随着填料粒径呈现规律性的变化。与纯丁苯橡胶相比，添加改性高岭石后，复合材料的各硫化时间有明显缩短，说明改性高岭石具有加速硫化的作用；且随着高岭石径厚比的减小，这种加速硫化作用越明显。这是因为高岭石表面分布着 Lewis 酸性点，当高岭石径厚比增大时，侧面断键增多，酸性点密度增大，同时高岭石的比表面积增大，因此酸性进一步增强。而酸性填料会减缓橡胶的硫化速率，这样两者同时作用，导致大径厚比高岭石的促硫化作用减弱，尤其在前期硫化表现得最为显著。这样，与小径厚比高岭石填充相比，大径厚比高岭石填充的丁苯橡胶复合材料在 T_{90} 相差不大的情况下，T_{10} 有大幅延长，既保证了生产效率又提高了操作安全性。

表 8.6　不同径厚比高岭石填充丁苯橡胶复合材料的硫化性能

样品名称	高岭石径厚比	最大扭矩/(N·m)	最小扭矩/(N·m)	T_{10}/min	T_{50}/min	T_{90}/min
SBR-P	—	0.45	0.27	11.39	13.89	20.05
SBR-FJ1	5.0	2.34	0.96	6.22	10.25	17.57
SBR-FJ2	3.6	2.26	0.92	5.85	9.93	17.56
SBR-FJ3	2.5	2.54	0.91	4.10	8.08	16.45
SBR-FJ4	0.6	2.29	0.91	3.93	7.83	15.98

与纯丁苯橡胶相比,高岭石填充橡胶复合材料的扭矩均有不同程度的增大,其中最小扭矩随着高岭石径厚比的减小而逐渐减小,符合非牛顿液体黏度随着悬浮颗粒粒径的变化规律。

由表 8.7 可知,随着径厚比的减小,其各方面力学性能数值均出现明显的下降趋势。其中,与 SBR-FJ4 相比,SBR-FJ1 的拉伸强度提升 96.61%,100%定伸强度提升 81.08%,300%定伸强度提升 70.60%,撕裂强度提升 39.61%。这些数据说明,在高岭石-橡胶复合材料中,高岭石径厚比增大对提升橡胶复合材料的力学性能是非常显著的。

表 8.7　不同径厚比高岭石填充丁苯橡胶复合材料的力学性能

样品名称	高岭石径厚比	撕裂强度/(kN/m)	拉伸强度/MPa	100%定伸强度/MPa	300%定伸强度/MPa	断裂伸长率/%	硬度
SBR-P	—	9.43	2.32	0.55	0.90	1240.1	44
SBR-FJ1	5.0	34.69	14.53	3.35	9.40	526.18	63
SBR-FJ2	3.6	31.10	11.38	2.93	8.48	462.72	61
SBR-FJ3	2.5	29.16	8.9	2.21	7.07	424.41	58
SBR-FJ4	0.6	26.28	7.39	1.85	5.51	475.29	57

在同等填充份数下,高岭石径厚比越大,粒径越小,有效填充单元数越多。在拉伸撕裂过程中,裂纹扩展就需绕开更多的高岭石颗粒,甚至需要产生新裂纹才能破坏材料。众所周知,产生新裂纹的能量比裂纹扩散所需能量大得多,这样橡胶复合材料的力学性能得到了有效的提高。而低径厚比高岭石填充时,不仅有效填充单元数减少,同时在大颗粒附近产生应力集中,新裂纹产生的能量位垒显著降低,导致新裂纹的产生及扩展更加容易,从而导致填料的补强作用下降。

8.4　高岭石填充份数的影响

橡胶材料中填料的添加用量的高低,不仅会影响橡胶产品的成本,还会直接影响橡胶产品的加工和应用性能。理论上来说,填料的添加量越高,单位橡胶产品的成本越低,但是在实际使用过程中,填料的用量多少不仅要考虑产品的成本,还要考察材料的加工可操作性和使用性能。下面主要考察了填料的用量(样品名称后面的数字为填充份数)对复合材料硫化性能和主要力学性能的影响。

表 8.8 为填充不同份量高岭石的 SBR 复合材料的硫化性能指标,ΔF 为 F_{max} 与 F_{min} 的差值。从表中可以看出,将高岭石按不同份量填充到 SBR 中后,与纯胶相比,填充橡胶复合材料的最小扭矩(F_{min})和最大扭矩(F_{max})没有明显的变化规律,但是最大扭矩(F_{max})都有不同幅度的降低。就焦烧时间(T_{10})和硫化时间(T_{90})来看,不同份量高岭石填充的 SBR 复合材料都有显著的降低,并且随着填充份量的增加,T_{10} 和 T_{90} 逐渐缩短;当添加量为 80 份时,焦烧时间 T_{10} 和硫化时间 T_{90} 最短,分别为 3.41min 和 14.11min。这说明高岭石添加份量的提高可以改善 SBR 复合材料的加工性能,提高材料的硫化效率,

但是高岭石的加入缩短了胶料的焦烧时间(T_{10})，不利于胶料的前期加工，尤其是当添加量太大时，复合材料的焦烧时间过短，没有充分的时间混炼、压延、压出、成型，因此不利于材料的加工安全性。

表 8.8　填充不同份量高岭石的 SBR 复合材料的硫化性能

样品名称	最小扭矩/(N·m)	最大扭矩/(N·m)	ΔF	T_{10}/min	T_{90}/min
SBR-P	0.858	3.635	2.777	12.39	24.06
SBR-MK20	0.937	2.524	1.587	9.53	19.14
SBR-MK30	0.976	2.33	1.354	8.27	17.38
SBR-MK40	1.017	2.441	1.424	7.13	16.23
SBR-MK50	0.865	3.257	2.392	5.51	14.21
SBR-MK60	0.964	2.463	1.499	5.06	15.21
SBR-MK70	1.044	2.705	1.661	4.16	14.17
SBR-MK80	1.021	2.54	1.519	3.41	14.11

表 8.9 为填充不同份量高岭石的 SBR 复合材料的力学性能指标测试结果。从表中结果可以看出，随着高岭石填充份量的增加，SBR 复合材料的硬度、定伸强度、拉伸强度和撕裂强度等指标都逐渐增大，其中拉伸强度、撕裂强度和 300%定伸强度都有显著的改善。当填充份量为 80 份时，拉伸强度达到 19.62MPa，提高了 11.7 倍；撕裂强度达到 40.63kN/m，增大了 3.79 倍；300%定伸强度达到 6.73MPa，提高了 5.34 倍。橡胶复合材料的扯断伸长率的变化规律不明显，但是高岭石填充量达到 30 份以上后，复合材料的扯断伸长率都达到了 700%以上。

表 8.9　填充不同份量高岭石的 SBR 复合材料的力学性能指标

样品名称	硬度/HA	100%定伸强度/MPa	300%定伸强度/MPa	拉伸强度/MPa	撕裂强度/(kN/m)	扯断伸长率/%
SBR-P	39	0.63	1.06	1.43	8.48	581
SBR-MK20	45	0.85	1.93	5.87	15.51	453
SBR-MK30	49	1.01	2.73	10.46	15.82	733
SBR-MK40	52	1.09	3.37	11.48	25.98	703
SBR-MK50	55	1.27	4.07	16.33	31.57	757
SBR-MK60	57	1.37	4.56	16.65	32.32	729
SBR-MK70	59	1.58	5.47	19.32	36.61	761
SBR-MK80	62	2.02	6.73	19.62	40.63	710

高岭石填充到橡胶基体中以后，其独特的片层结构能够圈闭橡胶大分子，抑制其自由活动，随着高岭石填充份量的增大，基体中单位空间内的高岭石片层数目相对增多，对橡胶大分子链的限制作用增强，因此显著改善了复合材料的力学性能，而且 SBR 属于非自补强型橡胶，其力学性能的提升完全来自于补强剂的补强作用。因此，随着高岭石

填充量的增加，SBR 复合材料的整体性能逐步提高。

8.5　高岭石插层与剥片的影响

自然界的高岭石多呈现蠕虫状团聚体形态，具有较大的粒径，其堆积体厚度在 $0.2\mu m$ 以上，并未表现出其应有的纳米尺寸效应。对醋酸钾插层后高岭石进行原位磨剥，打散其蠕虫状团聚形态，制备了不同径厚比的高岭石颗粒，并将其通过乳液共混填充到丁苯橡胶中制备复合材料，研究径厚比对橡胶复合材料性能的影响。

表 8.10 为插层剥片高岭石填充丁苯橡胶复合材料的硫化性能。由表中结果可知，高岭石填充橡胶复合材料的扭矩变大，硫化速率加快。随着填充高岭石径厚比的增大，其橡胶复合材料的 T_{90} 略有延长，硫化速率稍有降低。醋酸钾分子的一端为饱和酸，一端为碱金属离子，是典型的阴离子型表面活性剂的结构，容易吸附在高岭石表面。在实验过程中，与高岭石原矿相比，插层剥片高岭石的离心洗涤需要更高的转速，且高岭石颗粒离心沉降不彻底，也证明仍有醋酸根离子吸附在高岭石表面。醋酸钾作为一种常见的强碱弱酸盐，电解后呈现弱碱性，能加速橡胶的硫化速率。除 SBR-KAC2 的扭矩出现较大波动外，其他样品的扭矩变化不大，说明高岭石的蠕虫状结构破坏之后，片层颗粒的径厚比差别对其扭矩影响不大。

表 8.10　插层剥片高岭石填充丁苯橡胶复合材料的硫化性能

样品名称	高岭石径厚比	最大扭矩/(N·m)	最小扭矩/(N·m)	T_{10}/min	T_{50}/min	T_{90}/min
SBR-P	—	0.45	0.27	11.39	13.89	20.05
SBR-KAC1	8.38	1.73	0.64	3.27	6.45	12.13
SBR-KAC2	8.74	2.45	1.17	2.82	6.21	12.56
SBR-KAC3	9.10	1.78	0.65	2.15	6.03	13.57
SBR-KAC4	9.64	1.79	0.66	2.04	6.11	14.38

小粒径的高岭石，因其较大的比表面积而吸附更多的醋酸根离子，由此表现出更高的碱性，在提高硫化速率的同时降低了交联密度。因此，在小粒径高岭石具有较好的补强和降低交联密度的双重作用下，插层剥片高岭石填充丁苯橡胶复合材料的静态力学性能，随着径厚比的增大而呈现无规则的波动。如表 8.11 所示，KAC3 填充橡胶的撕裂强度达到最大值 28.35kN/m，比纯丁苯橡胶提高了 2.0 倍；KAC2 填充橡胶的拉伸强度达到了最大值 10.15MPa，比纯丁苯橡胶提高了 3.4 倍。

将经醋酸钾插层磨剥改性的高岭石，与天然橡胶进行熔融共混，制得橡胶复合材料的硫化性能见表 8.12。与其填充的丁苯橡胶复合材料相似，填充天然橡胶复合材料的硫化速率显著提高，各硫化时间明显降低，且均随着径厚比减小而逐渐降低；其中，T_{90} 在 NR-KAC1 填充时最小，为 3.39min，比纯天然橡胶缩短了 2.7 倍，显著提高了橡胶复合材料的生产效率。

表 8.11　插层剥片高岭石填充丁苯橡胶复合材料的力学性能

样品名称	高岭石径厚比	撕裂强度/(kN/m)	拉伸强度/MPa	100%定伸强度/MPa	300%定伸强度/MPa	断裂伸长率/%	硬度/HA
SBR-P	—	9.43	2.32	0.55	0.90	1240.1	44
SBR-KAC1	8.38	26.42	9.33	1.25	2.99	1095.02	67
SBR-KAC2	8.74	23.97	10.15	1.18	2.85	1056.54	67
SBR-KAC3	9.10	28.35	7.79	1.12	2.81	862.27	67
SBR-KAC4	9.64	27.97	9.78	1.27	3.25	934.44	69

表 8.12　插层剥片高岭石填充天然橡胶复合材料的硫化性能

样品名称	高岭石径厚比	最大扭矩/(N·m)	最小扭矩/(N·m)	T_{10}/min	T_{50}/min	T_{90}/min
NR-P	—	0.93	0.35	2.55	6.16	12.48
NR-KAC1	8.38	0.54	0.16	1.04	1.83	3.39
NR-KAC2	8.74	0.53	0.16	1.07	1.92	3.41
NR-KAC3	9.10	0.78	0.19	1.45	2.59	4.62
NR-KAC4	9.64	0.72	0.21	2.13	3.93	6.87

与丁苯橡胶相似，在填料补强效应和降低交联密度效应两方面的综合作用下，天然橡胶复合材料随着高岭石径厚比的增大而无规则波动。其中，撕裂强度在 NR-KAC4 填充时取得最大值 37.19kN/m，比纯天然橡胶提高了 37.8%；拉伸强度在 NR-KAC2 填充时取得最大值 20.72MPa，比纯天然橡胶提高了 22.5%(表 8.13)。

表 8.13　插层剥片高岭石填充天然橡胶复合材料的力学性能

样品名称	高岭石径厚比	撕裂强度/(kN/m)	拉伸强度/MPa	100%定伸强度/MPa	300%定伸强度/MPa	断裂伸长率/%	硬度/HA
NR-P	—	26.98	16.92	0.49	0.94	2514.67	37
NR-KAC1	8.38	36.19	19.19	0.85	1.87	1919.2	50
NR-KAC2	8.74	32.92	20.72	0.82	1.80	1976.19	51
NR-KAC3	9.10	27.08	18.27	0.85	1.88	1788.73	52
NR-KAC4	9.64	37.19	17.47	0.75	1.70	1819.94	47

8.6　长链有机物插层剥片高岭石的影响

经长链有机物(长链季铵盐、烷基胺、氨基硅烷)插层后，高岭石片层发生卷曲，形成埃洛石管状形貌。这些纳米管直径在 20nm 左右，长度在 150nm 左右，纳米尺寸效应使其具有较好的补强潜能。将高岭石插层剥片后形成的纳米管通过熔融共混的方法填充到丁苯橡胶复合材料中，所获得的橡胶复合材料的硫化性能见表 8.14。

表 8.14　长链有机物插层剥片高岭石填充丁苯橡胶复合材料的硫化性能

样品名称	最大扭矩/(N·m)	最小扭矩/(N·m)	T_{10}/min	T_{50}/min	T_{90}/min
SBR-P	0.45	0.27	11.39	13.89	20.05
SBR-CTAC	1.25	0.34	1.97	7.86	32.17
SBR-CTACK	2.18	0.54	1.95	6.46	31.50
SBR-12An	0.58	0.32	1.17	1.67	2.23
SBR-12AnK	0.73	0.39	4.30	6.57	10.54
SBR-APTES	1.14	0.52	1.45	4.03	16.82
SBR-APTESK	1.24	0.62	1.29	3.92	12.28

　　高岭石为酸性填料,未经改性时严重地降低硫化速率效应,能显著延长正硫化时间。为了对比研究填料对丁苯橡胶复合材料性能的影响,将插层剂十六烷基三甲基氯化铵(CTAC)、十二胺(12An)、硅烷 KH550(APTES)加入纯丁苯橡胶,分别命名为 SBR-CTAC、SBR-12An、SBR-APTES,并测试其硫化性能。添加插层剂 CTAC 后,胶料 T_{10}、T_{50} 时间缩短,而 T_{90} 延长,说明 CTAC 具有加速前期硫化延缓后期硫化的作用。经 CTAC 插层的高岭石填充的丁苯橡胶 SBR-CTACK 的硫化时间与 SBR-CTAC 相差不大。添加插层剂十二胺后,SBR-12An 的 T_{10} 缩短至纯丁苯橡胶的 10.27%,T_{50} 缩短至纯丁苯橡胶的 30.96%,T_{90} 缩短至纯丁苯橡胶的 11.12%,说明十二胺有显著的加速硫化作用。受这一加速效应的影响,经十二胺插层的高岭石填充的 SBR-12AnK 时,硫化速率明显加快,但由于高岭石酸性作用的存在,加速效果并不如 SBR-12An 明显。添加 APTES 后,较纯丁苯橡胶的 T_{10}、T_{50}、T_{90} 分别缩短为原来的 12.73%、29.01%、83.89%。可以看出 APTES 对丁苯橡胶具有显著的加速前期硫化作用,而对后期硫化加速不明显。填充 APTESK 之后,混炼胶的硫化速率进一步加快,T_{10}、T_{50}、T_{90} 分别进一步缩短至 1.29min、3.92min、12.28min。添加插层剂或复合物后,混炼胶的扭矩略有提高,但并不影响胶料的压延流动性。

　　表 8.15 为长链有机物插层剥片高岭石填充丁苯橡胶复合材料的力学性能。由表 8.15 结果可知,在丁苯橡胶中添加插层剂后,与纯丁苯橡胶相比,其橡胶复合材料的各项力学性能指标并未出现降低,而是略有升高。说明插层剂 CTAC、12An、APTES 对丁苯橡胶虽不能起到明显的补强作用,但不会伤害其力学性能。三种插层高岭石复合物填充的丁苯橡胶复合材料,SBR-12AnK 撕裂强度最佳,达到 28.70kN/m,比纯丁苯橡胶增大了 2.04 倍;SBR-APTESK 拉伸强度、100%定伸强度、300%定伸强度最高,分别为 12.24MPa、1.53MPa、4.39MPa,分别比纯丁苯橡胶增大了 4.28 倍、1.78 倍、3.87 倍。

表 8.15　长链有机物插层剥片高岭石填充丁苯橡胶复合材料的力学性能

样品名称	撕裂强度/(kN/m)	拉伸强度/MPa	100%定伸强度/MPa	300%定伸强度/MPa	断裂伸长率/%	永久变形率/%	硬度/HA
SBR-P	9.43	2.32	0.55	0.90	1240.61	4	44
SBR-CTAC	12.32	3.02	0.62	1.09	1131.21	4	44

续表

样品名称	撕裂强度/(kN/m)	拉伸强度/MPa	100%定伸强度/MPa	300%定伸强度/MPa	断裂伸长率/%	永久变形率/%	硬度/HA
SBR-CTACK	25.46	7.32	1.19	2.68	963.41	4	62
SBR-12An	9.74	2.98	0.52	0.89	1360.71	4	43
SBR-12AnK	28.70	8.03	1.04	2.12	1171.94	16	59
SBR-APTES	10.56	2.35	0.56	0.95	919.83	4	44
SBR-APTESK	21.60	12.24	1.53	4.39	672.24	20	61

　　季铵盐、烷基胺均为常见的阳离子型表面活性剂，而橡胶胶乳却大都基于阴离子型的表面活性剂乳化。在实验操作中，经 12An、CTAC 插层磨剥的高岭石改性浆液，与丁苯胶乳共混时，立刻引发胶乳的破乳化，不利于高岭石与橡胶分子的均匀混合。为研究阴阳离子及共混的方法对橡胶复合材料性能的影响，本章尝试将十二烷基硫酸钠(SDS)、十六烷基三甲基氯化铵(CTAC)、硅烷 KH550(APTES)插层到高岭石层间，球磨剥片后天然橡胶进行熔融共混制备复合材料，其硫化性能见表 8.16。

　　由表 8.16 可知，与丁苯橡胶复合材料的变化趋势相同，经 CTAC 和 APTES 插层磨剥的高岭石填充后，复合材料的硫化速率与纯天然橡胶相比有较大幅度的提升，各硫化时间均缩短 50%左右。而十二烷基硫酸钠(SDS)插层磨剥高岭石填充时，复合材料的硫化速率减慢，各硫化时间均有不同程度的延长。另外，SDS 和 CTAC 插层磨剥高岭石填充时，复合材料的最小扭矩较纯天然橡胶有所降低，提高了胶料的压延流动性。

表 8.16　长链有机物插层剥片高岭石填充天然橡胶复合材料的硫化性能

样品名称	最大扭矩/(N·m)	最小扭矩/(N·m)	T_{10}/min	T_{50}/min	T_{90}/min
NR-P	0.93	0.35	2.55	6.16	12.48
NR-SDSK	0.77	0.23	3.59	8.14	15.34
NR-CTACK	1.48	0.23	0.68	2.34	7.32
NR-APTESK	1.75	0.48	0.78	2.38	6.75

表 8.17　长链有机物插层剥片高岭石填充天然橡胶复合材料的力学性能

样品名称	撕裂强度/(kN/m)	拉伸强度/MPa	100%定伸强度/MPa	300%定伸强度/MPa	屈服强度/MPa	断裂伸长率/%	硬度/HA
NR-P	26.98	16.92	0.49	0.94	6.37	2514.67	37
NR-SDSK	31.34	17.67	0.94	2.25	18.00	1727.52	52
NR-CTACK	51.32	20.20	2.78	6.20	13.11	1123.89	72
NR-APTESK	36.64	16.08	1.17	3.09	10.06	1046.09	61

　　表 8.17 为 SDS、CTAC、APTES 插层磨剥改性高岭石熔融共混填充天然橡胶复合材料的静态力学性能。由表可知，对三种插层剂而言，十六烷基三甲基氯化铵(CTAC)处

理高岭石填充的 NR 复合材料表现出较为优异的力学性能,其撕裂强度达到 51.32kN/m,比纯天然橡胶增大了 90.2%,拉伸强度达到了 20.20MPa,比纯天然橡胶提高了 19.4%。屈服强度在 SDS 处理填充时达到最大值 18.00MPa,比纯天然橡胶提高了 182.5%。

8.7　高岭石的补强机理

8.7.1　传统填料的补强机理

填料对橡胶材料补强的本质原因是填料与橡胶分子发生的物理化学作用(贾清秀,2007)。不同填料的结构差异,使其与橡胶基体的作用方式有所不同。但是,填料与橡胶基体相互作用的能力强弱是衡量填料补强性能的重要指标。目前,填料的补强机理主要有四种基本的理论:①流体力学效应;②橡胶-填料相互作用;③吸留橡胶作用;④填料的网络化作用(杨清芝,2005)。

炭黑的基本结构单元是炭黑粒子聚集体,其微观结构是由微小的平行排列的石墨层构成,石墨层则是由多个正六角形碳核组成(王道宏等,2002)。每个层面一般分布着 100 多个碳原子,每个碳原子按 120° 以共价键的形式与其他相邻的三个碳原子相连接。炭黑的结构可以分为一次结构和二次结构。一次结构即为炭黑的基本结构单元聚集体,又称为原生结构,它是炭黑粒子间以化学键的形式结合在一起形成的链枝状结构,这种结构在混炼和加工过程中,大部分被保留,可以视为炭黑在橡胶中的最小分散单位。因此,一次结构又称为炭黑的稳定结构。炭黑的二次结构又称为炭黑附聚体或次生结构,这种空间的网状结构是依靠范德瓦尔斯力相互聚集形成的,这种结构不太牢固稳定,在橡胶混炼时会被碾压粉碎成一次结构(付文,2014)。

由于分布在炭黑颗粒边缘的氢、羟基、羧基、内酯基、醌基等基团活性较大,其在硫化过程中可能与橡胶发生物理结合,而在炭黑边缘缺陷处的游离基则可能与橡胶发生化学结合,从而产生补强作用。炭黑与橡胶的相互作用完全在于炭黑的表面结构。炭黑和橡胶之间形成的结合胶(结合作用)和吸留橡胶是炭黑补强的两大主要原因(付文,2014;宋亦兰,2014)。

炭黑和橡胶的结合作用会产生网状结构的结合橡胶(bound rubber),结合橡胶又称为炭黑凝胶,是指在炭黑混炼胶中不能被溶剂溶解的那部分橡胶,如图 8.2 所示。其实质是炭黑表面上吸附结合的橡胶,也就是炭黑与橡胶间界面层中的橡胶。炭黑和橡胶大分子的结合作用包括物理吸附和化学结合(付文,2014)。物理吸附主要是橡胶和炭黑通过范德华力结合,虽然这种作用比较弱,但是由于炭黑具有较大的比表面积,因此物理吸附也具有相当程度的影响;而化学结合是吸附在炭黑表面上的橡胶大分子链与炭黑的表面基团结合,或者橡胶在加工过程中经过混炼和硫化产生大量橡胶自由基或离子与炭黑发生化学吸附作用。炭黑和橡胶的这种结合作用的强弱直接影响着补强的效果。因此,很多条件下采用结合橡胶来衡量炭黑和橡胶之间作用能力的大小,结合胶多则补强性能高,所以结合胶被作为炭黑补强能力的标尺(谢纯等,2013;宋亦兰,2014)。

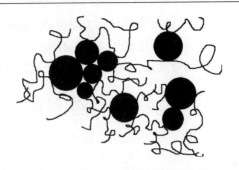

图 8.2　炭黑与橡胶分子形成的结合橡胶示意图

　　吸留橡胶又称为包容胶(bonded rubber)，是指在炭黑聚集体链枝状结构中被屏蔽(包藏)的那部分橡胶。如图 8.3 所示，吸留橡胶的产生是由于炭黑表面结构比较粗糙，其一次结构中存在大量的空隙，同时一次结构体之间也存在着空隙，在橡胶的加工过程中，这些空隙被橡胶分子填充。吸留橡胶被屏蔽在空隙中，其运动受到极大的限制，常常把它看作炭黑的一部分，相对增大了填料填充体积，从而提高了橡胶的强度。这种说法理论上不够严谨，当剪切力增大或温度升高时这部分橡胶还有一定的橡胶大分子的活动性。吸留橡胶的意义与结合橡胶有所不同，吸留胶数量可度量炭黑结构中存留的不易变形的橡胶，而结合胶数量可度量炭黑的活性。

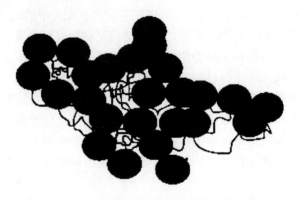

图 8.3　炭黑与橡胶分子形成的吸留橡胶示意图

　　白炭黑是具有球状结构的无机填料，属于三度空间的零维纳米材料(付文，2014)。白炭黑 95%～99%的成分为二氧化硅，其粒子中二氧化硅主要呈无定形态，所以白炭黑也是属于无定形结构。白炭黑的基本单元是链枝状的聚集体，主要由球形粒子相互碰撞后通过化学连接形成。同时聚集体还容易形成二次附聚体。白炭黑的表面有羟基、硅氧羟基，其基团具有一定的反应性：包括失水及水解反应、与酰氯反应等。由于比表面积大，白炭黑具有非常强的吸附性，在胶料的混炼时会强烈地吸附胶料中的促进剂，同时其表面分布着大量的氢键也使胶料的黏度增大，对加工不利(Sinha and Okamoto，2003；付文，2014)。白炭黑表面的硅醇基(Si—OH)为活性基团，其与橡胶分子的作用以物理吸附为主，与橡胶的结合强度不高，而且白炭黑不做表面处理时，其表面的微孔较多，亲水性强，颗粒之间的空隙不易被橡胶分子填充，很难形成吸留胶；而且白炭黑的表面特征使其趋向于二次团聚，在混炼分散时比炭黑困难得多，在橡胶基体不易均匀分散。因此，白炭黑的补强效果不如炭黑显著(张立群等，2000；付文，2014)。

8.7.2　高岭石对橡胶的补强机理

目前，对于高岭石补强橡胶的机理，还没有成形的理论体系。高岭石属于二维层状结构的无机填料，其基本结构单元是由硅氧四面体和铝氧八面体依靠范德华力和氢键作用连接而成。在高岭石-橡胶复合材料的加工过程中，高岭石的片层之间存在着氢键作用和弱的范德华力，片层之间容易相互作用形成聚集体(Sinha and Okamoto，2003)。高岭石在橡胶基体中分散后，其分散状态主要是以堆叠的片层聚合体和片层单体形式存在。

目前常用的硅烷偶联剂，一端的乙氧基或甲氧基水解生成的硅醇基与高岭石表面的铝醇基发生脱水缩合反应；另一端的有机官能团，如巯基、乙烯基、环氧基，则与橡胶的大分子链发生交联、缠绕或缩合反应，由此实现高岭石的无机表面与橡胶基体的紧密结合，从而实现高岭石填料的补强作用，如图 8.4 所示。

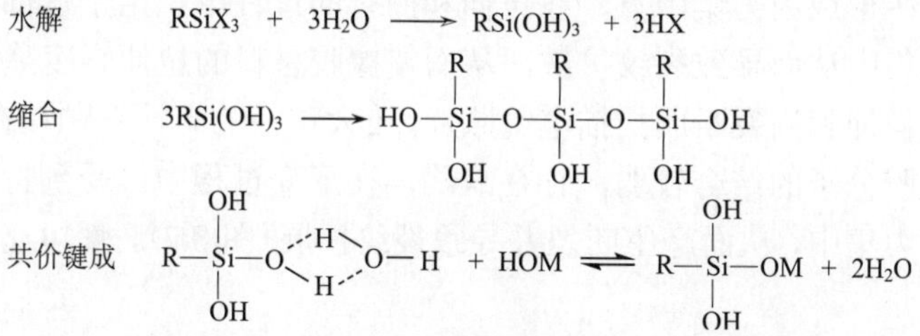

水解　　　　$RSiX_3 + 3H_2O \longrightarrow RSi(OH)_3 + 3HX$

缩合

共价键成

图 8.4　硅烷水解以及与高岭石表面反应的过程

填料的粒径、表面活性、填充份数对补强作用均有一定程度的影响。图 8.5 为高岭石在橡胶复合材料基体中分散状态的扫描电镜照片。

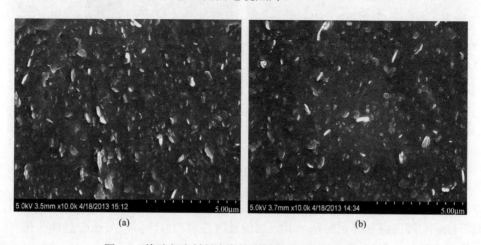

(a)　　　　　　　　　　　　　　(b)

图 8.5　橡胶复合材料中高岭石分散状态扫描电镜照片

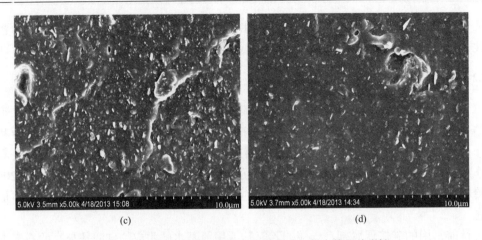

(c)　　　　　　　　　　　　　　　　　(d)

图 8.5　橡胶复合材料中高岭石分散状态扫描电镜照片(续)

随着高岭石颗粒粒径的减小，比表面积增大，单体片层结构增多，使得橡胶与高岭石间的界面增大，两者的相互作用加强，结合胶增多。而当高岭石颗粒的粒径较大时，容易在橡胶基体中形成应力集中点，在拉伸和撕裂的过程中，由于这部分的结合作用较弱容易产生应力集中从而导致裂纹扩散，从而使橡胶材料的拉伸强度降低。图 8.6 为橡胶试样断裂后的拉伸和撕裂断面扫描电镜照片，较大粒径的高岭石颗粒在断面留下空洞，这些大颗粒与橡胶分子的结合较弱，存在缺陷，在形变过程中，受到持续的外力作用，易形成局部的应力集中，从而产生断裂并导致裂纹扩展(图 8.7)，使填充橡胶复合材料的强度降低。

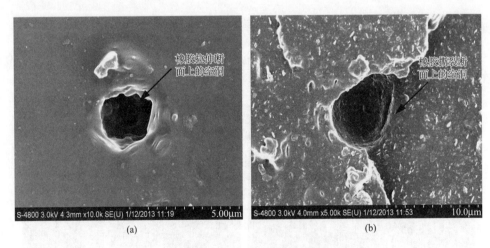

(a)　　　　　　　　　　　　　　　　　(b)

图 8.6　大颗粒高岭石填充橡胶材料断面上的空洞

在表面结构性质方面，高岭石表面的活性基团主要有硅氧烷复三角网孔功能团、铝醇基、Lewis 酸位点和硅烷醇基，其表面经过改性剂的修饰后，与橡胶基体的相容性较好，片层分散较均匀(Bougeard *et al.*，2000；Zhang *et al.*，2012；He *et al.*，2013)。橡胶分子被吸附在高岭石的单片层结构颗粒的表面，形成结合橡胶(图 8.8)；在片层聚集体之

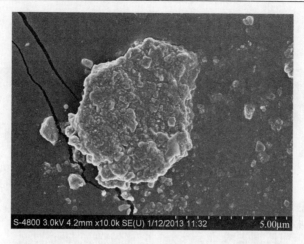

图 8.7　橡胶材料断面上高岭石聚集体周围的扩展裂纹

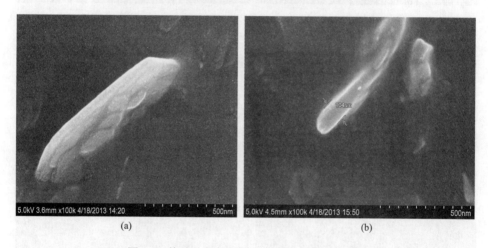

(a)　　　　　　　　　　　　　　　　　(b)

图 8.8　橡胶分子与高岭石片层结构的相互作用

间、单片层颗粒之间以及聚集体和单片层颗粒之间也吸附着橡胶分子，被圈闭在层状结构的颗粒之间(图 8.9、图 8.10)。同时高岭石的颗粒聚集体中以及聚集体间还会形成少量的"吸留橡胶"(图 8.11)。这种作用形式与炭黑相似，相当于变相增加了填料的体积份数。同时，由于高岭石的片层结构特性，橡胶大分子是以多节点的形式与高岭石的粒子相互作用。但是相对炭黑，高岭石与橡胶分子的作用比较弱，因此结合橡胶的强度比较低。而炭黑粒子的表面分布着羟基、羧基、内酯基、醌基等活性基团，这些活性基团与橡胶分子游离基可产生较强的化学结合，同时炭黑粒子的比表面积非常大，与橡胶大分子链段的物理吸附作用也很强(谢纯等，2013)。因此，高岭石的补强效果与炭黑的差距比较大。相对于白炭黑来说，高岭石的差距相对较小，其原因是：虽然白炭黑的颗粒粒度比高岭石要小，在补强方面比较占有优势，但是由于白炭黑粒子与橡胶分子链段的作用与高岭石的相似，也是以物理吸附为主，而且作用强度也比较弱；同时，白炭黑表面的一些活性基点还对补强具有副作用，从而影响补强效果。因此，高岭石颗粒虽然在粒度方面处于劣势，但是由于和白炭黑粒子相似，与橡胶分子链段的作用以较弱的物理吸附为主,而且高岭石的片层结构可以与橡胶大分子链段在片层的多个节点产生吸附作用,所以高岭石的补强效果与白炭黑的差距较小。

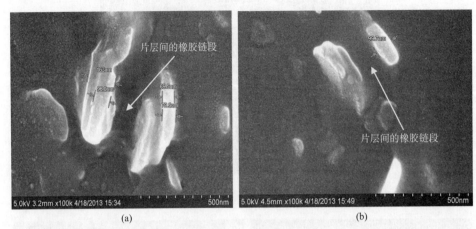

图 8.9　橡胶复合材料基体中片层结构之间的橡胶分子链段

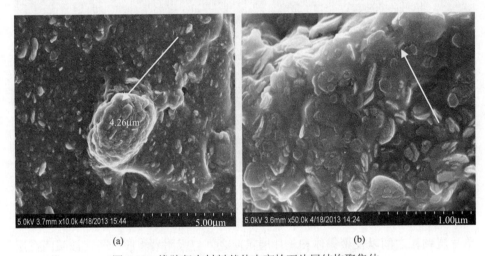

图 8.10　橡胶复合材料基体中高岭石片层结构聚集体

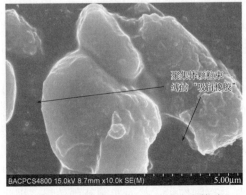

图 8.11　高岭石聚集体束缚的"吸留橡胶"

高岭石填充橡胶材料在拉伸和撕裂过程中，不断受到外力作用。高岭石在基体中主要是通过单体片层结构以及片层聚集体的形式与橡胶分子发生相互作用，作用的方式包括物理吸附和化学结合。当复合材料在外力的作用下产生大范围的形变时，首先会在填料和橡胶基体相互作用较弱的物理吸附点产生断裂，同时在颗粒聚集体附近会产生应力集中点，进一步导致裂纹的扩展。而填料与橡胶以化学结合部分的强度则相对较高，会对裂纹的扩展产生阻碍作用。因此，高岭石粒度的降低可以增加复合材料中片层结构的数目，增大填料与橡胶基体的作用面积，从而增加高岭石与橡胶基体间的作用强度；高岭石填料的表面性质决定了填料粒子与橡胶分子链段相互作用的强弱和方式，对于填料的分散状况具有直接的作用，而填料分散状态的好坏对于填充橡胶材料的力学性能具有明显的影响。因此，在降低高岭石粒度，增加片状结构颗粒数目的同时，采用合适的表面改性剂对颗粒表面进行有机化处理，增加填料与橡胶基体的相容性，从而促进填料在基体中的均匀分散，是提高填充橡胶复合材料物理机械性能的主要途径。

通过实验数据的分析和填料微观结构形貌的研究比较，笔者认为在高岭石-橡胶复合材料中，高岭石主要通过片层结构单体与橡胶分子的相互作用和片层聚集体对橡胶的包覆作用两种方式对橡胶材料进行补强。填料补强效果的影响因素主要是填料的粒度、表面性质、粒子的微观结构以及粒子在橡胶基体中的分散状况。对于高岭石填充橡胶材料来说，填料的粒度和表面性质是直接和必要的影响因素。粒子的粒径大小决定了颗粒的微观结构以及粒子与橡胶分子链段的作用程度，随着粒子粒径的降低，颗粒的比表面积急剧减小，与橡胶接触的界面积增大，粒子与橡胶分子链段的结合作用加强，同时高岭石填料粒度降低使片层结构不断增多，在片层结构的多个节点与橡胶分子链段发生作用。填料的表面性质决定了填料粒子与橡胶基体的相容性以及粒子与橡胶分子的结合方式，反映了填料粒子与橡胶分子之间的物理和化学作用强度，同时与橡胶本身的性质也有很大程度的相关性。填料的分散状况是填料的粒径分布和表面性质的间接反映，分散状况的优劣直接决定了填料补强效果的好坏，填充橡胶材料的大部分力学性能指标会随着填料分散性的下降而降低。因此，对于橡胶填料来说，填料的细化处理和表面修饰对于填料的补强效果具有显著的影响。

8.7.3　力学增强模型

在填料-聚合物复合材料体系中，经常使用改性的刚性填料填充聚合物材料，以达到提高体系强度的作用。复合体系的补强性能受到多方面因素的影响，如填料的形状系数、填料的机械力学性能、填料的取向、填料与基体的结合强度等。基于力学参数架构的数学模型，被成功应用于预测纳米球形颗粒、纳米纤维对聚合物的补强作用。但与之不同的是，高岭石的微观形貌呈现片状或圆盘状，形状系数的不同会导致最终复合材料的力学性能的巨大差异(王小萍，2004)。

在讨论高岭石补强橡胶纳米复合材料的力学性能之前，需要先设定以下三点假设：一是复合材料由且仅由基体(matrix)及高岭石(filler)两相组成；二是基体和颗粒均为线性弹性材料，且均为各向同性；三是高岭石片层在基体中定向排列，且与作用力方向平行。

1. Halpin- Tsai 模型

Halpin-Tsai 模型被广泛用作评估填料的补强作用，其表达式为（Halpin and Kardos，1976；Ganter *et al.*，2001）

$$\frac{E_{ll}}{E_m} = \frac{1 + 2\left(\dfrac{L}{t}\right)f_p\eta}{1 - f_p\eta}\tag{8.1}$$

其中

$$\eta = \frac{\left(\dfrac{E_p}{E_m}\right) - 1}{\left(\dfrac{E_p}{E_m}\right) + 2\left(\dfrac{L}{t}\right)}\tag{8.2}$$

式中，f_p 为填料颗粒的体积分数；E_p 为填料颗粒的弹性模量；E_m 为基体的弹性模量；L/t 为高岭石颗粒径厚比；E_{ll} 为复合材料的纵向弹性模量。

则复合材料的弹性模量 E_{ll} 与基体的弹性模量 E_m 之比直接反映了填料对基体补强作用的强弱。

设定 E_p/E_m=100，当 L/t 分别为 1、5、10、20、40、80 时，体积分数 f_p 与 E_{ll}/E_m 的函数关系如图 8.12 所示。

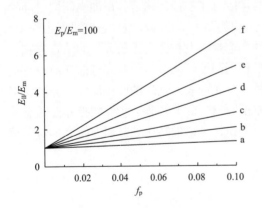

图 8.12　f_p 与 E_{ll}/E_m 函数关系图

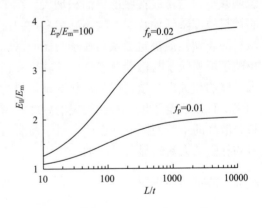

图 8-13　L/t 与 E_{ll}/E_m 函数关系图

a. L/t=1；b. L/t=5；c. L/t=10；d. L/t=20；e. L/t=40；f. L/t=80

设定 E_p/E_m=100，当 f_p 分别为 0.01、0.02 时，径厚比 L/t 与 E_{ll}/E_m 的函数关系如图 8.13 所示。

设定 L/t=100，当 f_p 分别为 0.01、0.02、0.04、0.06 时，E_p/E_m 与 E_{ll}/E_m 的函数关系如图 8.14 所示。

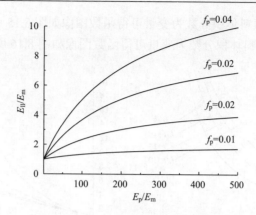

图 8.14　E_p/E_m 与 E_{ll}/E_m 函数关系图

由图 8.13 和图 8.14 可知，当径厚比 L/t 和模量比 E_p/E_m 固定时，复合材料的强度随着填料体积分数的增大而呈现线性增大的趋势。当模量比 E_p/E_m 和填料体积分数 f_p 固定时，复合材料的强度随着填料的径厚比 L/t 的增大而逐渐增大；当填料的径厚比增大至 100 时，复合材料的强度增大趋势减缓，逐渐趋向于稳定。当径厚比 L/t 和填料体积分数 f_p 固定时，复合材料的强度随着填料模量的增大而逐渐增大；当填料的模量增大到一定值后，复合材料的强度增大趋势减缓，趋向于稳定。

在实际应用中，填料的体积分数 f_p 值变化范围极小（$0.0 < f_p < 0.1$），实际上 $f_p \ll 1$。则式（8.1）可简化为式（8.3）。

$$\frac{E_{ll}}{E_m} = 1 + Bf_p \tag{8.3}$$

式中，B 为填料径厚比（L/t）和填料基体模量比（E_p/E_m）的函数。

Halpin-Tsai 模型较全面地引入了填料模量、填料形状系数、填充分数、基体模量等参数，并对复合材料的模量受这些参数的影响趋势做出了良好的预测，但只适用于填料体积分数较低的情况，Lewis 和 Nielsen 对这一模型进行了改进（Nielsen，1970；Caprino *et al.*，1979）。

$$\frac{E_{ll}}{E_m} = \frac{1 + 2\dfrac{L}{t}\eta\varphi}{1 - f_p\eta\varphi} \tag{8.4}$$

其中

$$\varphi = 1 + f_p\frac{1 - f_{pm}}{f_{pm}^{2}} \tag{8.5}$$

式中，f_{pm} 为填料的真实体积与表观体积之比。

假设 $E_p/E_m = 100$，则式（8.4）可表达为

$$\frac{E_{ll}}{E_m} = \frac{99 + 200\dfrac{L}{t} + 3690f_p}{99 + 2\dfrac{L}{t} - 99f_p - 1980f_p^{2}} \tag{8.6}$$

设定 f_{pm}=0.2，以填料体积分数为变量可得函数图像如图 8.15 所示。

设定 L/t=15，以填料体积分数为变量可得函数图像如图 8.16 所示。

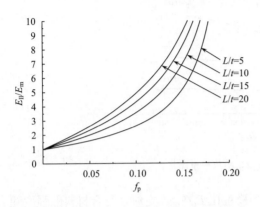

图 8.15　设定 f_{pm}=0.2 时，E_{ll}/E_m 函数图像　　　图 8.16　设定 L/t=15 时，E_{ll}/E_m 函数图像

2. Guth 模型

在实际应用中发现，其计算所得模量往往比实验实测值偏高，因此很有必要引入 Guth 公式(Lewis and Nielsen，1970)。Guth 公式［式(8.7)］最初用于预测低填充分数(体积分数小于 10%)的炭黑、白炭黑等球形颗粒填充复合材料的模量。

$$E_{ll} = E_m \left(1 + 2.5 f_p + 14.1 f_p^2\right) \tag{8.7}$$

式(8.7)仅适用于球形颗粒填充的弹性体，且当填料的体积分数 f_p 超过 10%后，复合材料模量的增长速率较式(8.7)所预测的要快得多。这是由于球形填料形成了链网状的填料网络所致。

将片状材料等效成若干球形填料组成的片状网络，Guth(1945)引入径厚比参数(L/t)，则表达为式(8.8)。

$$E_{ll} = E_m \left[1 + 0.67 \frac{L}{t} f_p + 1.62 \left(\frac{L}{t} f_p\right)^2\right] \tag{8.8}$$

图 8.17 为当 f_p 为变量时，E_{ll}/E_m 的函数图像，可知当高岭石的径厚比越大时，复合材料的模量随填料体积分数的增大而迅速增大。图 8.18 为当 L/t 为变量时，E_{ll}/E_m 的函数图像，可知填料的体积分数越大，复合材料的模量随着径厚比的增大越迅速。

3. 修正模型

在复合材料基体中，板状高岭石的微观形貌与理论有所出入，填料间的絮凝和团聚等作用削弱了其在基体中的均匀分散和独立的片状分布，而在局部位置呈现球形颗粒，削弱了高岭石填料的补强能力。因此根据本书作者研究，引入分形维数(Fracal Dimension，FD)。

填充不同份数高岭石的丁苯橡胶实测分形维数值拟合得式(8.9)：

$$FD = 2.62 f_p^{0.18} \tag{8.9}$$

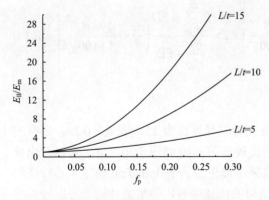
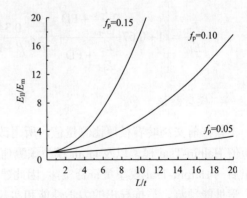

图 8.17 f_p 为变量时，E_{ll}/E_m 函数图像   图 8.18 L/t 为变量时，E_{ll}/E_m 函数图像

当分形维数越大，高岭石的分散性越差，相应引起复合材料实际模量较理想值有所降低。因此引入分形影响因子(Fracal Dimension Effection，FDE)：

$$FDE = \frac{2\dfrac{E_p}{E_m} + FD}{\dfrac{E_p}{E_m} + FD} \tag{8.10}$$

则 Halpin-Tsai 模型变形为

$$\frac{E_{ll}}{E_m} = \frac{1 + 2\dfrac{L}{t}f_p\dfrac{2\dfrac{E_p}{E_m} + 2.62f_p^{0.18}}{\dfrac{E_p}{E_m} + 2.62f_p^{0.18}}}{1 - f_p\varphi} \tag{8.11}$$

Guth 模型变形为

$$\frac{E_{ll}}{E_m} = \left[1 + 0.67(FDE)\frac{L}{t}f_p + 1.62(FDE)\left(\frac{L}{t}f_p\right)^2\right] \tag{8.12}$$

根据实验所测数据，高岭石填料体积分数与质量分数之比约为 0.0034，即

$$f_p = \frac{\beta}{\beta + 100} \times 0.0034 \times 100\% \tag{8.13}$$

式中，β 为高岭石填料的填充分数，将式(8.13)分别代入式(8.11)和式(8.12)中，则有

Halpin-Tsai：

$$\frac{E_{ll}}{E_m} = \frac{1 + 2\dfrac{L}{t} \times \dfrac{0.0034\beta}{\beta + 100} \times \dfrac{2\dfrac{E_p}{E_m} + 2.62f_p^{0.18}}{\dfrac{E_p}{E_m} + 2.62f_p^{0.18}}}{1 - \dfrac{0.0034\beta}{\beta + 100} - \left(\dfrac{0.0034\beta}{\beta + 100}\right)^2 \times \dfrac{1 - f_{pm}}{f_{pm}^2}} \tag{8.14}$$

Guth：

$$\frac{E_{ll}}{E_m} = \left[1 + 0.67 \frac{2\frac{E_p}{E_m} + FD}{\frac{E_p}{E_m} + FD} \times \frac{L}{t} \times \frac{0.34\beta}{\beta + 100} + 1.62 \times \frac{2\frac{E_p}{E_m} + FD}{\frac{E_p}{E_m} + FD} \left(\frac{L}{t} \times \frac{0.34\beta}{\beta + 100} \right)^2 \right] \quad (8.15)$$

4. 模型验证

根据前文高岭石径厚比测量值，所用改性高岭石径厚比为 15，取 f_{pm}=0.28，则有实验值 Halpin-Tsai 模型以及 Guth 模型预测值的比较如图 8.19 和图 8.20 所示，可以看出修正后的 Halpin-Tsai 模型更符合实际。因此建议采用修正后的 Halpin-Tsai 模型来进行橡胶力学性能预测。与推导出的力学性能和实验结果的比较来看，模型从理论上可以较为准确地描述填料的性质和结构对橡胶静态拉伸性能的贡献，从而根据填料的径厚比（形状系数）、填料的体积份数（填量）、填料粒子结构的分散情况以及填料粒子与橡胶分子的作用程度来预测橡胶填充体系强度提高的倍数。同时还可以根据力学模型的预测值与实验结果的对比，来反映高岭石填料的相关性质及与橡胶基体的相互作用程度，从而为理论上评价高岭石在橡胶复合材料中的补强效果提供途径。

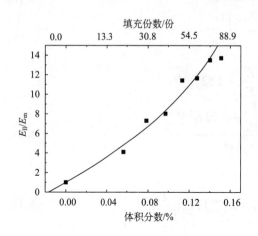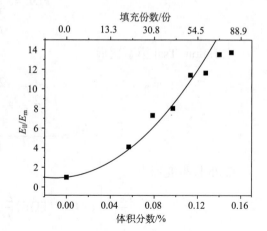

图 8.19　实验值与 Halpin-Tsai 模型预测值比较　　　图 8.20　实验值与 Guth 模型预测值比较

参 考 文 献

付文. 2014. 接枝改性炭黑、白炭黑应用于天然橡胶的性能研究. 广州:华南理工大学博士学位论文

贾清秀. 2007. 黏土/橡胶纳米复合材料的界面设计及高性能纳米复合材料的制备. 北京:北京化工大学博士学位论文

宋亦兰. 2014. 热胀离解法研究炭黑结合胶的热稳定性能. 成都:四川理工学院硕士学位论文

王道宏, 徐亦飞, 张继炎. 2002. 炭黑的物化性质及表征. 化学工业与工程, 19(1): 76~82

王小萍, 朱立新, 贾德民. 2004. 橡胶纳米复合材料研究进展. 合成橡胶工业, (4): 257~260

谢纯, 陈建, 崔汶静, 等. 2013. 扫描探针对炭黑结构及其结合胶微观形貌的研究. 弹性体, 23(2): 1~6

杨清芝. 2005. 实用橡胶工艺学. 北京: 化学工业出版社

张立群, 吴友平, 王益庆, 等. 2000. 橡胶的纳米增强及纳米复合技术. 合成橡胶工业, 23(2): 71~77

Bougeard D, K S S, Geidel E. 2000. Vibrational spectra and structure of kaolinite: a computer simulation study. Journal of Phycology Chemistry B, 104: 9210~9217

Caprino G, Halpin J C, Nicolais L. 1979. Fracture mechanics in composite materials. Composites, 10(4):223~227

Ganter M, Gronski W, Semke H, *et al*. 2001. Surface-compatibilized layered silicates: a novel class of nanofillers for rubbers with improved mechanical properties. Gummi Kunst, 54(4): 166~171

Guth E. 1945. Theory of filler reinforcement. Journal of Applied Physics, 16(1): 20~25

Halpin J C, Kardos J L. 1976. The Halpin-Tsai equations: a review. Polymer Engineering and Science, 16(5):344~352

He H, Tao Q, Zhu J, *et al*. 2013. Silylation of clay mineral surfaces. Applied Clay Science, 71: 15~20

Lewis T B, Nielsen L E. 1970. Dynamic mechanical properties of particulate-filled composites. Journal of Applied Polymer Science, 14(6): 1449~1471

Nielsen L E. 1970. Generalized equation for the elastic moduli of composite materials. Journal of Applied Physics, 41(11): 4626~4627

Sinha R S, Okamoto M. 2003. Polymer/layered silicate nanocomposites: a review from preparation to processing. Progress in Polymer Science, 28(11): 1539~1641

Zhang Q, Liu Q, Zhang Y, *et al*. 2012. Silane-grafted silica-covered kaolinite as filler of styrene butadiene rubber. Applied Clay Science, (65-66): 134~138

第9章   高岭石-橡胶复合材料的动态性能

在橡胶工业中，橡胶制品如轮胎、防震垫等都是在动态情况下使用的，尤其是汽车轮胎，在滚动过程中不断产生周期性的动态应变；而轮胎橡胶在周期性动态应变下的力学性能变化与轮胎的滚动阻力、抗湿滑性能以及牵引性能等密切相关(王梦蛟，2000a)；同时橡胶材料在周期性动态条件下由于动态应变产生的热量会在材料的局部产生高温，这会对橡胶材料的化学和物理性能产生很大的影响(何燕等，2004)。因此，橡胶材料的动态力学性能分析对于橡胶制品在实际使用过程中的性能评价非常重要，是判断和评价橡胶材料综合性能的重要指标之一。

橡胶作为典型的黏弹性材料，在进行动态力学性能分析时，其力学特性主要是在周期性的交变应力和应变作用下发生的力学损耗和滞后生热，这与橡胶基体本身的性质密切相关(王梦蛟，2000b)。当填料填充到橡胶体系后，与纯橡胶材料相比，填充橡胶复合材料的动态力学性能会发生显著的变化。因此，填充橡胶复合材料的动态力学性能不仅与橡胶本身的性质相关，而且很大程度上受到填料参数(粒子粒径、比表面积、表面性质、微观形貌)的影响。目前，对于橡胶材料的动态力学性能的研究主要是基于炭黑和白炭黑填充的橡胶复合材料，而对于高岭石填充橡胶复合材料的动态性能的研究还尚没有人进行系统的研究。同时，对于炭黑和白炭黑填充橡胶的动态性能分析，尽管有一些报道，但是对于填料的表面特性以及形貌结构的影响还没有引起人们应有的重视。橡胶加工分析仪(RPA)是一种能在剪切变形条件下，在宽域的应变和温度范围内对橡胶胶料的动态模量进行扫描测试分析的仪器(王贵一，2003)，而动态热力学分析(DMA)是测量和分析橡胶材料在振动载荷下的动态模量及力学损耗与温度关系的技术，它们都是研究高分子材料动态力学性能常用的表征方法，在高分子材料测试和表征的各个方面都获得了广泛的应用(刘晓，2010)。本章将利用动态力学分析技术(RPA分析和DMA分析)系统地研究高岭石的粒径、改性剂的种类(表面性质)、填充份数以及填料的结构对于高岭石-橡胶复合材料的动态力学性能以及滞后生热的影响，从而分析高岭石-橡胶复合材料基体中填料-填料和填料-橡胶分子的相互作用机理，评价基体中填料的网络结构程度和分散状态。

9.1   实验原理与方法

9.1.1   实验仪器

橡胶加工分析仪(RPA)：美国 ALPHA 公司 RPA-2000。实验测试时主要分析填充胶料的动态模量和损耗因子随着振幅增大的变化趋势。模腔：密闭式双锥形模腔，试样体积约 4.5cm^3。仪器参数：温控范围 40～230℃；可控升温冷却速度 1℃/s；振荡幅度±0.7%～±1256%；振荡频率 0.002～33Hz；标准扭矩范围 10^{-2}～225dN·m。样品测试参数：实验温度 70℃；实验频率 1.0Hz；应变振幅 0.26%~100%；测试模式为剪切模式。

动态热力学分析仪（DMA）：德国耐驰公司 DMA242 型，实验测试时主要分析填充硫化胶料的动态模量和损耗因子随着温度升高的变化趋势。仪器参数：测试温度范围 $-170\sim600℃$；升温速率 $0.01\sim20$K/min；频率范围 $0.01\sim100$Hz；可控应变范围 $\pm240\mu$m；模量范围 $10^{-3}\sim10^{6}$MPa。样品测试参数：测试模式为拉伸模式；测试频率为 10Hz；应变幅度：静态应变为 5%，动态应变为 0.25%；测试测度范围为 $-80\sim90℃$，升温速率为 3℃/min。

9.1.2　聚合物动态性能的基础参数和机理

聚合物材料受到周期性的应力作用时，当频率为 ω，对聚合物材料施加的应力呈周期性变化时，那么材料的应变会呈现出周期性的变化，但是应力和应变具有不同的相。应变变化总是滞后于应力变化，其示意图如图 9.1所示（王梦蛟，2000a）。将材料受到的应力定义为 σ，材料发生的应变定义为 γ，则它们的表达式可以分别表达为（朱敏，1984；王梦蛟，2000a）

$$\gamma = \gamma_0 \sin(\omega t) \tag{9.1}$$

$$\sigma = \sigma_0 \sin(\omega t + \delta) \tag{9.2}$$

式中，t 为时间；δ 为应力与应变的相位差；γ_0 为应变的最大振幅；σ_0 为应力的最大振幅。

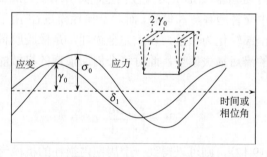

图 9.1　动态过程中正弦应变和应力的关系

对于式（9.2），可以用另外一种表达式进一步分解为两个分量，其分别为与应变同相的和与应变不同相的两个分量。其表达式为

$$\sigma = \sigma_0 \sin(\omega t)\cos\delta + \sigma_0 \cos(\omega t)\sin\delta \tag{9.3}$$

在式（9.3）中，分解的两个分量可以相应地表征聚合物材料的动态应力-应变的特性，即为与应变同向的模量为 G'，称为弹性模量或储存模量；与应变相位角相差 90° 的模量为 G''，称为黏性模量或损耗模量。两个模量的表达式分别为

$$G' = (\sigma_0 / \gamma_0)\cos\delta \tag{9.4}$$

$$G'' = (\sigma_0 / \gamma_0)\sin\delta \tag{9.5}$$

则式（9.3）可以表达为

$$\sigma = \gamma_0 G' \sin(\omega t) + \gamma_0 G'' \cos(\omega t) \tag{9.6}$$

则通过式（9.4）和式（9.5），聚合物材料的模量可以采用复数模量 G^* 表示：

$$G^* = G' + iG'' \tag{9.7}$$

对于聚合物材料的动态损耗因子则可以表征为

$$\tan\delta = G''/G' \tag{9.8}$$

同时，根据以上的公式，则聚合物材料在动态应变中一个周期的能量损耗 ΔE 可以由下式表示为

$$\Delta E = \int \sigma \mathrm{d}\gamma = \int_0^{2\pi\theta} \frac{\omega\sigma\mathrm{d}\gamma}{\mathrm{d}t}\mathrm{d}t \tag{9.9}$$

对于式 (9.9)，由式 (9.6) 和式 (9.8) 可以继续展开表达为

$$\Delta E = \omega\gamma_0^2 \int_0^{2\pi\omega} \left[G'\sin(\omega t)\cos(\omega t) + G''\cos^2(\omega t) \right]\mathrm{d}t = \pi\gamma_0^2 G'' \tag{9.10}$$

根据聚合物模量和损耗模量的定义，能量损耗还可以表示为

$$\Delta E = \pi\sigma_0\gamma_0 \sin\delta \approx \pi\sigma_0\gamma_0 \tan\delta \tag{9.11}$$

9.1.3　高岭石-橡胶复合材料的生热率计算方法

橡胶材料的生热是由于基体中黏性阻力的存在，胶料在动态应变中重复变形引起的。

储能模量 G' 相当于在静态变形下的弹性模量，其所承受的应变能是不损耗的，只是在周期性的运转过程中交替地释放和储存，而对于损耗模量 G'' 用于克服橡胶胶料的黏性，在动态应变过程中将全部转化为热量，属于完全损耗，是橡胶胶料生热的主要来源。因此，根据周期性应变的滞后损失模型，此时每个周期损耗的机械能为（郑慕侨、崔玉福，2000）

$$W = \int_0^{\frac{2\pi}{\omega}} \frac{\sigma\mathrm{d}\varepsilon}{\mathrm{d}t}\mathrm{d}t \tag{9.12}$$

将式 (9.2) 代入式 (9.12)，则可以得到一个周期内损耗的机械能为

$$W = \pi\varepsilon_0^2 G'' = \pi E_1\varepsilon_0^2 \frac{G''}{G'} = 2\pi\left(\frac{1}{2}G'\varepsilon_0^2\right)\tan\delta = \pi\varepsilon_0^2 G'\tan\delta \tag{9.13}$$

因此对于单位面积单位时间内橡胶材料的生热率 q 可以表示为

$$q = \frac{W}{t} = Wf = \pi f G'\varepsilon_0^2 \tan\delta \tag{9.14}$$

9.2　表面改性对动态性能的影响

9.2.1　动态模量与振幅的关系

采用了 M2（钛酸酯偶联剂）、M3（铝酸酯偶联剂）、M4（硅烷偶联剂 KH560）、M5（硅烷偶联剂 KH550）和 M6（硅烷偶联剂 Si-69）五种表面改性剂对高岭石表面进行改性处理，从而使得高岭石具有不同的表面性质。高岭石样品≤2μm 粒度占 90%以上，将经过改性的高岭石样品按相同的填充份数填充到 SBR 基体中制备出高岭石-SBR 复合材料。高岭石的填充份数为 50phr。

　　图 9.2 为不同改性高岭石填充 SBR 复合材料的储能模量 G' 与振幅的关系曲线。从图中可以看出，不同改性高岭石填充的 SBR 复合材料的 G' 随着应变振幅的增大呈现出不同程度的依赖关系，这也可以从表 9.1 中看出，填充复合材料的 $\Delta G'$ 值具有明显的差异，其中，SBR-M4 和 SBR-M2 复合材料表现出"Payne"效应最强，胶料的 $\Delta G'$ 值分别达到了 771MPa 和 638MPa，$\max(G')$ 则达到了 1194MPa 和 1028MPa，这说明复合材料基体中填料聚集体的网络结构程度较高，在动态应变中其聚集体的结构受到破坏，模量急剧下降。SBR-M3、SBR-M6 和 SBR-M4 复合材料的 $\Delta G'$ 值相对较小，分别为 430MPa、513MPa 和 527MPa，表现出的"Payne"效应较弱，这说明填料在橡胶基体中的分散程度较高，聚集体的网络结构程度较弱；同时，在低振幅区域和高振幅区域，SBR-M3 都有一个平坦区，而 SBR-M6 在低振幅区域出现一个平坦区，然后随着振幅的增大急剧下降。以上结果说明 M3、M6 和 M4 改性剂的改性效果相对比较好，相对于其他两种样品，填料与橡胶分子的相容性较好，在橡胶基体中分散比较均匀，分散度相对较高。不同填充复合材料在低振幅区域，G' 值相差比较大，而在高振幅区域，差距逐渐降低。

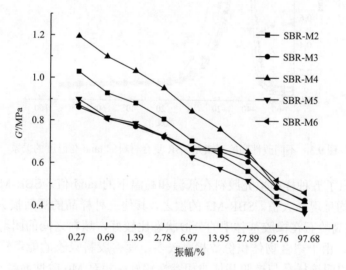

图 9.2　不同改性高岭石填充 SBR 复合材料的 G' 与振幅的关系

表 9.1　不同改性高岭石填充 SBR 复合材料的储能模量

样品名称	储能模量最大值[$\max(G')$]	储能模量最小值[$\min(G')$]	$\Delta G'$
SBR-M2	1028	390	638
SBR-M3	859	429	430
SBR-M4	1194	423	771
SBR-M5	898	371	527
SBR-M6	962	449	513

9.2.2　动态模量与温度的关系

图 9.3 为不同改性高岭石填充 SBR 复合材料的 tanδ 与温度的关系图。从图中可以看出，M2～M5 四种高岭石填充的 SBR 的滞后损失随温度的变化趋势比较相似，填充胶料的玻璃化转变温度 T_g 基本上位于-30℃左右的区域，SBR-M3 的稍微偏高；同时，四种样品填充胶料的玻璃化转变的区域范围也较为相似(-50～10℃)。同以上四种样品相比，SBR-M6 的滞后损失曲线具有明显的差异，其玻璃化转变温度在-20℃左右，同时其转变的区域范围也较窄。

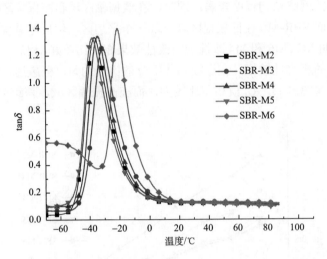

图 9.3　不同改性高岭石填充 SBR 复合材料的 tanδ 与温度的关系

表 9.2 列出了五种样品填充胶料在低温和高温下的 tanδ 值。SBR-M6 的 tanδ 值在低温和高温下均呈现最大值。SBR-M3 的次之，其他三种样品的滞后损失比较接近。这说明 M6 改性高岭石在橡胶基体中的分散状态比较好，填料之间的团聚趋势较弱，因此，在低温下，由于聚合物体积份数相对较多，使得胶料吸收的能量较多，滞后损失较大，同时也说明该样品与橡胶基体的相容性较好。相对 M6 改性高岭石，M3 改性次之，而其他三种改性高岭石在橡胶基体中的分散情况较差，填料之间的相互作用较强，聚集体较多。

表 9.2　不同改性高岭石填充 SBR 复合材料的 tanδ 值与 T_g

样品名称	tanδ(0℃)	tanδ(60℃)	T_g/℃
SBR-M2	0.154	0.117	-36.34
SBR-M3	0.191	0.126	-30.71
SBR-M4	0.170	0.116	-33.86
SBR-M5	0.157	0.108	-37.16
SBR-M6	0.324	0.125	-20.43

从图 9.4 可以看到，在五种不同的填充胶料中，储能模量 G' 随温度的变化趋势具有明显的差异。在低温下（T_g 以下或者玻璃态），M2～M5 四种改性高岭石填充 SBR 的 G' 值较高，其中 M2 改性高岭石填充的最高，M5 的次之，M3 和 M4 的比较接近，同时，四种胶料 G' 的变化趋势也具有一定程度的相似，胶料的 G' 基本都在−50℃左右开始急剧下降，然后在−20～−30℃趋于相同。而对于 SBR-M6，其储能模量的变化趋势具有显著的差异，相对于其他四种样品，其 G' 明显偏低，同时 G' 的降低趋势比较平缓，变化的区域范围较宽。该填充胶料的 G' 值在−10～−20℃与其他填充胶料趋于相同。这种现象与上面 tanδ 和温度的变化关系具有一定的相关性，由于填料之间的相互作用较强，橡胶基体中填料的聚集体状态和网络化程度较大，因此包覆圈闭在其中的橡胶数量较多，从而使填料的实际体积分数相对增大，复合材料的模量较高。同时，由于聚合物的相对体积份数减少，胶料在低温下吸收的热量减少，滞后损失较低。

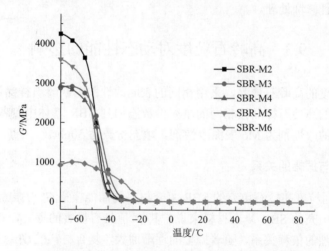

图 9.4　不同改性高岭石填充 SBR 复合材料的 G' 与温度的关系

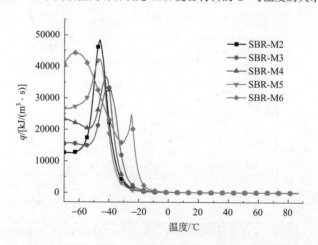

图 9.5　不同改性高岭石填充 SBR 复合材料的生热率

在图 9.5 中，不同胶料的生热率的变化趋势没有明显的规律，但是与图 9.3 和图 9.4 结合比较，生热率的变化曲线与储能模量和滞后损失的曲线具有一定程度的对应性，对于分散状态较差，填料的网络化较发达的填料，其在低温下的滞后损失小。前四种样品的填充胶料在 -50℃之前生热率较低，然后其随着温度的升高迅速升高，而生热率的峰值基本上位于储能模量变化最为剧烈或者滞后损失最大的温度区域。SBR-M6 的生热率具有一定程度的差异，其生热率随着温度的升高急剧降低，而在 -30～-20℃的区域，出现一个峰值，然后持续下降。

填料的表面性质对于填料的表面能具有很大程度的影响，填料和聚合物基体的表面特性或表面能差异越小，填料与聚合物的相容性越好，其在聚合物基体中的分散性和稳定性越好，填料-聚合物之间的相互作用越强。由于高岭石的表面具有极性基团，同时随着粒度的减小表面能急剧增大，其与橡胶的相容性较差。因此，必须采用表面改性剂对高岭石的表面进行修饰处理。

9.3　高岭石粒度对动态性能的影响

选取不同粒度的高岭石样品，采用相同的表面改性剂对高岭石样品进行表面修饰处理。将经过处理的高岭石样品按相同的填充份数添加到 SBR 基体中制备成高岭石-橡胶复合材料。选用的改性剂为 M6 表面改性剂，填充份数为 50phr。

9.3.1　动态模量与振幅的关系

图 9.6 为不同粒度高岭石填充的 SBR 复合材料的储能模量 G' 与振幅的关系图。对于不同粒度高岭石填充的 SBR 复合材料来说，其 G' 值具有显著的提高，G' 值随着应变振幅的变化呈现强烈的依赖关系，随着振幅的逐渐增大，复合材料的 G' 急剧下降，显示出 "Payne" 效应的非线性行为。在低振幅区域，不同粒度高岭石填充的 SBR 复合材料的 G'

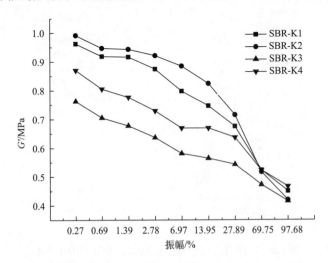

图 9.6　不同粒度高岭石填充 SBR 复合材料的 G' 与振幅的关系

值差别很大，而在高振幅区域时，不同复合材料的 G' 值相对比较接近。同时，填充复合材料的 G' 值在低振幅区域和高振幅区域的变化趋势具有一定程度的差异。对于 SBR-K1 和 SBR-K2 复合材料，在低振幅区域，G' 值随着振幅的增大有一个逐渐降低的趋势，当振幅在 13.95%～41.26%时，曲线上出现一个平坦区，G' 值的下降趋势减缓；当振幅继续增大时，G' 值又出现一个明显的下降趋势；而对于 SBR-K3 和 SBR-K4 复合材料，其 G' 值在低振幅区域出现一个平坦区，当振幅继续增大后，复合材料的 G' 值急剧下降，显示出较强的"Payne"效应。

　　表 9.3 为不同填充复合材料的储能模量最大值 $\max(G')$ 和最小值 $\min(G')$，二者之间的差值ΔG' 即是由"Payne"效应产生的，其主要与填料之间产生的相互作用程度相关，ΔG' 值越小，说明填料之间的相互作用越小，网络化程度越低，填料在橡胶基体中的分散程度越好。因此，利用ΔG' 可以用来评价和判断不同填充橡胶复合材料中填料的网络结构程度，从而分析填料在橡胶基体中的分散状态。从表 9.3 可以看出，随着高岭石粒度的降低，填充复合材料的ΔG' 值有逐渐增大的趋势，填料之间的相互作用程度增大。这是由于随着颗粒粒径的降低，粒子的比表面积增大，填料之间的相互作用增强，聚集体的网络结构程度增大。同时，随着粒径的减小，填料与橡胶基体的接触面积不断增大，填料和橡胶分子间的结合作用增强，从而限制了橡胶分子的自由运动；填料之间的相互作用程度的增强和网络结构程度的加大，会在填料的网络结构中圈闭一定量的橡胶分子，形成所谓的"吸留橡胶"，相对提高了填料的有效体积份数，进一步阻碍了橡胶基体的变形。以上原因使得填充复合材料的储能模量有了很大程度的提高。但是随着应变振幅的增大，复合材料受到大变形力的作用，填料的网络结构受到破坏，使圈闭的橡胶分子释放出来，填料的有效体积份数和模量都会降低。而且填料的网络结构越发达，则复合材料的 G' 值越大。同时，从图 9.7 损耗因子与振幅的关系得出，在应变过程中，复合材料基体中填料的网络结构越发达，随着聚集体结构的破坏，网络结构不断经历破坏和重组的过程，系统吸收的能量也越大。从图 9.6 和图 9.7 可以看出，在储能模量急剧变化的区域，损耗因子增大的趋势比较明显。损耗因子和储能模量随着振幅的变化具有很好的相关性。

表 9.3　不同粒度的高岭石填充 SBR 复合材料的储能模量

样品名称	粒度 $d(0.5)$	储能模量最大值[$\max(G')$]	储能模量最小值[$\min(G')$]	ΔG'
SBR-P	—			
SBR-K1	6.489	762	415	347
SBR-K2	3.735	870	465	405
SBR-K3	1.933	991	419	572
SBR-K4	0.649	962	449	513

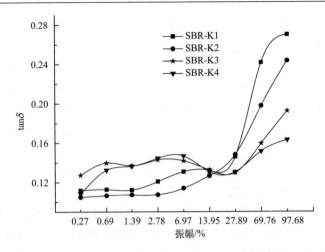

图 9.7　不同粒度高岭石填充 SBR 复合材料的损耗因子与振幅的关系

9.3.2　动态模量与温度的关系

　　不同粒度的填料在橡胶基体中的网络结构化具有一定程度的差异。随着温度的升高，橡胶基体中填料之间以及填料与聚合物之间的相互作用会发生变化，同时橡胶本身分子链段的运动也会发生改变，从而对胶料的动态模量和滞后损失产生影响。

　　有关炭黑填料的研究报道显示，由 tanδ 表征的动态滞后损失随着填料比表面积的增大（粒度的减小）而提高。而对于高岭石填料来说，从图 9.8 可以看出，随着高岭土颗粒粒度的减小，高岭土填充胶料的 tanδ 值在不同的温度下表现出不同的变化趋势。在玻璃态区域（−70～−30℃），胶料的滞后损耗（tanδ 值）随着填料粒度的降低而增大，此区域几乎没有橡胶链段相对位置的移动，滞后损耗较低；在玻璃化转变区域（−30～0℃），由于在此区域，温度的升高使得胶料的黏性降低，橡胶分子链段的运动相对容易，滞后损耗主要由聚合物基体导致，而填料粒度的降低相对增加了填料的体积份数，降低了橡胶基体的体积份数。在橡胶态区域（0～80℃），填充胶料的滞后损耗随着粒度的降低基本呈现出增大的趋势，这是由于在此区域，橡胶分子链段的位置调整的速度较快，滞后损失较小，而填料粒度减小使得填料与橡胶分子链段的相互作用增强，从而导致滞后损耗增大。从表 9.4 可以看到，在 0℃下，SBR-K4 样品的 tanδ 值最大，这说明胶料抗湿滑性能较好，而在 60℃下，K-1 样品的 tanδ 值最小，说明其胶料的滚动阻力较小。产生这种现象的原因主要是：随着填料粒度的降低，填料的比表面积不断增大，表面能提高，颗粒之间相互作用的程度加强，出现团聚形成聚集体的趋势，填料的网络化较发达。同时随着填料比表面积的增大，填料与聚合物基体的相互作用程度也会提高，填料颗粒对橡胶链段的固定程度更高，从而相对会更大程度上提高填料的体积份数，导致在较高温度下滞后较高，在较低的转变区温度下滞后较低。

　　同时，从图 9.8 可以看到填料的粒度大小对于填充胶料的 tanδ 最大值出现的温度点即玻璃化转变温度（T_g）没有明显的影响，不同粒度填料填充的胶料的玻璃化转变温度都位于−20℃左右的区域，同时不同填充胶料玻璃化温度开始的温度点也比较接近。这一点与之前炭黑的研究报道相似。

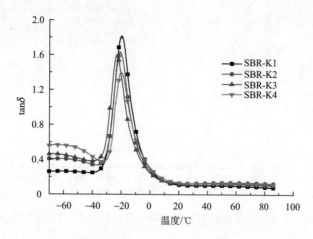

图 9.8　不同粒度高岭石填充 SBR 复合材料的 $\tan\delta$ 与温度的关系

表 9.4　不同粒度高岭石填充 SBR 胶料的 $\tan\delta$ 值和 T_g

样品名称	SBR-K1	SBR-K2	SBR-K3	SBR-K4
$\tan\delta(0℃)$	0.29	0.28	0.26	0.324
$\tan\delta(60℃)$	0.098	0.135	0.119	0.125
$T_g/℃$	−19.8	−20.1	−20.34	−20.43

　　图 9.9 中，在低于 T_g 的温度区域，填充橡胶的 G' 与填料的粒度基本呈负相关关系，随着填料粒度的减小而增大，这是因为粒度越小，比表面积越大，与橡胶基体的作用越强，形成的结合胶越多，使橡胶材料的模量提高；随着温度的升高，不同填充胶料的模量值都出现急剧降低的趋势，当温度高于 T_g 左右以后，不同填充胶料的模量值基本趋于相同。这是由于温度足够高后，聚合物分子的布朗运动很快，聚合物基体的黏性降低，橡胶分子链段的相对位置调整速度足以跟上动态应变，从而进入所谓的橡胶态，此时复合材料具有低模量和低损耗的特点。

　　橡胶材料的生热率与动态应变的频率、应变振幅以及损耗因子 $\tan\delta$ 等因素有关，计算得到了橡胶材料的生热率，如图 9.10 所示。不同胶料的生热率总体上随温度的升高呈现降低的趋势，但是在转变区域（T_g 附近）出现一个峰值，这是由于在转变区橡胶分子链段的活动能力增强所致。随着颗粒粒度的减小，填充胶料的生热率显示出一个逐渐增大的趋势，但是 SBR-K3 样品的生热率在转变区域升高较快。由于动态应变中胶料的实验频率和振幅相同，实验中胶料的生热率只与储能模量和损耗因子相关，如上所述，储能模量和损耗因子的变化与填料粒子在橡胶基体中的聚集体网络以及填料-橡胶分子相互作用程度密切相关。因此，生热率是填料在橡胶基体中分散和相互作用的反映，与填料-填料和填料-聚合物的相互作用程度紧密相关。

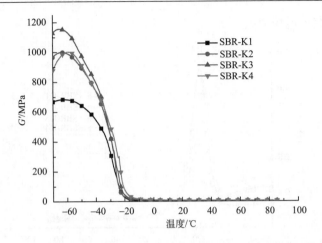

图 9.9　不同粒度高岭石填充 SBR 复合材料的 G' 与温度的关系

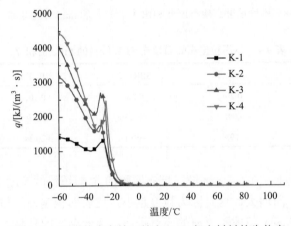

图 9.10　不同粒度高岭石填充 SBR 复合材料的生热率

9.4　填充份数对动态性能的影响

在填充橡胶复合材料中,随着填充份数的增加,填料在橡胶基体中的有效体积增大,填充复合材料的模量也会随之增大,同时,橡胶基体中填料-填料以及填料-橡胶分子的作用也会随之发生不同程度的改变。因此,填充份数对于填充橡胶复合材料的动态力学性能具有很大程度的影响。本实验中将高岭石相同的条件下采用 M6 改性剂进行表面修饰处理,填充份数分别为 20、30、40、50、60、70、80 份。

9.4.1　动态模量与振幅的关系

从图 9.11 不同填充份数的 SBR 复合材料的 G' 与振幅的关系曲线可以看出,随着填料填充份数的不断增加,填充复合材料表现出的"Payne"效应越来越强。填充份数为 20~60 份时,复合材料的 G' 值在低振幅区域变化趋势较为平缓,但当振幅达到 45% 左右以后，G' 值随着振幅的增大急剧降低，而填充份数较高时，复合材料的 G' 值在全部应变振幅区域随着振幅的增大显著下降；从表 9.5 可以看出，随着填充份数的增加，填充复合材料的 $\Delta G'$ 值也在不断增大，从 164.77MPa 增大到 1053.3MPa。

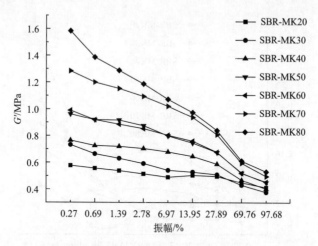

图 9.11　不同填充份数高岭石填充 SBR 复合材料的 G' 与振幅的关系

以上结果说明，随着填料填充份数的增加，填料-填料之间的相互作用增强，填料聚集体的网络结构程度增大；同时，从表 9.5 可以看出，随着填充份数的增加，填充复合材料的 G' 值不断提高，当填充份数从 20 份增加到 80 份时，复合材料的 $\max(G')$ 从 577.05MPa 增加到了 1584.07MPa，这也说明当填充份数较大时，填料聚集体的网络结构比较发达，圈闭在结构中的橡胶分子较多，使得填料的有效填充体积增大，填料对橡胶基体的限制和阻碍作用增强，从而提高了填充复合材料的模量。

表 9-5　不同填充份数高岭石填充 SBR 复合材料的储能模量

样品名称	储能模量最大值[$\max(G')$]	储能模量最小值[$\min(G')$]	$\Delta G'$
SBR-MK20	577.05	412.28	164.77
SBR-MK30	731.7	376.63	355.07
SBR-MK40	764.70	402.19	362.51
SBR-MK50	962.07	449.87	512.2
SBR-MK60	989.70	453.77	535.93
SBR-MK70	1283.89	496.58	787.31
SBR-MK80	1584.07	530.77	1053.3

从图 9.12 填充复合材料的损耗因子与振幅的关系中发现，在低振幅区域，尤其是当振幅在 45%以下时，不同填充份数高岭石填充 SBR 复合材料的损耗因子的变化趋势具有显著的差异，而在高振幅区域，填充复合材料的损耗因子都具有显著增大的趋势。这说明在低振幅区域，不同的填充份数使得复合材料基体中填料的网络结构的破坏和重建过程变化比较复杂，而在高振幅区域，复合材料受到较大的变形力的作用，填料聚集体的

网络结构受到破坏加剧，而网络结构的重建过程加强，更确切地说是在高振幅区域，橡胶基体中能被打破和重建部分与保持不变部分的比例增大，从而使得复合材料的损耗因子随着振幅的增大急剧升高。

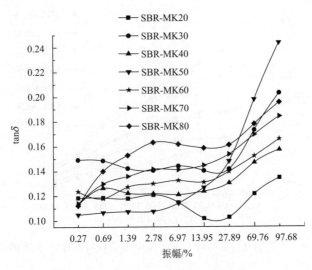

图 9.12　不同填充份数高岭石填充 SBR 复合材料的损耗因子与振幅的关系

9.4.2 动态模量与温度的关系

在之前对炭黑的研究报道中，普遍观察到填料的填充份数会明显影响橡胶材料动态性能与温度的关系。而对于高岭石填料，之前还没有做过类似的研究。

图 9.13 为填充 20～80 份高岭石的 SBR 复合材料的 $\tan\delta$ 与温度的关系。从图中可以看出，填充份数的改变对于填充 SBR 复合材料的 T_g 没有明显的影响，不同份数填充胶料的 T_g 均出现在−20℃左右的区域(表 9.6)，但是随着填充份数的增加，T_g 温度呈稍微升高的趋势，且 T_g 点对应的 $\tan\delta$ 值逐渐减小，这是由于填料的体积份数增加，同时填料与聚合物相互作用的程度增大形成一定量的固定胶，进一步增大填料的体积份数所致。在玻璃态区域(−70～−30℃)，填充胶料的滞后损耗($\tan\delta$)没有相对规律的变化趋势；在玻璃化转变区域(−30～0℃)，填充胶料的滞后损耗随着填充份数的增加总体呈现出逐渐降低的趋势，这是由于在此区域，导致滞后损耗的主要原因是橡胶分子链段位置的相对移动，而增加填料的填充份数使得橡胶基体的体积份数相对减少，从而导致滞后降低；在橡胶态区域(0～80℃)，填充胶料的滞后损耗随着填充份数的增加呈现逐渐增大的趋势，这是由于在此区域，橡胶基体的黏性很低，吸收能量较小，而填料份数的增加，使得填料与聚合物之间的相互作用程度较强，滞后损失增大。从对炭黑的研究可以认为，在这两个区域中填料份数的影响应该受到不同机理的支配。在低于临界点的区域，增大高岭石的份数会降低滞后，这是由于高岭石的体积份数增加，聚合物的体积份数相对减小，而在应变过程中，给定能量的输入，混炼胶中的固体填料吸收的能量较少，大部分能量的损耗是由聚合物基体造成的，因此，填料份数增加后使得聚合物的相对体积份数减小，

从而降低了复合材料的滞后，但是这一解释在高温区域就不适用了。在高于临界点的区域，特别是在 60℃左右，填料的加入使得复合材料的滞后不断增大，作者认为应该从热力学和动力学方面解释，在高温下，复合材料基体内的自由空间较大，分子布朗运动很快，橡胶分子链段自由活动能力增强，聚合物基体的黏性很低，应变阻力也比较低，此时，聚合物基体吸收的能量较少，而随着填料份数的增加，填料与聚合物之间的接触面积增大，相互作用程度较高，同时填料-填料之间的作用也加强，温度的升高会减弱这两种相互作用。因此，在高温下特别是橡胶态区域，随着填料份数的增大，填充复合材料的滞后损失提高，tanδ 增大。

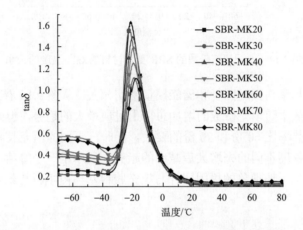

图 9.13　不同填充份数的 SBR 复合材料的 tanδ 与温度的关系

表 9.6　不同填充份数的 SBR 复合材料的 tanδ 和 T_g

样品名称	tanδ(0℃)	tanδ(60℃)	T_g/℃
SBR-MK20	0.332	0.107	−21.20
SBR-MK30	0.302	0.112	−21.37
SBR-MK40	0.326	0.119	−19.2
SBR-MK50	0.324	0.125	−20.43
SBR-MK60	0.311	0.129	−20.16
SBR-MK70	0.308	0.131	−20.2
SBR-MK80	0.307	0.144	−18.9

　　从图 9.14 来看，随着填料的填充份数的增加，填充 SBR 复合材料的储能模量呈现出逐渐增大的趋势，这也是由于填料的体积份数增加，与聚合物基体的相互作用增大，填料颗粒对橡胶分子链段的限制和束缚作用增强所致。当温度升高到临界点以后，不同填充胶料的模量值趋于相同。

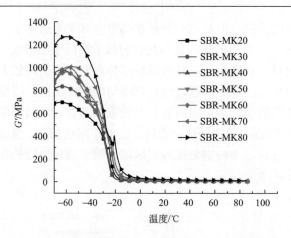

图 9.14　不同填充份数的 SBR 复合材料的 G' 与温度的关系

橡胶材料的生热率与损耗因子和储能模量密切相关。从图 9.15 看到，在整个温度区域，填充胶料的生热率随填充份数的增加总体上呈现增大的趋势，但是份数为 50 份时，其在低温区域的生热率比 60 份和 70 份的要大。同时，不同的填充胶料在–30～–20℃的区域，都出现一个程度不同的先增大后减小的趋势，显示出一个峰值，峰值出现的温度点与 T_g 较吻合。产生上述现象的原因同样与填充胶料基体内填料与聚合物基体结构的变化相关。

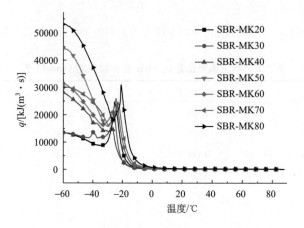

图 9.15　不同填充份数的 SBR 复合材料的生热率

9.5　不同产地高岭石对动态性能的影响

自然界的高岭石因成因、形成年代、形成条件各异，而造成不同产地的高岭石本身存在着差异。本节选用山东枣庄(ZZ)、广西北海(BH)、内蒙古蒙西(MX)、山西金洋(JY)、福建龙岩(LY)、淮北雪纳(XN)、河北张家口(ZJK)七个不同产地和厂家的高岭石，通过乳液共混法填充丁苯橡胶，制备丁苯橡胶复合材料，并研究了径厚比对其动态力学性能的影响。

图 9.16 为不同产地高岭石填充的丁苯橡胶复合材料的储能模量。由图可知，在低温范围内(-70~-10℃)高岭石的类型对复合材料的 G' 具有较为显著的影响。其中纯丁苯橡胶在-60.72℃储能模量达到最大值 1419.10MPa。径厚比较大的北海高岭石(径厚比为9.38)、龙岩高岭石(径厚比为10.09)、张家口高岭石(径厚比为10.36)填充的复合材料的最大储能模量值分别为 5341.19MPa、4959.80MPa、5005.89MPa。其中复合材料在北海高岭石填充时，在-63.52℃达到最大值 5341.19MPa，是纯丁苯橡胶的 3.76 倍。当温度升高至室温(25℃)时，龙岩、北海高岭石填充的复合材料的储能模量分别为 10.92MPa、10.95MPa，而径厚比较小的蒙西(径厚比为4.43)、金洋(径厚比为5.36)高岭石填充的丁苯橡胶复合材料的储能模量仅为 9.11MPa、8.28MPa。

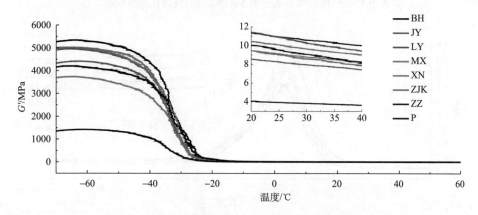

图 9.16　地高岭石填充的丁苯橡胶复合材料的储能模量

图 9.17 为不同产地高岭石填充的丁苯橡胶复合材料的损耗模量 G''。由图可知，随着温度的升高，复合材料的损耗模量先升高再降低，并均在-30℃附近取得最大值。其中纯丁苯橡胶在-32.65℃损耗模量 G'' 达到最大值 249.75MPa。与储能模量相同，相比于小径厚比的枣庄、金洋、蒙西高岭石，径厚比较大的北海、龙岩、张家口的三产地高岭石填充的复合材料均具有较大的损失模量，分别为 748.76MPa、695.33MPa、677.05MPa。其中北海高岭石填充时，复合材料在-31.35℃达到最大值 748.76MPa，是纯丁苯橡胶的 3.00 倍。当实验温度升至室温(25℃)时，相对于径厚比较小的雪纳、蒙西和金洋高岭石，具有大径厚比的张家口、龙岩和北海高岭石填充的丁苯橡胶复合材料具有更大的损失模量，其中龙岩高岭石填充时，复合材料的 25℃的损失模量达到最大值 1.64MPa，是同温度下纯丁苯橡胶的 3.81 倍。

图 9.18 为不同产地高岭石填充的丁苯橡胶复合材料的 tanδ 与温度的关系。由图可知，纯丁苯橡胶的玻璃化温度为-22.58℃，复合材料的玻璃化转变温度在枣庄高岭石填充时达到最低值-18.51℃，较纯丁苯橡胶提高了 4.07℃。就径厚比而言，具有更大径厚比的张家口、北海高岭石更倾向于获得更低的玻璃化转变温度，其填充的丁苯橡胶复合材料的玻璃化转变温度分别为-19.63℃、-19.40℃。填充高岭石之后，在低温区域内，复合材料的应变滞后得到极大的缓解，而在高温区域内，丁苯橡胶的复合材料的滞后现象较纯丁苯橡胶稍加严重。

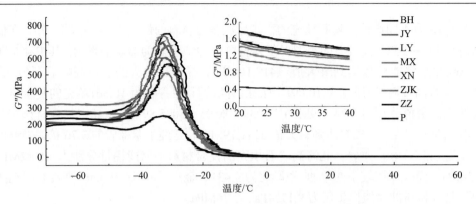

图 9.17　产地高岭石填充的丁苯橡胶复合材料的损耗模量

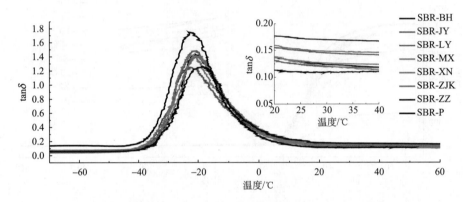

图 9.18　不同产地高岭石填充的丁苯橡胶复合材料的 $\tan\delta$ 与温度的关系

　　图 9.19 为不同产地高岭石填充的丁苯橡胶复合材料的生热率。由图可知，填充高岭石后，复合材料的生热率均有不同程度的提高。其中，纯丁苯橡胶在 $-32.65\,^\circ\mathrm{C}$ 达到最大值 $21615.12\mathrm{kJ}/(\mathrm{m}^3\cdot\mathrm{s})$，北海、张家口、龙岩三地具有较大径厚比的高岭石填充时倾向于获得较大的生热率，其中 SBR-BH 在 $-31.35\,^\circ\mathrm{C}$ 达到最大值 $64802.38\mathrm{kJ}/(\mathrm{m}^3\cdot\mathrm{s})$，是纯丁苯橡胶的 3.00 倍；SBR-ZJK 在 $-31.04\,^\circ\mathrm{C}$ 达到最大值 $58595.46\mathrm{kJ}/(\mathrm{m}^3\cdot\mathrm{s})$，是纯丁苯橡胶的 2.71 倍；SBR-LY 在 $-33.02\,^\circ\mathrm{C}$ 达到最大值 $60177.67\mathrm{kJ}/(\mathrm{m}^3\cdot\mathrm{s})$，是纯丁苯橡胶的 2.78 倍。而除雪纳外的小径厚比的高岭石填充的丁苯橡胶复合材料的生热率虽然较纯丁苯橡胶有所升高，但与北海、龙岩、张家口三地的高岭石填充的 SBR 相比，增长幅度较低，SBR-JY 在 $-31.96\,^\circ\mathrm{C}$ 达到最大值 $52245.96\mathrm{kJ}/(\mathrm{m}^3\cdot\mathrm{s})$，是纯丁苯橡胶的 2.42 倍；SBR-MX 在 $-31.88\,^\circ\mathrm{C}$ 达到最大值 $44016.67\mathrm{kJ}/(\mathrm{m}^3\cdot\mathrm{s})$，是纯丁苯橡胶的 2.04 倍；SBR-ZZ 在 $-30.63\,^\circ\mathrm{C}$ 达到最大值 $48801.54\mathrm{kJ}/(\mathrm{m}^3\cdot\mathrm{s})$，是纯丁苯橡胶的 2.26 倍。雪纳高岭石虽然具有较小的径厚比，但其填充的丁苯橡胶复合材料的生热率在 $-32.88\,^\circ\mathrm{C}$ 达到最大值 $63643.36\mathrm{kJ}/(\mathrm{m}^3\cdot\mathrm{s})$，是纯丁苯橡胶的 2.94 倍，与 SBR-BH 相当。而当温度升至室温时，七个不同产地高岭石填充的丁苯橡胶复合材料的生热率明显分成三组，生热率最大的一组为 SBR-ZZ、SBR-LY；其次为 SBR-BH、SBR-ZJK、SBR-XN；而 SBR-MX、SBR-JY 的生热率最低。在室温范围内，具有大径厚比高岭石填充的丁苯橡胶复合材料仍然倾向

于获得较大的生热率。

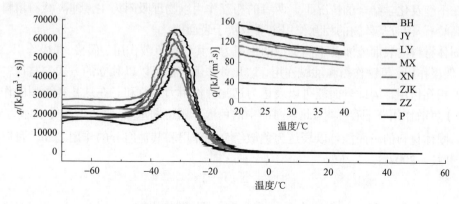

图 9.19　不同产地高岭石填充的丁苯橡胶复合材料的生热率

9.6　高岭石-橡胶复合材料的动态生热机理

随着橡胶材料技术的发展,填料的定位已经不仅仅是传统意义上的增大胶料体积和降低胶料成本的"填充剂",以及提高硫化胶的物理机械性能的"补强剂"。在实际生产过程中,已普遍认为,填料是改善和决定橡胶材料特别是轮胎橡胶性能的功能性材料,和聚合物基体一样对橡胶材料的使用性能起着决定性的作用。

在轮胎橡胶领域,轮胎材料要具有低滚动阻力、良好的抗湿滑性和耐磨性等性能来满足轮胎在燃油经济性、安全性和耐久性方面的严格要求。而这些性能与橡胶胶料的滞后损失、摩擦和磨耗性能密切相关,即与橡胶胶料在动态条件下的动态力学性能具有紧密的联系。由于填料在橡胶的使用性能方面所发挥的重要作用,科研工作者进行了诸多的研究来分析和说明填料的种类、填充份数以及微观结构形态对填充橡胶材料动态力学性能的影响所起到的作用,并且普遍认为填充体系中填料-填料以及填料-聚合物的相互作用对于填充胶料的动态力学性能以及滞后生热性能具有决定性的影响。但是在之前已经研究的填料中,基于炭黑和白炭黑的研究占了绝大多数,而对于黏土矿物特别是高岭石的研究比较少见,本节根据前面的数据结果分析,在前人对炭黑和白炭黑研究的基础上,对高岭石-橡胶复合材料的动态生热机理以及影响因素做了初步的阐述和分析。

9.6.1　填料的表面化学以及材料之间的相互作用

高岭土的主要组成为片状结构的高岭石,其基本的结构单元由一层硅氧四面体片层和一层铝氧八面体片层通过共用的氧原子组成。高岭石的单元晶层一面为 OH 层,另一面为 O 层,单元晶层之间通过氢键紧密连接。因此,在高岭石的表面,羟基(—OH)作为主要的官能团位于各个片层的表面,是主要的表面活性基团;同时,高岭石经过粉碎、剥片等细化处理后,由于晶体结构的断裂,在表面和侧面还存在 Si—O 以及 Al—OH 活性基团。高岭石的表面能是指颗粒表面产生单位面积的新自由表面所需要的能量,其可

以表示为 γ，高岭石和烃类橡胶弹性体作为非电解质体系，两者的表面能具有明显的差异，在不涉及化学结合的情况下，两者的相互作用以物理吸附为主，即高岭石填料之间以及高岭石-橡胶基体间的相互作用主要取决于表面能。

固体材料的表面能涉及不同类型的作用力，其包括色散作用、偶极-偶极作用、诱导偶极-偶极作用、氢键作用和酸碱作用，这几种作用力都可以以独立的方式参与材料颗粒之间的相互作用，因此表面能可以表达为这几种作用力的总和。在这几种类型的作用力中，由于色散作用普遍存在，因此表面能中的色散作用特别重要，将色散组分表示为 γ^{d}。因此，固体材料的表面能可以表达为色散组分的作用和其他组分的作用之和，可以表达为(王梦蛟，2007)：

$$\gamma_{\mathrm{s}} = \gamma_{\mathrm{s}}^{\mathrm{d}} + \gamma_{\mathrm{s}}^{\mathrm{sp}} \tag{9.15}$$

当两种材料 A 和 B 的相互作用主要或者只有色散作用时，根据 Fowkes FM 模型，这两种材料之间的黏附能 W_{AB}^{d} 等于它们色散作用的几何平均值。可以表达为

$$W_{AB}^{\mathrm{d}} = 2\left(\gamma_A^{\mathrm{d}}\gamma_B^{\mathrm{d}}\right)^{1/2} \tag{9.16}$$

与色散组分相似，材料之间黏附能的极性组分可以用两种材料的表面能的极性组分表达：

$$W_{AB}^{\mathrm{p}} = 2\left(\gamma_A^{\mathrm{p}}\gamma_B^{\mathrm{p}}\right)^{1/2} \tag{9.17}$$

因此，在两种材料相互作用的系统中，系统总的黏附能表达为(Owens，1969)：

$$W_{AB} = W_{AB}^{\mathrm{d}} + W_{AB}^{\mathrm{p}} + W_{AB}^{\mathrm{ab}} + W_{AB}^{\mathrm{h}} \tag{9.18}$$

将式(9.16)和式(9.17)代入式(9.18)为

$$W_{AB} = 2\left(\gamma_A^{\mathrm{d}}\gamma_B^{\mathrm{d}}\right)^{1/2} + 2\left(\gamma_A^{\mathrm{p}}\gamma_B^{\mathrm{p}}\right)^{1/2} + W_{AB}^{\mathrm{ab}} + W_{AB}^{\mathrm{h}} \tag{9.19}$$

式中，W_{AB}^{ab} 为材料之间的酸碱作用组分；W_{AB}^{h} 为材料之间的氢键作用组分。

在高岭石-橡胶复合材料体系中，由式(9.19)可以得出，高岭石填料之间的相互作用 $W_{\mathrm{c}}^{\mathrm{ff}}$ 可以表达为

$$W_{\mathrm{c}}^{\mathrm{ff}} = 2\gamma_{\mathrm{k}}^{\mathrm{d}} + 2\gamma_{\mathrm{k}}^{\mathrm{p}} + W_{\mathrm{k}}^{\mathrm{ab}} + W_{\mathrm{k}}^{\mathrm{h}} \tag{9.20}$$

式中，$\gamma_{\mathrm{k}}^{\mathrm{d}}$ 和 $\gamma_{\mathrm{k}}^{\mathrm{p}}$ 分别为高岭石表面能的色散组分和极性组分；$W_{\mathrm{k}}^{\mathrm{ab}}$ 和 $W_{\mathrm{k}}^{\mathrm{h}}$ 分别为高岭石颗粒之间的酸碱作用和氢键作用。

同时，在以往的研究中，通过不同的技术手段基本证实，对于高岭石填料和烃类橡胶聚合物来说，高岭石和橡胶基体之间的相互作用属于物理性质的包覆吸附。因此，高岭石与橡胶基体的相互作用 $W_{\mathrm{c}}^{\mathrm{pf}}$ 也可以通过式(9.20)转换表达为

$$W_{\mathrm{c}}^{\mathrm{ff}} = 2\left(\gamma_{\mathrm{p}}^{\mathrm{d}}\gamma_{\mathrm{f}}^{\mathrm{d}}\right)^{1/2} + 2\left(\gamma_{\mathrm{p}}^{\mathrm{p}}\gamma_{\mathrm{f}}^{\mathrm{p}}\right)^{1/2} + W_{\mathrm{pf}}^{\mathrm{ab}} + W_{\mathrm{pf}}^{\mathrm{h}} \tag{9.21}$$

式中，$\gamma_{\mathrm{p}}^{\mathrm{d}}$ 和 $\gamma_{\mathrm{p}}^{\mathrm{p}}$ 分别为橡胶基体的色散组分和极性组分；$W_{\mathrm{pf}}^{\mathrm{ab}}$ 和 $W_{\mathrm{pf}}^{\mathrm{h}}$ 分别为高岭石和聚合物基体的酸碱作用和氢键作用。

和填料之间的作用不同，在填料与聚合物基体之间的相互作用，酸碱作用 $W_{\mathrm{pf}}^{\mathrm{ab}}$ 和氢

键作用 W_{pf}^{ab} 可以忽略不计。同时，对于轮胎用橡胶材料，通常是非极性或极性非常低的，特别是丁苯橡胶(SBR)为典型的非极性橡胶，因此极性组分的作用也可以忽略，因此，在填充复合材料体系中，对于橡胶-高岭石填料相互作用的主要决定因素为橡胶和高岭石表面能的色散组分，因此，式(9.21)可以简化为

$$W_c^{ff} = 2\left(\gamma_p^d \gamma_f^d\right)^{1/2} \tag{9.22}$$

从上面的讨论可以分析得出，对于高岭石这种无机填料来说，在橡胶的填充复合体系中，填料的聚集体状态即网络化程度取决于体系中填料-填料之间以及填料-聚合物之间的相互作用程度，而这种相互作用与填料的表面能和表面性质密切相关。王梦蛟对填充体系中的填料聚集情况的能量变化做了模拟分析，对于高岭石填料来说，ΔW 代表系统黏附能的总变化。在填充橡胶的整个体系，可以首先将其假设为填料和橡胶充分作用，每个填料粒子和橡胶形成一个单位的作用单元。当高岭石填料聚集时，两个作用单元变成一对填料粒子和一对橡胶单元。在此过程中，填料粒子聚集的驱动力来源于单元系统中势能的变化，而这种势能的变化可以通过单元系统的 ΔW 来进行量化计算：

$$\begin{aligned} \Delta W = &\ 2\left[\left(\gamma_k^d\right)^{\frac{1}{2}} - \left(\gamma_p^d\right)^{\frac{1}{2}}\right]^2 + 2\left[\left(\gamma_k^p\right)^{\frac{1}{2}} - \left(\gamma_p^p\right)^{\frac{1}{2}}\right]^2 \\ &+ 2(W_k^{ab} + W_p^{ab} - 2W_{pk}^{ab}) + 2(W_k^h + W_p^h - 2W_{pk}^h) \end{aligned} \tag{9.23}$$

式中，当填料和聚合物的色散组分和极性组分相同时，即 $\gamma_k^d = \gamma_p^d$，$\gamma_k^p = \gamma_p^p$，同时 $W_k^{ab} + W_p^{ab} = 2W_{pk}^{ab}$，$W_k^h + W_p^h = 2W_{pk}^h$ 时，单元系统黏附能总的变化为零，即 $\Delta W = 0$。此时，填料粒子间的吸引势能消失。

因此，从上面的公式推导及分析可以得出：在填充橡胶体系中，填料粒子聚集的驱动力来源于填料和聚合物表面能及表面性质的差异。从热力学的观点来看，填料和聚合物表面能之间的差异越小或趋于相同，或者填料和聚合物之间的氢键作用和酸碱作用等不同形式的作用产生的黏附能足以补偿填料和聚合物表面能之间的差别以及两者本身的内聚能的影响时，则填料粒子在体系中的分散状态越稳定，网络化的程度越低。反之，填料和聚合物的表面能差别越大，则填料粒子在聚合物中聚集的趋势越强，网络化的程度越高。因此，填充体系中填料的表面性能是影响填料-填料以及填料-聚合物相互作用的主要因素，对于体系中填料的分散状态和网络结构化具有重要的影响，而填料的表面性能与填料的粒度大小以及表面基团等参数密切相关。

9.6.2　填料参数对填充橡胶复合材料动态性能的影响

对于给定的橡胶基体，填充橡胶复合材料的动态性能(动态模量以及滞后损失)与温度和应变的关系主要取决于填料本身的性质和用量。填料本身的性质主要是填料的表面能以及表面基团特性，而填料的表面能与填料的粒度具有密切的关系，同时填料表面基团的极性大小对填料的表面能具有很大程度的影响。对于填料的用量来说，在以往对炭黑和白炭黑的研究中发现，其主要影响着填料在填充体系中的体积份数，而填料的体积

份数特别是实际体积份数对橡胶的许多性能产生影响。

对于填料的粒度来说,粒度尺寸的降低使填料颗粒的比表面积急剧增大,表面能增加,导致填料与聚合物基体的表面能差异增大。这使得在填充体系中,填料-填料之间的相互作用程度加大,填料粒子出现团聚形成更多的聚集体,从而使体系中填料的网络化程度增加。这一方面会使填料粒子与橡胶分子的作用强度增高,另一方面较发达的填料网络结构束缚和圈闭了更多的橡胶分子链段,形成较多的"吸留橡胶",这部分橡胶起到的是填料的作用。可想而知,小粒度的填料会使填充橡胶具有更高的模量,同时,由于填料的网络结构较发达,在一定的温度下,加大应变的程度会释放出圈闭于网络结构中的分子,使填料的实际体积份数下降,填充材料的模量下降,形成较强的"Payne"效应。在动态模量与温度的关系中,由于粒度的降低促进了填料的网络化程度,相对增加了填料的有效体积份数,在材料的转变区温度下,消耗能量的主要组分是橡胶基体,填料体积份数的增加会使材料的滞后损失减小,因此,低温下填料的聚集降低了材料的滞后损失。材料的表面特性主要与表面的活性基团有关,基团的活性影响着材料的表面能,从而对体系中填料的聚集以及填料-聚合物的相互作用产生影响,进而影响材料的动态力学性能。

对于材料的用量(即体积份数),为了准确描述其对橡胶动态性能的影响,往往采用实际的体积份数来衡量。填料用量的增大会提高基体材料的模量,同时应变过程中填料粒子结构的重建和破坏的过程也会加剧,滞后损失升高,表现出较强的"Payne"效应。在材料的转变区温度以下,由于填料体积份数的增加,使得消耗能量的组分减少,降低了材料的滞后损失;然而在高温下(橡胶态区域),复合材料的滞后却表现出相反的结果,填料体积份数的增加会使材料的滞后损失增大,这说明填料的影响在不同的温度区受到不同机理的支配。上述现象意味着在轮胎橡胶材料方面,从滞后损失来看,减少填料的用量可以得到较为满意的动态性能,即在低温下具有高滞后,而高温下具有低滞后。但是在实际的使用过程中,还必须填充足够份数的填料来满足橡胶材料的耐磨性能、抗撕裂性能以及刚性强度方面的要求,这些性能也同样影响着轮胎橡胶的使用性能和安全性能。同时,在实际的生产过程中,在相同的聚合物体系中填充相同体积份数的填料时,不同结构的填料对材料动态性能的影响也不尽相同,其主要影响因素还是填料之间的相互作用形成的聚集体状态和网络化结构的程度。

9.6.3 高岭石-橡胶复合材料动态生热机理和模型

从上面的实验结果和理论分析中,结合之前对炭黑和白炭黑的研究(何燕等,2005),研究认为在给定的填充橡胶体系中,填充橡胶的动态性能以及滞后损失的关键和主要的内在影响因素是高岭石填料的聚集体状态和网络结构化的程度。

首先,在特定温度的动态应变过程中,储能模量的变化与高岭石颗粒网络结构的破坏程度相关,其随应变变化表现出的"Payne"效应的非线性行为可以用作填料聚集程度的度量,同时可以作为高岭石在填充体系中分散程度的评价手段;损耗因子是损耗模量和储能模量的比值,其决定因素与填料聚集体的网络结构状态相关,更准确地说,损耗因子取决于应变过程中高岭石颗粒网络结构中能够被破坏和重建的部分与未发生变化的部分之比。

其次，在与温度的变化关系中，橡胶材料在不同温度区域表现出不同的动态力学行为：①在温度很低的情况下，橡胶分子的黏性很高，基体中橡胶分子链段的运动和位置调整几乎不会发生，自由空间比较小，橡胶处于高模量低滞后的玻璃态。此时填料聚集体会对模量产生影响，而对能量的损耗影响较小。②当温度升高到一定的水平，橡胶分子链段的自由运动增强，分子相对位置的调整比较容易，橡胶基体的黏性降低，使得材料的模量下降，能量消耗增加，橡胶基体处于高滞后损失的转变区域。在低温下的转变区中，能量消耗的主要组分为橡胶基体，而填料的网络结构不易被打破。因此，填料粒子的聚集和网络化以及填充份数的增加，会使聚合物的有效体积份数下降，从而使得材料的滞后损失相对降低，而在高温下的转变区，填料的网络结构被打破和重建，那么滞后损耗会因为橡胶分子被释放出来参与能量消耗以及填料网络结构的变化而大幅度升高。③当温度足够大时，体系中橡胶分子链段较易发生大范围的外形变化，分子相对位置的调整速率也足以跟上动态应变，橡胶基体的黏性很低。填充材料的应变阻力低，模量低，滞后损失也降到最小。填料的聚集体网络或者增加的填充份数，都会相对增加填料的有效体积份数，在高温下，温度会减弱填料聚集体间的作用，从而降低填料的聚集体和网络化结构，释放出包覆的橡胶从而起到了橡胶基体的作用。

填料的聚集体状态以及网络结构化对于橡胶材料的动态性能特别是滞后损失起着关键的作用。而填料的聚集则与其热力学性能相关，其驱动力的来源为由填料的表面能和表面特性决定的填料–填料和填料–橡胶基体的相互作用。对于高岭石填料本身来说，其表面的极性较强，填料网络化主要是颗粒聚集体之间的直接接触所致，当应变达到一定的水平，这种网络就会被迅速地打破；当高岭石经过改性后，表面的极性降低，在适当的填充份数下，其与橡胶相容性较好，橡胶基体和高岭石颗粒具有一定强度的结合作用。结合之前王梦蛟(2000a)的研究认为，改性高岭石填充橡胶体系中，填料网络的形成一方面是填料颗粒之间的直接接触所致(图9.20)；另一方面网络结构的形成还有连接橡胶的机理，即在高岭石片层结构的表面产生一定厚度的橡胶壳。相应地，动态滞后的机理也因两种不同的填料网络而具有差异。

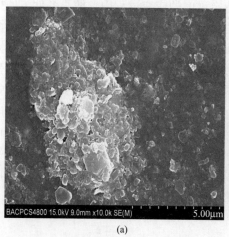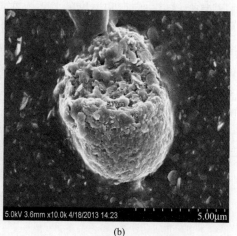

(a)   (b)

图9.20 填充橡胶体系中高岭石粒子的聚集体状态

对于高岭石颗粒通过直接接触形成的网络(填料-填料相互作用)(图9.20),填充体系在一定温度下应变过程中的能量损耗主要是填料网络在应变过程中的打破和重建造成的,滞后损失的高低取决于网络打破和重建的速度和程度。而在体系与温度的变化过程中,在较高温度下(橡胶态),由于体系中分子的热运动较强,填料聚集体网络间颗粒的相互摩擦是产生能量损耗的主要机理;当温度降到转变区后,体系进入高滞后损耗的状态,但是由于温度的降低,填料之间的相互作用增强到在应变振幅内不会被打破的程度,由于网络结构中包覆了一定量的橡胶,使得聚合物基体的相对体积份数下降,填料的网络聚集状态反而会降低体系在此区域的滞后损耗。

对于填充体系中高岭石填料与橡胶基体的相互作用。橡胶基体分子吸附包覆在高岭石填料的表面,在填料表面形成一个特定范围的橡胶壳带,这会减弱橡胶分子链段的自由活动能力,同时,在高岭石的片层结构之间的橡胶分子链段自由活动的能力也受到一定程度的束缚限制。这两部分橡胶分子与橡胶本身基体的性质具有一点差异。高岭石填料表面附近橡胶的黏度和模量都会提高,并且会随着与填料表面距离的增大而减弱,最终在一定的距离降到与橡胶本身基体相同的水平。同时,当多个高岭石粒子片层结构距离较短时,它们之间会通过黏度较高的橡胶壳带形成填料网络,这种网络结构的强度相对填料直接接触形成的低,在相对较低的应变条件下就开始被打破,但是打破的速率较低。

图9.21为不同填充份数下高岭石填充橡胶复合材料的微观结构。从图中可以看出,随着填充份数的增加,基体中单位面积内的高岭石片层结构逐渐增多。当填充份数为30phr时,高岭石片层结构在橡胶基体中分布比较分散,片层结构的径厚比较大,主要是单片层结构与橡胶基体结合,与橡胶分子链段的结合比较充分。当填充份数增加到60phr时,基体中单位面积内的片层结构数目增多,片层结构间束缚和限制了部分橡胶链段;当填充份数达到80phr时,基体中片层结构的分布非常紧密,片层结构间开始团聚,填料间的网络化比较发达,包覆了一定量的橡胶分子链段,形成所谓的“吸留橡胶”。

因此,在动态应变条件下,该填料网络通过橡胶壳带内的橡胶分子链段以不同的方式影响着复合材料与应变和温度的关系。在特定温度的应变过程中,较小条件下的应变就会使填料网络打破,使得损耗因子在较小的振幅应变即开始增大,同时这种填料网络的强度较低,因此其吸收的能量相对较少,损耗能量的峰值会降低。在填充体系与温度的变化过程中,在处于转变区的温度时,当橡胶壳带处于玻璃态而橡胶基体处于转变区的状态时,填料网络橡胶壳带的橡胶起到填料的作用,使得橡胶基体的实际体积份数下降,因此填料网络的发达会使损耗能量降低。随着温度的升高,当橡胶基体处于橡胶态而橡胶壳带的橡胶由于填料与橡胶分子链段的作用仍然处于转变区的状态时,壳带内橡胶分子链段会吸收较多的能量从而增加滞后损耗,填料网络越发达,壳带内的橡胶越多,则在此温度区域范围的滞后损耗也越大。当温度继续升高后,壳带内的橡胶分子链段活动能力增强,模量和黏度下降,滞后损失也随之降低。

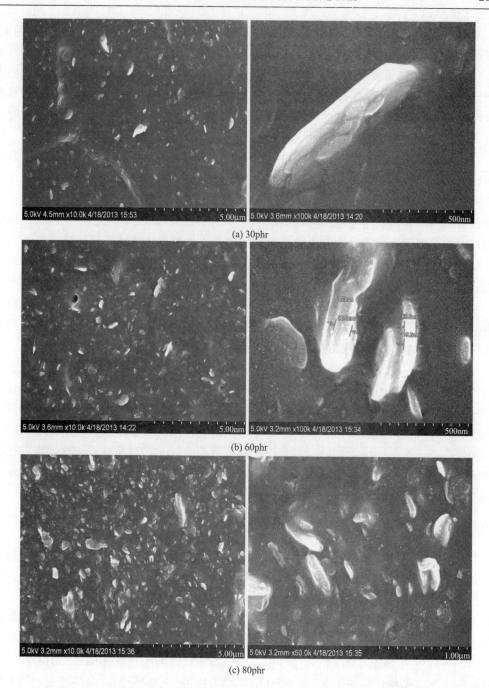

(a) 30phr

(b) 60phr

(c) 80phr

图 9.21　填充橡胶体系中高岭石片层结构与橡胶基体的相互作用

　　因此，研究认为在改性高岭石填充橡胶体系中，填料聚集和网络结构的形成同时存在两种机理，即填料粒子直接接触机理和填料表面橡胶壳机理。在填充复合材料中，这两种机理对填料网络结构的形成起到一定程度的作用。在填充复合材料体系中，这两种机理以及它们形成的网络结构所占的比例取决于高岭石本身的性质参数以及填充份数。

对于高岭石填充橡胶复合材料,填料的网络化是决定填充材料滞后生热的主要因素。其作用以及影响的机理可以归纳如下。

(1)材料在一定温度下与应变的关系中。高岭石填料网络在未被打破的条件下,由于网络中包覆圈闭了一定量的橡胶分子链段从而增大了填料的实际体积份数,橡胶材料的模量增高。在应变过程中,材料的滞后损耗取决于高岭石填料网络的打破和重建的程度,并且在储能模量变化最为剧烈的区域达到峰值。

(2)特定频率和应变下,在低温下的转变区,能量损耗的主要组分是橡胶基体,高岭石填料的网络结构未被打破,滞后损失会由于填料网络化所致的聚合物体积份数减小而降低;在高温下的转变区,高岭石填料的网络结构在周期性的应变下被打破和重建,同时释放出圈闭的橡胶参与能量损耗,会增加体系的滞后损耗;在橡胶态下,填料网络结构的打破和重建以及橡胶壳带内橡胶的自由运动会加大填充体系的滞后损耗。

(3)填料的网络聚集状态是产生滞后损耗的主要因素,其驱动力的来源为填料-填料之间以及填料-橡胶基体之间的相互作用。这种相互作用形成网络结构的机理分为两个方面,一方面是由于填料粒子直接接触机理,另一方面是填料表面吸附橡胶分子形成橡胶壳带机理。这两种机理以及由它们形成的网络在体系中所占的程度取决于高岭石填料的参数(粒度、表面性质和微观结构等)以及填充的份数。

(4)填充橡胶复合材料的滞后损耗要在不同的温度下取得良好的平衡,即在低温下高滞后而在高温下低滞后,主要取决于填料的网络化程度。其满足的条件是体系中填料的网络化程度应较低,同时应尽量降低填料颗粒直接接触形成的网络。填充份数的降低可以在一定程度满足材料的这种平衡,但是考虑到橡胶材料的综合使用性能,此方法不足取。最好的方式是,在保证高岭石具有较小粒度范围的同时,对高岭石进行表面改性,从而降低高岭石和橡胶基体的表面差异,同时使用各种偶联剂对高岭石表面进行化学或物理的包覆,促进高岭石和橡胶基体的相容性,增强两者之间的相互作用。

9.6.4　黏壶-弹簧模型

图 9.22 为不同产地高岭石填充的丁苯橡胶复合材料的扫描电镜照片。在开炼机剪切混炼过程中,由于前后辊线速度不同产生剪切力,将混炼胶拉扯挤压从而混炼均匀。在混炼过程中,小径厚比的高岭石在橡胶基体中具有更小的空间位阻,翻转更为容易,更容易分散。此时,高岭石颗粒之间均匀分散开来,不彼此相接触,而是呈现"孤岛"的分布形态。当高岭石宽度较大时,在剪切混炼过程中,大径厚比的高岭石具有较大的空间位阻,分散较为不易,且在翻炼过程中,高岭石颗粒倾向于彼此形成边-面相连、边-边相连的卡房式结构,将原本为一个整体的橡胶基体进行空间分割。由图可知,当宽度较小的高岭石填充时,如枣庄、金洋、蒙西样品,高岭石在橡胶基体中实现 1μm 尺寸范围内的良好分散,彼此较为孤立。而宽度较大的高岭石的分散尺寸则在 10μm 左右,垂直于断面的片层与平行于断面的片层错落不齐,形成完备的三维空间的网络,将橡胶基体分割成相对于独立的单元。高岭石在橡胶基体中的网络结构如图 9.23 所示。在大径厚比高岭石片层形成的卡房式网络结构中,由于颗粒之间距离较近,除去 A、B 两种连接方式外,还存在 C(一段分子链同时连接两个或者更多相邻的高岭石颗粒)和 D(分子链被

卡房式结构所包围分割，运动被限制在一极小的区域）两种作用。因而，卡房式网络结构比小径厚比高岭石(蒙西、金洋、枣庄)形成的"孤岛"分布具有更佳的补强效果。对填料填充的橡胶体系来说，除去橡胶分子链之间的摩擦生热之外，橡胶与填料的界面摩擦强度则超过橡胶分子链之间的摩擦强度，成为橡胶动态生热的主要来源。相对于小径厚比的高岭石的"孤岛"分布，大径厚比高岭石形成的卡房式结构在外加应力的平行方向与垂直方向均发生填料与橡胶的界面摩擦，因而导致大径厚比高岭石填充的丁苯橡胶复合材料具有更大的生热率。

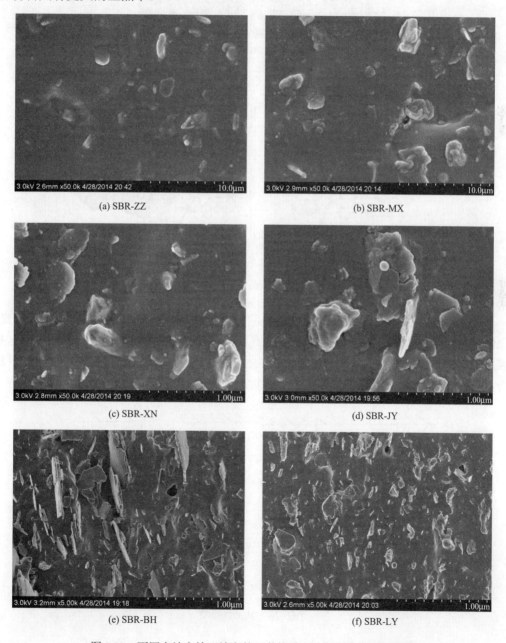

(a) SBR-ZZ

(b) SBR-MX

(c) SBR-XN

(d) SBR-JY

(e) SBR-BH

(f) SBR-LY

图 9.22　不同产地高岭石填充的丁苯橡胶复合材料扫描电镜照片

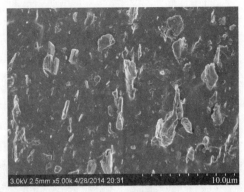

(g) SBR-ZJK

图 9.22　不同产地高岭石填充的丁苯橡胶复合材料扫描电镜照片(续)

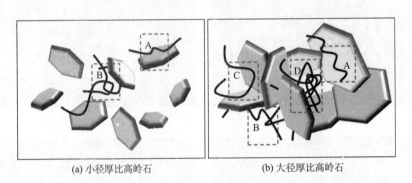

　　　(a) 小径厚比高岭石　　　　　　　　　　(b) 大径厚比高岭石

图 9.23　高岭石在橡胶基体中的卡房式网络结构

　　理想弹性体[如图 9.24(a) 所示弹簧模型]的弹性服从胡克定律，即应力正比于应变，比例系数为弹性模量，而应力-应变的响应是瞬间的，应力除去后，应变立刻回复。这是因为当弹性体受到外力作用时，它能将外力全部以弹性能的形式储存起来，外力一旦撤去，弹性体就通过弹性能的释放使应变立即全部回复。

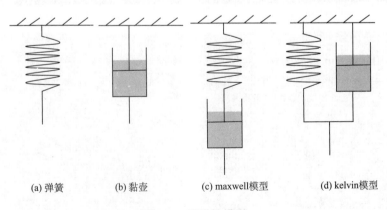

(a) 弹簧　　　　(b) 黏壶　　　　(c) maxwell模型　　　　(d) kelvin模型

图 9.24　黏弹性模型

　　理想黏性体[如图 9.24(b)所示黏壶模型]的黏性服从牛顿定律,即应力正比于应变速率,比例系数为黏度,在恒定应力作用下,应变随时间线性增长。对于理想黏性体来讲,外力对它所做的功全部消耗于克服分子之间的摩擦力以实现分子间的相对迁移,即外力所做的功全部以热的形式消耗掉了。

　　橡胶作为一种典型的黏弹性材料,其应力-应变行为既不服从胡克定律也不服从牛顿定律,而是介于两者之间:应力同时依赖于应变与应变速率,其行为可以用弹簧与黏壶的并联或串联的各种组合来模拟,图 9.24(c)和图 9.24(d)示意了两种最简单的组合形式。橡胶既有弹性又有黏性,所以外力对它所做功中一部分将以弹性能的形式储存起来,另一部分又以热的形式消耗掉。外力除去后,弹性形变部分可回复,黏性形变部分不可回复。

　　与小分子相比,高分子链结构的最大特点是长而柔。柔性高分子在热运动上的一个最大特点是分子的一部分可以相对于另一部分作独立运动。高分子链中能够独立运动的最小单元称为链段。链段的长度约为几个至十几个结构单元,取决于高分子链柔性的大小。高分子链越柔,链段越短。这样在柔性高分子的热运动中,不仅能以整个分子链为单元发生重心迁移(布朗运动),还可以在分子链重心基本不变的前提下实现链段之间的相对运动,或者比链段更小的单元做一定程度的受限热运动。这就是高分子热运动的多样性。

　　运动单元从一个平衡位置到另一个平衡位置的速度用松弛时间 τ 表征。在相同的环境下,分子运动单元越小,则运动的活化能越低,运动的松弛时间越短。任何一运动单元的运动是否自由取决于其运动的松弛时间与观察时间之比。当观察时间 $t \ll \tau$ 时,运动单元运动在这有限的观察时间内根本表现不出来,在这种情况下,可以认为运动单元的运动被"冻结"了;相反,当 $t \gg \tau$ 时,运动单元的运动功能在观察时间内充分表现出来,这时可以认为运动单元的运动很自由。当 $t \approx \tau$ 时,运动单元具有一定的运动能力,但不够自由。从力学内耗的角度来看,当链段被冻结时,由于不存在链段之间的相对迁移,不必克服链段之间的摩擦力,内耗非常小,而链段运动自由时,意味着链段之间的相互作用很小,链段相对迁移所需要克服的摩擦力也不大,因而内耗也很小,唯有链段从解冻开始转变至自由的过程中,链段虽然具有一定的运动能力,但运动中需要克服较大的摩擦力,因而内耗较大,并在玻璃转变温度下达到最大值。

　　以常用的 kelvin 模型为例,当高岭石在橡胶基体中平行分散时,板状颗粒在平行于应力方向将橡胶基体切割成若干段。不考虑高岭石-橡胶的界面差异及橡胶分子链在拉伸过程中的横向运动,则每一段均是一个独立的黏壶-弹簧,如图 9.25 所示。其中黏壶的黏度与弹簧的弹性系数均与原橡胶基体相同。其中储能模量的增强则主要来自于弹簧模型。当若干弹簧串联时,整个系统的弹性系数急剧下降,即复合材料的储能模量降低。而弹簧并联时,则整个弹簧体系的弹性系数急剧上升,则复合材料的储能模量上升。填充高岭石后,随着体积分数的增大,高岭石在橡胶基体各方向的体积分数增大相同,即串联、并联作用同时显著,致使复合材料的性能往往随着填充份数的增大而呈线性增大的状态。

　　但在复合材料的拉伸过程中,复合材料体积不变,随着试样的长度变长,则横截面积逐渐减小，如图 9.26 所示。复合材料在拉伸的过程中，发生了分子链垂直于应力方向的位移，则不仅在应力的平行方向存在着黏壶-弹簧效应，在垂直于应力方向同样存在。

　　假设高岭石在橡胶基体中呈现完美的卡房式网络结构，即每一片高岭石均与其相邻的高岭石空间垂直，此时橡胶基体被卡房式网络结构在三维空间上分割成较独立的单元，每个单元的黏壶-弹簧效应则存在与应力方向的平行分量与法向分量，如图 9.27 所示。换言之，复合材料在拉伸过程中发生了分子链垂直于应力方向的位移，高岭石填料网络有效阻止了分子链的法向位移，即有效提高了复合材料的力学性能。从这个意义出发，卡房式的空间网络显然优于高岭石平行分布或"孤岛"分布。

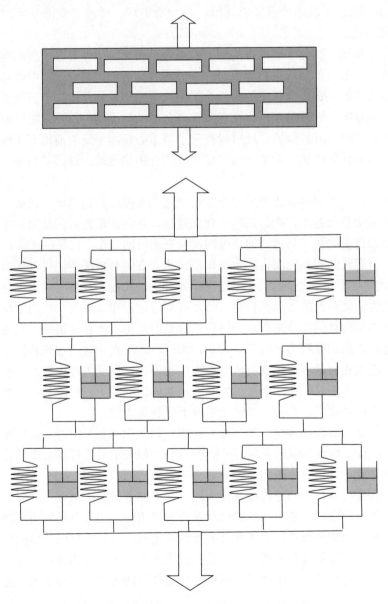

图 9.25　聚合物中高岭石平行分散的黏壶-弹簧模型

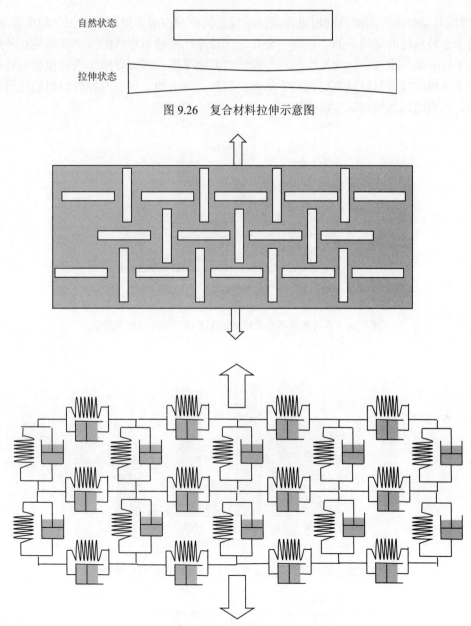

自然状态

拉伸状态

图 9.26　复合材料拉伸示意图

图 9.27　高岭石卡房式网络的黏壶-弹簧模型

　　由图 9.28～图 9.30 可知，除雪纳高岭石填充外，具有较大径厚比的高岭石(张家口、北海、龙岩)具有更大的储存模量、损失模量及生热率。由图 9.31 不同产地高岭石填充丁苯橡胶复合材料的扫描电镜形貌分析可知，具有大径厚比的高岭石更易形成完备的卡房式网络结构，在三维空间内将基体分割成相对较独立的小单元，从而形成黏壶-弹簧的串并联体系，在增大储能模量的同时也增大了损耗模量。由图 9.27 的卡房式网络体系的黏壶-弹簧模型可知，卡房式网络结构比小径厚比高岭石(蒙西、金洋、枣庄)形成的"孤岛"分布具有更佳的补强效果。而填充了填料之后，除去橡胶分子链之间的摩擦生热之外，橡胶与填料的界面摩擦则超过橡胶分子链之间的摩擦成为橡胶动态生热的主要来源。相对于小径厚比的高岭石的"孤岛"分布，大径厚比高岭石形成的卡房式结构在外加应力的平行方向与垂直方向均发生填料与橡胶的界面摩擦，因而导致了大径厚比高岭石填充的丁苯橡胶复合材料具有更大的生热率。当然，较大的生热率对橡胶材料的使用是有害的，应当通过其他办法加以抑制。

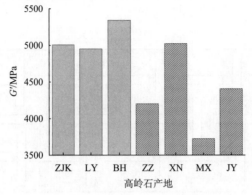

图 9.28　不同产地高岭石填充的丁苯橡胶的储存模量极值

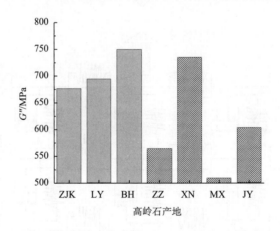

图 9.29　不同产地高岭石填充的丁苯橡胶的损耗模量极值

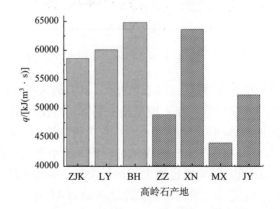

图 9.30　不同产地高岭石填充的丁苯橡胶的生热率极值

　　虽然淮北雪纳高岭石具有较小的径厚比，但因其厚度仅为 0.07μm，是七个不同产地高岭石中的最低值。在同样的填充份数下，淮北雪纳高岭石的颗粒数较多，界面面积增大，空间分割效应得到加强，因而力学性能得到提高。并且因为颗粒数目增多，淮北雪纳高岭石在橡胶中已呈现卡房式空间网络结构，这一点在图 9.22 中的扫描电镜图像得到证实。即使是径厚比较小的高岭石，当填充份数增大到一定程度时，随着体积份数的增大，同样可以实现填料的卡房式网络结构。这一点由丁苯橡胶复合材料的断面微观形貌得到证实。由图 9.31～图 9.34 可知，随着填充份数的增大，复合材料的储能模量和损耗模量呈现先增大后降低的趋势，tanδ 呈现线性降低的趋势，生热率呈现线性增大的趋势，与前文所分析的卡房式网络模型及弹簧-黏壶模型相一致。

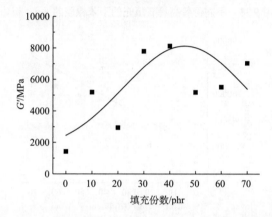

图 9.31　不同份数高岭石填充的丁苯橡胶的储存模量极值

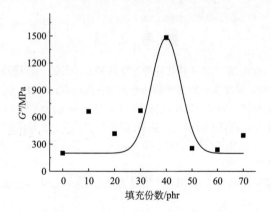

图 9.32　不同份数高岭石填充的丁苯橡胶的损耗模量极值

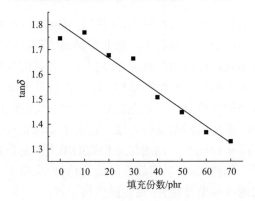

图 9.33　不同份数高岭石填充的丁苯橡胶的 $\tan\delta$ 极值

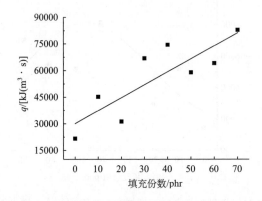

图 9.34　不同份数高岭石填充的丁苯橡胶的生热率极值

参 考 文 献

何燕, 马连湘, 盛保信等. 2004. 航空轮胎硫化橡胶的生热特性. 北京:国际橡胶会议

何燕, 张方良, 马连湘. 2005. 炭黑填充胎面胶的动态力学性能研究. 轮胎工业, 25(10): 591~594

刘晓. 2010. 动态热力学分析在高分子材料中的应用. 工程塑料应用, 38(7): 84~86

王贵一. 2003. 用橡胶加工分析仪(RPA)研究白炭黑-硅烷填料系统. 世界橡胶工业, 30(2): 30~35

王梦蛟. 2000a. 填充聚合物-填料和填料-填料相互作用对填充硫化胶动态力学性能的影响(续1). 轮胎工业, 20(11): 670~677

王梦蛟. 2000b. 聚合物-填料和填料-填料相互作用对填充硫化胶动态力学性能的影响(续3). 轮胎工业, 21(1): 601~605

王梦蛟. 2007. 填料-弹性体相互作用对填充硫化胶滞后损失、湿摩擦性能和磨耗性能的影响. 轮胎工业, 27(11): 579~584

郑慕侨, 崔玉福. 2000. 实心橡胶轮胎瞬态温度场影响因素的研究. 华北工学院测试技术学报, 14(2): 93~98

朱敏. 1984. 橡胶化学与物理. 北京: 化学工业出版社

Owens D W R. 1969. Estimationof thesurfacefreeenergy of polymers. Journal of Appllied Polymer Science, 13: 1741~1747

第 10 章　高岭石-橡胶复合材料的阻隔性能

气压被视为轮胎的生命,气密性的好坏决定了轮胎的质量和寿命,一些航空航天的高性能弹性体对气密性的要求更加苛刻。由于聚合物具有透气性,气体在压力的作用下缓慢地通过聚合物层产生泄漏,这是弹性体材料的一大缺点。

目前,使橡胶保持高气密性的方法有两种。一是选用特种橡胶,如丁基橡胶或者经化学改性的天然橡胶。二是在橡胶配方中使用某些纳米填充剂,这是一种廉价的好办法。黏土矿物具有特殊的片层结构,颗粒细小,具有不可穿透性,在聚合物基体中达到均匀分散之后,对气体阻隔非常有利。张惠峰(2004)用改性蒙脱石制备了一系列的黏土/橡胶纳米复合材料,其气体阻隔性能得到了明显的提高,而采用高岭石来改善橡胶气体阻隔性能的研究鲜有报道。

高岭土在我国资源丰富,价格低廉,其中主要矿物为高岭石,是一种典型的由硅氧四面体和铝氧八面体交替重叠堆垛而成的 1:1 型层状硅酸盐矿物,具有与蒙脱石类似的不可穿透的片层结构。当采用物理和化学改性的手段克服高岭石层与层之间弱的分子键力,并使其表面呈现相同电性或电中性时,片层的聚集会大大减弱,可以实现在聚合物基体中的良好分散,同样会赋予复合材料优异的阻隔性能。

因此,利用高岭石与橡胶进行熔融或乳液共混,获得具有良好阻隔性能的橡胶复合材料,一方面可以提高汽车轮胎内胎、子午线轮胎气密层的气密性能;另一方面可以降低橡胶制品的成本,为高岭石的功能化提供新途径,其研究将十分有意义。

10.1　实验原理与方法

10.1.1　透气率的定义

衡量硫化橡胶的透气性能在 ISO(ISO 2782-1995)、GB T7755-2003 及 DIN(DIN 53536)标准中均以橡胶的透气率 Q 表示。即在标准温度和标准压力的稳定状态下,气体在橡胶中的透过率,其值等于在单位压差和一定温度下,透过单位立方体橡胶两相对面的气流体积速率。

10.1.2　实验原理

保持在恒温下的透气室,被一个圆形试样分为高压侧和低压侧(大气压)。然后将高压侧连接到一个恒压气体储存器或是保持恒压的气体装置上,让气体向低压侧渗透,然后通过监测装置测量出由于气体渗透引起的体积变化,以反映橡胶的低分子物质透过类似于空气、氢、氦、氮、氧及二氧化碳等气体的透过性。气体透过橡胶薄膜的能力与橡胶分子链段的微布朗运动所形成的孔隙有关。气体透过橡胶薄膜的过程是,首先气体分子溶解在这些空隙里,然后气体分子因其浓度差而从浓度高处向浓度低处扩

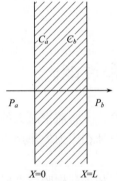

图 10.1　气体扩散示意图

散，如图 10.1 所示，最后气体在橡胶薄膜的另一侧逸出。因此，橡胶低分子的透过性，主要决定于气体在橡胶中的溶解和扩散。

在扩散气体的浓度甚低，扩散系数不依赖于浓度而变化的情况下，气体浓度不随时间而变化，气体呈稳态扩散时，根据菲克定律，气体的透过量 q 可由式(10.1)计算：

$$q = D\frac{C_a - C_b}{L}At \tag{10.1}$$

式中，D 为扩散系数(cm^2/s)；C_a 为薄膜 $X=0$ 处的气体密度；C_b 为薄膜 $X=L$ 处的气体密度；A 为薄膜透过气体的面积；t 为气体透过薄膜的时间；L 为薄膜的厚度。

而膜内气体浓度 C 与相应平衡气体压力 P 的关系，根据亨利定律应为

$$C = SP \tag{10.2}$$

式中，S 为溶解系数。

从式(10.1)和式(10.2)可以看出，气体扩散量与穿过薄膜对面的气体压差之间的关系为

$$q = Q\frac{P_a - P_b}{L}At \tag{10.3}$$

式中，Q 为透气率，为扩散系数与溶解系数的乘积；P_a 为 $X=0$ 处的气体压力；P_b 为 $X=L$ 处的气体压力。

透气率(Q)、扩散系数(D)及溶解系数(S)与温度的关系可以用下列诸式表示：

$$Q = Q_0 e^{-W/(RT)} \tag{10.4}$$

$$D = D_0 e^{-E/(RT)} \tag{10.5}$$

$$S = S_0 e^{-\Delta H/(RT)} \tag{10.6}$$

式中，W、E 及 ΔH 分别为透过活化能、扩散活化能及溶解热；Q_0、D_0 及 S_0 为常数。气体透过性对于温度的依赖性决定于扩散系数及溶解系数的变化，而其 W 与 E 及 ΔH 的关系为

$$W = E + \Delta H \tag{10.7}$$

渗透系数为溶解度系数与扩散系数的乘积。

10.1.3　实验仪器

本实验所用的仪器为济南兰光机电技术有限公司生产的 VAC-V1 型压差法气体渗透仪。如图 10.2 所示，由真空泵、透气室(高压侧和低压侧)、测试装置和软件组成。

测试范围：0.1～100000cm³/(m²·24h·0.1MPa)(常规体积)；控温范围：室温至50℃；真空分辨率：0.1MPa；实验压力：−0.1～+0.1MPa；气源压力：0.4～0.6MPa；试样尺寸：ϕ97mm；测试面积：38.46cm²(70mm 直径)；真空分辨率：20Pa。

图 10.2　气体渗透仪

10.2　不同产地高岭石对阻隔性能的影响

自然界的高岭石因成因、形成年代、形成条件各异，而造成不同产地的高岭石本身存在差异。本节研究选用山东枣庄(ZZ)、广西北海(BH)、内蒙古蒙西(MX)、山西金洋(JY)、福建龙岩(LY)、淮北雪纳(XN)、河北张家口(ZJK)七个不同产地和厂家的高岭石，通过乳液共混法填充丁苯橡胶，所得丁苯橡胶复合材料的气体阻隔性能见表 10.1 所示。由表可知，填充高岭石后，复合材料的透气率较纯丁苯橡胶有大幅度下降，其中北海高岭石填充的丁苯橡胶具有最佳的气密性能。填充北海高岭石后，复合材料的透气率、渗透系数、扩散系数、溶解度系数均降低至最小值，其透气率仅为 $29.608 \times 10^{-18} \mathrm{m}^2/(\mathrm{Pa \cdot s})$，是纯丁苯橡胶的 21.53%；溶解度系数降低至 $1.458 \mathrm{cm}^3/(\mathrm{cm}^2 \cdot \mathrm{s \cdot cm\,Hg}) \times 10^{-4}$，仅为纯 SBR 的 56.34%；扩散系数降低至 $1.961 \mathrm{cm}^2/\mathrm{s} \times 10^{-6}$，仅为纯丁苯橡胶的 9.56%，显著提高了复合材料的气密性能。大径厚比的高岭石填充时，复合材料在渗透系数、扩散系数方面通常具有较为优异的表现。例如，北海、龙岩高岭石填充时，复合材料的透气率分别降低至 $29.608 \times 10^{-18} \mathrm{m}^2/(\mathrm{Pa \cdot s})$、$44.291 \times 10^{-18} \mathrm{m}^2/(\mathrm{Pa \cdot s})$。而小径厚比填充的复合材料，通常具有较低的扩散系数，如枣庄、蒙西、雪纳高岭石填充时，其扩散系数分别为 $9.968 \mathrm{cm}^2/\mathrm{s} \times 10^{-6}$、$11.349 \mathrm{cm}^2/\mathrm{s} \times 10^{-6}$、$7.258 \mathrm{cm}^2/\mathrm{s} \times 10^{-6}$。大径厚比高岭石对渗透路径的延长更为明显，导致气体组分在橡胶基体中的扩散更为困难，从而提高了复合材料的气密性能。

通常认为填料对气体小分子具有不可透过性，那么气体分子在透过高分子薄膜时必然需要绕开填料，这样势必延长了分子的透过路径，从而增强了橡胶复合物的气体阻隔性能。由此可知，高岭石片层的宽度越大，气体分子的扩散途径延长效应越显著，扩散越困难，扩散系数随之降低。扩散系数随高岭石宽度的变化规律如图 10.3 所示，由图可知，随着高岭石片层宽度的增大，复合材料的扩散系数呈现指数降低的趋势。

表 10.1　不同产地高岭石填充丁苯橡胶复合材料的气体阻隔性能

样品名称	透气率 /10^{-18}[m²/(Pa·s)]	相对透气率	渗透系数 /10^{-18}[m²/(Pa·s)]	扩散系数 /[(cm²/s)×10^{-6}]	溶解度系数/[cm³/(cm²·s·cm Hg)×10^{-4}]
SBR-P	135.011	1.000	396.300	20.515	2.588
SBR-ZZ	64.186	0.475	160.300	9.968	2.221
SBR-BH	29.068	0.215	49.510	1.961	1.458
SBR-MX	33.722	0.250	53.330	11.349	6.597
SBR-LY	44.291	0.328	79.680	7.133	1.896
SBR-JY	65.725	0.487	112.100	6.034	2.571
SBR-XN	38.812	0.287	65.595	7.258	1.236
SBR-ZJK	51.909	0.384	96.845	5.980	2.173

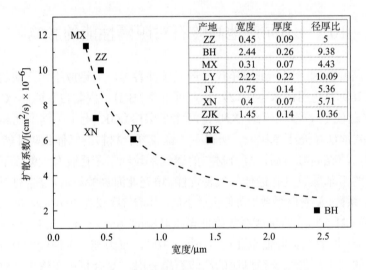

图 10.3　扩散系数随高岭石宽度的变化规律

10.3　高岭石径厚比对阻隔性能的影响

　　张家口高岭石的片层宽度集中在 2.5μm，因其蠕虫状团聚体结构的存在，而导致颗粒径厚比存在差异，并最终在分级样品中表现出粒径大小的区别。将张家口四个分级改性样品通过乳液共混法填充丁苯橡胶，所制备复合材料的气体阻隔性能见表 10.2。FJ1 填充复合材料的透气率迅速降低至 $65.051×10^{-18}$m²/(Pa·s)，是纯丁苯橡胶的 56.4%。随着高岭石粒径的增大，复合材料的透气率呈现先增大后减小的趋势，FJ4 填充复合材料的最小，为纯丁苯橡胶的 49.2%，气体阻隔性能最好。

表 10.2　不同粒径高岭石填充丁苯橡胶复合材料的气体阻隔性能

样品名称	透气率 /10^{-18}[m²/(Pa·s)]	相对透气率	渗透系数 /10^{-18}[m²/(Pa·s)]	扩散系数 /[(cm²/s)× 10^{-6}]	溶解度系数 /[cm³/(cm²·s·cm Hg)× 10^{-4}]
SBR-P	122.524	1.000	273.350	10.555	3.457
SBR-FJ1	69.051	0.564	169.750	9.452	2.418
SBR-FJ2	83.308	0.670	201.000	9.048	2.964
SBR-FJ3	74.348	0.607	168.200	8.337	2.683
SBR-FJ4	60.259	0.492	133.900	7.218	2.472

　　当高岭石片层的宽度不变。随着高岭石厚度的增大，在同样填充份数下，有效阻隔单元降低，则扩散应随之越容易。但在实际实验中，随着高岭石厚度的增大，复合材料的扩散系数逐渐降低，扩散越困难。由分级样品的扫描电镜分析可知，造成四个样品径厚比存在差异的原因，是其蠕虫状团聚体的叠加厚度不同。随着团聚现象的加重，一次片层颗粒之间存在着堆叠而形成空隙。这些空隙的尺寸在 10nm 以下，橡胶基体不能渗入。而溶解在橡胶基体中的气体小分子在扩散至颗粒边缘时，由于浓度差而从橡胶基体中析出并在堆叠空隙内储存，直至此堆叠空隙与橡胶基体达到气体分子的溶解-解析平衡。因此气体分子在高分子橡胶薄膜中的扩散越困难，从而呈现出扩散系数随着高岭石厚度的增大而指数降低的趋势，如图 10.4 所示。

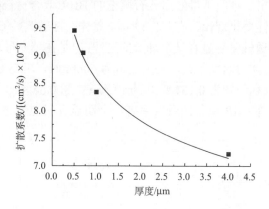

图 10.4　扩散系数随高岭石厚度的变化规律

10.4　高岭石填充份数对阻隔性能的影响

　　从图 10.5 中填充不同份数高岭石的丁苯橡胶复合材料的气体阻隔性能可以看出，在 SBR 复合材料体系中，高岭石填充量对于复合材料的气体阻隔性能具有显著的影响，随着填充份数的增加，SBR 复合材料的透气率和相对透气率不断下降；当填量达到 80phr 时，SBR 复合材料的透气率和相对透气率最低，分别为 $4.46×10^{-17}$m²/(Pa·s)和 0.39，透气率降低了 61%。同时随着填充量的增加，复合材料透气率的变化具有一定的规律性；在填充量较小时(20～40phr)，透气率值的降低幅度较小；在填充量从 40phr 达到 60phr 时，复合材料的透气率降低幅度较大；而填充量从 60phr 增加到 80phr，透气率的降低幅度不是很明显。这是因为在低填充份数时，高岭石片层填料相对较为孤立分布，尚不能将橡胶基体有效分割包围，因此对气体分子的扩散路径延长效应并不显著。而填充份数过大时，颗粒之间发生团聚，有效颗粒数减小，因此透气率很难进一步降低。

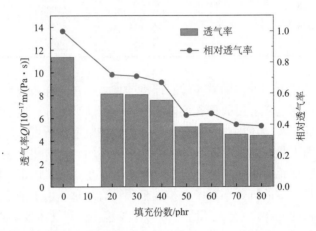

图 10.5　填充不同份数高岭石的丁苯橡胶复合材料的气体阻隔性能

从图 10.6 可以看出，不同填量的高岭石填充的 BIIR 复合材料的气密性变化规律与 SBR 复合材料的气密性变化规律具有一定差异。首先，随着高岭石填充量的增加(20～30phr)，BIIR 复合材料透气率明显有一个降低的过程；但是在填充量从 40phr 增加到 60phr 时，复合材料气密性提高的幅度不大，在填充量为 60phr 时，填充 BIIR 材料的气密性最好，透气率和相对透气率分别为 $0.151\times10^{-17}\mathrm{m}/(\mathrm{Pa}\cdot\mathrm{s})$ 和 $0.66\times10^{-17}\mathrm{m}/(\mathrm{Pa}\cdot\mathrm{s})$；然而当填充量继续增加时，填充 BIIR 材料的透气率有一个明显升高的趋势，材料的气密性变差。

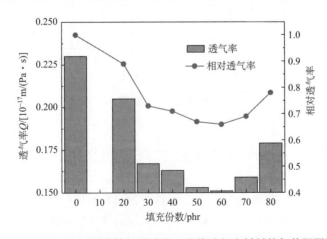

图 10.6　填充不同份数高岭石的溴化丁基橡胶复合材料的气体阻隔性能

上述高岭石填充橡胶复合材料的气密性能变化主要受填料的"体积效应"和填料在基体中的阻隔单元-阻隔效应影响。高岭石填充到橡胶基体中后，其阻隔单元有效延长了气体在基体中的扩散路径；但是在填充量较小时，填充份数的增加使其阻隔效应并不明显；当填充量达到一定程度时，填料的阻隔效应显著增大，同时橡胶在填料片层结构间的吸附也间接增大了填料的填充份数，从而导致复合材料的透气率明显降低；然而当填充量继续增大时，高岭石的片层结构颗粒发生团聚，形成低形状系数的次级结构，在橡胶基体中的分散度降低，有效的阻隔单元并没有增加，此时填料对气密性的贡献主要是体积效应，以致复合材料的气密性不再随着填量的增加而有明显的变化。同时，相对 SBR 复合材料，高岭石对 BIIR 材料气密性能的改善效果较弱；而且当填量较大时，BIIR 复合材料的气密性反而降低。

10.5　高岭石插层对阻隔性能的影响

在长链有机物插层高岭石对复合材料气密性的影响研究中，为排除插层剂本身的影响，将插层剂季铵盐、十二胺和氨基硅烷添加到纯丁苯橡胶中，制备所得复合材料分别命名为 SBR-CTAC、SBR-12An、SBR-APTES。由表 10.3 可知，添加了插层剂后，复合材料的溶解度系数较纯丁苯橡胶略有提高，说明插层剂并不能降低气体在复合材料中的溶解度。实际上，在工业应用中，胺类、季铵盐类常被用作发泡剂、乳化剂，以提高气体在水中的溶解度。但添加插层剂后，复合材料的扩散系数均有明显降低，SBR-CTAC、SBR-12An、SBR-APTES 分别是纯丁苯橡胶扩散系数的 66.54%、72.87%、46.49%，即使没有添加填料，气体分子在复合材料中的扩散也更为困难。在添加了填料之后，复合材料的溶解度系数略有降低，其中尤以 APTES 插层高岭石填充时最为显著。与填充未改性

表 10.3　长链有机物插层高岭石填充丁苯橡胶复合材料的气体阻隔性能

样品名称	透气率 /$10^{-18}[m^2/(Pa \cdot s)]$	渗透系数 /$10^{-18}[m^2/(Pa \cdot s)]$	扩散系数 /$[(cm^2/s) \times 10^{-6}]$	溶解度系数 /$[cm^3/(cm^2 \cdot s \cdot cm\ Hg) \times 10^{-4}]$
SBR-P	135.011	396.300	20.515	2.588
SBR-K	70.306	176.200	8.889	2.673
SBR-CTAC	125.168	314.350	13.650	3.089
SBR-CTACK	81.811	196.050	9.027	2.941
SBR-12An	132.753	334.050	14.950	2.975
SBR-12AnK	70.788	169.450	9.235	2.473
SBR-APTES	111.755	226.300	9.537	3.180
SBR-APTESK	50.213	89.115	7.250	1.642

注：SBR-P.纯丁苯橡胶；SBR-K.未插层高岭石填充丁苯橡胶；SBR-CTAC.CTAC 填充丁苯橡胶；SBR-CTACK. CTAC 插层高岭石填充丁苯橡胶；SBR-12An.12An 填充丁苯橡胶；SBR-12AnK. 12An 插层高岭石填充丁苯橡胶；SBR-APTES. APTES 填充丁苯橡胶；SBR-APTESK.APTES 插层高岭石填充丁苯橡胶。

高岭石的橡胶复合材料(SBR-K)相比，填充 CATC 和 12An 插层改性高岭石后，复合材料(SBR-CTACK 和 SBR-12AnK)的扩散系数略有降低。这是因为经 CTAC、12An 插层后，高岭石卷曲成埃洛石的管状形貌，其扩散路径延长效应较片状的高岭石显著下降。这种效应的削弱，反映在最终透气率测试结果上，填充未插层改性高岭石的丁苯橡胶气密性降低为纯丁苯橡胶的 52.07%，SBR-CTACK 仅降低为 SBR-P 的 60.60%，SBR-12AnK 仅降低为 SBR-P 的 52.43%。经 APTES 插层改性高岭石填充的橡胶复合材料(SBR-APTESK)，与原高岭石填充的复合材料(SBR-K)相比，其渗透系数、扩散系数、溶解度系数均有了显著的下降。这是因为经过插层改性剥片后，高岭石表面被氨基硅烷良好地包覆，分散在橡胶基体中能与橡胶紧密结合，同时高岭石的片状形态得到较好地保留，气体扩散路径得到进一步延长。

10.6　气体阻隔模型

10.6.1　高岭石填料的阻隔机理

填料对于橡胶填充体系气体阻隔性能的改善和贡献作用主要是体积效应和阻隔效应。

(1)体积效应：根据自由体积理论，聚合物的体积包括自由体积和占有体积两部分，自由体积即为分子间的空隙，其以大小不等的空穴无规则地分布于聚合物中，为分子的自由运动提供了活动空间，同时也是气体在聚合物基体中的主要扩散途径。当填料填充到聚合物基体中后，有效填充了复合材料的空隙增加了密实度，使聚合物基体的自由体积份数减小，占有体积份数增大，从而对气体在聚合物基体中扩散起到限制作用。

(2)阻隔效应：填料具有一定的微观形状，当填料均匀分散到聚合物基体中后，其微观结构对气体分子具有不可透过性，气体分子在碰到填料颗粒时必然绕开，从而增加了气体分子在聚合物基体中的扩散路径。这两种效应共同作用使得填充橡胶体系的气体阻隔性能提高，气密性得到改善(梁玉蓉，2005；Choudalakis and Gotsis，2009)。

填料对橡胶填充体系的影响因素比较复杂，张惠峰等研究分析了填料的填量、填料的长径比以及填料与橡胶的结合强度对橡胶填充体系气密性的影响，认为填料的填充份数和长径比(微观结构)是主要和直接的贡献因素。Choudalakis 等认为影响聚合物-层状硅酸盐复合材料气密性的因素主要有三个：填料的体积份数、填料在基体空间中的分布取向和填料的径厚比。

通过对上面实验结果的分析研究，作者认为填料对于填充橡胶体系的气体阻隔性能主要有四个影响因素：①填料的粒度，其决定了填料颗粒的微观形貌和填料与橡胶基体的结合面积；②填料的有效体积份数；③填料的微观形貌(形状系数)；④一定填充份数的填料在橡胶基体中的分散状态。其中，填料的体积份数以及微观形貌结构对于橡胶体系的气密性具有直接的影响，与之前的研究相符。填料的粒度大小主要决定了有效的阻隔单元的数目，这也可以归结到填料的有效填充份数上；填料在聚合物基体中的分散对于黏土矿物等片层结构填料来说，分散情况的改善相当于降低了片层结构的厚度，增加了填料的径厚比，使填料的形状系数发生改变，体现在填料的微观结构这个因素上；而对于炭黑和白炭黑等球状结构填料来说，分散情况的改善主要是增大了填料的有效填充份数，而对于填料的形状系数没有太大的影响，因此主要体现在填料的填充量这一因素上。同时填料与聚合物基体间的结合强度也有一定的影响，但是作用比较复杂，这与填料的微观结构以及填料在聚合物基体中的分散都有一定程度的关系。

高岭石是具有纳米级片层结构的铝硅酸盐无机填料，其颗粒的微观结构具有一定的径厚比，形状系数比较大。首先，高岭石颗粒的基本结构单元层为硅氧四面体层和铝氧八面体层结合组成，对于气体分子具有不可透过性，当气体分子碰到高岭石颗粒时必须绕开，增加了气体分子在橡胶基体中的扩散路径，从而有效填充了复合材料的空隙，降低了填充体系的自由体积份数，起到阻隔作用；其次，高岭石颗粒在橡胶基体中均匀分散后，其颗粒粒径在几十纳米到几百纳米范围内，一定填充量的情况下，单位体积内的有效阻隔单元的数目是非常可观的；再次，高岭石的表面经过表面改性剂修饰后，与橡胶分子的相容性得到改善和橡胶基体具有一定的结合强度，高岭石的片层聚集体间以及片层聚集体和片层单体之间吸附有橡胶的分子链，形成部分的吸留橡胶，也相当于增加了高岭石填料的有效体积份数，同时，高岭石的片层结构在基体中具有各向异性，在橡胶基体受到外力作用时会定向平行排列，进一步降低了填充橡胶体系的透气性，改善了橡胶材料的气体阻隔性能。

10.6.2　高岭石填充橡胶的气体阻隔模型

在对填料填充聚合物体系气体阻隔模型的建立过程中，影响聚合物体系气密性的因素比较多，增加了对其定量描述的困难。Nielsen 考虑了填料对气密性可以起到的最大阻隔作用，在一般模型的基础上得到了一个简单的半经验模型，虽然可以用来解释实验现象，但在与实验数据进行拟合的过程中，有时不能吻合；研究工作者对此作了一些修正，但往往仅限于对实验现象的定性解释(Villaluenga et al.，2007)。张惠峰(2004)、张玉德(2007)在 Nielsen 模型的基础上，对其进行了改进和完善。本节在实验分析的基础上，利用之前建立的模型基础，考察了填料的体积份数、填料的微观结构(形状系数)以及填料在橡胶基体中的分散状态对于填充橡胶体系气密性的影响，并将理论模型的预测与实验结果相结合，深入详细地解释了填料尤其是高岭石片状填料的阻隔机理和影响因素。

1. 基础模型和 Nielsen 模型

气体在聚合物中的渗透系数 P(Permeability)决定于扩散系数 D(Diffusivity)和溶解系数 S(Solubility)。三者的关系为(Takahashi et al.，2006)

$$P = DS \tag{10.8}$$

当高岭石填料填充到橡胶体系中后，其片层结构对于气体在橡胶体系中的溶解系数和扩散系数都有不同程度的影响。假定填充后气体在填充体系中的溶解系数为 S_f，则 S_f 服从下面的方程式：

$$S_f = S_0 \left(1 - \phi_f\right) \tag{10.9}$$

式中，S_0 为气体在纯橡胶体系中溶解系数；ϕ_f 为填料的体积份数。

填料填充到橡胶基体中后，作为阻隔单元对气体具有不可渗透性，从而延长了气体分子的扩散路径，扩散路径的延长可以用弯曲因子 f 来表示：

$$f = \frac{d_f}{d} \tag{10.10}$$

式中，d_f 为气体分子在橡胶膜片中实际经过的路径；d 为橡胶膜片的厚度。弯曲因子主要与填料的体积份数、填料的形状系数(径厚比 α)以及填料在橡胶基体中的空间取向相关。

气体分子在填充橡胶体系中的扩散系数为

$$D_f = \frac{D_0}{f} \tag{10.11}$$

式中，D_0 为气体分子在纯橡胶体系中的扩散系数。

气体在填充橡胶体系中的渗透系数为

$$P_f = D_f S_f = \frac{(1 - \phi_f) S_0 D_0}{f} = \frac{P_0 (1 - \phi_f)}{f} \tag{10.12}$$

由上面的方程式可得相对渗透系数 R_P 为

$$R_P = \frac{1 - \phi_f}{f} \tag{10.13}$$

以上为气体在聚合物中的一般渗透模型，这是一个基础模型，考虑的因素比较模糊。填料在填充到聚合物体系中后，假设填料完全不能使气体透过，则气体分子在碰到填料粒子时必然绕开，因此延长了气体分子通过材料的路径，此为阻隔效应；另外填料的加入降低了聚合物的体积份数，此为体积效应。这两个因素都会使填充橡胶的阻隔性能提高。

Nielsen 和 Barrer 将填料颗粒假想为矩形体或圆盘体片层均匀分散在聚合物基体中，而且其在空间的取向方向平行于聚合物膜片的表面，以这种理想状态来描述气体分子在填充聚合物体系中的渗透路径，从而在基础模型上了建立了 Nielsen 模型，如图 10.7 所示。

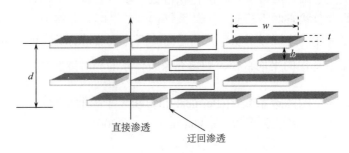

图 10.7 气体分子在填充聚合物基体中的渗透模型

假定片层的宽度为 w，厚度为 t(thickness)，则片层粒子的形状系数为宽厚比 α(aspect ratio)，同时分散片层之间的距离为 h，则分子一次绕行厚度为 d 的膜片所经过的长方体片的平均数目 N_P 为

$$N_P = \frac{d}{t+h} \tag{10.14}$$

则气体分子在填充聚合物基体中绕行的路径 d_α 为

$$d_\alpha = N_P \frac{w}{2} = \frac{d}{t+h} \frac{w}{2} \tag{10.15}$$

则气体分子在填充聚合物基体中所扩散的实际距离为

$$d_f = d_\alpha + d \tag{10.16}$$

从而得到弯曲因子 f 为

$$f = \frac{d_f}{d} = \frac{\dfrac{d\phi_f}{t} \times \dfrac{w}{2} + d}{d} = 1 + \frac{w}{2t}\phi_f \tag{10.17}$$

同时，将式 (10.17) 代入式 (10.13) 中，得到填充聚合物体系的相对渗透系数为

$$R_P = \frac{P_f}{P_0} = \frac{1-\phi_f}{1+(w/2t)\phi_f} \tag{10.18}$$

从上面的方程式和推导过程可以看出，在 Nielsen 模型的描述中，填充体系的透气系数与填料的形状系数 ($\alpha = w/t$) 以及填料的填充份数相关，但是，由于填料粒子的团聚，该模型只是在填充份数小于 10% 时才具有准确有效的预测。在实际的情况中，填料粒子在基体中分散后粒子结构之间具有一定的空隙，而且粒子在基体的空间分布和取向上无规则排列，同时粒子与聚合物基体的作用也很复杂。因此，Nielsen 模型可以在理想的状态下描述填料对于聚合物填充体系的阻隔贡献，还有一定的改进和完善空间 (Hasegawa et al., 2001; Charles et al., 2005; Lu and Mai, 2005; Zeng et al., 2005)。

2. 高岭石填料阻隔模型

当橡胶填料为高岭石时，其片层结构粒子可以等效为圆盘状片层结构，因此下面的模型完善推导中主要讨论圆盘状片层粒子。则式 (10.17) 变为

$$f = 1 + \frac{d_P}{2t}\phi_f \tag{10.19}$$

式中，d_p 为高岭石片层的平均直径。则填充橡胶体系的相对渗透系数为

$$R_P = \frac{P_f}{P_0} = \frac{1-\phi_f}{1+\phi_f \dfrac{d_P}{2t}} \tag{10.20}$$

但是实际过程中，填料在聚合物基体中的分散以及与聚合物分子的作用要复杂得多。首先，Wakeham 和 Mason 考虑了在基体中两个片层结构之间也有狭缝，假设狭缝的距离为 s，则考虑到气体分子在狭缝中的绕行距离 $d_s = \dfrac{s}{2}$，将其代入方程式，则分子的扩散弯曲路径 d_α 为

$$d_\alpha = N_P \left(\frac{d_P}{2} + d_s \right) = \frac{d}{t+h} \frac{d_P + s}{2} \tag{10.21}$$

则填充体系的弯曲因子 f 为

$$f = \frac{d_f}{d} = \frac{d + d_\alpha}{d} = 1 + \frac{d_P + s}{2(t+h)} \tag{10.22}$$

在此模型中，考虑到片层结构间夹缝的因素，则片层粒子的空间体积与填料的体积份数的关系式变为

$$\pi \left(\frac{d_P + s}{2} \right)^2 (t+h) = \frac{\pi \left(\frac{d_P}{2} \right)^2 t}{\phi_f} \tag{10.23}$$

简化为

$$(d_P + s)^2 (t+h) = \frac{(d_P)^2 t}{\phi_f} \tag{10.24}$$

将式（10.21）和式（10.22）联立，从而得到弯曲因子的表达式为

$$f = 1 + \frac{d_P}{2t} \left(1 + \frac{s}{d_P} \right)^3 \phi_f \tag{10.25}$$

则高岭石填充复合材料的相对透气率可以表达为

$$R_P = \frac{1 - \phi_f}{1 + \frac{d_P}{2t} \left(1 + \frac{s}{d_P} \right)^3 \phi_f} \tag{10.26}$$

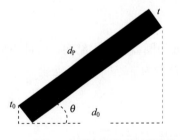

图 10.8　高岭石片层结构的空间取向角度

高岭石颗粒填充到橡胶体系中后，片层粒子在填充基体中的空间取向也不是全部按与膜片平行方向排布，而是以不同的取向无规则分布于基体中，粒子的平行排布的取向只是实际情况中的一种。根据之前的研究，填料粒子在聚合物基体中的空间取向大致分为三种：平行于膜片表面、垂直于膜片表面、以任意角度与膜片表面斜交。因此，考虑到填料粒子的空间取向的因素（Lu and Mai，2005），引入取向角 θ，其定义为高岭石粒子的排列方向与膜片表面平行方向的夹角，当 $\theta = 0°$ 时，粒子的片层结构平行于膜片的表面，当 $\theta = 90°$ 时，粒子的片层结构垂直于膜片的表面。如图 10.8 所示。

假设粒子的取向角度为 θ，则根据 Bharadwaj（2001）的研究，引入空间取向度 L 来说明和描述高岭石片层结构在聚合物中的空间分布情况，L 的定义为

$$L = (3\cos^2\theta - 1) / 2 \tag{10.27}$$

L 的取值范围为 $-0.5 \sim 1$。当 $\theta = 0°$ 时，$L = 1$，此时高岭石填料片层彼此完美平行；当 $\theta = 90°$ 时，$L = -0.5$，此时相邻的两个高岭石填料片层彼此垂直；当 $L = 0$ 时，高岭石填

料片层随机取向。

弯曲因子 f 的表达式可以变为

$$f = 1 + \frac{d_P}{2t}\frac{2}{3}\left(L+\frac{1}{2}\right)\left(1+\frac{s}{d_P}\right)\phi_f = 1 + \frac{d_P}{2t}\left(1+\frac{s}{d_P}\right)^3 \phi_f \cos^2\theta \qquad (10.28)$$

在橡胶基体中，橡胶大分子链段被吸附在高岭石的单体片层间以及片层聚合体之间，这部分橡胶相当于圈闭在层状结构之间，形成少部分的吸留橡胶，这部分橡胶具有填料的部分性质，其对于气体的渗透也具有一定的阻隔作用，从而相对增加了填料的实际体积份数。因此，本节还考虑了吸留橡胶的因素，引入聚合物片段固定因子 ξ，固定因子可以表示为填料在橡胶基体中实际体积份数与填料的填充体积份数的比值，可以反映橡胶基体中吸留橡胶的多少。其与填料阻隔形成的弯曲因子 f 共同构成了提高填充体系阻隔性能的影响因素。两者服从下面的公式：

$$\xi(\phi_f) = f\xi \qquad (10.29)$$

则渗透率可以表示为

$$P_f = P_0(1-\phi_f)/\xi f \qquad (10.30)$$

将式(10.28)和式(10.30)联立可得填充体系的相对透气率为

$$R_P = \frac{P_f}{P_o} = \frac{1-\phi_f}{\xi f} = \frac{1-\phi_f}{1 + \frac{d_P}{2t}\left(1+\frac{s}{d_P}\right)^3 \phi_f\cos^2\theta}\frac{1}{\xi} \qquad (10.31)$$

式(10.31)即为高岭石片层粒子填充橡胶体系的相对透气率的最终表达模型，下面将此模型与球状颗粒模型进行对比，解释填料的阻隔机理。

对于球状颗粒，弯曲因子 f 的表达式为

$$f = \frac{D_f}{D_o} = \frac{1+\frac{\phi_f}{2}}{1-\phi_f} \qquad (10.32)$$

考虑到填料与橡胶的相互作用因素，再引入聚合物片段固定因子 ξ，由式(10.32)可得球状颗粒填充橡胶体系的相对透气率的表达式为

$$R_P = \frac{1}{\xi}\frac{(1-\phi_f)^2}{1+\frac{\phi_f}{2}} \qquad (10.33)$$

表 10.4 为不同模型的对比，每种模型考虑的影响因素具有一定的差异，引入的影响因素逐次增加，考虑到了填充体系中填料的体积份数、径厚比、缝隙宽度以及空间取向度等因素。Nielsen 模型考虑了填料的径厚比和体积份数的影响，但是填料在基体中并不是理想的平行排列，Bharadwaj 模型则在此基础上考虑了片层结构空间取向的影响；本书在此基础上考虑了片层结构中的缝隙宽度、片层取向和吸留橡胶因素，从而使高岭石填充橡胶复合材料的气体阻隔模型更符合实际情况。

从模型 1 Sphericity 模型可以看出，对于球状结构填料来说，模型预测的影响因素主

要是填料的体积份数，而与填料的尺寸形状无关。因此球状结构的填料对填充体系的气体阻隔贡献有限，只能有限降低填充体系的气体渗透率。

表 10.4　不同气体阻隔模型的对比

模型	模型公式	影响因素
1.Sphericity 模型（Wayne，1996)	$R_P = \dfrac{(1-\phi_f)^2}{1+\phi_f/2}$	ϕ_f
2. Nielsen 模型(Nielsen，1967)	$R_P = \dfrac{P_f}{P_0} = \dfrac{1-\phi_f}{1+(w/2t)\phi_f}$	ϕ_f、w/t
3. Bharadwaj 模型(Bharadwaj，2001)	$R_P = \dfrac{1-\phi_f}{1+\dfrac{d_P}{2t}\phi_f\cos^2\theta}$	ϕ_f、θ、d_P/t
4. 3D 模型(Zhang yude，2007)	$R_P = \dfrac{1-\phi_f}{1+\dfrac{d_P}{2t}\left(1+\dfrac{s}{d_P}\right)^3\phi_f}$	ϕ_f、s、d_P/t
5. 3D 模型(本书)	$R_P = \dfrac{1-\phi_f}{1+\dfrac{d_P}{2t}\left(1+\dfrac{s}{d_P}\right)^3\phi_f\cos^2\theta}\dfrac{1}{\xi}$	ϕ_f、s、d_P/t、θ、ξ

而对于高岭石这种片状结构填料，从模型 5(3D 模型)可以看出，填充体系的相对渗透率不但与填料的体积份数和填料与橡胶分子的相互程度相关，还与填料的径厚比以及填料在橡胶基体中的空间取向相关。当填料在基体中的分散状态一定时，随着填料体积份数的增加，填充体系的相对渗透率不断减小，这与前文分析相吻合；相对于球状结构填料，片层结构填料的形状系数很大，因此，相同体积份数的情况下，片层结构对于填充体系的阻隔更具有优越性，体系的相对渗透率更低；当考虑到填料片层间的狭缝宽度时，填充体系的相对渗透率与其呈负相关关系，这说明高岭石颗粒分散越均匀，相互间的分散间隙越小时，填充体系的气体阻隔性能越好，当填料的体积份数过大时，填料颗粒会发生团聚，使其在橡胶基体中分散性下降，降低了填充体系的气体阻隔性能，这也与前文实验结果相吻合；同时，高岭石片层结构在橡胶基体中分散后，片层颗粒的团聚会包裹束缚一部分橡胶链段，形成所谓的"吸留橡胶"，这部分橡胶被束缚在聚集体间具有相当于填料的性质，相当于增大了填料的体积份数，从而降低了填充体系的渗透率，改善了橡胶材料的气体阻隔性能。因此，根据以上因素的分析，高岭石片状结构填料相对于传统的球状结构填料在阻隔贡献方面更有优势。

10.6.3　高岭石填充橡胶的气体阻隔模型的验证

在高岭石填充橡胶气体阻隔模型的验证中，由于高岭石粒子与橡胶大分子的相互作用程度无法提前定量描述，因此本模型计算中先将聚合物固定因子 ξ 定义为 1。模型中的计算值与实验中的测量值进行对比，验证模型的准确性。同时根据模型预测值与实际值的误差，来确定聚合物固定因子的值。根据图 10.9 高岭石片层结构的 SEM 微观形貌观察，复合材料中高岭石径厚比为 5～12，选取高岭石的径厚比为 10，同时选定片层结构之间的缝隙和片层直径的比值为 0.1。高岭石在复合材料基体中的取向角分别选取 0°、30°、45°、60° 四个角度，将模型预测值与实验值进行拟合比较，如图 10.10 所示。从图中可以看出，当取向角为 0° 时，模型的预测值都低于实验值，这说明复合材料基体中高岭石的片层结构并不是理想的平行排列取向；当取向角为 30° 时，模型在低填充量下的预测值与实验值的误差较大，而在高填充量下模型预测值的误差则比较小，其与实验值非常接近；当取向角为 45° 时，在低填充量下模型预测值稍低于实验值，而在高填充量下预测值稍高于实验值，但总体上预测值与实验值均比较接近。当取向角达到 60° 时，模型的预测值都高于实验值，这说明高岭石片层结构在复合材料基体中的空间取向小于 60°。上述结果对比表明在复合材料基体中，当高岭石填充量较低时，片层结构的空间取向角度较大，而在高填充量下，片层结构的取向角度较小，趋向平行排列。通过上面的分析可以判定高岭石片层结构在基体中的空间取向角度为 30°～45°。

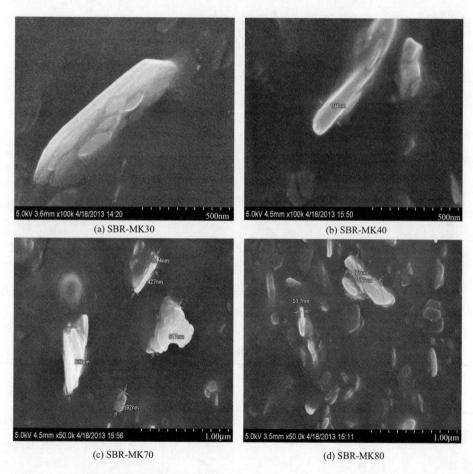

(a) SBR-MK30　　　　　　　　　　(b) SBR-MK40

(c) SBR-MK70　　　　　　　　　　(d) SBR-MK80

图 10.9　复合材料基体中高岭石片层结构的 SEM 微观形貌

　　根据以上结果的分析对比，结合高岭石片层结构在基体中的 SEM 微观结构分析，本书将高岭石片层结构在低填充量下的空间取向角度定为 45°；而在高填充量下的空间取向角度为 30°。同时随着填充量的增加，高岭石填料的径厚比也会由于颗粒的团聚逐渐减小。表 10.5 和图 10.11 为高岭石填充 SBR 复合材料的相对透气率的模型预测值与实验值的拟合对比,从表 10.5 和图 10.11 可以看出,随着填充量的增大,预测值和实验值的误差逐渐增大,因此模型公式中的固定因子具有增大的趋势,这是由于当高岭石的体积份数较大时,由于颗粒的团聚以及片层结构的堆叠,会产生少量的吸留橡胶,从而相对增大了高岭石的体积份数,使得固定因子增大。

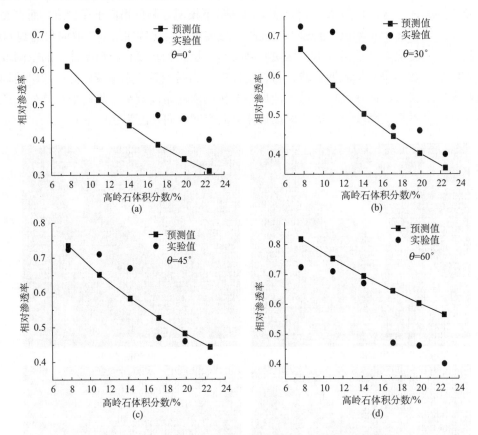

图 10.10　相对透气率的模型预测值与实验值的拟合比较

表 **10.5**　相对透气率的模型预测值与实验值的拟合比较

高岭石的结构参数				$R_P = \dfrac{1-\phi_f}{1+\dfrac{d_P}{2t}\left(1+\dfrac{s}{d_P}\right)\cos^2\theta}\dfrac{1}{\xi}$		
体积份数 ϕ/%	质量份数/phr	径厚比 α	取向角度 θ/(°)	预测值	实验值	ξ
7.7	20	12	45	0.706	0.724	1.00
11	30	10	45	0.652	0.71	1.00
14.2	40	8	45	0.623	0.67	1.00
17.2	50	6	30	0.547	0.47	1.16
19.9	60	5	30	0.535	0.46	1.16
22.5	70	5	30	0.496	0.4	1.24

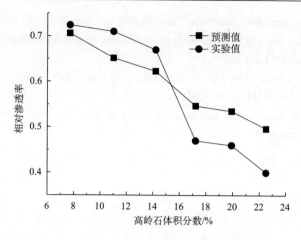

图 10.11　相对透气率的模型预测值与实验值的拟合对比

从推导出的阻隔模型与实验结果的比较来看，模型从理论上可以较为准确地描述填料的性质和结构对橡胶填充体系气体阻隔性能的贡献，从而根据填料的径厚比（形状系数）、填料的体积份数（填量）、填料粒子结构的分散情况以及填料粒子与橡胶分子的作用程度来预测橡胶填充体系的相对透气率。同时，还可以根据阻隔模型的预测值与实验结果的对比，来反映填料粒子与橡胶基体的相互作用程度，从而为理论上评价填充橡胶材料的气体阻隔性能提供途径。

参 考 文 献

梁玉蓉. 2005. 高气体阻隔性能弹性体的制备及有机黏土/橡胶纳米复合材料微观结构的后工艺响应. 北京: 北京化工大学博士学位论文

张惠峰. 2004. 层状硅酸盐/橡胶纳米复合材料的结构与性能研究. 北京: 北京化工大学博士学位论文

张玉德. 2007. 橡胶/高岭土纳米复合材料的分散性及其阻隔性能研究. 北京: 中国矿业大学博士学位论文

Bharadwaj P K. 2001. Modeling the barrier properties of polymer-layered silicate nanocomposites. Macromolecules, 34(26): 9189~9192

Charles S, Christopher C, Anastasios L, *et al.* 2005. A three-dimensional simulation of barrier properties of nanocomposite films. Journal of Menbrane Science, 263(1-2): 47~56

Choudalakis G, Gotsis A D. 2009. Permeability of polymerclay nanocomposites: a review. European Polymer Journal, 45(4): 967~984

Hasegawa U N, Kadoura H, Okamoto T. 2001. Three-dimensional observation of structure and morphology in nylon-6/clay nanocomposite. Nano Letter, 1(5): 271~272

Lawrence E N. 1967. Models for the permeability of filled polymer systems. Journal of Macromolecular Science, Al(5): 929~942

Lu C S, Mai Y W. 2005. Influence of aspect ratio on barrier properties of polymer-clay nanocomposites. Physical Review Letters, 95(8): 1~4

Takahashi S, Goldberg H A, Feeney C A, *et al.* 2006. Gas barrier properties of butyl rubber/vermiculite nanocomposite coatings. Polymer, 47(9): 3083~3093

Villaluenga J P G, Khayet M, López-Manchado M A, *et al.* 2007. Gas transport properties of polypropylene/clay composite membranes. European Polymer Journal, 43(4): 1132～1143

Wayne R F, Michael M, Cussler E L. 1996. Estimating diffusion through flake-filled membranes. Journal of Membrane Science, 119(1-2): 129～138

Xu B, Zheng Q, Song Y H, et al. 2006. Calculating barrier properties of polymer/clay nanocomposites: effects of clay layers. Polymer, 47(8): 2904～2910

Zeng K, Bai Y P. 2005. Improve the gas barrier property of PET film with montmorillonite by in situ interlayer polymerization. Materials Letters, 59(27): 3348～3351

第 11 章　高岭石-橡胶复合材料的分散性评价

在聚合物中添加无机纳米粒子可大大改善材料的物理化学性能，但复合材料的性能在相当程度上取决于无机纳米粒子在聚合物基体中的分散和分布状态，无机纳米粒子在聚合物基体中的分散程度则与粒子的表面处理及材料的制备方式密切相关。利用纳米粉体制备聚合物基体纳米复合材料的最直接和最经济的技术是纳米粉体与聚合物熔体的直接混合技术，其关键在于纳米粉体在聚合物中达到纳米级分散。

纳米填充复合材料中分散相的分散均匀性是影响材料性能的关键因素之一，分散相在聚合物基体中的分散可视为一种不规则分散过程。分散相分散均匀性可通过相邻分散相颗粒间距离的分布状况和颗粒尺寸的大小来定量描述。分布集中且颗粒尺寸小，说明所有相邻的分散相颗粒间的距离较接近，分散均匀性好；反之分散均匀性差（陈芳等，2004）。电镜照片可以对分散相的分散效果做定性的分析，而且比较直观，但缺点是不能全面定量表征分散效果。本章应用分形模型从纳米填料填充复合材料的透射电镜图像中提取分散相在单位空间内的分布密度来描述分散相的分散均匀性。用分形维数作判定依据，对分散效果进行定量分析，进而为解释填充橡胶复合材料的力学性能、阻隔性能和热学性能的改善提供依据。

11.1　分散性表征方法

将橡胶复合材料试片在低温下冷冻，进行低温超薄切片，然后采用透射电子显微镜进行透射成像，获得透射电镜图像，观察填料在橡胶基体中的分散程度和分布形态。

无机粒子在聚合物基体中分散的均匀性可用分散度来定量表征（张琦等，2003，2004；童玉清等，2004）。Kessler 采用实验方法确定分散度（Z），定义如下：

$$Z = \frac{\overline{d}_b - \overline{d}_P}{\overline{d}_0 - \overline{d}_P} \tag{11.1}$$

式中，$\overline{d}_b$ 为团聚体于 $t > t_0$ 时的平均直径；$\overline{d}_0$ 为当 $t = t_0$ 时团聚体的直径；$\overline{d}_P$ 为基本粒子的平均直径。根据单螺杆挤出机的实验结果，分散度表达式如下：

$$Z = \frac{1}{1 + \left(\dfrac{t}{C_{31}}\right)^{C_{31}} \left[\ln\left(\dfrac{\tau}{\tau_{\min}}\right)^{\frac{1}{C_{11}}} \right]} \tag{11.2}$$

式中，t 为应力作用时间；C_{11}、C_{31} 用于表征混合物材料行为的参数；τ 和 $\tau_{\min}$ 分别为剪切应力、最小剪切应力。

若定义分散度为团聚体破碎而导致整体粒子表面积的增加，则有

$$Z = \frac{S_{af} - S_{be}}{S_{af}} \tag{11.3}$$

式中，S_{af} 为应力施加后团聚体的表面积；S_{be} 为应力施加前团聚体的表面积。

若定义分散指数是团聚体直径（d_i）和数目（n_i）的函数，则有

$$\lambda = \frac{\pi}{4A\phi} \sum d_i^2 n_i \tag{11.4}$$

式中，A 为观察面积；ϕ为填料体积分数。一般 λ 值为 0～1。

此外，分散度也可以用比能（Specific Energy，E_s）的指数函数形式表示如下：

$$Z = 1 - e^{-bE_s} \tag{11.5}$$

式中，b 为适应因子，可根据每一种液、固组合经验确定。

陈芳等（2004）基于分形理论，提出用分形曲面的粗糙程度（H）来评价分散的均匀性，借助透射电镜图像分析仪等来确定 H。李鸿利等（2004a，2004b）采用分形维数的方法，对高聚物体系中无机粒子的分散效果作了评定。本节将借助透射电镜获得的橡胶复合材料微观照片，利用图像处理技术和计算机编程技术对所获得的透射电镜照片进行像素提取，计算分形维数来描述改性高岭石在橡胶复合材料中的分散均匀性。

11.2　分形理论基本知识

11.2.1　分形及分形维数

分形（Fractal）这个名词是由美国 IBM 公司研究中心物理部研究员即哈佛大学数学系教授曼德尔布罗特（Benoit B. Mandelbrot）在 1975 年首次提出的，其原意是"不规则的、分数的、支离破碎的"物体。1977 年，曼德尔布罗特出版的第一本著作《分形：形态、偶然性和维数》，标志着分形理论的正式诞生。五年后，他出版了著名的专著《自然界的分形几何学》，至此分形理论初步形成（赵春元等，2004；Barnsley and Vince，2013）。

目前，分形是非线性科学中的一个前沿课题，在不同的文献中，分形被赋予不同的名称，如"分数维集合""豪斯道夫测度集合""S 集合""非规整集合"以及"具有精细结构集合"等（王东升等，2001）。由于在许多学科中的迅速发展，分形已成为一门描述自然界中许多不规则事物及现象的规律性的学科。分形具有的两个重要特征在于自相似性或自仿射性与标度不变性。具有严格自相似性的形体称为有规分形，而只是在统计意义下的自相似性的分形则称为无规分形。一般地可把分形看作大小碎片聚集的状态，是没有特征长度的图形和构造以及现象的总称（孙洪军、赵丽红，2005）。

分形维数又叫分维，是定量刻画分形特征的参数，在一般情况下是分数，它表征了分形体的复杂程度，分形的维数越大，其客体就越复杂，反之亦然。维数的变化可以是连续的，处理的对象总是具有非均匀性和自相似性。普通的几何对象具有整数维数，点为零维，线为一维，面为二维，立方体为三维。然而自然界中也存在着另一类几何对象，即分形，它们不具有整数的维数，而是分维（Fractal Dimension），记为 D，分维是描述分形的定量参数（王东升等，2001；李伯奎等，2004；赵春元，2004；陈绍英、王启文，2005；

刘安中、谢新平，2005；孙洪军、赵丽红，2005；张元佳、张玉先，2005）。

分形结构的本质特征是自相似性或自仿射性。自相似性是指把观察对象的一部分沿各个方向以相同的比例放大后，其形态与整体相同或相似。一个系统的自相似性是指某种结构或过程的特征从不同的空间尺度或时间尺度来看都是相似的。另外，在整体与整体之间或部分与部分之间，也会存在自相似性。一般情况下，自相似性有比较复杂的表现形式，而不是局域放大一定倍数以后简单地和整体完全重合。但是，表征自相似系统或结构的定量性质如分形维数，并不会因为放大或缩小而变化，所改变的只是其外部的表现形式。自相似性可以存在于材料科学、物理学、社会科学等学科中，可以存在于物质系统的多层次上，是物质运动发展的一种普通表现形式，是物质的一种本质特性（Falconer，2013）。

11.2.2　分形维数的测定方法

维数的定义基于"用尺度 δ 进行量度"的设想，可以用公式 $D = \ln(r) / \ln N(1/r)$ 表示，在欧代空间中可用公式 $D = \ln k / \ln L$ 表示。实际的测定维数方法有许多，大致可分为如下的 5 类（Theiler，1990；李伯奎等，2004；Lopes and Betrouni，2009）：

1. 自相似维数（Self-similar Dimension）

自相似维数的引入受到规则形体，如线段、正方形、立方体的启发。如果把线段、正方形和立方体的边分成两等份，这时线段是原来一半长度的两条线段，正方形被分成四个全等的小正方形，立方体则被分成八个全等的小立方体。也就是说，线段、正方形和立方体可被看成是由 2、4、8 个与整体相似的图形组成。2、4、8 个这些数字可以改写成 2^1、2^2、2^3，这里出现的指数分别与图形的欧氏维数与拓扑维数一致。一般地，若把某个图形的长度（或标度）缩小 $1/r$ 时得到 N 个和原图形相似的图形，有 $N = r^{-D}$，这里的指数 D 就具有维数的意义，称为自相似维数，用数学语言描述如下。

如果一个集 F 由 m 个相等的且与 F 相似的部分组成，则称 F 为自相似集。若部分与 F 的相似比为 r，则定义自相似维数为

$$D = -\ln m / \ln r \tag{11.6}$$

自相似维数只对严格自相似的均匀一致的线性分形集有意义，为了刻画更广泛的集类，需要引入更一般的维数——豪斯道夫维数。

2. 豪斯道夫维数（Hausdorff Dimension）

这是最古老的，也是最重要的一种维数，它对任何集都有意义（Fernández-Martínez and Sánchez-Granero，2014）。但在很多情形下很难计算或估计它的值，应用它来描述自然界复杂形态的几何特征，几乎是不可能的。因此，对于自然分形，通常采用易于计算的测度，如功率谱测度、结构函数测度、盒计数测度等来定义维数。其计算的基本原理为：分形集都遵循一定的标度律 000，即测度 $M(\delta)$ 随测量尺度 δ 按照一种幂指数规律而变化，即 $M(\delta) \propto \delta^K$，将 $M(\delta)$ 和 δ 在双对数坐标中作图，并进行最小二乘拟合得一直线，

其斜率 K 与分形维数 D 之间有如下关系：

$$D = f(K) \tag{11.7}$$

3. 功率谱维数(Power Spectrum Dimension)

分形曲线若以功率谱 $P(w)$ 为测度，以频率 w 为尺度，则有

$$P(w) \propto w^{-K} \tag{11.8}$$

那么，所拟合的 $\ln P(w) - \ln w$ 直线的斜率 K 与 D 的关系为

$$D = (5 + K) / 2 \tag{11.9}$$

功率谱法适合于自仿射分形曲线，但在用于工程表面轮廓曲线的分维计算时，其幂律关系不很明显，误差较大，使用场合受到很大的限制(Asvestas *et al.*，1998)。

4. 结构函数法维数(Structure Function Dimension)

自相关函数(ACF)已经成为描述空间变量的最流行的方法。它毫无疑问地包含了有用的空间信息，然而当我们用 ACF 来研究已知形貌在磨损、变形或者某些类似过程中的变化时，许多变化由于集合平均而被掩盖着。

5. 盒计数维数(Box-counting Dimension)

对于分形集 F，$N(\delta)$ 是覆盖 F 的直径至多为 δ 的集的个数，$N(\delta)$ 和 δ 之间有幂律关系：

$$N(\delta) \propto \delta^{K} \tag{11.10}$$

在双对数坐标中拟合的 $\ln N(\delta) - \ln \delta$ 直线的斜率 K 与分形维数 D 的关系为

$$D = -K \tag{11.11}$$

盒计数维数是最简单也最明了的分形维数。在不同的标度下，用盒计数法来分析实际分形集的方法适用范围广，无论分形集是不连通的点集，还是曲线、曲面或立体都可用这一方法，除了自仿射分形(Miyata and Watanabe，2003；Li *et al.*，2009)。

由于分形集在不同学科都广泛应用，并且往往都十分复杂，因而对于不同的分形集需要用不同的测量方法，这导致分形维数有多种定义。对于不同的定义，是用不同的名称将其区分开，目前还没有找到对任何分形集都适用的维数定义，两种经常用的分维数是豪斯道夫维数和盒计数维数(郭从容等，1999；屈朝霞、张汉谦，1999)。

11.2.3　分形维数的计算过程

1. 透射电镜图像的获取

首先将高岭石-橡胶复合材料试片在玻璃化温度(T_g)下冷冻，进行低温超薄切片，然后采用日本日立公司制造的 H-800 型透射电镜进行透射成像，从而获得橡胶复合材料的透射电镜图像。

2. 图像二值化过程

透射电镜图像是灰度级图像(图 11.1)。计算机图像处理技术中的图像划分处理包括两类情况，一类是对整幅图片进行划分；另一类是对图片作区域或局部的划分。其中对第一类情况，设置一个灰度值，并对图片的灰度密度进行划分。最普通的方法是设置阈值。如给定图像 f 的灰度级集合 z，$z\equiv[z_1, z_k]$。设 t 是灰度级范程 z_1 和 z_k 之间的一个值，则设定阈值 t 的结果为

$$f_t(x,y) = \begin{cases} 1 & f(x,y) \geqslant t \\ 0 & f(x,y) < t \end{cases}$$

这样，得到一幅如图 11.2 所示的二值化图像。

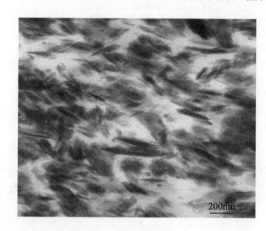

图 11.1 灰度图像

图 11.2 二值化图像

然后，设定一个指定灰度级范围内的像素为 1，而该范围以外的灰度级为 0，即

$$f_z(x,y) = \begin{cases} 1 & u \leqslant f(x,y) \leqslant v \\ 0 & \text{其余各处} \end{cases}$$

高岭石和橡胶复合后所得材料的透射电镜照片中，橡胶基体的颜色较浅，称为"亮区"，分散在橡胶基体中的高岭石片层颜色较深，称为"暗区"。"亮区"的像素灰度级明显低于"暗区"，因此，阈值大小可以选择"亮区"的灰度级作为基本参考。Visual Basic 6.0 提供了良好的可视化变成环境，而 Matlab 具有大量图像处理的工作环境和丰富的内部命令使编程更方便。因此利用以上工具可以满足具有不同灰度级别的高岭石-橡胶复合材料透射电镜图像的处理要求。对存储在计算机中的图片进行二值化处理，提取"暗区"的形貌特征，使图片上的每一个像素点为黑或白两种颜色；编写程序，把该二值化图片转化为一个数据文件。其中每一个数值对应于原二值化图像对应位置的像素点。而数值 1 代表原图中该像素点的颜色为黑，0 代表白色。二值化后的图像转换成典型的二值化数据文件，如图 11.3 所示。

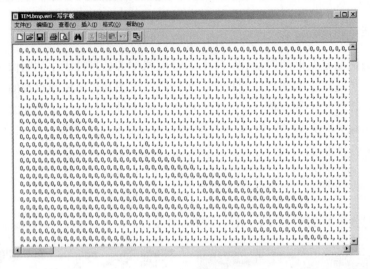

图 11.3　二值化数据文件

3. 分形维数的计算

把数据文件划分为若干块(图 11.4)，其中每一块的行数和列数都为 k，把所有包含 1 的块的个数记作 N_k。分别取 $k=1$，2，4，…，2^i，即以 k 个像素点的尺寸为边长作为块划分，可以得到 $(i+1)$ 个盒子数 N_k。设 δ_* 一个像素点的大小，则行和列都为 k 的块的边长为 $\delta_k = k\delta_*$。在双对数坐标平面，用最小二乘法直线拟合数据点 $(-\ln\delta_k，\ln N_k)$，所得直线的斜率 D 就是该图像的物理几何维数。

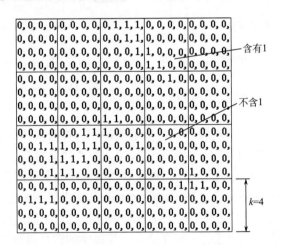

图 11.4　二值化数据划分

将二值化后的图像(图 11.4)转换的二值化文件输入到分形维数计算软件中，执行计算，得到如图 11.5 所示的结果。该透射电镜图像的分形维数 $D=1.64713$。

图 11.5　分形维数计算结果

11.3　分形在高岭石-橡胶复合材料分散性评价中的应用

11.3.1　插层剥片高岭石-橡胶复合材料分散性评价

图 11.6 和图 11.7 分别为醋酸钾插层磨剥的分级样品 KAC1、KAC4 填充天然橡胶复合材料的透射电镜照片。图中的亮白色区域是橡胶基体，黑色暗区是分散在橡胶基体中的高岭石颗粒。由图可知，高岭石片层良好地分散在天然橡胶基体中，颗粒之间团聚较少，片层厚度为 50～300nm，KAC1 的平均厚度为 115nm，KAC4 的平均厚度为 218nm。由 5k 倍的照片可知，KAC1 在天然橡胶基体中呈现良好的平行排列，颗粒之间亮白色区域说明颗粒被橡胶基体分离开来，而 KAC4 在基体中呈现较为杂乱的卡房式结构，颗粒粒径较大而呈现较为显著的堆叠。从 20k 倍放大倍数的透射电镜照片可知，KAC4 的高岭石片层形貌保存较好，依然由边-面、边-边的接触方式形成卡房式网络结构，KAC1 的高岭石颗粒扭曲较为严重，高岭石颗粒更浅的颜色表明其较小的厚度，也表明同样的填充份数下具有更多的颗粒个数。

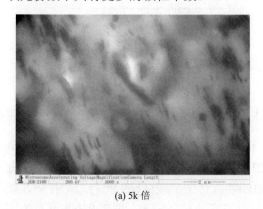 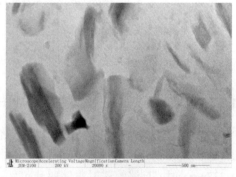

(a) 5k 倍　　　　　　　　　　　　　(b) 20k 倍

图 11.6　醋酸钾插层磨剥的分级样品 KAC1 填充天然橡胶复合材料透射电镜照片

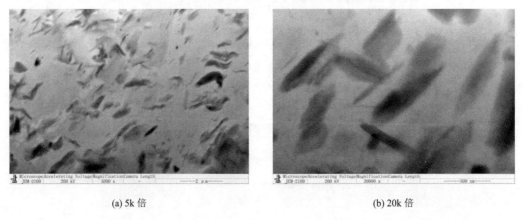

(a) 5k 倍　　　　　　　　　　　　　　　(b) 20k 倍

图 11.7　醋酸钾插层磨剥的分级样品 KAC4 填充天然橡胶复合材料透射电镜照片

纳米高岭石在橡胶复合材料中的分散性能会显著影响复合材料的各种性能，从透射电镜的定性描述不能全面地表征其分散性，因此引入分形概念，通过得到能代表填料在基体中分布密度的分形维数为指标来定量描述分散性的优劣。分形维数越大，表示复合材料中的纳米高岭石的分散性越差。

图 11.8 为插层剥片高岭石填充天然橡胶复合材料的分形曲线。由图可知，在 5k 倍放大倍数下，NR-KAC4 比 NR-KAC1 的分形维数提高了 11.87%；在 20k 倍放大倍数下，NR-KAC4 比 NR-KAC1 的分形维数提高了 11.38%。NR-KAC1 比 NR-KAC4 具有更好的分散性能。

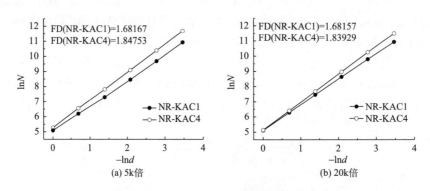

(a) 5k倍　　　　　　　　　　　　　　　(b) 20k倍

图 11.8　插层剥片高岭石填充天然橡胶复合材料的分形曲线

11.3.2　机械磨剥高岭石-橡胶复合材料分散性评价

图 11.9 和图 11.10 分别为磨剥分级 MB1 和 MB4 填充天然橡胶复合材料的透射电镜照片。高岭石的片层厚度为 100～400nm，MB1 的平均厚度为 148nm，MB4 的平均厚度为 233nm。由 5k 倍的透射电镜照片可知，MB1 在基体中呈现良好的平行取向排列，颗粒之间并未出现明显的团聚现象，而 MB4 相比之下颗粒粒径较大，并呈现较为严重的团聚现象，分散性明显降低。在 20k 倍放大倍数下，可以看出 MB1 样品具有更小的片层厚

度，颗粒之间亮白色区域表明颗粒被橡胶隔离开来，而 MB4 出现严重的团聚，分散性显著降低。

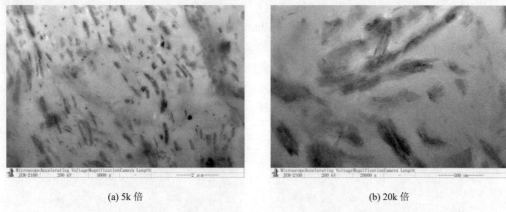

(a) 5k 倍　　　　　　　　　　　　　　　　　(b) 20k 倍

图 11.9　磨剥分级样品 MB1(最大径厚比)填充天然橡胶复合材料透射电镜照片

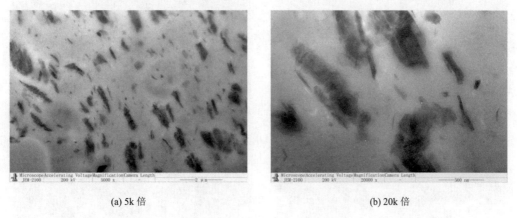

(a) 5k 倍　　　　　　　　　　　　　　　　　(b) 20k 倍

图 11.10　磨剥分级样品 MB4(最小径厚比)填充天然橡胶复合材料透射电镜照片

　　图 11.11 为机械磨剥高岭石填充天然橡胶复合材料的分形曲线，由图可知，在 5k 倍放大倍数下，NR-MB4 的分形维数比 NR-MB1 的提高了 7.02%；在 20k 倍放大倍数下，两者分行维数相差不大。NR-MB1 比 NR-MB4 具有更好的分散性能。

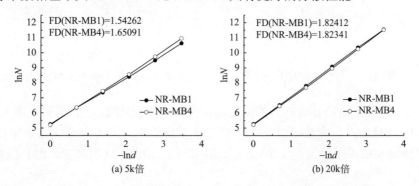

(a) 5k倍　　　　　　　　　　　　　　　　　(b) 20k倍

图 11.11　机械磨剥高岭石填充天然橡胶复合材料的分形曲线

11.3.3 分级高岭石-橡胶复合材料分散性评价

图 11.12 和图 11.13 分别为分级样品 FJ1 和 FJ4 填充丁苯橡胶复合材料的透射电镜照片。由图可知,高岭石片层厚度为 40～100nm,其中 FJ1 的平均厚度为 83nm,FJ4 的平均厚度为 252nm。在 5k 倍放大倍数下,FJ1高岭石在丁苯橡胶基体中呈现较好的平行取向,高岭石的厚度较薄,宽度较小,颗粒之间较少发生接触。而 FJ4 颗粒较厚,宽度较大,在混炼的时候容易发生彼此碰撞,呈现边-面、边-边相接触的卡房式网络结构,分散性有所降低。在 20k 倍放大倍数下,高岭石径厚比的差异表现得更为显著。尤其是厚度方面,FJ1的远小于 FJ4,因此具有更优异的分散性能。

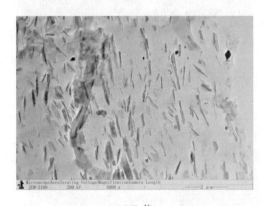

(a) 5k 倍   (b) 20k 倍

图 11.12   分级样品 FJ1(最大径厚比)填充丁苯橡胶复合材料透射电镜照片

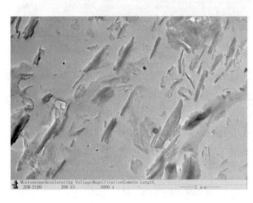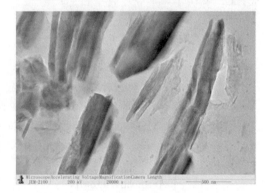

(a) 5k 倍   (b) 20k 倍

图 11.13   分级样品 FJ4(最小径厚比)填充丁苯橡胶复合材料透射电镜照片

图 11.14 为分级高岭石填充丁苯橡胶复合材料的分形曲线。由图可知,在 5k 倍放大倍数下,SBR-FJ4 的分形维数比 SBR-FJ-1的提高了 11.64%;在 20k 倍放大倍数下,SBR-FJ4 的分形维数比 SBR-FJ1 的提高了 7.87%。SBR-FJ1 比 SBR-FJ4 具有更好的分散性能。

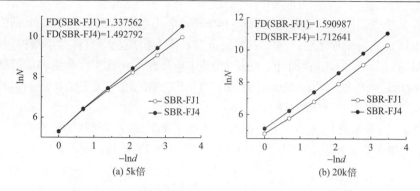

图 11.14　分级高岭石填充丁苯橡胶复合材料的分形曲线

11.3.4　插层高岭石-橡胶复合材料分散性评价

图 11.15 和图 11.16 分别为 APTES 和 CTAC 插层高岭石填充天然橡胶复合材料的透射电镜照片。由图可知，APTESK 样品的高岭石厚度为 50～200nm，平均厚度为 123nm；

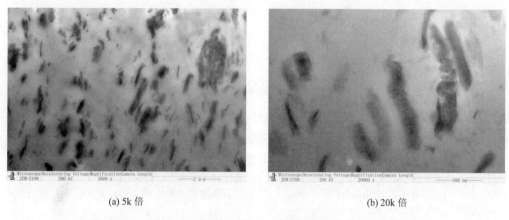

图 11.15　APTES 插层高岭石填充天然橡胶复合材料透射电镜照片

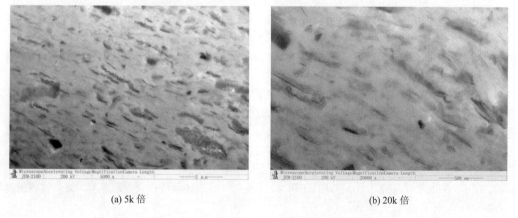

图 11.16　CTAC 插层高岭石填充天然橡胶复合材料透射电镜照片

CTACK 样品中残余的高岭石厚度为 35～140nm, 平均厚度为 35nm。在 20k 倍放大倍数下, 经 APTES 插层剥片之后, 高岭石片层虽然发生了扭矩, 但整体片层结构保存较好, 而经 CTAC 插层剥片后, 高岭石的片层结构基本破坏殆尽, 几乎完全卷曲成管状的埃洛石形貌, 纳米管的外径为 20～50nm。因此, 与 APTESK 相比, CTACK 中的高岭石颗粒粒径更小, 具有更优异的分散性能。

　　图 11.17 为长链有机物插层剥片高岭石填充丁苯橡胶复合材料的分形曲线。由分形维数可知, NR-CTACK 具有更为优异的分散性能, 与 TEM 分析相一致。

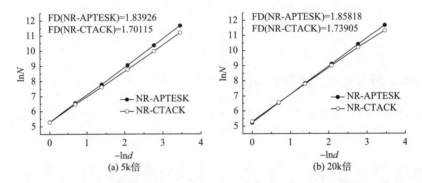

图 11.17　长链有机物插层剥片高岭石填充丁苯橡胶复合材料的分形曲线

参 考 文 献

陈芳, 赵学增, 聂鹏等. 2004. 基于分形的纳米复合材料分散相分散均匀性描述. 塑料工业, 2(1): 50～53

陈绍英, 王启文. 2005. 分形理论及其应用. 呼伦贝尔学院学报, 13(2): 59～63

郭从容, 王雪松, 杨桂琴等. 1999. 分形理论及其在材料科学中的应用. 半导体杂志, 24(1): 32～38

李伯奎, 杨凯, 刘远伟. 2004. 分形理论及分形参数计算方法. 工具技术, 38(12): 80～84

李鸿利, 吴大鸣, 朱芬华等. 2004a. 利用分形对无机粒子/高聚物体系分散效果的评定. 塑料工业, 32(9): 59～61

李鸿利, 郑秀婷, 吴大鸣等. 2004b. 利用分形评定高聚物/无机粒子体系的分散效果. 工程塑料应用, 32(12): 48～50

梁基照. 2005. 无机纳米粒子在聚合物熔体中分散机理及表征. 现代塑料加工应用, 17(2): 57～60

梁基照, 王丽. 2005. 纳米碳酸钙粒子在聚丙烯基体中分散效果的评估. 塑料科技, 168(4): 1～4

刘安中, 谢新平. 2005. 分形理论在材料科学方面的研究进展与应用. 安徽建筑工业学院学报(自然科学版), 13(3): 1～3

屈朝霞, 张汉谦. 1999. 材料科学中的分形理论应用进展. 宇航材料工艺, 29(5): 5～9

孙洪军, 赵丽红. 2005. 分形理论的产生及其应用. 辽宁工学院学报, 25(2): 113～117

童玉清, 吴友平, 林桂等. 2004. 纳米粉体在聚合物熔体中的分散理论. 合成橡胶工业, 27(2): 117～121

王东升, 汤鸿霄, 栾兆坤. 2001. 分形理论及其研究方法. 环境科学学报, 21(S1): 10～16

张琦, 胡伟康, 田明等. 2004. 纳米氢氧化镁-橡胶复合材料的性能研究. 橡胶工业, 51(1): 14～19

张琦, 田明, 吴友平等. 2003. 纳米氢氧化镁-橡胶复合材料的分散特性及分散机理. 复合材料学报, 20(4): 88～95

张元佳, 张玉先. 2005. 分形理论对预处理后颗粒的研究. 苏州科技学院学报(工程技术版), 18(3): 48～52

赵春元, 胡宇红, 关雅楠. 2004. 分形理论及其在材料科学研究中的应用. 沈阳电力高等专科学校学报,

6(4): 41～43

Asvestas P, Matsopoulos G K, Nikita K S. 1998. A power differentiation method of fractal dimension estimation for 2-D signals. Journal of Visual Communication and Image Representation, 9(4): 392～400

Barnsley M, Vince A. 2013. Developments in fractal geometry. Bulletin of Mathematical Sciences, 3(2): 299～348

Falconer K. 2013. Fractal Geometry: Mathematical Foundations and Applications. Hoboken: Wiley

Fernández-Martínez M, Sánchez-Granero M A. 2014. Fractal dimension for fractal structures: A Hausdorff approach revisited. Journal of Mathematical Analysis and Applications, 409(1): 321～330

Li J, Du Q, Sun C. 2009. An improved box-counting method for image fractal dimension estimation. Pattern Recognition, 42(11): 2460～2469

Lopes R, Betrouni N. 2009. Fractal and multifractal analysis: a review. Medical Image Analysis, 13(4): 634～649

Miyata T, Watanabe T. 2003. Approximate resolutions and box-counting dimension. Topology and Its Applications, 132(1): 49～69

Theiler J. 1990. Estimating fractal dimension. Journal of Optical Society of America A, 7(6): 1055～1073